高等学校"十二五"规划教材
市政与环境工程系列丛书

基础环境材料学

主　编　张　坤　吴忆宁　李永峰
副主编　吕云汉
主　审　韩　伟

哈尔滨工业大学出版社

内 容 简 介

环境材料是指用于防止、治理或修复环境污染的材料。本书共分 11 章,主要介绍了污染物过滤材料、吸附分离材料、膜分离材料、生物固定化材料、物理性污染控制工程(噪声)材料、环境修复材料、环境替代材料、物理性污染控制工程(电磁波)材料、室内空气净化材料、能源材料等方面的研究、应用与发展趋势。

本书可作为高等院校环境专业的教材或非环境类专业选修、培训教材,同时也可供环境保护部门和企事业单位的环境保护管理人员、科技人员及相关人员参考。

图书在版编目(CIP)数据

基础环境材料学/张坤,吴忆宁,李永峰主编. —哈尔滨:
哈尔滨工业大学出版社,2016.1
ISBN 978 - 7 - 5603 - 5853 - 6

Ⅰ. ①基…　Ⅱ. ①张… ②吴… ③李…　Ⅲ. ①环境科学 –
材料科学　Ⅳ. ①TB39

中国版本图书馆 CIP 数据核字(2016)第 021272 号

策划编辑　贾学斌
责任编辑　郭　然
出版发行　哈尔滨工业大学出版社
社　　址　哈尔滨市南岗区复华四道街 10 号　邮编150006
传　　真　0451 - 86414749
网　　址　http://hitpress. hit. edu. cn
印　　刷　哈尔滨市工大节能印刷厂
开　　本　787mm×1092mm　1/16　印张18.75　字数430千字
版　　次　2016年1月第1版　2016年1月第1次印刷
书　　号　ISBN 978 - 7 - 5603 - 5853 - 6
定　　价　38.00元

(如因印装质量问题影响阅读,我社负责调换)

前　言

环境材料是在人类认识到生态环境保护的重要战略意义和世界各国纷纷走可持续发展道路的背景下提出来的,一般认为环境材料是具有满意的使用性能同时又被赋予优异的环境协调性的材料。环境材料的开发研究是解决环境问题的关键,一般来说,环境材料是指用于防止、治理或修复环境污染的材料,包括环境净化材料、环境修复材料以及环境替代材料等。

本书共分 11 章:第 1 章为绪论,从环境净化材料、环境修复材料、环境替代材料、天然生物材料以及合成生物高分子材料等方面概述了环境材料;第 2 章为污染物过滤材料,在分析环境颗粒物与过滤机理的基础上,介绍了颗粒过滤材料、纤维过滤材料、织物过滤材料、多孔过滤材料以及其他过滤材料的组成、结构及其应用范围,并对各类过滤材料的研究现状进行了归纳总结;第 3 章为吸附分离材料,在分析吸附原理和吸附分离材料的基础上,从材质化学结构的角度介绍了碳质吸附材料、离子交换吸附材料和生物吸附材料的组成、结构及性质,并对各类材料的研究和应用现状进行了总结;第 4 章为膜分离材料,简述了反渗透膜材料、纳滤膜材料、超滤膜材料和微滤膜材料的原理、特点及应用;第 5 章为生物固定化材料,从生物填料和生物载体材料两方面来阐述生物固定化材料,并介绍了微生物固定化方法及其应用;第 6 章为物理性污染控制工程(噪声)材料,在分析噪声的产生、类型以及控制原理的基础上,介绍了吸声材料、隔声材料、消声材料和隔振与阻尼减振材料,并对各种材料的性能和组成形式进行了归纳总结;第 7 章为环境修复材料,简述了大气污染修复技术与材料、土壤污染修复技术与材料、沙漠化治理技术与材料、水域石油污染化治理技术与材料等方面的内容;第 8 章为环境替代材料,介绍了新型的氟利昂替代材料、石棉替代材料和无磷洗衣粉以及一些新型环境相容性材料;第 9 章为物理性污染控制工程(电磁波)材料,介绍了电磁波污染的危害、防护、屏蔽、吸收方式以及防护涂层;第 10 章为室内空气净化材料,在介绍了室内空气污染及其危害的基础上,重点阐述室内空气净化技术以及主要的室内空气净化材料;第 11 章为能源材料,从常规能源与新能源的利用方面阐述了能源技术与功能材料。

本书由哈尔滨工业大学、哈尔滨工程大学、东北林业大学、东北农业大学、哈尔滨理工大学和黑龙江省城镇建设研究所的老师们共同编写。其中,张坤编写第 1,4,6,7 章;

吴忆宁编写第 8~11 章;李永峰、李芬、黄志、吕云汉、施悦、郑国香共同编写第 2,3,5 章。

黑龙江省教育厅教育科学规划课题(JG2014010625)为本书提供了技术和成果支持。

谨以此书献给李兆孟先生(1929.7.11—1982.5.2)。

由于编者水平有限,书中难免存在疏漏和不妥之处,敬请读者批评指正。

编　者
2016 年 1 月

目　录

第1章　绪论 ·· 1

1.1　环境材料概述 ·· 1

1.2　环境净化材料 ·· 2

1.3　环境修复材料 ·· 8

1.4　环境替代材料 ·· 13

1.5　天然生物材料 ·· 16

1.6　合成生物高分子材料 ·· 21

第2章　污染物过滤材料 ·· 24

2.1　环境颗粒物 ·· 24

2.2　过滤材料的分类、性能与过滤机理 ·· 26

2.3　颗粒过滤材料 ·· 30

2.4　纤维过滤材料 ·· 46

2.5　织物过滤材料 ·· 63

2.6　多孔过滤材料 ·· 67

2.7　其他过滤材料 ·· 74

第3章　吸附分离材料 ·· 78

3.1　吸附作用与吸附分离材料 ·· 78

3.2　碳质吸附材料 ·· 81

3.3　离子交换吸附材料 ……………………………………… 92

3.4　生物吸附材料 …………………………………………… 103

第4章　膜分离材料 …………………………………………… 110

4.1　膜材料分类及其性能表征 ……………………………… 110

4.2　反渗透膜材料 …………………………………………… 114

4.3　纳滤膜材料 ……………………………………………… 130

4.4　超滤膜材料 ……………………………………………… 134

4.5　微滤膜材料 ……………………………………………… 141

第5章　生物固定化材料 ……………………………………… 147

5.1　生物填料 ………………………………………………… 147

5.2　生物载体材料 …………………………………………… 152

5.3　微生物固定化方法及其应用 …………………………… 155

第6章　物理性污染控制工程(噪声)材料 ………………… 163

6.1　噪声控制基础 …………………………………………… 163

6.2　吸声材料 ………………………………………………… 170

6.3　隔声材料 ………………………………………………… 174

6.4　消声材料 ………………………………………………… 177

6.5　隔振与阻尼减振材料 …………………………………… 181

第7章　环境修复材料 ………………………………………… 187

7.1　大气污染修复技术与材料 ……………………………… 187

7.2　土壤污染修复技术与材料 ……………………………… 209

7.3　沙漠化治理技术与材料 ………………………………… 211

7.4　水域石油污染化治理技术与材料 ……………………… 214

第8章　环境替代材料 ··· 220

8.1　环境替代材料概述 ··· 220

8.2　氟利昂替代材料 ··· 221

8.3　石棉替代材料 ··· 223

8.4　无磷洗衣粉的开发与应用 ··· 226

8.5　新型环境相容性材料 ··· 230

8.6　开发环境替代材料的前景及展望 ····································· 236

第9章　物理性污染控制工程(电磁波)材料 ····························· 238

9.1　电磁波防护概述 ··· 238

9.2　电磁波污染的危害 ··· 240

9.3　电磁辐射的机理 ··· 242

9.4　电磁波防护 ··· 243

9.5　电磁波屏蔽织物 ··· 245

9.6　电磁波吸收材料 ··· 249

9.7　电磁波防护涂料 ··· 250

9.8　电磁波防护材料的发展历程、存在的问题和展望 ····················· 254

第10章　室内空气净化材料 ··· 257

10.1　室内空气污染及其危害 ··· 257

10.2　室内空气净化技术 ··· 260

10.3　室内空气净化材料的类别 ··· 267

10.4　主要的室内空气净化材料性能介绍 ································· 270

10.5　其他新型空气净化材料 ··· 274

10.6　室内空气净化材料的发展和展望 ··································· 275

第 11 章　能源材料 ··· 276

11.1　能源概述 ·· 276

11.2　常规能源 ·· 277

11.3　新能源的利用 ·· 281

11.4　节能与环境保护 ·· 287

参考文献 ·· 290

第1章　绪　论

1.1　环境材料概述

1.1.1　环境问题与环境材料

对人类生存和发展产生严重威胁的环境问题可以分为两大类:一类是人类活动所排放的废弃物带来的环境污染;另一类是生态环境的破坏。这些环境问题有些是全球性的,有些是局域性的。温室效应与气候变暖、臭氧层的破坏、酸雨、有毒物质污染、生态环境破坏等环境问题是目前人类面临的极大挑战。

环境科学技术体系在新形势下也在发生着变化,由以"末端治理"为主的技术体系发展到现在的污染预防、清洁生产等新的观念和技术,环境科学发展成为解决环境问题以及为保护环境所采取的政治、法律、经济、行政等各项专门知识的庞大科学体系。

资源,尤其是自然资源,是可持续发展的物质基础。工业化的发展和人口的膨胀对自然资源的巨大消耗和大规模开采,已导致资源基础的削弱、退化、枯竭,资源与环境问题已成为当前世界上人类面临的重要问题之一。

目前,威胁人类生存和发展的资源问题主要是水资源、土地资源、能源、矿产资源。有些资源问题与环境污染有着直接的关系,例如,水污染使本身就已很严峻的水资源危机更加严重;人口的膨胀和土壤质量的下降,使得土地资源在相对数量和质量方面均存在严重危机。能源问题更为复杂,随着作为一次能源的煤、石油、天然气等不可再生的能源资源的消耗,人们将注意力转向了可再生的非化石燃料类一次能源,如太阳能、地热能、海洋能、水能、风能等;同时二次能源的开发也是提高能源资源的利用效率、部分解决能源资源环境问题的方向之一。

目前人类所面临的环境问题主要是由人口膨胀和经济发展带来的,其中工业生产带来的环境污染既是区域性的,也是全球性的,不容忽视。改变现有工业的发展模式是走可持续发展道路的组成部分,清洁生产是一种在可持续发展引导下的一种全新的生产模式。

清洁能源包括可再生能源的利用、新能源的开发、各种节能技术等。可以看出,解决这些环境问题的基础是新技术、新工艺、新装备、新材料。

1.1.2　环境材料的分类

按照环境材料在解决环境问题中所起的作用,可以将其分为以下类型:①环境净化材料;②环境修复材料;③环境替代材料。

1.2　环境净化材料

环境净化材料就是能净化或吸附环境中有害物质的材料和物质,包括过滤、吸附、分离、杀菌、消毒等材料。这些材料主要起到去除环境中污染物的作用,主要有水污染净化材料、大气污染净化材料、物理污染控制材料等。

1.2.1　水污染净化材料

在污水与给水处理工艺中,经常使用氧化还原材料、沉淀分离材料、固液分离材料等,以达到去除水中污染物的目的。

1. 氧化还原材料

氧化还原技术属于一种污水化学转化处理工艺,用于氧化还原处理的材料包括氧化剂、还原剂及催化剂等。常用的氧化材料有活泼非金属材料如臭氧、氯气等,含氧酸盐如高氯酸盐、高锰酸盐等;常用的还原材料有活泼金属原子或离子;常用的催化剂有活性炭、黏土、金属氧化物及高能射线等。

(1)氧化剂。

①空气。从环境协调的角度看,利用空气中的氧或纯氧处理废水中的有机污染物,是一种环境友好型的污水处理方法。空气中的氧具有较强的化学氧化性,且在介质的pH较低时,其氧化性增强,有利于用空气氧化法处理污水。此法主要用于含硫废水的处理,石油炼制厂、石油化工厂、皮革厂、制药厂等都排出大量含硫废水。硫化物一般以钠盐(NaHS,Na$_2$S)或铵盐(NH$_4$HS,(NH$_4$)$_2$S)的形式存在于废水中,它们的还原性较强,可以用空气氧化法处理。

当向废水中注入空气和蒸气(加热)时,硫化物转化为无毒的硫代硫酸盐或硫酸盐。空气氧化法还可用于地下水除铁,在缺氧的地下水中常出现二价铁,通过曝气可以将Fe^{2+}氧化为Fe(OH)$_3$。除铁的反应式为:4Fe^{2+} + 2O$_2$ + 10H$_2$O $\longrightarrow$ 4Fe(OH)$_3$ + 8H$^+$。

湿式氧化法是在较高的温度和压力下,用空气中的氧来氧化废水中溶解和悬浮的有机物和还原性无机物的一种方法。与一般方法相比,湿式氧化法具有适用范围广、处理效率高、二次污染低、氧化速度快、装置小、可回收能量和有用物料等优点。但用空气中的氧进行氧化反应时活化能很高、反应速度很慢,使其应用受到限制。湿式氧化法处理含大量有机物的污泥和高浓度有机废水,是利用高温(200~3 000 ℃)、高压(3~15 MPa)的强化空气氧化的处理技术。"湿式氧化法"适用于处理含大量有机物的污泥和高浓度有机废水。由于高压操作难度较大,目前空气湿式氧化法的发展方向是向低压发展。在有些生物处理污水流程中,设计了低压湿式氧化工艺,对一些用生物技术难以处理的有机污染物进行预处理。

②臭氧。臭氧是一种理想的环境友好型水处理剂。臭氧的氧化性很强,对水中有机污染物有较好的氧化分解作用。此外,对污水中的有害微生物,臭氧还有强烈的消毒杀

菌作用。用臭氧处理难以生物降解的有机污染物,使其转化成容易降解的有机化合物,在污水处理中已开始广泛应用。例如,用臭氧分解污水中的聚羟基壬基酚,通过电子传递反应,氧化除去部分聚合物的侧链,经解聚,进而生化降解。对工业循环冷却排放的废水,在排入公共污水系统前,用臭氧去除废水中的表面活性剂,可明显改善污水的水质,有效减轻公共污水处理系统的负担。

③过氧化氢。它是一种较好的处理有机废水的氧化剂。过氧化氢与紫外线合并使用,可分解氧化卤代脂肪烃、有机酸等有机污染物。通过添加低剂量的过氧化氢,控制氧化程度,使废水中的有机物发生部分氧化、偶合或聚合,形成相对分子质量适当的中间产物,改善其可生物降解性、溶解性及混凝沉淀性,然后通过生化法或混凝沉淀法去除。与深度氧化法相比,过氧化氢部分氧化法可大大节约氧化剂用量,降低处理成本。

④氯系氧化剂。氯系氧化剂包括氯气、次氯酸钠、漂白粉、漂白精等。通过在溶液中电离,生成次氯酸根离子,然后水解、歧化,产生氧化能力极强的活性基团,用于杀菌和分解有机污染物。

氯系氧化剂的氧化性较强,在酸性溶液中其氧化性更会增强,还可通过光辐射或其他辐射方法来增强其氧化能力。这类氧化剂最重要的氧化成分是二氧化氯,它在水中的溶解度是氯的 5 倍。二氧化氯遇水迅速分解,生成多种强氧化剂,如次氯酸、氯气、过氧化氢等,这些强氧化剂组合在一起,产生多种氧化能力极强的活性基团,能激发有机环上的不活泼氢,通过脱氢反应生成自由基,成为进一步氧化的诱发剂。自由基还能通过羟基取代反应,将有机芳烃环上的一些基团取代下来,从而生成不稳定的羟基取代中间体,易于开环裂解,直至完全分解为无机物。氯氧化法在废水处理中,除用于去除氰化物、硫化物、酚、醇、醛、油类等污染物外,还用于给水或废水的消毒、脱色和除臭。

⑤高锰酸盐氧化剂。高锰酸盐氧化剂常用于污水氧化处理过程。最常用的高锰酸盐是高锰酸钾,是一种强氧化剂,其氧化性随 pH 降低而增强。在有机废水处理中,高锰酸盐氧化剂主要用于去除酚、氰、硫化物等有害污染物。在给水处理中,高锰酸盐可用于消灭藻类,除臭、除味、除二价铁和二价锰等。高锰酸盐氧化法的优点是出水没异味,易于投配和监测,并易于利用原有水处理设备,如混凝沉淀设备、过滤设备等。反应所生成的水合二氧化锰有利于凝聚和沉淀,特别适合于对低浊度废水的处理。其主要缺点是成本高,尚缺乏废水处理的运行经验。若将此法与其他处理方法如空气曝气、氯氧化、活性炭吸附等工艺配合使用,可使处理效率提高,成本下降。

⑥其他氧化剂。除使用氧化剂外,通过紫外线、放射线等高能射线进行光催化氧化,也是处理有机废水的一种有效方法。

(2)还原剂。

废水中的某些金属离子在高价态时毒性很大,可先用还原剂将其还原到低价态,然后分离除去。常用的还原剂包括:某些电极电位较低的金属,如铁屑、锌粉等;某些带负电的离子,如 $NaBH_4$ 中的 B^{5-};某些带正电的离子,如 Fe^{2+}。此外,利用废气中的 H_2S、SO_2 和废水中的氰化物等进行还原处理,不但经济有效,而且可以达到以废治废的目的。

目前在水污染净化中,采用还原剂还原的方法主要用于含铬废水和含汞废水的处理。例如,用氧化还原法处理含汞废水,还原剂一般可选铁屑、锌粒、铝粉、铜屑和硼氢化钠、醛类、联胺等。

2. 沉淀分离材料

沉淀分离方法是利用水中悬浮颗粒与水的密度不同进行污染物分离的一种废水处理方法。利用沉淀分离法,可以去除水中的砂粒、化学沉淀物,以及混凝处理形成的絮凝体和生物处理的污泥。沉淀分离从理论上可分为自由沉淀、絮凝沉淀、分层沉淀和压缩沉淀等。

在絮凝沉淀分离过程中,常用的絮凝沉淀材料有混凝剂和助凝剂两大类。混凝剂是在混凝过程中投加的主要化学药剂。其混凝机理是通过向废水中投入混凝剂,破坏胶体和悬浮微粒在水中的稳定分散系,依靠压缩双电层、吸附电中和、吸附架桥以及沉淀物网捕4种机理完成絮凝沉降过程。

混凝剂可分为无机类混凝剂和有机类混凝剂两大类。无机类混凝剂主要包括硫酸铝、聚合氯化铝、三氯化铁以及硫酸亚铁和聚合硫酸铁等;有机类混凝剂主要系指人工合成的高分子混凝剂,如聚丙烯酰胺、聚乙烯胺等。在污水的深度处理中一般都采用无机类混凝剂,有机类混凝剂常用于污泥的调置。

硫酸铝是使用最多的混凝剂。近年来,人们已经认识到了自来水中铝残留量对人体的影响。如何在提高混凝剂效能的同时,有效地减少水中残留的铝含量,则是当前研制铝盐混凝剂时值得注意的问题。

高铁酸盐絮凝剂是水处理中已广泛使用的絮凝剂,能够有效降解有机物,去除悬浮颗粒及凝胶。例如,三氯化铁是一种常用的混凝剂,为褐色带有金属光泽的晶体。其优点是易溶于水,矾花大而重,沉淀性能好,对温度和水质及 pH 的适应范围宽,最大缺点是有强腐蚀性,易腐蚀设备,且有刺激性气味,操作条件较差。聚合硫酸铁是 20 世纪 80 年代出现的新型混凝剂,其特点是混凝效果好,无腐蚀性,其综合性能优于聚合氯化铝。另外,无腐蚀性的聚合氯化铁也正在研制中。

除絮凝沉淀外,化学沉淀也是一种常用的污水沉淀分离处理方法,主要是利用投加的化学物质与水中的污染物进行化学反应,形成难溶的固体沉淀物,然后经固液分离,除去水中的污染物。通常将这类能与废水中的污染物直接发生化学反应并产生沉淀的化学物质称为沉淀剂。

化学沉淀剂按所加入的沉淀剂成分可分为氢氧化物沉淀剂、硫化物沉淀剂、铬酸盐沉淀剂、碳酸盐沉淀剂、氯化物沉淀剂等几大类。

3. 固液分离材料

用于固液分离的材料包括过滤材料、吸附分离材料和膜分离材料等。

利用吸附剂的物理吸附、离子交换、络合等特点,能够去除水中的各种金属离子,主要用于处理含重金属元素的废水。天然黏土能吸收重金属、多环芳烃、碳氢化合物和苯酚等,可用于石油化工厂的污水净化。此外,物理吸附还能够吸附水中的颗粒物以及部分有机污染物。吸附剂的开发主要考虑其吸附效率、选择性、成本等性能。天然沸石由于来源广泛、处理效果好、不产生二次污染等优点,目前已逐渐替代传统的活性炭吸附剂,成为主要的水处理吸附剂。

另外,市政生活污水通常采用生化处理工艺。固定化微生物技术是使用化学或物理的方法将游离细胞定位于材料的限定空间中,并使其保持生物活性且可反复利用的生物技术。

1.2.2 大气污染净化材料

大气污染是指由于自然或人为原因使大气层中某些成分超过正常含量或排入有毒、有害的物质,对人类、生物和物体造成危害的现象。处理大气污染物的物质通常有吸附剂、吸收剂和催化转化剂。

1. 吸附剂

由于固体表面存在着分子引力或化学键力,能吸附分子并使其浓集在固体表面,这种现象称为吸附。具有吸附作用的固体物质称为吸附剂,被吸附的物质称为吸附质。吸附法净化气态污染物就是使废气与大表面多孔的固体物质相接触,将废气中的有害组分吸附在固体表面上,从而达到净化的目的。

吸附剂的种类很多,按成分不同可分为无机吸附剂和有机吸附剂,按来源不同可分为天然吸附剂和合成吸附剂。天然矿产品如活性白土和硅藻土等经过适当的加工,形成多孔结构后,可直接作为吸附剂。合成无机材料吸附剂主要有活性炭、活性氧化铝、硅胶、沸石分子筛等。

(1)活性炭。

活性炭具有不规则的石墨结构,比表面积非常大,有的甚至超过 $2\,000\ \mathrm{m^3/g}$,所以活性炭是一种优良的吸附剂。它是一种具有非极性表面、疏水性和亲有机物的吸附剂,常常被用来吸附、回收空气中的有机溶剂,或用来净化某些气态污染物,也可以用来脱臭。

活性炭纤维是一种新型的高效吸附剂,主要用于吸附各种无机和有机气体、水溶性的有机物、重金属离子等,特别对一些恶臭物质的吸附量比颗粒活性炭要高出 40 倍。

碳分子筛是具有均匀孔径的分子筛结构的活性炭,它是由重石油烃类在裂化罐内加热至 600 ℃,通过热裂解除尽 600 ℃以前的碳氢挥发物,将约占 5% 的焦炭残留物再在 $600\sim900$ ℃ 的氮气流中热裂解制得。碳分子筛能选择吸附氧而不吸附氮,是分离空气工艺中常用的吸附剂。

(2)活性氧化铝。

活性氧化铝是指氧化铝的水合物加热脱水后形成的多孔物质。它可以吸附极性分子,无毒,机械强度大,不易膨胀。

(3)硅胶。

硅胶是多聚硅酸经分子间脱水而形成的一种多孔性物质,化学组成为 $SiO_2\cdot xH_2O$,属于无定形结构,其中的基本结构质点为 Si—O 四面体相互堆积形成硅胶的骨架。硅胶的分类常以孔径大小来划分,即细孔硅胶、粗孔硅胶和介于两者之间的中孔硅胶。

由于硅胶为多孔性物质,而且表面的羟基有一定程度的极性,故而硅胶优先吸附极性分子及不饱和的碳氢化合物。此外,硅胶对芳烃的 π 键有很强的选择性及很强的吸水性,因此硅胶主要用于脱水及石油组分的分离。

(4)沸石分子筛。

分子筛是一种笼形孔洞骨架的晶体,经脱水后空间十分丰富,具有很大的内表面积,可以吸附相当数量的吸附质。同时其内晶表面高度极化,晶穴内部有很大的静电场在起作用,微孔分布单一均匀并具有普通分子般大小,易于吸附和分离不同物质的分子。应用最广的沸石分子筛是具有多孔骨架结构的硅酸盐结晶体,它是强极性吸附剂,具有很高的吸附选择性和吸附能力。

吸附分物理吸附和化学吸附。这两类吸附往往同时存在,仅因条件不同而有主次之分。吸附过程包括 3 个步骤:使气体和固体吸附剂进行接触;将未被吸附的气体与吸附剂分开;进行吸附剂的再生或更换新吸附剂。

2. 吸收剂

利用吸收剂将混合气体中的一种或多种组分有选择地吸收分离的过程称为吸收。具有吸收作用的物质称为吸收剂,被吸收的组分称为吸收质,吸收操作得到的液体称为吸收液,剩余的气体称为吸收尾气。

吸收可分为化学吸收和物理吸收两大类。化学吸收是被吸收的气体组分和吸收液之间产生明显化学反应的吸收过程。从废气中去除气态污染物多用化学吸收法。物理吸收是被吸收的气体组分与吸收液之间不产生明显的化学反应的吸收过程,仅仅是被吸收的气体组分溶解于液体的过程。常见有害气体的吸收剂见表 1.1。

表 1.1　常见有害气体的吸收剂

有害气体	常用吸收剂
SO_2	H_2O, NH_3, $NaOH$, Na_2CO_3, $Ca(OH)_2$, ZnO
NO_x	H_2O, NH_3, $NaOH$, Na_2SO_3
HF	H_2O, NH_3, Na_2CO_3
HCl	H_2O, $NaOH$, Na_2CO_3
Cl_2	$NaOH$, Na_2CO_3, $Ca(OH)_2$
H_2S	NH_3, Na_2CO_3, 乙醇胺
含 Pb 废气	CH_3COOH, $NaOH$
含 Hg 废气	$KMnO_4$, $NaClO$, 浓硫酸

3. 催化转化剂

催化转化法净化气态污染物是利用催化剂的催化作用,将废气中的有害物质转变为无害物质或易于去除物质的方法。催化转化剂通常由主活性物质、载体和助催化剂组成。

选择性催化还原所用的催化剂为铂、钯系贵金属,以及钒、铬、锰、铁、铜等过渡金属氧化物,或是这些金属的混合物。

目前,催化转化剂的研究热点主要集中在减少贵金属用量、提高催化效率以及催化剂稳定性等方面。二氧化钛光催化剂的研究近年来成为材料科学研究的热点之一,由于其化学性能稳定、无毒、价廉以及光催化活性高而引起了广泛重视,在空气净化、杀菌、消毒、防雾、防尘等领域具有广阔的应用前景。近年来,TiO_2 光催化剂的多种类型产品陆续出现,如自清洁玻璃、卫生洁具等。

室内环境污染也是大气污染的一种,污染源主要是外界大气、房屋或家居中的化工涂料、染料等。对室内空气中的污染物,如苯系物、卤代烷烃、醛、酸、酮等的降解,采用光催化降解法非常有效。例如利用太阳光、卤钨灯、汞灯等作为紫外光源,使用锐态矿型纳米 TiO_2 作为催化剂。

1.2.3 物理污染控制材料

防止噪声的污染和电磁波对人体的损害,除控制技术外,材料的选用也是重要的一环。新材料技术的发展直接影响着防噪技术和电磁波控制技术的水平。控制噪声污染的功能性材料称为噪声控制材料,控制电磁波污染的功能性材料称为电磁波防护材料。

1. 噪声控制材料

物理上噪声是声源做无规则振动时发出的声音。在环保的角度上,凡是影响人们正常的学习、生活、休息等的一切声音,都称之为噪声。

噪声的来源主要有以下几类。

(1)交通噪声。

交通噪声包括机动车辆、船舶、地铁、火车、飞机等发出的噪声。由于机动车辆数目的迅速增加,使得交通噪声成为城市的主要噪声来源。

(2)工业噪声。

工业噪声是工厂的各种设备产生的噪声。工业噪声的声级一般较高,给工人及周围居民带来较大的影响。

(3)建筑噪声。

建筑噪声主要来源于建筑机械发出的噪声。建筑噪声的特点是强度较大,且多发生在人口密集地区,因此严重影响居民的休息与生活。

(4)社会噪声。

社会噪声包括人们的社会活动和家用电器、音响设备发出的噪声。这些设备噪声的声级虽然不高,但由于和人们的日常生活联系密切,使人们在休息时得不到安静,尤为让人烦恼,极易引起邻里纠纷。

(5)家庭生活噪声污染等。

噪声系统通常由噪声源、传播途径、接受体 3 个部分组成。控制噪声的途径,也是从这 3 方面考虑。如只要噪声源停止发声,噪声就会停止。因此,降低噪声源的发声强度是一个重要的方面。目前,我国许多城市市区内禁止鸣喇叭,就是一种有效的防噪措施。控制噪声的另一项措施就是阻碍噪声的传播途径,从而减小噪声的危害。其中,安装消声、吸声和隔声设备和材料是技术人员努力的方向。消声设备是附属在声源上或成为其某一部分的一种装置,能使噪声散发在声源附近,或在噪声影响工作和生活以前将其吸收掉。

吸声材料是具有较强的吸收声能、降低噪声性能的材料,是借自身的多孔性、薄膜作用或共振作用而对入射声能具有吸收作用的材料。常用的吸声材料有玻璃棉、矿渣棉、泡沫塑料、毛毡、棉絮等多孔材料,将其装饰在墙壁上或悬挂在空间里,吸收发射和反射的声能,可降低噪声。

把空气中传播的噪声隔绝、隔断、分离的一种材料、构件或结构,称之为隔声材料。常用的有隔声墙、隔声地板、隔声室和隔声罩等。世界上许多城市市区的高架路都安装了防噪墙板,有效地控制了交通噪声污染。这种防噪墙板是声学和材料学的有机组合,既要求有最低的声反射,又要求有较强的吸声能力。一般都是由多孔无机复合材料制成的。

材料吸声和材料隔声的区别是,材料吸声着眼于声源一侧反射声能的大小,目标是反射声能要小。吸声材料对入射声能的衰减吸收一般只有十分之几,因此,其吸声能力即吸声系数可以用小数表示;材料隔声着眼于入射声源另一侧的透射声能的大小,目标是透射声能要小。

2. 电磁波防护材料

电磁波污染主要指由电磁波引起的对人体健康的不良影响,不包括电磁波对电子线路、电子设备的干扰。常见的电磁波污染源有计算机设备、微波炉、电视机、移动通信设备等。这些电子器件通过机壳和屏幕向空间发射电磁波,从而污染环境。

关于电磁波防护材料,目前主要有两类:一类是吸波材料,一类是反射材料。其原理都是尽量将电磁波屏蔽在机内,最大限度地减少电磁波的机外辐射。常见的反射材料主要由金属成分构成且常加工成表面合金,对电磁波不但有反射作用,还通过衍射、折射等方式改变电磁辐射特性。如对于移动通信手机的电磁波防护,国外已研究成功在手机外壳镀上一层金属膜,通过改变手机近场的电磁波特性来减少对人体的电磁辐射。

目前,国内外的吸波材料主要有两大类:一类是以有机材料为主的泡沫吸波材料,另一类是铁氧体吸波材料。泡沫吸波材料通常用含炭粉、阻燃剂的乳胶作为灌注物,浸润在聚氨酯泡沫或聚苯乙烯塑料等基体中制成锥形、楔形吸波材料,这类材料一般用于大型仪器设备的电磁波屏蔽。

1.3　环境修复材料

1.3.1　生物修复材料

广义的生物修复,指一切以利用生物为主体的环境污染的治理技术。它包括利用植物、动物和微生物吸收、降解、转化土壤和水体中的污染物,使污染物的浓度降低到可接受的水平,或将有毒、有害的污染物转化为无害的物质,也包括将污染物稳定化,以减少其向周边环境的扩散。狭义的生物修复,是指通过微生物的作用清除土壤和水体中的污染物,或是使污染物无害化的过程。它包括自然的和人为控制条件下的污染物降解或无害化过程。相应的材料称为环境修复材料。

环境修复包括生物修复、物理修复和化学修复等,相应的修复材料为植物、化学药剂及其组合,如防止土壤沙化的固沙植被材料、二氧化碳固化材料以及臭氧层修复材料等。

1. 生物修复的优缺点

生物修复同传统或现代的物理、化学修复方法相比,有许多优点:生物修复可以现场进行,这样就减少了运输费用和人类直接接触污染物的机会;生物修复经常以原位方式进行,这样可使对污染位点的干扰或破坏达到最小,可在难以处理的地方(如建筑物下、公路下)进行,在生物修复时场地可以照常用于生产;生物修复可与其他处理技术结合使用,处理复合污染;降解过程迅速,费用低,只是传统物理、化学修复的30%~50%。

生物修复技术虽然已经取得了长足发展,但由于受生物特性的限制,还存在着许多的局限性:微生物不能降解污染环境中的所有污染物;污染物的难生物降解性、不溶性以及污染物与土壤腐殖质或泥土结合在一起常使生物修复难以进行;生物修复要求对地点状况的工程前考察往往费时、费钱;一些低渗透性土壤往往不宜采用生物修复;特定的微生物只降解特定的化合物类型,化合物形态一旦变化就难以被原有的微生物酶系降解;微生物活性受温度和其他环境条件的影响;有些情况下,生物修复不能将污染物全部去除,因为当污染物浓度太低不足以维持一定数量的降解菌时,残余的污染物就会留在土壤中;如何开展对寒冷地区的污染土壤和海洋中的石油污染治理是生物修复尚待研究的一个重要课题。

生物修复的优缺点见表1.2。

表1.2 生物修复的优缺点

优 点	缺 点
可在现场进行	不是所有的污染物都适用,有些不适用
使修复位点的破坏达到最小	有些化学品的降解产物毒性和迁移性增强
减少运输费用,消除运输隐患	地点特异性强
费用低	工程前期投入高
可与其他处理技术结合使用	需要增加微生物监测项目
永久性地消除污染	

2. 影响生物修复的环境因素

(1)非生物因素。

影响有机物生物降解性的最重要因素有温度、pH、湿度水平(对土壤而言)、盐度、有毒物质、静水压力(对土壤深层或深海沉积物)。

(2)营养物质。

异养微生物及真菌的生长除需要有机物提供的碳源及能源之外,还需要一系列营养物质及电子受体。

　　生物修复技术是利用活的生物体处理污染物,因而必然受到许多外界环境的影响。在被污染的土壤和地下水中,石油污染物是微生物可以利用的大量碳底物,但它只能够提供有机碳而不能提供其他营养物,因而氮和磷常常是限制微生物活性的重要因素,为了使污染物完全降解,适当地添加外源营养物具有重要的作用。

　　最常见的无机营养物质是氮和磷,在多数生物修复过程中需要添加氮和磷以促进生物代谢的进行。许多细菌及真菌还需要一些低浓度的生长因子,包括氨基酸、B族维生素、脂溶性维生素及其他有机分子。

　　(3)电子受体。

　　微生物的活性除了受营养盐的限制,土壤中污染物氧化分解的最终电子受体的种类与浓度也极大地影响着生物修复的速度和程度,包括 O_2,H_2O_2 和其他一些离子等。

　　H_2O_2 是一种强氧化剂,它既可直接氧化一部分烃类污染物,又可为微生物的氧化过程提供充足的电子受体,强化它们对烃类污染物的氧化降解作用,但浓度过大时,将对微生物产生毒害作用。

　　对好氧微生物而言,电子受体是 O_2。厌氧微生物也可以利用硝酸盐、CO_2、硫酸盐、三价铁离子等作为电子受体分解有机物。

　　(4)复合基质。

　　污染环境中常存在多种污染物,这些污染物可能是合成有机物、天然物质碎片、土壤或沉积物中的腐殖酸等。在这样多种污染物与多种微生物共存条件下的生物降解过程,与实验室进行的单一微生物分解单一化合物的情况有很大区别。

　　(5)微生物的协同作用。

　　自然界存在为数众多的微生物种群,多数生物降解过程需要两种或更多种类微生物的协同作用。描述这种协同作用的主要机理有:

　　①一种或多种微生物为其他微生物提供 B 族维生素、氨基酸及其他生长因素;

　　②一种微生物将目标化合物分解成一种或几种中间产物,第二种微生物继续分解中间产物;

　　③一种微生物共代谢目标化合物,形成的中间产物不能被其彻底分解,第二种微生物分解中间产物;

　　④一种微生物分解目标化合物形成有毒中间产物,使分解速率下降,第二种微生物以有毒中间产物为碳源将其分解,这与机理②相似,也可能与不同种属微生物间氢的转移有关。

　　(6)捕食作用。

　　环境中细菌或真菌浓度较高时,常存在一些捕食或寄生类微生物。寄生微生物的有些种类可能引起细菌或真菌分解。这种捕食、寄生及分解作用可能影响细菌或真菌对污染物的生物降解过程。这种影响经常是破坏性的,但也有有利的情况。

　　(7)种植植物。

　　近年来,植物根际微生物的分解过程受到了较多关注。多数情况下,植物的种植有利于生物修复的进行。

3. 植物修复

植物修复是利用绿色植物来转移、容纳或转化污染物使其对环境无害。植物修复的对象是重金属、有机物或放射性元素污染的土壤及水体。研究表明,通过植物的吸收、挥发、根滤、降解、稳定等作用,可以净化土壤或水体中的污染物,达到净化环境的目的,因而植物修复是一种很有潜力、正在发展的清除环境污染的绿色技术。

目前普遍认为,利用植物修复的方法清除受重金属污染的土地,是一种较便宜且方便的做法,甚至有科学家指出,可利用植物的这种特性开采土壤中的金属矿物。美国新泽西州即成功地利用植物修复的方法,把一处因制造电池而导致铅污染的土地复育成功。通过了解植物在重金属环境下的生存策略,有助于人类利用生物科技制造出可以大量吸收重金属的植物。基本上可以有效清除重金属污染的植物,最好具有下列特征:生长快速、根系能深植土壤、容易收割、能够容忍并累积多样化重金属。

植物修复具有成本低、不破坏土壤和河流生态环境、不引起二次污染等优点。自 20 世纪 90 年代以来,植物修复成为环境污染治理研究领域的一个前沿性课题。植物修复过程可以具体分为以下 5 种。

(1)植物转化。

植物转化也称植物降解,指通过植物体内的新陈代谢作用将吸收的污染物进行分解,或者通过植物分泌出的化合物(比如酶)的作用对植物外部的污染物进行分解。植物转化技术适用于疏水性适中的污染物,如 BTEX,TCE,TNT 等军用排废。对于疏水性非常强的污染物,由于其会紧密结合在根系表面和土壤中,从而无法发生运移,对于这类污染物,更适合采用下面提到的植物辅助生物修复和植物固定来治理。

(2)根滤作用。

根滤作用是借助植物羽状根系所具有的强烈吸持作用,从污水中吸收、浓集、沉淀金属或有机污染物。植物根系可以吸附大量的铅、铬等金属,另外也可以用于放射性污染物、疏水性有机污染物(如三硝基甲苯 TNT)的治理。进行根滤作用所需要的媒介以水为主,因此根滤是水体、浅水湖和湿地系统进行植物修复的重要方式,所选用的植物也以水生植物为主。

(3)植物辅助生物修复。

通过植物的吸收促进某些重金属转移为可挥发态,挥发出土壤和植物表面,达到治理土壤重金属污染的目的。

有些元素如 Se,As 和 Hg 通过甲基化挥发,大大减轻土壤的重金属污染,如 B. Juncea 能使土壤中的 Se 以甲基硒的形式挥发去除。还有研究表明,烟草能使毒性大的二价汞转化为气态的零价汞。Rugh 等将细菌的汞还原酶基因转入 *Arabidopsistfialiana* 中,发现该植物对 $HgCl_2$ 的抗性和将 Hg^{2+} 还原为 Hg 的能力明显增强。这一方法只适用于挥发性污染物,植物挥发要求被转化后的物质毒性要小于转化前的污染物质,以减轻环境危害。由于这一方法只适用于挥发性污染物,应用范围很小,并且将污染物转移到大气和(或)异地土壤中对人类和生物又有一定的风险,因此它的应用将受到限制。

（4）植物萃取。

植物萃取是种植一些特殊植物，利用其根系吸收污染土壤中的有毒、有害物质并运移至植物地上部，通过收割地上部物质带走土壤中污染物的一种方法。植物萃取是目前研究最多、最有发展前景的方法。该方法利用的是一些对重金属具有较强忍耐力和富集能力的特殊植物，要求所用植物具有生物量大、生长快和抗病虫害能力强等特点，并具备对多种重金属较强的富集能力。此方法的关键在于寻找合适的超富集植物和诱导出超级富集体。

（5）植物固定。

植物固定是利用植物根际的一些特殊物质使土壤中的污染物转化为相对无害的物质的一种方法。植物在植物固定中主要有两种功能：保护污染土壤不受侵蚀，减少土壤渗漏来防止金属污染物的淋移；通过金属根部的积累和沉淀或根表吸持来加强土壤中污染物的固定。

应用植物固定原理修复污染土壤应尽量防止植物吸收有害元素，以防止昆虫、草食动物及牛、羊等牲畜在这些地方觅食后可能会对食物链带来的污染。

然而植物固定作用并没有将环境中的重金属离子去除，只是暂时将其固定，使其对环境中的生物不产生毒害作用，但并没有彻底解决环境中的重金属污染问题。如果环境条件发生变化，重金属的生物可利用性可能又会发生改变。因此，植物固定不是一个很理想的修复方法。

1.3.2　固沙植被材料

沙漠化是指土地上的生物生产力衰退甚至丧失。究其原因，主要还是来自人类对自然环境的破坏。

我国"三北"地区（即西北、华北、东北地区）沙化土地面积共约 17.6 万 km^2。其中，历史上早已形成的有 12.5 万 km^2，近 100 年来形成的有 5.1 万 km^2。此外，还有 15.6 万 km^2 的土地有发生沙化的危险。初步统计，从 20 世纪 50 年代到 20 世纪 70 年代末，沙化土地平均每年扩展约 1 500 km^2。受沙化影响的有 11 个沙（区）212 个县（旗），人口 3 500 万，耕地 4 000 万 km^2，草场 5 000 万 km^2。近年来，我国南方湿润地区如鄱阳湖平原也出现了土地沙化现象。

目前的固沙植被材料主要有两大类：一类是高吸水性树脂，另一类是高分子乳液。目前，这些材料主要用于沙漠与荒漠化地区交通干线沿线的护路以及荒坡固定等。技术已经成型的固沙剂具有固结速度快、强度高、无毒害、易于操作等优点，但通常成本较高。

兰州大学从 20 世纪 80 年代开始就在防治荒漠化和干旱生态农业方面投入了很大力量，其化学化工学院目前已完成淀粉接枝、天然纤维接枝高分子材料和丙烯酸高分子材料系列的高吸水性树脂的研究工作。树脂改性后用于中卫市沙坡头治沙，效果优于国外同类产品。他们还研制出了可用于沙尘固定和绿化工程的高分子乳液。这项技术是把增黏剂、养生剂、高分子乳液与草籽、肥料、水混合在一起形成乳液，用压缩空气喷洒在沙地表面，可临时固定沙尘，待种子发芽生根后对沙尘起到永久性固定作用，达到绿化沙漠的目的。

1.4　环境替代材料

人们习惯使用的一些常用材料,由于在生产、使用和废弃的过程中会造成对环境的极大破坏,因而必须逐渐予以废除或取代,代替这些"常用"的材料称为环境替代材料。例如,替代氟利昂的新型环保型制冷剂材料,工业和民用的无磷洗涤剂化学品材料,工业石棉替代材料及其他工业有害物(如水银的应用替代材料)的替代材料,与资源相关的铝门窗的替代材料。

1.4.1　氟利昂替代材料

氟利昂是几种氟氯代甲烷和氟氯代乙烷的总称。氟利昂主要用作制冷剂。氟利昂是臭氧层破坏的元凶,它是 20 世纪 20 年代合成的,其化学性质稳定,不具有可燃性和毒性,被当作制冷剂、发泡剂和清洗剂,广泛用于家用电器、泡沫塑料、日用化学品、汽车、消防器材等领域。20 世纪 80 年代后期,氟利昂的生产达到了高峰,年产量达到了 144 万 t。在对氟利昂实行控制之前,全世界向大气中排放的氟利昂已达到了 2 000 万 t。由于它们在大气中的平均寿命达数百年,所以排放的大部分仍留在大气层中,其中大部分仍然停留在对流层,一小部分升入平流层。在对流层相当稳定的氟利昂,在上升进入平流层后,在一定的气象条件下,会在强烈紫外线的作用下被分解,分解释放出的氯原子同臭氧会发生连锁反应,不断破坏臭氧分子。科学家估计一个氯原子可以破坏数万个臭氧分子。

根据资料显示,2003 年臭氧空洞面积已达 2 500 万 km^2。臭氧层被大量损耗后,吸收紫外线辐射的能力大大减弱,导致到达地球表面的紫外线明显增加,给人类健康和生态环境带来多方面的危害。据分析,平流层臭氧减少 1% ,全球白内障的发病率将增加0.6% ~0.8% ,即意味着因此引起失明的人数将增加 1 万到 1.5 万人。

随后开发的一些新型制冷剂,如四氯乙烷、二氟乙烷、五氟乙烷、二氟甲烷、三氟甲烷以及它们的混合物虽然不破坏臭氧层,但它们大都是温室气体,也被 1997 年联合国气候变化框架公约大会在日本京都通过的《京都议定书》列为限制使用的物质。因此,寻找替代氟利昂类物质的无公害新型制冷剂已成为目前研究的热点。

目前,氟利昂的替代品有两大类:一类是过渡性替代材料,另一类是永久性替代材料。过渡性替代材料主要有氟代烃类化合物(HCFC)、丙烷、异丁烷等;永久性替代材料目前开发出来的有环戊烷、HFC - 134a 等。

(1)异丁烷。

它是很早已被使用的制冷剂,但由于其具有可燃性而没有得到推广。德国绿色和平组织在 20 世纪重新论证了其在小型制冷系统上使用的可靠性后逐渐大规模用于冰箱制冷。由于其作为制冷剂具有原料易得、对臭氧层无破坏、高循环率和不用换压缩机润滑油等优点,因而具有良好的应用前景。

(2)二氟乙烷与二氟一氯甲烷的混合剂。

该混合剂具有良好的制冷性能,在我国和美国的部分冰箱生产线采用此物质。它具有环保性能优越、节能等优点,在我国可以自行生产,适合我国国情。

据报道,国内有公司选择多元混合物作为替代品,于 1997 年底成功地开发出无毒、绿色 KLB 制冷剂,其成品破坏臭氧层值仅为 0.008,温室系数仅为 0.015,远远低于我国对氟利昂替代品所规定的环保指数。KLB 制冷剂不但能直接替代氟利昂,而且节能也十分显著。

此外,科研人员还发展了磁制冷和吸附制冷等替代技术,磁制冷又称"顺磁盐绝热退磁制冷"。顺磁盐中包含铁或稀土元素,其 3d,4f 层电子未充满,因此具有磁性,在顺磁和退磁中会吸热或放热,如以硝酸镁铈为制冷剂的磁制冷机降温可接近 0K。用这种性质开发的制冷技术具有效率高、成本低、结构简单等优点,其最大好处在于不污染环境。

吸附制冷是利用吸附 – 脱附时吸热或放热的性质制冷。常用的制冷剂体系包括金属氢化物—氢、沸石分子筛–H_2O、活性炭—氮气、氧化镨—氧化铈体系等。目前世界上关于氟利昂的替代方案很多,但都不令人满意。迄今为止,世界上还没有发现一种经济和能效超过氟利昂的电冰箱制冷和发泡替代品。

1.4.2　石棉替代材料

石棉又称"石绵",为商业性术语,指具有高抗张强度、高曲挠性、耐化学和热侵蚀、电绝缘和具有可纺性的硅酸盐类矿物产品。它是天然的纤维状的硅酸盐类矿物质的总称。石棉由纤维束组成,而纤维束又由很长、很细的能相互分离的纤维组成。石棉具有高度耐火性、电绝缘性和绝热性,是重要的防火、绝缘和保温材料。

石棉种类很多,依其矿物成分和化学组成不同,可分为蛇纹石石棉和角闪石石棉两类。蛇纹石石棉又称温石棉,它是石棉中产量最多的一种,具有较好的可纺性能。角闪石石棉又可分为蓝石棉、透闪石石棉、阳起石石棉等,产量比蛇纹石石棉少。

石棉应用广泛,主要应用领域如下。

(1)纺织领域。

长度较长、含水量较多的石棉纤维经机械处理后,可直接在纺织机械上加工,制成纯石棉制品,或在石棉纤维中混入一部分棉纤维或其他有机纤维制成混纺石棉制品。

(2)建筑领域。

常见的石棉水泥制品如石棉水泥管、石棉水泥瓦、石棉水泥板和各种石棉复合板等。

(3)工业领域。

石棉保温隔热制品:锅炉外壁和导管上常用石棉制作保温层,能提高锅炉的热效率,降低热能损耗;石棉橡胶制品:主要用于各种设备的密封、衬垫;石棉制动制品:是任何传动机械和交通工具所不可缺少的,因为石棉有较高的机械强度和耐热性,有良好的摩擦性能;石棉电工材料:利用石棉纤维与酚醛树脂塑合制成各种电工绝缘材料。

石棉在环境中长期留存,不易被降解,容易造成环境污染,因此人们寻找其替代材料。

主要的石棉替代材料如下。

(1)膨胀石墨。

膨胀石墨是一种性能优良的吸附剂,尤其是它具有疏松多孔结构,对有机化合物具有强大的吸附能力,1 g膨胀石墨可吸附80 g石油,于是膨胀石墨就被设计成各种工业油脂和工业油料的吸附剂。

与其他吸附剂相比,膨胀石墨有许多优点。如采用活性炭进行水上除油,它吸附油后会下沉,吸附量也小,且不易再生利用;还有一些吸附剂,如棉花、草灰、聚丙烯纤维、珍珠岩、蛭石等,它们在吸油的同时也吸水,这给后处理带来困难;膨胀石墨对油类的吸附量大,吸油后浮于水面,易捕捞回收,再生利用处理简便,可采用挤压、离心分离、振动、溶剂清洗、燃烧、加热萃取等方法,且不会形成二次污染。

油类污染是当今世界面临的一个严峻问题。据估计,因海上运输、生产、事故和陆地注入海洋的油量每年达10^5 t,严重威胁着人类的生存。膨胀石墨对油类有很强的吸附作用,且吸附油类物质后仍漂浮于水面,便于分离,因此可以说它是一种很有前途的清除水面油污染的环保材料。

(2)柔性石墨。

柔性石墨又称膨胀石墨,它以鳞石墨为原料,经化工处理生成层间化合物。在800～1 000 ℃的高温下,层间化合物变成气体,使鳞片石墨膨胀200倍左右,变得像棉花一样,具有导热等优点,克服了脆性的缺点,因而显示良好的密封性。柔性石墨疏松多孔,富有弹性,在高温、高压或辐射条件下工作不发生分解、变形或老化,化学性质稳定。柔性石墨的诞生宣告化工密封领域内硬性材料时代行将结束。与石棉垫片相比,柔性石墨具有以下明显的优越性。

①无辐射无污染。柔性石墨不含对人体有害的成分,而石棉制品却具有辐射人体的成分,并且也会污染环境。

②耐高温。柔性石墨增强复合垫片能耐1 650 ℃的高温,即使化工设备熔化,它仍安然无恙。而石棉制品在500 ℃时内部的结晶水就要分解出来,使自身粉化,失去功效。

③适用范围广。柔性石墨除了强氧化性酸之外,能耐极大多数的化工介质,包括用于放射性化工介质,而石棉制品适应性差,不能用于放射性介质。一些化工塔器、换热器等要求连接部位不隔热,柔性石墨能做到,石板制品则不能做到。

④使用简便、快捷。柔性石墨的垫片系数只有石棉制品的一半,也就是说,要达到同等密封效果,上紧螺丝的力量可以小得多。柔性石墨除具备上述明显的特性外,还具有密封性能优异,压缩性、加弹性好,抗氧化性的特点,具有极强的自润性和可塑性,同时具有良好的导电性、密度高等特点,可制作各种柴油机、压缩机等的管道、法兰垫片等。

柔性石墨作为一种新型材料已在密封领域得到高度重视与广泛应用,经过近十几年的发展,柔性石墨密封产品已被广泛应用于发动机、机械、汽车、纺织、化工等各种行业,在密封领域逐渐占主导地位。使用柔性石墨材料不仅能改善性能、降低成本,有利于合理利用资源,而且更重要的是根除了石棉等材料在制造、使用、废弃过程中给环境和人类带来的危害。

(3)其他替代品。

日本已有用树皮陶瓷材料制得的汽车刹车片上市,对隔热垫或其他保温绝热材料,现在大多用硅酸铝、硅酸锌陶瓷纤维材料。国内外已有用芳族聚酰胺纤维代替石棉纤维制成的高温防护材料,它有优良的阻燃、耐热性能,分解温度可达 385 ℃,在火焰中不延燃,可用于冶金服、消防服以及特种部队战斗服等。随着科学技术的发展,新的环境友好型的保温隔热材料不断涌现,基本替代了石棉制品。

1.4.3　无磷洗衣粉的开发与应用

洗衣粉是一种碱性的合成洗涤剂,洗衣粉的主要成分是阴离子表面活性剂如烷基苯磺酸钠,少量非离子表面活性剂,再加一些助洗剂如磷酸盐、硅酸盐、元明粉、荧光剂、酶等,经混合、喷粉等工艺制成。

生活污水中的洗涤废水是磷的外源污染物的一大组成。我国目前每年有约 50 万 t 含磷化合物排入地表水中,而生活污水中的 17% ~ 20% 的磷来源于洗涤剂所用三聚磷酸钠。

全球范围内地表水体中磷的富营养化问题,使人们对含磷洗涤剂的使用受到限制。能否通过改进洗涤剂的组成和结构来消除或降低环境富营养化是化学家关注与考虑的问题。现在世界上出现了很多无磷洗涤剂。目前开发的助洗剂主要有以下几类。

1. 无机系助洗剂

经过世界各国的研究和应用,一致认为最佳的无机系助洗剂为 4A 沸石,即 4A 分子筛。它是一种具有网状结构的不溶高聚物固体,可与液体中的 Ca^{2+} 和 Mg^{2+} 进行离子交换反应,吸附纤维织物中含有的污垢和金属离子,使其分散脱离、凝聚,最后形成难溶的沉淀物以达到去污的目的。分子筛对 Ca^{2+} 的交换容量大于三聚磷酸铵(STPP)的交换容量,而 Mg^{2+} 的交换容量却不如 STPP。

2. 有机系助洗剂

有机化合物有利于微生物降解,因此它不会像无机物那样产生富营养化。目前开发的产品主要有以下几种。

(1)氨基羧酸盐:如 NTA(氨基三醋酸钠),它对 Ca^{2+} 和 Mg^{2+} 的螯合能力特别突出,性能比 STPP 优良,现已有几个国家用 NTA 代替 STPP 来制造无磷洗涤剂。

(2)羟基羧酸盐:最有代表性的是柠檬酸三钠,它是无毒又便于生物降解的洗涤剂用助洗剂,目前在美国和西欧一些国家,已将其用于粉末和液体洗涤剂中。

1.5　天然生物材料

1.5.1　天然矿物环境材料

天然矿物环境材料是指那些只经过简单的物理加工或表面化学处理就能被当作材料使用的天然矿物或岩石。一般不包括用于制作玻璃、水泥、陶瓷、耐火材料、铸石或活棉等的原料和无机化工原料。

可以把天然矿物材料分为天然石材、天然粉体功能材料两大类。

1. 天然石材

在国际石材贸易中,天然石材习惯上按其形状分为规格石材和碎石材两大类,而规格石材按其硬度和矿物岩石特征,习惯上分为大理石、花岗石两大类,有些国家把天然板石也作为一个类型。

大理石又称云石,是重结晶的石灰岩,主要成分是 $CaCO_3$。石灰岩在高温高压下变软,并在所含矿物质发生变化时重新结晶形成大理石。主要成分是钙和白云石,颜色很多,通常有明显的花纹,矿物颗粒很多。硬度在 2.5~5 之间。

大理石是地壳中原有的岩石经过地壳内高温高压作用形成的变质岩。地壳的内力作用促使原来的各类岩石发生质的变化,即原来岩石的结构、构造和矿物成分发生改变。经过质变形成的新的岩石称为变质岩。

大理石主要由方解石、石灰石、蛇纹石和白云石组成。其主要成分以碳酸钙为主,约占 50% 以上。由于大理石一般都含有杂质,而且碳酸钙在大气中受二氧化碳、碳化物、水汽的作用,也容易风化和溶蚀,而使表面很快失去光泽。大理石一般性质比较软,这是相对于花岗石而言的。

大理石主要用于加工成各种形材、板材,做建筑物的墙面、地面、台、柱,还常用于纪念性建筑物如碑、塔、雕像等的材料。大理石还可以雕刻成工艺美术品、文具、灯具、器皿等实用艺术品。

花岗岩是一种由火山爆发的熔岩在受到相当的压力的熔融状态下隆起至地壳表层,岩浆不喷出地面,而在地底下慢慢冷却凝固后形成的构造岩,是一种深层酸性火成岩,属于岩浆岩,是火成岩中分布最广的一种岩石,其成分以二氧化硅为主,约占 65%~75%。

花岗岩是独一无二的材料,物理特点主要表现如下。

(1)多孔性/渗透性:花岗岩的物理渗透性几乎可以忽略不计,在 0.2%~4% 之间。

(2)热稳定性:花岗岩具有高强度的耐热稳定性,它不会因为外界温度的改变而发生变化。花岗岩具有很强的抗腐蚀性,因此被广泛地应用在储备化学腐蚀品上。

(3)延展性:花岗岩的延展系数范围是 $4.4 \times 10^{-7} \sim 8.4 \times 10^{-7}$ m^2。

(4)颜色:花岗岩的颜色及材质都是高度一致的硬度,花岗岩是最硬的建筑材料,也由于它的超强硬度而具有很好的耐磨性。

(5)成分:花岗岩主要由石英、正长石及微斜长石组成,最原始的花岗岩主要由长石、石英和黑云母 3 部分组成。各成分所占的比例一般由颜色及材质决定,但一般长石所占的比例是 65%~90%,石英所占的比例是 10%~60%,黑云母所占的比例是 10%~15%。

由于花岗岩的密度很高,污渍很难入侵。抛光后的花岗岩大板、花岗岩瓷砖在全世界的建筑业上已经处于很重要的地位。花岗岩也使用在外墙、屋顶、地板以及各种地板的装潢中。门槛、橱柜台面、室外地面适合使用花岗石,其中橱柜台面最好使用深色的花岗石。

2. 天然粉体功能材料

（1）硅藻土：一种生物成因的硅质沉积岩。由古代硅藻的遗骸组成，其化学成分主要为 SiO_2，此外还有少量 Al_2O_3，CaO，MgO 等。

硅藻土的主要矿物成分为蛋白石，并含有黏土（高岭石类、水分母类及少量胶岭石类）、炭质（有机质）、铁质（褐铁矿、赤铁矿、黄铁矿）、碳酸盐矿物（方解石、白云石、少量菱铁矿）、石英、白云母、海绿石、长石。

黏土矿物及炭质是硅藻土中主要的伴生矿物。黏土矿物呈显微鳞片状分布于硅藻粒四周，当黏土矿物含量为主要成分时，则起着胶结硅藻的作用。炭质成质点状、块状或层状与硅藻土共生，炭质均为变质程度很低的、仍保留植物结构的泥炭及褐煤。

硅藻土的主要物理性质：纯净的硅藻土一般呈白色土状，含杂质时，常被铁的氧化物或有机质污染而呈灰白、黄、灰、绿以至黑色。一般来说，有机质含量越高，湿度越大，则颜色越深。硅藻土条痕白色，无光泽到土状光泽，不透明，断口粉末状至次贝壳状，无解理。大多数硅藻土质轻、多孔、固结差、易碎裂，用手捏即成粉末。

硅藻土涂料添加剂产品具有孔隙度大、吸收性强、化学性质稳定、耐磨、耐热等特点，能为涂料提供优异的表面性能、增容、增稠以及提高附着力。由于它具有较大的孔体积，能使涂膜缩短干燥时间，还可减少树脂的用量，降低成本。该产品被认为是一种具有良好性价比的高效涂料用消光粉产品，目前已被国际上众多的大型涂料生产商作为指定用品，广泛应用于乳胶漆、内外墙涂料、醇酸树脂漆和聚酯漆等多种涂料体系中，尤其适用于建筑涂料的生产。应用涂料、油漆中，能够均衡地控制涂膜表面光泽，增加涂膜的耐磨性和抗划痕性。

（2）膨润土：以蒙脱石为主要矿物成分的非金属矿产。蒙脱石结构是由两个硅氧四面体夹一层铝氧八面体组成的 2:1 型晶体结构。

蒙脱石可呈各种颜色，如黄绿、黄白、灰、白色等；可以是致密块状，也可为松散的土状，用手指搓磨时有滑感，小块体加水后体积胀大，在水中呈悬浮状，水少时呈糊状。蒙脱石有吸附性和阳离子交换性能，可用于去除石油的毒素、汽油和煤油的净化、废水处理；由于其具有很好的吸水膨胀、分散、悬浮及造浆性能，因此用于钻井泥浆、阻燃（悬浮灭火）；还可在造纸工业中做填料，可优化涂料的性能如附着力、遮盖力、耐水性、耐洗刷性等；由于其具有很好的黏结力，可代替淀粉用于纺织工业中的纱线上浆，既节粮又不起毛，浆后还不发出异味。

（3）沸石：是架状含水的碱或碱土金属铝硅酸盐矿物，种类甚多，主要有浊沸石、片沸石、解沸石、毛沸石、丝光沸石、菱沸石、钠沸石、钙十字沸石、方沸石。

按沸石矿物特征分为架状、片状、纤维状及未分类 4 种，按孔道体系特征分为一维、二维、三维体系。任何沸石都由硅氧四面体和铝氧四面体组成。四面体只能以顶点相连，即共用一个氧原子，而不能"边"或"面"相连。铝氧四面体本身不能相连，其间至少有一个硅氧四面体。而硅氧四面体可以直接相连。硅氧四面体中的硅，可被铝原子置换而构成铝氧四面体。

天然沸石是一种新兴材料，被广泛应用于工业、农业、国防等部门，并且它的用途还在不断开拓。沸石被用作离子交换剂、吸附分离剂、干燥剂、催化剂、水泥混合材料。在石油、化学工业中,用作石油炼制的催化裂化、氢化裂化和石油的化学异构化、重整、烷基化、歧化;气、液净化、分离和储存剂;硬水软化、海水淡化剂;特殊干燥剂(干燥空气、氮、烃类等)。在轻工行业用于造纸、合成橡胶、塑料、树脂、涂料充填剂和素质颜色等。在国防、空间技术、超真空技术、开发能源、电子工业等方面,用作吸附分离剂和干燥剂。在建材工业中,用作水泥水硬性活性掺和料,烧制人工轻骨料,制作轻质高强度板材和砖。在农业上用作土壤改良剂,能起保肥、保水、防止病虫害的作用。在禽畜业中,用作饲料(猪、鸡)的添加剂和除臭剂等,可促进牲口成长,提高小鸡成活率。在环境保护方面,用来处理废气、废水,从废水、废液中脱除或回收金属离子,脱除废水中的放射性污染物。

1.5.2　天然生物高分子材料

天然生物高分子材料是人类最早研究和使用的医用材料之一,早在公元前约3 500年古埃及人就利用棉花纤维、马鬃做缝合线缝合伤口,墨西哥的印第安人用木片修补受伤的颅骨等。

目前的天然高分子材料根据其结构和组成,主要有两大类:一类是天然多糖类材料,如纤维素、甲壳素、壳聚糖、透明质酸、肝素、海藻酸、硫酸软骨素等,其中最常用的天然多糖类材料是纤维素和甲壳素等;另一类是天然蛋白类材料,如胶原蛋白、明胶、丝素蛋白、纤维蛋白、弹性硬蛋白等。

1.甲壳素和壳聚糖

甲壳素也称甲壳质,别名壳多糖、几丁质、甲壳质、明角质、聚 N - 乙酰葡萄糖胺,广泛存在于低等植物菌类、虾、蟹、昆虫等甲壳动物的外壳、高等动物的细胞壁中,是地球上仅次于纤维素的第二大可再生资源,是一种线型的高分子多糖,也是唯一的含氮碱性多糖。

甲壳素是白色或灰白色半透明片状固体。由于具有较好的晶状结构和较多的氢键,因此溶解性能很差。可通过与酰氯或酸酐的反应,在大分子链上导入不同相对分子质量的脂肪族或芳香族酰基;酰基的存在可以破坏分子间的氢键,改变其晶态结构,使所得产物在一般常用有机溶剂中的溶解性大大改善。甲壳素作为低等动物中的纤维组分,兼具高等动物组织中的胶原和高等植物纤维中纤维素的生物功能,因此生物特性十分优异,生物相容性好,生物活性优异,具有生物降解性。

壳聚糖为甲壳素脱去55%以上的 N - 乙酰基产物,是带阳离子的高分子碱性多糖,也是目前研究最广的多糖类天然高分子。壳聚糖外观为一种白色或灰白色略有珍珠光泽的半透明固体。壳聚糖能溶于酸性溶液中制备成各种形态的材料,具有优良的生物相容性和降解性能,可用作药物载体、膜屏蔽材料、细胞培养抗凝剂、缝合线、人工皮肤、创伤覆盖材料及血液抗凝剂。由于壳聚糖分子上含有丰富的羟基与氨基,可通过化学改性的方法改善其物化性能(特别是溶解性能),同时也可增添更多的新功能。主要的改性方法包括酰基化、羧基化、酯化、醚化及水解反应等。

由于甲壳素或壳聚糖具有良好的生物相容性和适应性,并具有消炎、止血、镇痛和促进机体组织生长等功能,可促进伤口愈合,因此被公认为是保护伤口的一种理想材料。甲壳素及其衍生物还具有医疗保健功能,如免疫调节、降低胆固醇、抗菌、促进乳酸菌生长、促进伤口愈合以及细胞活性化。其中,应用最广泛的甲壳素衍生物是壳聚糖。

2. 胶原蛋白和明胶

胶原是哺乳动物体内结缔组织的主要部分,如皮肤、骨、软骨、键及韧带,共有 14 种,其中 I 型胶原最为丰富,且性质优良,被广泛用作生物材料。胶原的基本组成单元是原胶原分子。原胶原分子呈细棒状,长 20 nm,直径 1.5 nm。每一个原胶原分子均有 3 条肽链,每条肽链上有 1 052 个氨基酸。

胶原蛋白的生物学性质如下。

(1)低免疫原性。

胶原作为医用生物材料,最重要的特点在于其低免疫原性。胶原有 3 种类型的抗原因子,第 1 类是胶原肽链非螺旋的端肽,第 2 类是胶原的 3 股螺旋的构象,第 3 类是 a - 链螺旋区的氨基酸顺序。其中,第 2 类抗原因子仅存在于天然胶原分子中,第 3 类抗原因子只出现在变性胶原中,而第 1 类抗原因子在天然和变性胶原中均存在。

(2)生物相容性。

生物相容性是指胶原与宿主细胞及组织之间良好的相互作用。无论是在被吸收前作为新组织的骨架,还是被吸收同化进入宿主成为宿主的一部分,都与细胞周围的基质有着良好的相互作用,表现出相互影响的协调性,并成为细胞与组织正常生理功能整体的一部分。

(3)可生物降解性。

胶原能被特定的蛋白酶降解,即生物降解性。因胶原具有紧密牢固的螺旋结构,所以绝大多数蛋白酶只能切断其侧链,只有特定的蛋白酶在特定的条件下才能降解胶原蛋白,胶原肽键才会断裂。胶原的肽键一旦断裂,其螺旋结构随即被破坏,断裂的胶原多肽就被蛋白酶彻底水解。

胶原蛋白具有其他替代材料无可比拟的优越性:胶原大分子的螺旋结构和存在结晶区,使其具有一定的热稳定性;胶原天然的、紧密的纤维结构,使胶原材料显示出很强的韧性和强度,适用于薄膜材料的制备;大量胶原被用作制造肠衣等可食用包装材料,其独特之处是在热处理过程中,随着水分和油脂的蒸发和熔化,胶原几乎与肉食的收缩率一致,而其他的可食用包装材料还没被发现具有这种品质;由于胶原分子链上含有大量的亲水基因,所以与水结合的能力很强,这一性质使胶原蛋白在食品中可以用作填充剂和凝胶;胶原蛋白在酸性和碱性介质中膨胀,这一性质也应用于制备胶原基材料的处理工艺中。

明胶是一种水溶性的生物可降解高分子,是胶原的部分降解产物。其生产过程大致可分为碱水解、酸水解、加压水解或酶水解,其中还包括多步洗涤、萃取。明胶广泛用作各种药物的微胶囊及包衣,同时还可制备生物可降解水凝胶。一般热变性方法不适于明胶微球制备,而必须通过化学交联。戊二醛是蛋白质交联的常用试剂,也可用于明胶微球的交联制备。明胶还可制成含生物活性分子(如生长因子和抗体)的柔软膜用于人造皮肤,防止伤口液体流出和感染。经冷冻干燥可形成明胶多孔支架,通过改变冷冻参数可以调控支架的孔隙结构,以满足不同组织的修复要求。

1.6 合成生物高分子材料

合成生物高分子材料可以通过单体聚合的方法或微生物发酵的方法获得,通过组成和结构来控制高分子材料的物理、化学和生物学性能。

1.6.1 合成生物高分子材料的分类

根据不同的角度、目的甚至习惯,生物高分子材料有不同的分类方法,目前尚无统一标准。根据其降解性能,合成生物高分子材料可分为非生物降解(或生物惰性)高分子材料和生物降解高分子材料。这里简单介绍非生物降解高分子材料。

非生物降解高分子材料一般具有较好的可塑性、耐磨损性和较高的力学性能或高弹性,主要用于生物体软、硬组织修复体、人工器官、人工血管、接触镜、膜材、黏合剂和空腔制品等方面。目前研究主要集中在提高材料的生物安全性,提高组织相容性和血液相容性,改善生物学性能,提高力学性能、物理性能。与天然高分子材料和可降解医用高分子材料相比,非生物降解高分子材料一般具有良好的可加工性与力学性能,而且原材料广泛、价格低廉。也可通过与可降解材料共聚,改善该类材料的降解性能。

可降解高分子化学结构上有可裂解的基团。此类高分子可在水、光或生物酶等的引发下发生解离,分解成可被生物体吸收或排泄掉的小分子。主要有聚羟基烷酸酯、聚原酸酯、聚酰亚胺、聚酸酐和聚氨基酸以及它们的共聚物等。

1.6.2 合成生物高分子材料的一般制备方法

由小分子形成高分子化合物的反应机制可知,化学合成高分子化合物的基本方法有两种:连锁聚合反应和逐步聚合反应。此外,还可通过生物发酵的方法合成高分子材料,如聚羟基烷酸酯。

在一定条件下,如引发剂分解、光照、加热或辐射的作用,聚合体系中形成可以引发单体聚合的活性中心(包括自由基、阴离子、阳离子等),该活性中心可以把单体的不饱和键打开,形成可以与另一个分子连接的新的不稳定分子,它迅速与第二个分子连接又形成新的不稳定分子,然后与第三个分子连接等,依此类推,形成一条大分子链,反应一环扣一环,只要有足够的单体分子存在,中间一般不会停顿,所以称为连锁聚合反应。根据反应的活性中心的不同,连锁聚合反应可分为自由基聚合反应、离子聚合反应、配位聚合反应以及开环聚合反应等。

由一种或几种单体通过缩合聚合(简称缩聚)等方法形成高分子的反应称为逐步聚合反应。缩聚过程中,生成高分子化合物的同时,有水、氨气、卤化氢、醇等小分子物质析出,所以缩聚反应生成的高分子化合物其成分与单体是不同的,而通过开环聚合形成的高分子成分与单体是相同的。现在一般将聚氨酯合成反应一并与缩聚反应统称为逐步聚合反应,这种反应不放出小分子,但由于其链的形成是官能团间相互反应(只不过一个官能团上的某一原子转移到另一官能团上),且中间产物可分离出来,链增长中无能量的传递,所以与加成聚合有本质不同。

逐步聚合反应的特点是:

(1)反应是由若干个聚合反应构成的,单体是逐步进行反应连接在一起的;

(2)反应可以停在某一阶段上,可得到中间产物;

(3)对缩合聚合而言,重复单元的化学结构与单体的结构不完全相同,而对于开环聚合而言,重复单元的化学结构与单体的结构完全相同;

(4)延长反应时间可以提高产物的相对分子质量,而对单体的转化率影响不大,单体的转化率和相对分子质量与反应条件关系密切。逐步聚合反应也有很大的实用价值,虽然在目前合成高分子工业占的比例不如连锁反应那么大,但许多生物材料都可由缩聚反应制备,如聚氨酯、聚乳酸、聚酰胺、聚硅氧烷以及其他一些生物材料等都可通过缩聚反应实现。

1.6.3　有机硅生物材料

有机硅是指含 Si—C 键的化合物,其中最重要的是以 SiR_2—O—SiR_2—O 为主链而侧链带有机基团的高分子化合物,也称有机聚硅氧烷。有机聚硅氧烷往往简称为聚硅氧烷,又称硅酮、硅氧烷或有机硅。聚硅氧烷一般分为硅橡胶、硅油、硅树脂 3 大类,在航天、电子电气、汽车、轻纺、石油化工、建筑及生物等领域中都已得到广泛应用,在生物医学领域以硅橡胶和硅油制品应用较多。由于聚硅氧烷具有无毒、无味、生物相容性好、无皮肤致敏性、生理惰性、耐高低温、不燃、透气性好、独特的溶液渗透性以及物化性能稳定等特点,在医学领域中的应用发展迅速。若以氯硅烷为起始原料,经水解反应可制得硅油(聚合度为 0~500 的低相对分子质量的聚硅氧烷);经水解、缩合反应可制得硅橡胶生胶(相对分子质量为 40 万~70 万的聚硅氧烷)。

硅橡胶是一种以 Si—O—Si 为主链的直链状高相对分子质量的聚有机硅氧烷为基础,添加某些特定组分,再按照一定的工艺要求加工后,制成具有一定强度和伸长率的橡胶态弹性体。用作医药材料的硅橡胶,主要是已交联并呈体型态结构的聚烃基硅氧烷橡胶,相对分子质量一般在 148 000 以上。相对分子质量在 40 万~50 万的高聚物是无色透明软糖状的弹性物质。

由于硅橡胶制品与人体组织相容性好,植入体内无毒副反应,易于成型加工,适于做成各种形状的管、片制品,因而是目前医用高分子材料中应用最广、能基本上满足不同使用要求的一类主要材料。

硅油通常是指以 Si—O—Si 为主链具有不同黏度的线型聚有机硅氧烷,室温下为液体油状物。硅油是无毒、无味、无腐蚀性、不易燃烧的液体,具有典型的聚硅氧烷的特性,是有机硅高聚物中的一类很重要的产品,其品种繁多,应用范围甚广。

改变聚硅氧烷的聚合度及有机基的种类可使聚硅氧烷与其他有机物共聚,可以制得具有防水、抗黏、脱模、消泡、均泡、乳化、润滑、介电、压缩性、耐高低温性、耐老化、耐紫外线、耐辐射、低挥发等基本特性的硅油。硅油经过二次加工,还可以制成硅脂、硅膏、消泡剂、脱模剂、纸张隔离剂等二次产品。

　　硅油在医疗卫生行业中,可用作医用软膏、保护脂等的基剂,得到的软膏、保护脂能保护皮肤,预防皮炎、湿疹和褥疮。作为医用消泡剂,可用于治疗肺水肿、鼓胀的药剂及人工心肺机的消泡剂。硅油也可作为药品的赋形剂、添加剂,防止锭剂吸潮,延长药效。此外,硅油也可用作牙科、外科用具的灭菌用油,人造眼球润滑剂,膀胱炎排尿镇痛剂等。

第 2 章　污染物过滤材料

2.1　环境颗粒物

颗粒物一般指存在于环境中的一些粒径范围较宽、物理和化学性质不同的液体或固体颗粒。它并非是一种特定的化学物质,而是由各种来源、大小不同,组成和性质各异的颗粒物所组成的混合物。形形色色的颗粒物是空气和水体的主要污染物。

2.1.1　空气颗粒物

空气颗粒物按其来源可分为一次颗粒物和二次颗粒物。一次颗粒物直接由源排放到环境空气中,例如粉尘、煤烟和雾等;而二次颗粒物则在环境中与排放物质发生化学反应而生成,像土壤、森林大火及闪电产生的 NO_x 的氧化以及化石燃料燃烧排放的 SO_2 的氧化。为了深入了解不同颗粒物的形成机理,早在 1978 年 Whitby 就提出了以模态对颗粒物进行分类的方法。空气颗粒物的模态定义及形成见表 2.1。

表 2.1　空气颗粒物的模态定义及形成

成核模态 (Nucleation mode)	定义	成核模态是在成核过程中新形成的 10 nm 以下的颗粒。其下限并不确定,与大分子的大小重叠。在目前的技术水平下,可测量的下限为 3 nm
	形成机理	成核模态是新生成的颗粒物,并且一般较难再通过冷凝或碰并过程长成更大的颗粒物
爱根模态 (Aitkin mode)	定义	直径在 10~100 nm 的较大颗粒。成核模态和爱根模态通常在数量分布中可以观测到,但只有在清洁、偏远地区或靠近形成新颗粒源的地方才能在体分布或质量分布中单独观测到
	形成机理	是由较小颗粒长成或由高浓度物质成核而形成
积聚模态 (Accumulation mode)	定义	直径下限为 0.1 μm,上限为 1~3 μm 的颗粒。积聚模态的颗粒物可分成吸湿模态和凝固模态
	形成机理	气态污染物可能溶解在吸湿性颗粒物的水中或发生化学反应,使得凝固模态的粒径增大

续表 2.1

细颗粒物 （Fine particles）	定义	细颗粒物包括成核模态、爱根模态和积聚模态的颗粒，即粒径下限约 3 nm，上限为 1 ~ 3 μm 的颗粒
	形成机理	细颗粒物主要由燃煤或气态化学反应所形成的低饱和蒸气压的产物形成，包括金属、元素碳、有机碳、硫酸盐、硝酸盐、铵离子和有机化合物（二次颗粒物）等
粗颗粒物 （Coarse particles）	定义	下限为 1 ~ 3 μm，上限约为 100 μm 的颗粒，又称粗模态颗粒物
	形成机理	粗模态颗粒物是由机械力破碎大颗粒形成的矿物、地壳物质和有机碎片组成，它包括一次矿物和有机物。积聚模态和粗模态在 1 ~ 3 μm 区间上有重叠。在此区间可通过颗粒物的化学组成判断来源或形成机理来推断属于哪种模态
超细颗粒物 （Ultrafine particles）	定义	超细颗粒物并非是一种模态。它包括成核模态和大部分的爱根模态颗粒。粒径大小为 3 nm ~ 0.1 μm
	形成机理	—

超细颗粒物可能引起潜在的健康问题，某些健康效应与颗粒物数量、比表面积以及质量有关。超细颗粒物可长成积聚模态，但积聚模态一般不会再长成粗颗粒物。

空气颗粒物的粒径从 1 nm ~ 100 μm 跨越 5 个数量级，常常并非球状，因此通常以"等效"直径来对其进行描述。所谓的"等效"直径指与球形颗粒具有相同物理行为的直径。常用的"等效"直径有迁移直径（D_p）和空气动力学直径（D_a）两种。颗粒物的物理行为决定了使用何种等效直径。对于小于 0.5 μm 的颗粒，扩散过程较为重要，使用迁移直径更好；而对于大颗粒（大于 0.5 μm），重力沉降过程更为重要，倾向于使用空气动力学直径。对于环境空气中常见的指标 PM10 是指在上切割点为 10 μm 的空气动力学直径时收集效率为 50%，且具有指定穿透曲线的颗粒物。

2.1.2　水中颗粒物

水中颗粒物是指水中呈固体状的不溶性物质，粒度多大于 1 nm 的杂质，可以利用重力或其他物理方法与水分离，当颗粒相对密度大于 1 时，表现为下沉；小于 1 时，表现为上浮。颗粒物的性质较为复杂，种类繁多，主要分为矿物、金属水合氧化物、腐殖质、悬浮沉积物等几大类。

1. 矿物

矿物分为非黏土矿物和黏土矿物，它们都是原生岩石在风化过程中形成的。在水体中常见的非黏土矿物为石英（SiO_2）、长石（$KAlSi_3O_8$）等；常见的黏土矿物为云母、蒙脱石、高岭石等，具有黏结性，可以生成稳定的聚集体，黏土矿物是天然水中最重要、最复杂的无机胶体。

2. 金属水合氧化物

天然水中几种重要的容易形成金属水合氧化物的是铝、铁、锰、硅等金属,这种金属水合氧化物在天然水中以无机高分子以及溶胶等形态存在,在水环境中发挥重要的胶体化学作用。

3. 腐殖质

水体中腐殖质最早由土壤学研究者所发现,主要就是腐殖酸,例如富里酸、胡敏酸等。这些物质呈有机弱酸性,属于芳香族化合物,相对分子质量从 700 ~ 200 000 不等。在水体中 pH 较高或离子强度低的条件下,溶液中的 OH^- 被腐殖质离解出的 H^+ 中和,因而分子间的负电性增强,排斥力增加,亲水性强,趋于溶解。在 pH 较低的酸性溶液中或有较高浓度的金属阳离子存在时,各官能团难于离解而电荷减少,高分子趋于卷缩成团,亲水性弱,因而趋于沉淀或凝聚。

4. 悬浮沉积物

一般情况下,悬浮沉积物是以矿物微粒,特别是黏土矿物为核心骨架,有机物和金属水合氧化物结合在矿物微粒表面上,成为各微粒间的黏附架桥物质,把若干微粒组合成絮状聚集体,经絮凝成为较粗颗粒而沉积到水体底部。

5. 其他

废水排出的表面活性剂、油滴等半胶体,大小在 $0.2 ~ 2~\mu m$ 的微细浮游生物及生物残体,如藻类、细菌的死亡体、细胞碎片和病毒等也是水中颗粒物的主要来源。

水体中的颗粒物本身即可成为污染物,也可成为载体,与微污染物相互作用,很大程度上决定着微污染物在环境中的迁移转化和循环归宿。

2.2　过滤材料的分类、性能与过滤机理

过滤材料能使含颗粒的流体中的流体通过,而使颗粒物截留下来,以达到分离的目的。在过滤过程中,过滤材料的性能、材质极大地影响过滤的效果。

2.2.1　过滤材料的分类

1. 按作用原理分类

液体过滤中过滤材料分为表面过滤材料和深层过滤材料。表面过滤材料是指材料的孔径比流体中固相颗粒的尺寸小,固相颗粒被截留,沉积在材料的表面,流体则通过材料的孔隙;属于这一类的介质有棉、毛、麻、丝、化纤等制成的织物以及由玻璃丝、金属丝织成的网。深层过滤材料是指过滤材料的孔径比流体中固相颗粒的尺寸大,当固相颗粒渗入材料孔隙中时,受到吸附、沉淀及阻滞作用而被截留;属于这类材料的有砂滤层、多孔金属、陶瓷及塑料等。但实际上许多材料既能起表面过滤介质的作用,同时也具有深层过滤的性能,它们借助表面沉积和孔隙内截留的综合作用来实现气(液)、固分离。

2. 按材质分类

按制造材料可分为天然高分子过滤材料、合成高分子过滤材料和无机及金属过滤材料等。天然高分子过滤材料主要包括棉、麻、毛和蚕丝等；合成高分子过滤材料包括合成纤维、超细纤维以及离子交换纤维等；无机及金属过滤材料包括石棉纤维、玻璃纤维及其织物、陶瓷以及多孔烧结金属过滤材料等。

3. 按结构分类

按结构可分为柔性、刚性及松散性过滤介质。柔性过滤介质按制造材料可分为非金属过滤介质与金属过滤介质两类；刚性过滤介质是由烧结的固相颗粒制成的；松散性过滤介质则是由非黏结的固相颗粒构成的。具体分类如图 2.1 所示。

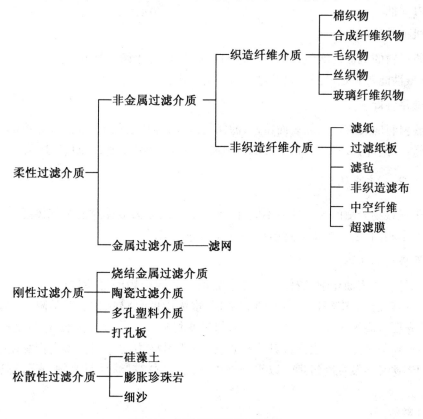

图 2.1　过滤材料结构分类图

2.2.2　过滤材料的性能

过滤材料的性能包括截留能力、抗堵塞能力、渗透性、机械性能以及使用性能。

1. 截留能力

截留能力是各种材料所能截留的最小颗粒尺寸，取决于材料孔隙的大小及分布情况。为了测定材料孔隙的大小，有许多方法可供采用，如显微镜观测法和气泡点试验法。

过滤材料应能截留所要求的最小颗粒,对已知粒度分布的悬浮液具有较高的截留能力。

2. 抗堵塞能力(容渣能力)

单位面积过滤材料在正常过滤操作条件下,能截留、容纳流体中一定粒径范围的颗粒的量,称之为抗堵塞能力或容渣能力。抗堵塞能力是深层过滤介质的一项重要性能。在截留能力、渗透性相同的条件下,容渣能力大,则表明该过滤介质具有更长的使用寿命,能过滤更多的物料。

3. 渗透性

渗透性是过滤材料对滤液流动阻力的反映特性,而流动阻力影响着过滤机的生产率以及使用功率。过滤材料要求滤出的滤液应符合所要求的澄清程度,因此滤液通过介质时的阻力要低。

4. 机械性能

过滤材料的机械性能包括强度、抗磨损的能力、尺寸稳定性和使用寿命以及可加工性等,机械性能要满足过滤物料及过程条件的要求。

5. 使用性能

过滤材料应具有适当的表面特性,滤饼易卸除,介质表面易清洗,且介质的价格应合理,不昂贵。此外针对特定行业,过滤材料应具有耐高温、耐腐蚀、阻燃、抗菌等性能。

2.2.3　过滤机理

由于颗粒物分散的流体性质不同,因此过滤可以分为液体过滤和气体过滤。两种过滤过程不尽相同,因此本章对过滤机理也分别进行探讨。

1. 液体过滤机理

过滤是一个表面化学、胶体化学和水流动力共同作用的复杂过程,最早出现的过滤机理为机械筛滤,后来经过不断的研究发现,水流中的悬浮颗粒能够黏附于过滤材料的表面,首先要考虑被水流挟带的颗粒如何与过滤材料表面接近或接触,这就是迁移机理;此外,当颗粒与过滤材料表面接触或接近时,依靠哪些力的作用使得它们黏附于过滤材料表面上,这又涉及黏附机理。以水处理中常用的颗粒过滤材料为例,来解释这两种过滤机理。

(1)颗粒迁移。

液体过滤时存在着 5 种物理迁移过程,将悬浮颗粒从流体中迁移至过滤材料的表面。①阻截作用,当流线距过滤材料表面距离小于悬浮颗粒半径时,处于该流线上的颗粒会直接碰到过滤材料表面产生阻截作用;②重力作用,颗粒粒径和密度较大时会在重力作用下脱离流线,垂直运动,产生重力作用;③惯性作用,具有较大动量和密度的颗粒在流体绕过过滤材料表面时因惯性作用脱落流线,碰撞到过滤材料表面;④扩散作用,颗粒较小、布朗运动较剧烈时会扩散至过滤材料表面;⑤水动力作用,在过滤材料表面附近存在速度梯度,非球体颗粒在速度梯度作用下会产生转动而脱离流线与颗粒表面接触。由于过滤行为的复杂性,目前这几种机理只能定性描述而无法进行定量估算,图 2.2 为上述几种迁移机理的示意图。

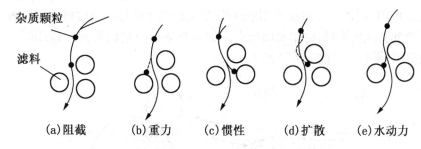

图 2.2　颗粒迁移机理示意图

（2）颗粒吸附。

吸附是一种物理化学作用。当水中杂质颗粒迁移到过滤材料表面时,在物理化学力的作用下,被吸附于过滤材料表面或吸附在过滤材料表面原先吸附的颗粒上。这些物理化学力主要包括范德华力、双电层力、化学键力和某些特殊的化学吸附力,这些力的综合作用决定着过滤效果的优劣。

在上述两种过滤机理的基础上,过滤有 3 种主要形式,分别为表面筛滤、滤饼过滤和深层过滤。图 2.3 为不同过滤形式的示意图。表面筛滤指尺寸大于过滤材料孔隙的颗粒沉淀在材料的表面上,从而获得液固分离的效果;滤饼过滤指颗粒沉积在过滤材料上形成饼层,对液固的分离形成新的过滤材料;深层过滤指颗粒进入过滤材料的内部,由于不同方式的截留,从而使液固分离的原理。

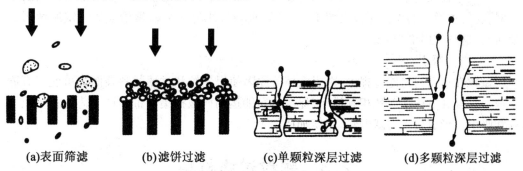

图 2.3　不同的过滤形式示意图

2. 气体过滤机理

过滤材料在大气污染物治理中主要用于颗粒物的去除。使含尘气体通过具有很多毛细孔的过滤介质将污染物颗粒截留下来的除尘方法称为过滤除尘。过滤除尘的滤尘过程比较复杂,它是多种沉降过程联合作用的结果,其中最主要的有以下几种机理。

（1）惯性碰撞。

粒径在 1 μm 以上的粒子具有较大的惯性。当气流接近过滤材料时受阻发生绕行,粒子由于惯性作用偏离气体方向直接与过滤材料碰撞而被捕集,粒子越大,流速越大,惯性力越大,过滤效果越好。微粒的惯性碰撞如图 2.4 所示。

（2）扩散。

粒径在 0.01 ~ 0.5 μm 的粒子,由于布朗运动或热运动与过滤材料表面接触,当运动中的粒子撞到其他物体时,物体表面间存在的范德华力使它们黏在一起,沉积在过滤材料上而被除去,微粒的扩散运动如图 2.4 所示。

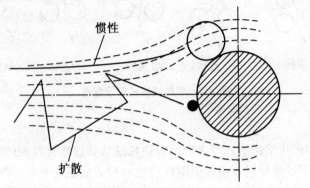

图 2.4　惯性碰撞和扩散碰撞示意图

（3）重力沉降。

含尘气体通过过滤器时气流速度降低,粒度大、密度大的粉尘由于重力作用而沉降下来。

（4）筛滤。

空气中较大的尘埃粒子,当尘粒直径大于过滤材料纤维的空隙或滤饼上粉尘间的空隙时,随气流通过的尘粒便被阻留下来,特别是当过滤材料上积累粉尘达一定厚度形成滤饼时,这种作用更为显著。

（5）静电吸引。

微粒在运动与过滤过程中,由于摩擦等原因使得尘粒和过滤材料表面都可能带有静电荷。带同性电荷的颗粒相互排斥,促进做布朗运动而被捕集。带异性电荷的粒子由于互相吸引而形成较大的新颗粒,则便于捕集去除。

2.3　颗粒过滤材料

颗粒过滤材料主要用于水中悬浮物的过滤去除。当水和废水通过颗粒过滤材料层时,其中的悬浮颗粒和胶体就被截留在过滤材料的表面和内部空隙内,使水得以净化。目前水处理中,最为常用的颗粒过滤材料是石英砂过滤材料、无烟煤过滤材料和陶粒过滤材料。

2.3.1　石英砂过滤材料

石英砂过滤材料是目前水处理行业中使用最广泛、使用量最大的净水材料。它是采用天然石英矿为原料,经破碎、水洗精筛等加工工艺制成。该过滤材料无杂质,机械强度高,化学性能稳定,截污能力强,适用于单层、双层过滤池和过滤器中。石英砂的主要化学成分是 SiO$_2$,质量分数占 90% 以上,此外还含有氧化铁、黏土、云母和有机杂质,熔点为 1 610 ℃。由于 SiO$_2$ 是原子晶体,其晶格点上排列着原子,原子之间由共价键联系,这种作用力比分子间力强得多,所以石英砂质地坚硬,且熔点很高。

用石英砂过滤材料净水就像水经过砂石渗透到地下一样,将水中的那些细微的悬浮物阻留下来,从而起到过滤作用。石英砂过滤材料有普通石英砂过滤材料和精制石英砂过滤材料两大类。普通石英砂过滤材料主要用在污水处理中,应用时间较长,应用过程中主要防止石英砂流失;精制石英砂过滤材料用在纯水处理中,过滤材料使用时间过长被污染后,污染物包住石英砂就不能再起到很好的过滤作用了,因此一般 2 ~ 3 年就要更换。

由于天然石英砂表面孔隙少,比表面积和等电点较低,因此净水机理主要靠表面筛滤作用,可去除水中悬浮物,但对重金属离子、细菌、病毒和有机物等溶解性物质去除效果不理想,且设备占地面积大,截污容量低,滤速慢。因此一般将石英砂进行表面处理,制成改性的石英砂过滤材料进行使用。

过滤材料的改性是在载体过滤材料的表面通过化学反应涂上一层改性材料,根据物理化学理论,表面积较大的固体常常是不稳定的,一定条件下总要吸附一些细小的颗粒,以使表面平滑和无活性达到稳定状态。如果改性剂黏附在过滤材料上时,无数的微型颗粒堆积在过滤材料表面,造成比原过滤材料大得多的比表面积,并呈多孔状,改变了过滤材料的表面性质,对一些溶解性的物质有较好的去除效果。

适合做改性剂的材料有很多,像铁、铝、镁的氧化物或氢氧化物以及稀土类金属配合物等,目前较成熟的改性方法是利用铝盐和铁盐对石英砂过滤材料进行改性,但是这些研究几乎都集中在给水处理中,如一些微污染原水的处理,而在废水处理领域的应用研究较少。因此,本节重点介绍铁盐改性石英砂和铝盐改性石英砂的制备方法、产品的性能以及应用进展情况。

1. 铁盐改性石英砂

中国环境科学研究院、西安建筑大学和浙江工业大学均有学者以普通石英砂过滤材料为基本原料,用铁盐改性制备了一系列新型的石英砂过滤材料,这些过滤材料的出现拓宽了石英砂过滤材料的应用范围。

(1)改性方法。

铁盐改性石英砂主要有两种制备工艺:一是碱性沉积法;二是高温加热法。采用的改性剂是氯化铁或硝酸铁。

石英砂预处理:用自来水反复冲洗石英砂,冲洗干净后置于 100 ℃ 烘箱中烘干,然后采用 0.1 mol/L 的 HCl 溶液对石英砂表面进行预处理,浸泡 24 h 后,用蒸馏水冲洗,直至淋出液的 pH 接近中性,最后在 110 ℃ 烘箱中烘干,放入有盖的瓶中储存,以备改性试验用。

①高温加热法。

将预处理好的砂粒加到铁盐溶液中,搅拌后放入烘箱 110 ℃ 下加热烘干(1 h 搅拌一次,以防止颗粒相互黏结),然后将试样移到马弗炉中,高温下加热 3 h。重复上述步骤,每加热 3 h 后,放入空气中 21 h。这样循环数次,直到涂铁石英砂表面不再泛潮。最后将试样先用自来水漂洗(冲洗掉未黏结牢固的颗粒),再用去离子水漂洗,在 110 ℃ 干燥,备用。图 2.5 为高温加热法改性石英砂的工艺流程。

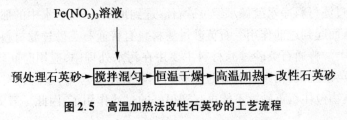

Fe(NO₃)₃溶液

预处理石英砂 → 搅拌混匀 → 恒温干燥 → 高温加热 → 改性石英砂

图 2.5　高温加热法改性石英砂的工艺流程

② 碱性沉积法。

将预处理好的砂粒加到铁盐溶液中,再加去离子水,边搅拌边滴加 NaOH 溶液,至体系的最终 pH 为 8。此时形成的红色铁的氢氧化物絮体固着在石英砂颗粒表面,沉积量的质量分数大约为 30%,过滤、洗涤、恒温干燥后,进行下一次覆盖,一般要进行数次,直至全部将砂粒覆盖,图 2.6 为碱性沉积法改性石英砂的工艺流程。

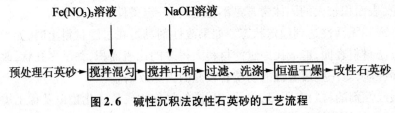

Fe(NO₃)₃溶液　　　　　NaOH溶液

预处理石英砂 → 搅拌混匀 → 搅拌中和 → 过滤、洗涤 → 恒温干燥 → 改性石英砂

图 2.6　碱性沉积法改性石英砂的工艺流程

(2)铁盐改性石英砂的性能。

两种制备工艺的原理略有不同,碱性沉积法是通过金属盐与碱反应生成金属氢氧化物沉淀,然后变成金属氧化物;而高温加热法则是通过加热使金属盐水解产生氢氧化物沉淀,然后再转变为金属氧化物并附着在石英砂表面。两种制备方法得到的铁盐改性石英砂,含铁量最高的是高温加热法,其次是碱性沉积法。表 2.2 为天然石英砂与铁盐改性石英砂表面的外观、含铁量、比表面积、酸性条件和机械振动条件的数据。

表 2.2　样品的外观、含铁量、比表面积、酸性条件和机械振动条件的数据表

样品	天然石英砂	铁盐改性石英砂 1	铁盐改性石英砂 2
外观	白色	深红褐色	橘黄色
含铁质量分数/%	0	6.49	0.98
比表面积/($m^2 \cdot g^{-1}$)	0.04	3.17	1.10
酸性条件		0.05	1.01
机械振动条件		0.94	1.31

注　铁盐改性石英砂 1 为高温加热得到的改性石英砂;铁盐改性石英砂 2 为碱性沉积法得到的改性石英砂

由表 2.2 可知,碱性沉积法所得样品的含铁量、比表面积都比高温加热法小得多,氧化铁的附着能力也差些,这些显然是由制备条件引起的。因此,高温加热法能更好地实现对石英砂表面改性的目的,图 2.7 为天然石英砂表面和高温加热法铁盐改性石英砂的扫描电子显微镜(SEM)图像。由图可见,天然石英砂表面密实,间或分布机械形成的 V 形凹坑或沟槽等覆盖和沉积于石英砂表面,而且天然石英砂表面孔隙很少,容易让改性剂附着,但难以吸附水中的小颗粒。改性处理后的石英砂表面存在覆盖物,表面粗糙度明显增加。

(a)天然石英砂表面(×1 000)　　　　(b)铁盐改性石英砂表面(×10 000)380 ℃

图 2.7　石英砂过滤材料表面 SEM 图像

X 射线衍射(XAD)分析表明,铁盐改性石英砂过滤材料表面氧化铁膜由 Fe_2O_3 和 FeOOH 组成,由于 FeOOH 不稳定,在一定条件下可失水转变成较稳定的 Fe_2O_3。其间掺入少量 SiO_2 衍射峰,说明经过改性的石英砂表面发生了变化,不同于天然石英砂。

(3)铁盐改性石英砂的除污机理。

铁盐改性石英砂去除污染物,一方面是靠过滤材料对颗粒态污染物的物理截留、黏附、吸附作用,也就是增大过滤材料的比表面积;另一方面是表面涂铁层对污染物的吸附作用。两者的共同作用才使改性石英砂的除污效果大为提高。

无论是高温涂层还是碱性沉积涂层制备的铁盐改性石英砂,烘干脱水过程中都会使改性剂浓缩,引起氧化铁沉淀,这些沉淀物大部分沉积在石英砂表面,改性剂的性质基本上代替了材料的性质,当改性剂黏附在载体上时,无数的微型颗粒堆积在表面,形成比原载体大得多的比表面积,表面吸附区域面积增加。

铁盐改性石英砂在水中,表面的 Fe_2O_3 发生羟基化,Fe_2O_3 利用暴露于表面的阳离子拉一个 OH^- 离子或水分子来完成配位,最终结果是氧化铁表面被羟基覆盖,阳离子则被埋在表面下面。羟基表面 Fe—OH 上的 H^+ 更活泼、更易解离,随 pH 的不同可发生表面的两性离解,即酸性和碱性离解。天然石英砂在等电点处的 pH 为 0.7 ~ 2.2,改性后石英砂表面涂覆的铁氧化物因吸附一层水分子而发生了羟基化,导致将等电点处的 pH 提高到 7.5 ~ 10.3,等电点的提高扩大了吸附污染物的范围。当原水的 pH < 7.5 时,吸附水中带负电颗粒或离子能力较强;当 pH > 10.3 时,吸附水中带正电颗粒或离子能力较弱,因此只要适当调节原水的 pH,就可以使改性石英砂吸附水中带正电或负电的污染物。

2. 铝盐改性石英砂

低温或低浊的微污染原水在常规的混凝、沉淀、过滤等处理工艺中得不到理想的处理效果。采用氧化铝改性后,可改变石英砂表面的电负性。

(1)改性方法。

铝盐改性石英砂一般可采用碱性沉积法制备。石英砂进行化学加工前,往往需要预处理,以恢复石英砂本来的表面性能。

铝盐改性砂的制备:配制 1 mol/L 的 $AlCl_3 \cdot 6H_2O$ 溶液 250 mL,用 NaOH 溶液调整 pH 以使其形成氧化铝悬浮液。在氧化铝悬浮液中加入 500 g 经过预处理的石英砂,放于磁力加热搅拌器上,在 70 ℃ 条件下连续搅拌 3 h,然后置入 110 ℃ 烘箱烘干,经烘干的铝盐改性砂再用蒸馏水冲洗干净,在 110 ℃ 烘箱中烘干后供使用。

图 2.8 为天然石英砂和铝盐改性石英砂的固体表面的外貌,由扫描电镜照片可以看出,天然石英砂表面光滑均匀没有棱角,具有一定的沟槽与凹坑,容易让改性剂附着,但难以吸附水中的颗粒物。铝盐改性石英砂表面较为粗糙,孔隙更多,孔径小而均匀,表面沉积了大量氯化铝水解后的聚合物——薄水铝石,涂层比较厚实,完全涂敷在石英砂表面。XRD 测定结果表明,铝砂中有很强烈的 SiO_2 衍射峰,这在实际应用中表明该涂层的稳定性和耐久性差,处理出水水质下降快。

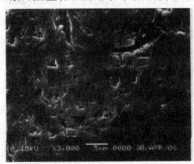 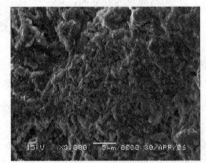

(a)天然石英砂表面　　　　　　　　　(b)铝盐改性石英砂表面

图 2.8　石英砂过滤材料表面 SEM 图像

(2)铝盐改性石英砂除污机理。

铝盐改性石英砂表面是由勃姆石(γ - AlOOH)和三羟铝石[$Al(OH)_3$]组成。勃姆石的化学成分中,Al_2O_3 占 84.98 %,三羟铝石中 65.4% 的成分也是 Al_2O_3。因此,铝盐改性石英砂表面的化学成分主要是氧化铝。天然石英砂过滤材料表面的 pH_{pzc} 范围为 0.7 ~2.2,而铝盐改性石英砂则将原砂的 pH_{pzc} 提高到 7.5 ~9.5。如果过滤原水 pH > pH_{pzc},则铝盐改性石英砂的氢氧化物表面发生酸性离解,导致表面带负电荷,吸附水中带正电颗粒或离子能力较强;当原水 pH < pH_{pzc},铝盐改性石英砂的氢氧化物表面发生碱性离解,带正电荷,吸附水中带负电颗粒或离子能力较强;因此可针对水体中的不同污染物,通过改变原水的 pH 将其去除。

3. 石英砂过滤材料的应用

石英砂过滤材料对水中重金属离子、溶解态的污染物有较好的去除效果。

（1）对悬浮杂质的去除。

用铝盐改性石英砂和铁盐改性石英砂可进行强化过滤处理微污染水,改性石英砂比天然石英砂对混浊度的去除率平均高出 13% 以上,并且在除浊方面,铝盐改性石英砂稍优于铁盐改性石英砂,因此不需要投加任何混凝剂,可用铝盐改性石英砂直接过滤,但超过 22 h 后,铝盐改性石英砂的出水混浊度高于铁盐改性石英砂,说明铝盐改性石英砂的耐久性不如铁盐改性石英砂。

（2）对有机物的去除。

由于水中有机物种类繁多,一一检测难度很大,为此一般采用 UV_{254} 和 COD_{Cr} 来间接代表水中有机物的含量。UV_{254} 是非挥发性总有机碳和三卤甲烷母体的良好替代参数,COD_{Cr} 是在一定条件下,测定以重铬酸钾为氧化剂时所消耗的量。利用改性石英砂做过滤材料,在过滤初期,铁盐改性石英砂和铝盐改性石英砂对 UV_{254} 的去除率分别为 58.5% 和 59.3%,对 COD_{Cr} 的去除率分别为 84% 和 92%,这说明铝盐改性石英砂更有利于吸附水中的有机物。不同改性方法制得的改性石英砂对有机物的吸附效果存在较大的差别,表 2.3 为静态吸附试验对比了 3 种材料去除有机物的效能。

表 2.3　不同过滤材料对有机物的吸附效果

原水 COD /(mg·L⁻¹)	铁盐改性石英砂 1		铁盐改性石英砂 2		天然石英砂	
	去除率/%	吸附容量/ (mg·g⁻¹)	去除率/%	吸附容量/ (mg·g⁻¹)	去除率/%	吸附容量/ (mg·g⁻¹)
43.73	42.7	0.023 33	37.8	0.020 66	4.7	0.002 66
34.67	49.2	0.021 34	40.8	0.017 68	3.1	0.001 34
23.47	46.6	0.013 68	36.4	0.010 68	2.9	0.000 84
17.07	43.8	0.009 34	29.7	0.006 34	2.3	0.000 50
10.13	36.8	0.004 66	26.4	0.003 34	1.3	0.000 16

注　铁盐改性石英砂 1 为高温加热法得到的改性石英砂;铁盐改性石英砂 2 为碱性沉积法得到的改性石英砂

由表 2.3 可知,改性石英砂去除有机物的吸附容量均比未改性石英砂大得多。在相同的原水 COD 浓度下,铁盐改性石英砂的吸附容量是未改性石英砂的 5～30 倍。比较两种铁盐改性石英砂的吸附容量可以发现,铁盐改性石英砂 1＞铁盐改性石英砂 2。可见,改性大大提高了石英砂对有机物的吸附能力,但以高温加热法制得的改性石英砂对有机物的吸附能力最强,碱性沉积法制得的较差。分析发现,高温加热法得到的铁盐改性石英砂含铁量要高于碱性沉积法,因此认为铁盐改性石英砂中铁含量的多少与有机物的去除效果呈现出一定的相关性。

（3）对重金属离子的去除。

铝盐改性石英砂表面的化学成分主要为 Al_2O_3,Al_2O_3 是一种两性物质,等电点 pH 为 7.5～9.5,所以当废水 pH 碱性高于铝盐改性石英砂等电点的 pH 时,材料表面带负电荷,有利于水中金属阳离子等带正电荷物质的吸附。表 2.4 是采用高温加热和碱性沉积的方法制备的氯化铁和硝酸铁改性石英砂对 Zn^{2+} 离子的吸附效果。

表 2.4　原水质量浓度对 Zn^{2+} 去除率的影响

原水质量浓度/(mg·L^{-1})	氯化铁改性石英砂		硝酸铁改性石英砂	
	出水质量浓度/(mg·L^{-1})	去除率/%	出水质量浓度/(mg·L^{-1})	去除率/%
4	0.532	86.700	0.112	97.200
8	1.689	78.888	1.209	84.888
20	10.925	45.375	8.001	59.995
25	13.634	45.464	13.194	47.224
30	16.787	44.043	16.980	43.400
40	24.429	38.928	24.100	39.750
60	45.870	23.550	36.960	38.400
80	62.430	21.963	56.312	29.610
100	78.700	21.300	82.430	17.570

　　由表 2.4 可知,随着原水质量浓度的提高,铁盐改性石英砂对 Zn^{2+} 去除率降低。分析认为,改性石英砂对 Zn^{2+} 的吸附有一定的容量,随着原水质量浓度的上升,改性石英砂吸附 Zn^{2+} 的量也趋于饱和(表面活性中心位置被占满),所以去除率下降,吸附 Zn^{2+} 的最佳 pH 约为 9。此外,两种铁盐改性石英砂对 Pb^{2+} 和 Cu^{2+} 两种重金属离子的吸附去除能力均优于未改性的石英砂。对 Pb^{2+} 和 Cu^{2+} 的吸附平衡时间则分别为 4 h 和 3 h 左右。吸附去除 Pb^{2+} 的最佳 pH 约为 7,吸附 Cu^{2+} 的最佳 pH 约为 6.0,去除率均在 85% 以上。

　　重金属离子在改性过滤材料表面的吸附是一种离子交换过程,水中的重金属阳离子和固体表面的金属离子发生交换反应,或者和固体表面的羟基配位,将 H^+ 交换下来。由于现有的资料显示在滤液中未检出 Fe^{3+},因此水中重金属离子在改性石英砂表面的吸附作用属于和其表面的羟基配位作用。有关平衡如下:

$$XOH + Me^{n+} \Longleftrightarrow [XOMe]^{(n-1)+} + H^+$$

$$2XOH + Me^{n+} \Longleftrightarrow [(XO)_2Me]^{(n-2)+} + 2H^+$$

$$nXOH + Me^{n+} \Longleftrightarrow (XO)_nMe + nH^+$$

式中　X——改性石英砂过滤材料表面的铁;

　　　Me——水中的重金属阳离子,即 Zn^{2+},Cu^{2+} 等。

　　(4)对藻类的去除。

　　藻类由于自身分泌的有机物包裹在细胞膜外,一般表面带有负电荷,而且具有一层水化膜,这些性质使藻细胞颗粒很难沉积、黏附在过滤材料表面,故常有一些藻类颗粒穿透滤池而影响出水水质。采用改性石英砂过滤材料对含藻水进行处理,经混凝沉淀后水中的余铝对藻类的去除有促进作用。分析认为,铝盐改性石英砂表面的等电点处的 pH

约为 5,而天然石英砂表面的 pH 约为 3。在水样 pH 为 6.8 的试验条件下,改性石英砂表面的 ζ 电位为 $-14.5\ \mathrm{mV}$,石英砂表面为 $-34.8\ \mathrm{mV}$,未经混凝沉淀的含藻水中藻类颗粒的 ζ 电位为 $-24.7\ \mathrm{mV}$,混凝沉淀后 ζ 电位为 $-14.7\ \mathrm{mV}$。因此改性石英砂的 ζ 电位远高于石英砂,故与藻类颗粒的静电排斥作用更小,使藻类颗粒更易于靠近过滤材料表面,从而提高对藻类颗粒的去除率。同样,混凝沉淀后水中剩余的藻类颗粒由于电负性减弱,与过滤材料的静电排斥作用降低,也有利于去除率的提高。

（5）氟的去除。

氟是自然界中分布广泛的微量元素,通过食物链摄入到人体的氟大部分来自饮水和食物,地方性氟病区的患病情况和饮水中的氟含量有直接的关系。国内外对含氟水的处理已有许多研究,但效果均不显著。天然石英砂因为表面带负电,而 F^- 带负电,两者互相排斥而使 F^- 不能吸附在石英砂表面。而改性后的石英砂表面带正电,使其对 F^- 的吸附能力大增,铝盐改性石英砂在过滤 1 h 时除氟率为 75.3%。分析认为,F^- 与 Al^{3+} 有稳定的配位作用且吸附专一的特点,用活性氧化铝改性石英砂,构成可进行配体交换吸附的除氟材料,可提高其除氟效果,但铝盐改性石英砂过滤 5 h 后除氟率只有 4.5%,很快丧失除氟能力。而铁盐改性石英砂去除氟的效果要远好于铝盐改性石英砂,前 20 h 除氟率在 90% 以上,20 h 后迅速下降。铝盐改性石英砂和铁盐改性石英砂的除氟能力的差异与吸附活性中心点位有关,任何固体表面都是由大量均匀分布的凸点组成,凸点上的原子和离子具有未饱和的价键力,构成了一系列的吸附作用点。这些点称为表面吸附活性中心,当表面吸附活性中心全部被占满时,吸附量达到最高饱和值。铁盐改性石英砂的表面吸附活性中心点位比铝盐改性石英砂多而使其吸附氟的能力更持久。

（6）磷的去除。

我国大部分水源受有机物污染严重,在给水处理中,磷的去除主要靠混凝沉淀和过滤两个阶段,混凝效果好的能去除大部分磷,另一少部分磷依赖过滤工艺去除。因此,研究过滤去除微量磷是保证出水的生物稳定性的一条重要途径。原水中不但含有溶解性磷,还含有颗粒态磷,铁盐改性石英砂作为一种过滤材料具有较强的吸附性能,根据除污机理,铁盐改性石英砂在水环境条件下,表面的 Fe_2O_3 发生羟基化,在酸性环境下,水中磷倾向以 $H_2PO_4^-$ 和 HPO_4^{2-} 存在,$H_2PO_4^-$ 能替代过滤材料表面的羟基,达到除磷的效果。当原水的 pH 为 7 时,对总磷去除率可高达 90%,对溶解性总磷的吸附等温线属于 Langmuir 型,并认为提高磷吸附容量方法是增加涂层质量和厚度,或者是使吸附在酸性环境中进行。

2.3.2　无烟煤过滤材料

无烟煤,俗称白煤或红煤,是碳化程度最高的煤种。无烟煤一般含碳量在 90% 以上,挥发物在 10% 以下,黑色坚硬,有金属光泽。燃烧时火焰短而少,不结焦。过去无烟煤主要是作为民用燃料,近年来随着工业的发展,无烟煤应用范围扩大,不仅应用于化肥、陶瓷、锻造以及冶金等行业,也成了水处理行业的常用过滤材料。

无烟煤过滤材料是把天然块状无烟煤,经过破碎筛分而加工成一定粒级直接用于水过滤工艺的一种过滤材料。在国外已广泛应用于自来水及各类污水的过滤工艺中,而在我国的应用也已有几十年的历史,它具有锰砂和石英砂无可比拟的天然优势:质轻、孔隙率高、截污能力强等。无烟煤过滤材料同石英砂过滤材料配合使用是我国目前推广的双层快速滤池和三层滤池、滤罐过滤的最佳材料。无烟煤过滤材料的颗粒形状以多面体为佳,片状和针状的无烟煤过滤效果差,容易流失和损耗率大。

1. 无烟煤的性能

无烟煤过滤材料的机械强度高,化学性能稳定,不含有毒物质,耐磨损,在酸性、中性、碱性水中均不溶解,颗粒表面粗糙,有良好的吸附能力,孔隙率大(>50%),有较高的纳污能力。表 2.5 为标准无烟煤过滤材料的理化性能。

表 2.5 标准无烟煤过滤材料的理化性能

含泥量/%	≤4	固定碳/%	≥80
比重/(g·cm^{-3})	1.4 ~ 1.6	容重/(g·cm^{-3})	0.947
磨损率/%	≤1.4	空隙率/%	47 ~ 53
破碎率/%	≤1.6	盐酸可溶率/%	≤3.5

无烟煤过滤材料在过滤过程中直接影响过滤的水质,故对过滤材料的选择必须满足以下几点要求:

(1)机械强度高,破碎率和磨损率之和不应大于3%(百分比按质量计)。

(2)化学性质稳定,不含有毒物质,不应含可见的页岩、泥土或碎片杂质。在一般酸性、碱性、中性水中均不溶解。

(3)粒径级配合理,比表面积大。产品外观呈球状而有棱角,光泽度好,经机械振动3次筛分,级配符合有关技术指标。均匀系数(K_{60})不大于 1.5 (日本标准),不均匀系数(K_{80})在 1.6 ~ 2.0 之间。

(4)粒径范围小于指定下限粒径按质量计不大于5%,大于指定上限粒径按质量计不大于5%。

2. 无烟煤过滤材料表面改性

天然过滤材料因其比表面积有限、孔隙率低及不经济性等缺点,一般都要将其进行表面改性,以提高其吸附性能。目前,无烟煤过滤材料常见的改性方法主要有碱性沉积法和浸泡改性,常用的改性剂为 $NaCl$,$AlCl_3$ 和 $FeCl_3$ 等。

(1)预处理。

取经筛分天然无烟煤若干,用自来水清洗至无黑色褪去,置于托盘,在 110 ℃下烘干后,留做改性使用。

(2)碱性沉积法。

称取一定量经预处理的无烟煤,加入到一定浓度的改性剂溶液中,同时加入沉淀剂 NaOH,搅拌均匀后置于 110 ℃烘箱中加热一定时间,取出冷却后,用蒸馏水清洗 4 ~ 6次,将黏附不牢的改性剂洗净,再次烘干,制得加热型改性无烟煤,并密封保存备用,具体工艺如图 2.9 所示。

（3）浸泡改性法。

称取一定量经预处理的无烟煤,分别加入质量浓度为 1mol/L 的 NaCl 溶液、$AlCl_3 \cdot 6H_2O$ 溶液、$FeCl_3 \cdot 6H_2O$ 溶液中,搅拌均匀后静置 24 h,倒出上清液,用蒸馏水冲洗干净,将黏附不牢的改性剂洗净,置于 110 ℃烘箱中加热烘干,并密封保存备用,具体工艺如图 2.10 所示。

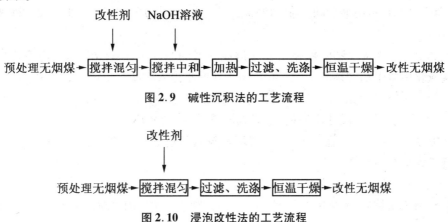

图 2.9　碱性沉积法的工艺流程

图 2.10　浸泡改性法的工艺流程

3. 无烟煤过滤材料的使用方法

国内外一般使用和饮用地表水均要经过过滤工艺,滤池过滤工艺是处理污水的把关技术,运行的好坏直接影响到污水排放的水质。传统的过滤工艺都是使用单层石英砂作为过滤材料,这种单层石英砂过滤材料在滤池反冲洗时,由于水力分级作用,小颗粒砂粒因质量轻、下降速度慢而落在滤床的上部,大颗粒砂粒则落在滤床的下部。由于小颗粒都集中于滤床的表面,使过滤面积减小,滤池阻力增大,而滤床下层的大颗粒则不能充分发挥作用。使用无烟煤过滤材料的双层和三层过滤材料过滤工艺则克服了上述单层石英砂滤料过滤的缺点,如三层过滤材料为:上层用粒径大、密度小的无烟煤过滤材料（相对密度为 1.4～1.6）,中层是中粒径、中密度的石英砂过滤材料（相对密度为 2.6）,下层为小粒径、密度大的磁铁矿过滤材料（相对密度为 4.60～4.95）。二层过滤材料:上层一般为无烟煤,下层为石英砂。利用各层过滤材料密度不同的特点,组成了一个均匀的理想的过滤床层,水流通过由粗到细的过滤材料层,使大部分悬浮物进入到过滤材料内部,整个滤床得以充分利用。因过滤材料密度的差别,在反冲洗后过滤材料仍按密度下沉,不混层。由于滤床的多层结构,上层颗粒大而轻,因而形成了在整个过滤深度上的体积过滤,而不是单层过滤材料的面积过滤,这种床层的含污能力大,过滤周期长,能提高滤水的生产能力。

4. 无烟煤过滤材料在水处理中的应用

（1）除铁除锰。

我国有丰富的地下水资源,其中不少地下水源含有过量的铁和锰,称为含铁含锰地下水。水中含有过量的铁和锰,将给生活饮用水及工业用水带来很大危害。在含铁含锰地区越来越多的新建水厂采用了生物除铁除锰技术,铁锰氧化细菌是该技术的核心,而作为载体过滤材料的性能则至关重要。哈尔滨工业大学的研究人员以无烟煤作为生物除铁除锰滤池的过滤材料,并将其应用于日产量 200 000 t/d 的佳木斯江北水厂,该水厂是我国第一座采用无烟煤过滤材料的生物除铁除锰水厂。在滤池接种后,通过对运行参数的优化调控,实现高铁高锰地下水的除铁除锰。与石英砂、锰砂等过滤材料的对比发现,无烟煤过滤材料明显加快了生物滤池的成熟,大大缩短了生物除铁除锰滤池的成熟期。

无烟煤适宜作为生物除铁除锰滤池过滤材料的原因在于:①粗粒、孔隙率大的滤层可使锰氧化菌微生物群系和 Fe^{2+},Mn^{2+} 离子随原水深入到滤层更深处,发挥全滤层的除铁除锰能力;②粗粒无烟煤过滤材料孔隙率大,避免了表面层的过快堵塞,延缓了全层阻力的增大,也就延长了反冲洗周期;③无烟煤质量轻、密度小,可以减少反冲洗强度;④管理简单方便,在施工中过滤材料筛分、装填均较其他过滤材料简便,大大缩短了工期,减轻了施工人员的劳动强度。

(2)去除水中的 NH_3 及 NH_4^+。

氮和磷为水体富营养化的两种主要元素,随着水中 pH 的减小,NH_3 可以转变为NH_4^+:

$$NH_3 + H^+ \longrightarrow NH_4^+$$

采用 $NaCl$,$AlCl_3$ 和 $FeCl_3$ 等对天然无烟煤进行改性,通过静态吸附实验发现,在碱性沉积改性方法中,$NaCl$ 改性无烟煤对氨氮的去除效果最佳,去除率为 80.95%;在浸泡改性方法中,氨氮的去除率为 78.89%。而天然无烟煤对氨氮的去除率仅为 10.03%,改性无烟煤对氨氮去除效果均远远优于天然无烟煤。

通过对吸附机理的探讨,发现采用碱性沉积法制得的改性无烟煤过滤材料,大部分改性剂附着在过滤材料上,从而使过滤材料的表面性质基本与改性剂性质类似。当改性剂黏附在无烟煤上时,无数微型颗粒堆积在无烟煤表面,造成比天然无烟煤大得多的比表面积,使其表面吸附能力提高,从而获得良好的吸附性能。此外在水的吸附、过滤处理中,除了物理吸附起主导作用外,同时还伴有化学吸附和交换吸附及表面络合等综合作用。其中,交换吸附是溶质离子由于静电引力作用聚集在吸附剂表面带电点上,并置换出原固定在这些带电点上的其他离子。在中性条件下,水中的 NH_3 几乎全部以 NH_4^+ 存在,而 NH_4^+ 吸附能力强于 Na^+,所以在离子交换吸附过程中,水中 NH_4^+ 可顺利地将改性无烟煤上的 Na^+ 交换出来,即

$$R-NaCl + NH_4^+ \Longleftrightarrow R-NH_4Cl + Na^+$$

从而使水中的 NH_3 及 NH_4^+ 被去除。

(3)去除水中的有机物。

由于煤炭主要由有机物组成,因而纯净的煤粒表面基本上是非极性的,一般条件下,非极性的固体表面亲非极性的液体而疏极性液体,因此煤粒表面亲非极性的烃类油,疏极性的水。煤中碳含量是随着煤化程度的提高而增加的,其表面的疏水亲油性质也随碳

化程度增加而加强,所以无烟煤过滤材料的表面性质是疏水亲油的,可用其过滤含油污水。煤炭又是多孔性物质,无烟煤过滤材料中的煤粒表面有许多大小不等的孔隙,这些孔隙就相当于许多毛细管,由于毛细管作用及孔隙内表面的疏水亲油性质,而使油分子可以容易地挤掉煤孔隙中原有的水分子,并取而代之,因此无烟煤过滤材料有良好的吸附有机悬浮物、特别是吸附烃类油脂的性能,同时还有一定的除味脱色功效。国外很早就将无烟煤过滤材料广泛应用于炼油厂、油田、轧钢厂的过滤工艺中,我国在污水处理方面使用很少,仅部分企业使用无烟煤过滤材料处理污水。

此外,改性的无烟煤过滤材料对酚类等高毒类有机物也有较好的去除效果,含酚废水流经表面改性的无烟煤过滤材料后,发现该法对中低浓度含酚废水处理效果明显,最高去除率达到95.5%,应用前景广阔。为了进一步提高对有机物的去除效果,将沸石 -无烟煤组成双层过滤材料处理微污染水,该工艺对 COD 的去除率可达到39.5%,远高于单一无烟煤过滤材料的处理效果。

2.3.3　陶粒过滤材料

陶粒过滤材料属于人工轻质过滤材料,是一种新型净水材料。它是由黏土质矿物、页岩类矿物和工业废弃物等为主要原料,经加工成粒或粉磨成球,再烧胀(烧结)而成的人造轻骨料。陶粒不含对人体有害的重金属离子及其他有害物质。

1. 陶粒过滤材料的化学成分和性能

陶粒过滤材料是一种无机过滤材料,主要化学成分为 SiO_2,Al_2O_3 和熔剂,熔剂包括 CaO,MgO,MnO,Fe_2O_3,FeO,TiO_2 和 K_2O 等。陶粒过滤材料粒度均匀,外部为铁褐色或棕色坚硬外壳,表面粗糙、不规则,主要由一些开孔大于 $5~\mu m$ 以上的孔构成,相互之间连通率一般。内部具有封闭式微孔结构,比表面积较大,化学和热稳定性好,具有较好的吸附性能,易于再生和重复利用;由于陶粒的比表面积和孔隙率均高于石英砂过滤材料,因此其不仅适用于城镇和工业给水处理,也可广泛用于冶金、石油、化工、纺织等工业废水的治理,对金属离子的去除方面也有显著的效果。

2. 陶粒的种类

陶粒的种类繁多,按形状可分为圆柱形陶粒、圆球形陶粒、碎石形陶粒;按原料不同可分为黏土陶粒、页岩陶粒、粉煤灰陶粒、煤矸石陶粒、垃圾陶粒等。

(1)按形状分类。

①碎石形陶粒:一般用天然矿石生产,先将石块粉碎、焙烧,然后进行筛分;也可用天然及人工轻质原料如浮石、火山渣、煤渣、自然或煅烧煤矸石等直接破碎筛分而得。

②圆球形陶粒:采用圆盘造粒机生产。先将原料磨粉,然后加水造粒,制成圆球后再进行焙烧或养护而成。目前我国的陶粒大部分是此品种。

③圆柱形陶粒:一般先制成泥条,再切割成圆柱形状。这种陶粒适合黏土原料,产量相对较低。

（2）按原料分类。

①页岩陶粒：又称膨胀页岩，是以优质页岩为主要原料加工制成的。页岩陶粒按工艺方法分为普通形页岩陶粒和圆球形页岩陶粒两类。普通形页岩陶粒经破碎、筛分、烧胀制成；圆球形页岩陶粒经粉磨、成球、烧胀而制成。目前，页岩陶粒的主要用途是生产轻集料混凝土小型空心砌块和轻质隔墙板。

②黏土陶粒：一种陶瓷质地的人造颗粒，是以各种未成岩的黏土为主要原料，经加工成球，再烧胀而成的人造轻骨料。黏土陶粒经济实用、节能环保，具有质量轻、强度高等特点，多用于保温隔热、污水处理、园林绿化和无土栽培等领域。

③粉煤灰陶粒：粉煤灰通常是指燃煤电厂中磨细煤粉在锅炉中燃烧后从烟道排出的物质。粉煤灰陶粒是以粉煤灰为主要原料，加入一定量的黏结剂和水，经成球、养护而成的轻骨料。它与页岩陶粒、黏土陶粒是陶粒产品的 3 大类。

④垃圾陶粒：是将城市生活垃圾处理后，经造粒、焙烧生产出烧结陶粒，或将垃圾烧渣加入水泥造粒，自然养护，生产出免烧垃圾陶粒。垃圾陶粒具有原料充足、成本低、能耗少等特点。

⑤煤矸石陶粒：煤矸石是采煤过程中排出的含碳量较少的黑色废石，在我国的排放量非常大。煤矸石的化学成分与黏土比较相似，其中含有的碳及硫使其在焙烧过程中，烧失量较大。因此只有在一定温度范围内，才能产生足够数量黏度适宜的熔融物质，具有膨胀性能。将符合烧胀要求的煤矸石经破碎、预热、烧胀、冷却、分级、包装而生产出煤矸石陶粒。

⑥污泥陶粒：污水厂运行过程中会产生大量的剩余污泥，污泥是一种半干性固体废物，为了充分利用其中的有机物，多将污泥制成含炭的吸附材料进行应用。以剩余污泥为主要原材料，采用烘干、磨碎、成球、烧结成的陶粒，称为污水处理生物污泥陶粒。该技术即避免了二次污染，又保护了农田，具有很重要的应用价值。

⑦河底泥陶粒：大量的江河湖水经过多年的沉积形成了很多泥沙，通常是黏土、泥沙、有机质及各种矿物的混合物，经过长时间的物理、化学和生物等作用以及水体传输而沉积于水体底部所形成。利用河底泥替代黏土，经挖泥、自然干燥、生料成球、预热、焙烧、冷却制成的陶粒称为河底泥陶粒。利用河底泥制造陶粒，不但会减少建材制造业与农业用地争土，而且还为河底泥找到了合理出路，解决了河底泥的二次污染问题，达到了废弃物资源化利用的目的。

3. 陶粒制备的机理

（1）制备工艺。

陶粒的制备工艺有两类，烧结（烧胀）和化学养护法。烧结（烧胀）的工艺流程如图2.11 所示。

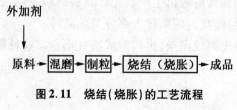

图 2.11　烧结（烧胀）的工艺流程

外加剂包括:黏结剂,膨胀剂和矿化剂等。主要作用是在烧成温度下能产生一定数量且具有一定黏度的液相以及一定数量的气体,使料球膨胀,在膨胀温度范围内产生的气体,其压力稍大于膨胀孔隙孔壁的破坏强度就会产生微孔。该技术的优点是工艺简单、成熟、材料获得容易;缺点是需要消耗大量能源,产生废气污染环境。在实际工业生产中,该工艺生产设备均采用工业回转窑设备。

化学养护法是通过添加多种化学药剂,在较低温度下与原料混合,养护结成料球。优点是节约能源,设备投资小;缺点是化学药剂成本较高,不适合大规模产业化生产陶粒。

(2)陶粒烧制的原理。

陶粒的膨胀主要是由于原料在加热过程中产生气体,而物料又有一定的黏度使部分气体未逸出从而形成多孔结构,又有部分气体逸出从而使表面形成许多开孔,增加了过滤材料的吸附性。所以烧制陶粒过滤材料必须具备两个基本条件:一是使料球在膨胀温度下能够产生适当的黏度和表面张力;二是在该温度下,料球能产生足够适宜的气体,这是过滤材料具有足够孔隙的必要条件。

①产生气体的反应。

陶粒原料中加热产生气体的主要反应如下:

在 400 ~ 800 ℃,快速升温或缺氧条件下产生气体的反应为

$$C + O_2 \Longrightarrow CO_2 \uparrow$$

$$2C + O_2 \Longrightarrow 2CO \uparrow (缺氧条件下)$$

$$C + CO_2 \Longrightarrow 2CO \uparrow (缺氧条件下)$$

碳酸盐分解的反应为

$$CaCO_3 \Longrightarrow CaO + CO_2 \uparrow (850 ~ 900 ℃)$$

$$MgCO_3 \Longrightarrow MgO + CO_2 \uparrow (400 ~ 500 ℃)$$

硫化物分解和氧化的反应为

$$FeS_2 \Longrightarrow FeS + S \uparrow (近 900 ℃)$$

$$S + O_2 \Longrightarrow SO_2 \uparrow$$

$$4FeS_2 + 11O_2 \Longrightarrow 2Fe_2O_3 + 8SO_2 \uparrow (氧化温度 1\,000 \pm 50 ℃)$$

$$2FeS + 3O_2 \Longrightarrow 2FeO + 2SO_2 \uparrow$$

氧化铁分解与还原(1 000 ~ 1 300 ℃)的反应为

$$2Fe_2O_3 + C \Longrightarrow 4FeO + CO_2 \uparrow$$

$$2Fe_2O_3 + 3C \Longrightarrow 4Fe + 3CO_2 \uparrow$$

$$Fe_2O_3 + C \Longrightarrow 2FeO + CO \uparrow$$

$$Fe_2O_3 + 3C \Longrightarrow 2Fe + 3CO \uparrow$$

由反应可知,在陶粒过滤材料的膨胀温度范围内,逸出的气体主要是 CO,因此 CO 是主要膨胀气体。

②陶粒的化学成分。

Riley 在研究黏土陶粒烧胀性时发现,在某温度范围内当所用原料的化学成分处于某一范围时,所得陶粒具有良好的烧胀性。因此,他提出了陶粒化学成分的 Riley 三角形,

并具体确定了形成适宜黏度液相的原料化学成分范围,如图 2.12 所示:SiO₂ 为 53% ~ 79%,Al₂O₃ 为 10% ~25%,熔剂之和为 13% ~26%。由图可知,在范围 1 内选择适宜的配比控制陶粒在烧制时的液相黏度从而使其达到需要的孔隙率;在范围 2 内控制陶粒强度以使气体逸出形成粗糙多孔的表面。

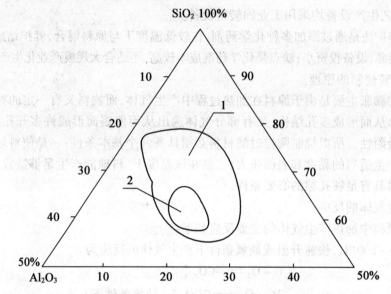

图 2.12　Riley 三角形中适宜黏度液相的原料化学成分范围
1—形成适宜黏度的原料化学成分范围;2—高强陶粒较佳化学成分范围

4. 陶粒的技术研究

陶粒的发现可追溯至 1885 年,但实际上 1918 年才由 S. J. Hayde 研制出来,他用回转窑生产陶粒的技术至今仍被广泛应用。我国 20 世纪 50 年代初才开始研究陶粒的生产和应用,整个发展过程可分 3 个阶段。

(1)1956—1962 年为研制阶段。

1956 年,山东博山用回转窑烧制黏土陶粒首获成功。1958 年先后在河南、上海、北京等地试制生产了少量黏土、页岩和粉煤灰陶粒,并在部分构筑物上试用成功。

(2)1963—1972 年为初期发展阶段。

此阶段的陶粒科研、生产、应用逐步扩展。人造轻骨料从单一品种发展到多个品种,工艺上则从落后的土法生产推进到工业化生产。

(3)1973 年至今为上升发展阶段。

此阶段的陶粒工业基本走上正规发展道路,进展速度较快,在此期间国家先后颁布了有关陶粒的 5 个国家标准,相关技术、工艺和设备不断研制成功并投入使用。

目前,我国陶粒技术的发展与国外先进水平相比,差距不大,人造轻骨料已由 3 种发展到 6 种。但是在研究过程中某些方面还需要进一步加强。

①要扩展陶粒原料的选择范围:传统陶粒过滤材料的骨架材料为页岩类矿石和黏土类矿石,需要消耗大量土地资源获得。近些年来清洁生产观念的提出,使得在原材料的

选择上尽可能遵循以废治废的原则,因此陶粒制备过程中可以选择热电厂产生的粉煤灰和工业废弃物作为骨架材料,在保证陶粒性能不变的前提下,尽可能降低制备成本。

②要扩宽陶粒过滤材料的应用范围:陶粒过滤材料用于给水处理主要表现为截流作用。而在污水处理上,由于陶粒表面由一些大于 5 μm 以上的孔构成,而细菌的直径为 5 ~ 10 μm,所以陶粒表面有利于微生物附着生长,制成生物陶粒。在水处理中,仅这两项功能不足以发挥陶粒的优越性,因此要在功能上有所进展。

③要降低陶粒过滤材料的容重:在水处理中,滤池的反冲洗强度是评价过滤材料性能的重要指标。传统的矿物质过滤材料容重较大,造成反冲洗消耗很高。陶粒过滤材料在制备中如果只加入矿物质原料,容重依旧很高。反冲洗水量占处理水量的很大部分。由于粉煤灰颗粒很小,多呈球形微珠状,密度较轻,可适当添加到陶粒中,不仅可以降低过滤材料的容重,减轻反冲洗的负担,也可以节省其他原料黏土等的使用,并改善和提高陶粒的性能,。

④陶粒的表面改性:改性的目的就是增加陶粒表面的吸附作用,当前改性方法主要有表面覆盖金属氧化物、金属氢氧化物,作用机理是表面静电作用和微孔的吸附作用。

⑤选择性能优良的成孔材料:陶粒制备过程中成孔剂可以在陶粒内部产生大量的孔径分布,以使陶粒具有生物挂膜、吸附杂质等作用。煤粉因其本身的性质,作为陶粒过滤材料的成孔剂效果是比较好的。但煤属于不可再生资源,为了更好地节约资源消耗,尽可能地要在工业废弃物中选择合适的物质作为成孔材料,以替代煤粉的使用。

5. 陶粒过滤材料的应用现状

我国对好氧生物滤池填料的研究以陶粒最多,这是因为陶粒不仅材料低廉易得,而且具有耐高温、耐腐蚀等优良特性,特别适合我国的国情。生物陶粒的过滤机理与普通快滤池有所不同,过滤作用主要基于机械截留作用,微生物新陈代谢产生的黏性物质起吸附架桥作用和降低水中胶体颗粒的 Zeta 电位作用,使部分胶粒形成较大颗粒而被去除。1977 年,重庆建筑大学开始研究人工轻质陶粒过滤材料及其过滤技术。1980 年第一座陶粒过滤材料滤池在重庆望江机器厂投产使用,运行多年效果良好。1981 年以后,四川、贵州等地又开始研究陶粒 – 石英砂滤池、双层陶粒滤池和均匀 – 非均匀双层过滤材料滤池等,建成投产以来运行良好。截至目前,陶粒过滤材料技术已在国内 50 多个城镇厂矿企业的给水厂站中得到推广和应用。

清华大学针对微污染水源水采用生物陶粒滤池进行了一系列的现场试验研究。在对官厅水库下游水源水的试验结果表明,生物陶粒滤池工艺对水中高锰酸盐指数的去除率为 10% ~18%,对氨氮的去除率为 80% ~98%,出水浊度降低到 2 NTU 以下。此外,还采用相同的工艺对黄河微污染水进行了研究,也取得了较好的研究成果。

陶粒过滤材料在污水处理中也有研究应用,东华大学的相关研究人员采用自制的底泥陶粒对印染废水进行处理。试验数据显示,底泥陶粒对印染废水中主要污染物的处理效果明显,对 COD 的去除率为 81.19%,对氨氮的去除率为 58.43%,对分散深蓝 HGL 色度的去除率为 10.06%,对分散蓝 2BLN 色度的去除率为 16.67%,且再生后的应用效果与新制陶粒基本相同。而污水深度处理方面的应用也比较普遍,在天津市自来水集团有限公司进行的生物陶粒滤池对滤后水中 COD_{Mn} 的平均去除率为 31.0% ,对氨氮的平均去除率为 67.5% ,出水浊度均在 0.30 ~ 0.40 NTU 范围内,效果很好。同济大学的研究人员进行了陶粒曝气生物滤池处理污水厂二级出水的中试试验。运行结果表明,陶粒滤池可在一定工况条件下达到良好的处理效果,且保持较好的抗冲击负荷能力。在气水体积比为 3∶1、水力负荷为 1 m³/(m² · h) ,温度分别为 20 ~ 25 ℃和 15 ~ 19 ℃的情况下,陶粒 BAF 对 COD 的去除率为 21.93% ,出水 COD 的质量浓度为 37.06 mg/L;氨氮的去除率为 97.79% ,出水氨氮的质量浓度可降到 1.20 mg/L。

2.4　纤维过滤材料

颗粒过滤材料的重要特征是可以方便地在过滤池或过滤器内完成过滤和清洗过程,但颗粒状过滤材料应用过程中存在的布水不均匀、局部料层板结以及硬质过滤材料对阀门损坏严重等问题。为了解决上述问题,人们在实践中不断改进,其中最有效的方法是将颗粒过滤材料改为纤维束或纤维球过滤材料,可以减少对本体和阀门的磨损。使用纤维球过滤材料可以设置孔洞较小的纱网,以防止反冲时跑料。纤维过滤材料已广泛应用于环境保护和污染治理工程中。

纤维根据其材质的不同可分为天然纤维、合成纤维和无机纤维。与传统的刚性颗粒过滤材料相比,纤维过滤材料具有更大的比表面积和空隙率。在过滤技术中,纤维主要有两个方面的基本应用:一方面,可作为纺织品过滤材料的基本原料;另一方面,将纤维按照规定的设计要求制成某种形式直接作为过滤材料使用。

2.4.1　天然纤维

天然纤维是自然界原有的或经人工培植的植物上、人工饲养的动物上直接取得的纺织纤维,是纺织工业的重要材料来源。天然纤维的种类很多,长期大量用于纺织的有棉、麻、毛、丝 4 种。棉和麻是植物纤维,主要组成物质是纤维素,又称为天然纤维素纤维。毛和丝是动物纤维,主要组成物质是蛋白质,又称为天然蛋白质纤维,分为毛和腺分泌物两类。毛发类指绵羊毛和山羊毛等;腺分泌物主要指桑蚕丝、柞蚕丝等,蚕丝产品价格昂贵,应用范围较窄。

1. 棉纤维

(1)棉纤维的种类。

棉纤维是从棉花中取得的纤维,种类很多,按棉花的品种分为细绒棉和长绒棉。细绒棉又称陆地棉,纤维线密度和长度中等,一般长度为 25 ~ 35 mm,线密度为 0.15 ~ 0.20 tex,强力在 2.94 ~ 4.41 cN/tex,我国目前种植的棉花大多属于此类;长绒棉又称海岛棉,纤维细而长,一般长度在 33 mm 以上,线密度在 0.12 ~ 0.14 tex,强力在 3.92 ~ 4.90 cN/tex 以上,它的品质优良,我国目前种植较少。按棉花的初加工方法不同,棉花可分为锯齿棉和皮辊棉。锯齿棉是采用锯齿轧棉机加工制得,锯齿棉含杂、含短绒少,纤维长度较整齐,产量高。细绒棉大都采用锯齿轧棉。皮辊棉是采用皮辊棉机加工得到的皮棉,皮辊棉含杂、含短绒多,纤维长度整齐度差,产量低,皮轧棉适宜长绒棉、低级棉等。

（2）棉纤维的结构与性能。

棉纤维的主要成分是纤维素,它的大分子化学结构式如图 2.13 所示。

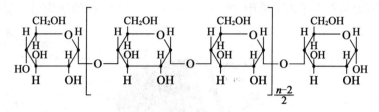

图 2.13　棉纤维的化学结构式

纤维素的元素组成为碳占 44.44%,氢占 6.17%,氧占 49.39%。纤维素的化学结构式为 α-葡萄糖为基本结构单元重复构成,化学结构式中的 n 为棉纤维的聚合度,在 6 000 ~ 11 000 范围内。棉纤维耐碱而不耐酸,烧碱可使纤维剧烈膨化,长度缩短,直径变大,使棉织物强烈收缩。酸对棉纤维作用能使其强度下降,它可溶于质量分数为 70% 的浓硫酸中。从微观结构上看,棉纤维是一种多孔性物质,同时纤维素大分子上存在很多的游离亲水基团,可以从潮湿的空气中吸收水分和向干燥的空气中放出水分,这种吸湿性能适用于水处理中的固液分离操作。

2. 麻纤维

（1）麻纤维的种类。

麻纤维是从各种麻类植物取得的纤维,分茎纤维和叶纤维两类。茎纤维在于茎的韧皮部,所以又称韧皮纤维。茎纤维主要有苎麻、亚麻、黄麻、槿麻（又称洋麻）、大麻、苘麻等。其中,苎麻和亚麻品质较优,是纺织用的主要麻纤维;从叶中取得的麻纤维称叶纤维,如剑麻、蕉麻等,由于其质地粗硬,所以不宜做服装纺织的原料,但其韧性大,耐水强,可用于制作渔网、绳索等。麻纤维的分子结构与棉纤维相同,它们同属纤维素分子。麻茎收割后,需经脱胶等初步加工,以单纤维或者束纤维进行纺纱。苎麻纤维长度大,可以单纤维形式纺纱,而亚麻、黄麻、槿麻等由于单纤维长度短而不整齐,所以采用脱胶的束纤维进行纺纱。

（2）麻纤维的性能。

麻纤维的物理性能主要表现在强伸性和弹性,麻纤维是天然纤维中强度最大、伸长最小的纤维,其中苎麻的断裂长度可达 40 ~ 55 km,而苎麻、亚麻、黄麻的断裂分别为 2% ~ 4%,3%,3% 左右,麻纤维的弹性较差,麻织物的服装容易皱褶;麻纤维的吸湿能力和排湿速度高于其他天然纤维,这与麻纤维中的纤维孔隙结构有关;麻纤维的初始模量高,手感粗硬,耐日光和电绝缘性好,但苎麻和亚麻的耐热性不及棉纤维好。化学性质主要体现在耐酸碱性上,麻纤维与棉一样,较耐碱而不耐酸,在浓硫酸中,苎麻会膨润溶解。

3. 羊毛纤维

（1）羊毛纤维的形态结构和化学组成。

羊毛是天然蛋白质纤维,主要成分由角朊的蛋白质构成,角朊含量占 97%,无机物占 1% ~ 3%,羊毛角朊的主要元素是 C,O,N,H,S。羊毛是羊的皮肤变形物,覆盖在羊皮的表面,呈簇状密集在一起,在每一小簇毛中,有一根直径较粗、毛囊较深的导向毛,其他较细的羊毛围绕着导向毛生长,形成毛丛,毛丛中的纤维形态相同,长度、细度接近。羊毛纤维是由包覆在外部的鳞片层,组成羊毛实体的皮质层,和毛干中心不透明的髓质层3部分组成,髓质层只存在于粗羊毛中,细羊毛中没有。羊毛纤维的结构形态如图2.14所示。

图 2.14　羊毛纤维的结构形态

①鳞片层:纤维的外壳,由片状角朊细胞组成,薄而透明,是表面细胞经过变形后失去细胞组织(原生质)而形成角状薄片。

②皮质层:在鳞片层的里面,是羊毛的主体部分,也是决定羊毛物理化学性质的基本物质,主要决定羊毛的强力、弹性、伸长、吸湿等性质。

③髓质层:是有髓毛的中腔,由松散的、不规则形状的角朊细胞组成,细胞间充满空气,连接不牢固。细羊毛中无髓质层,粗羊毛中含髓质层,含髓质层多的羊毛强度、弹性、伸长等性能下降,脆而易折断,不易染色,纺纱价值低。

(2)羊毛纤维的性能。

羊毛纤维的物理性质主要体现在具有较好的吸湿性,它为纺织纤维中吸湿性最为优异的品种;羊毛可塑性较强,羊毛在湿热条件下膨化,失去弹性,在外力作用下,可压成各种形状并保持形状不变;羊毛纤维弹性好,是天然纤维中弹性恢复性最好的纤维;羊毛的相对密度小,在 1.28 ~ 1.33 之间有较高的断裂伸长率和优良的弹性,所以在使用中羊毛织品较其他天然纤维织品坚牢。

羊毛纤维的化学特性主要表现在对酸作用的抵抗力比棉强,低温或常温时,弱酸或强酸的稀溶液对角朊无显著的破坏作用,但随着温度和浓度的提高,酸对角朊的破坏作用相应加剧。羊毛对碱的作用特别敏感,除能使羊毛的主链发生水解外,还使蛋白质分子间的横向连接发生变化。

4. 蚕丝

蚕丝是熟蚕结茧时分泌丝液凝固而成的连续长纤维,也称"天然丝"。它与羊毛一样,是人类最早利用的动物纤维之一,根据食物的不同,又分桑蚕、柞蚕、木薯蚕、樟蚕、柳蚕和天蚕等。从单个蚕茧抽得的丝条称为茧丝,它由两根单纤维借丝胶黏合包覆而成。将几个蚕茧的茧丝抽出,借丝胶黏合包裹而成的丝条,称为蚕丝,有桑蚕丝(也称生丝)与柞蚕丝之分。蚕丝纤维由两根呈三角形或半椭圆形的丝素外包丝胶组成,横截面呈椭圆形。蚕丝纤维为蛋白质纤维,丝胶和丝素是其主要组成部分,其中丝素约占 3/4,丝胶约占 1/4。丝胶是水溶性较好的球状蛋白质,将蚕丝溶解于热水中脱胶精炼,就是利用了丝胶的这一特性。

2.4.2　合成纤维

合成纤维常用于过滤材料,是化学纤维的一种。随着化纤工业的发展,合成纤维滤布的许多性质都超过了天然纤维滤布。它是由石油和天然气为原料,产生的有机化合物经聚合反应获得可纺性聚合物,进行纺丝得到的纤维。合成纤维制成的过滤材料具有柔性好、可压缩、孔隙率大、比表面积大、截污能力强、工作层具有上疏下密的理想滤层的孔隙分布、易于反洗、较强的耐磨性及抗化学侵蚀性等优点。此外对微生物的作用也具有稳定性,接触液体时不会出现收缩现象。

合成纤维是由低分子化合物聚合而形成的高分子化合物经成形加工而得到的纤维。按主链结构可分为碳链合成纤维和杂链合成纤维。碳链合成纤维包括聚丙烯腈纤维(腈纶)、聚丙烯纤维(丙纶)、聚乙烯醇缩甲醛纤维(维纶);杂链合成纤维包括聚酰胺纤维(锦纶)、聚酯纤维(涤纶)等。

1. 丙纶

丙纶,学名聚丙烯纤维,用丙烯为原料制得的聚丙烯纤维的中国商品名,是目前所有合成纤维中最轻的一种。

(1)丙纶的分子结构。

丙纶的分子仅由碳氢两种原子组成,其基本组成物质为等规聚丙烯,它的大分子结构特征在于分子链为规整的线型,沿分子链上各链节的化学组成都相同,链节首尾的衔接方式严格一致。丙纶约含有 85% ~97% 等规聚丙烯、3% ~15% 无规聚丙烯,等规聚丙烯的分子结构虽然不如聚乙烯的对称性高,但由于它具有较高的立体规整性,因此与非等规的大分子相比,容易形成结晶,而且聚合物的等规度越高,结晶速率越快。

(2)丙纶的性质。

①密度:丙纶的密度仅为 0.91 g/cm³,是常见化学纤维中密度最轻的品种,同样质量的丙纶可比其他纤维得到较高的覆盖面积。

②力学性能:丙纶的强度高,伸长大,初始模量较高,弹性优良,丙纶弹力丝强度仅次于锦纶,但价格却只有锦纶的 1/3。

③热性能:丙纶的熔点为 176 ℃,软化温度为 145 ~150 ℃,160 ~165 ℃时其强度几

乎为零,250 ℃开始分解,388 ℃分解加速。丙纶允许工作温度的范围为 -70 ~100 ℃。

④吸湿性:丙纶是疏水亲油性纤维,几乎不吸湿,一般大气条件下的回潮率接近零。但它有芯吸作用,能通过织物中的毛细管传递水蒸气。

⑤化学性能:丙纶有较好的耐化学腐蚀性,除了浓硝酸、浓的苛性钠外,丙纶对酸和碱抵抗性能良好,所以适于用作过滤材料和包装材料。

正是由于丙纶具有上述特点,用丙纶制成的滤布表面光滑,质地柔软,易于卸渣,并能延缓堵塞的发生,安全使用温度在 100 ℃以内(熔化温度为 165 ℃)。吸湿性很低,在0.3% 以下,并且只需在过滤循环之间进行清洗,便可实现再生。此外,聚丙烯滤布不受微生物的影响。

2. 腈纶

腈纶,学名聚丙烯腈纤维,腈纶是中国的商品名,国外则称为"奥纶""开司米纶",有"人造羊毛"之称。

(1)腈纶的分子结构。

聚丙烯腈纤维指用85%以上的丙烯腈与第二和第三单体的共聚物,经纺制而成的纤维。当共聚物中的第一单体丙烯腈含量在 35% ~85% 之间时,共聚物纺丝制得的纤维称为改性聚丙烯腈纤维。但实际工业生产的腈纶中,大约有 90% 的链节是丙烯腈基团($-CH_2CHCN-$)。其余10%的化学结构单元是另外两种乙烯基衍生物,其分子结构式如图 2.15 所示。

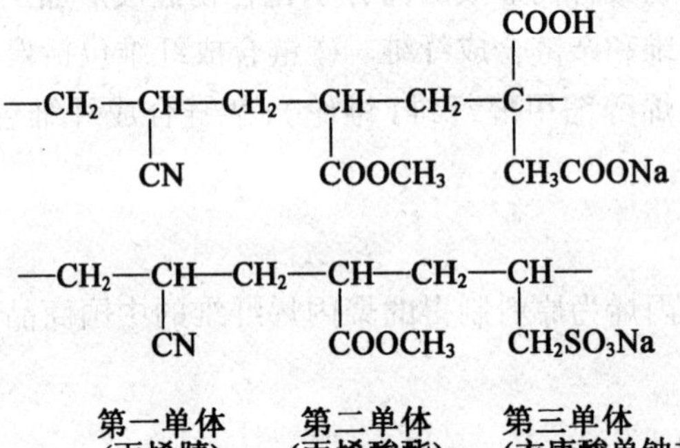

第一单体　　　第二单体　　　第三单体
(丙烯腈)　　　(丙烯酸酯)　(衣康酸单钠盐或丙烯磺酸钠)

图 2.15　腈纶的分子结构式

由图 2.15 可知,腈纶分子由 3 类单体分子组成。丙烯腈通常称为第一单体,它的含量和特性决定了腈纶的化学、物理和机械性能,只占 90% ~94% ;第二单体称为结构单体,主要为可降低大分子间作用力的单体,如丙烯酸甲酯、甲基丙烯酸甲酯或醋酸乙烯酯等,占 5% ~8% 。加入第二单体克服纤维的脆性,改善纤维的手感、弹性和热塑性;第三单体是带有酸性或碱性基团的单体,如丙烯磺酸钠、苯乙烯磺酸钠、对甲基丙烯酰胺苯磺酸钠,占 0.3% ~2.0% 。第二、第三单体的品种不同、用量不一,得到的腈纶便不同。

(2)腈纶的性质。

①形态:腈纶的纵向表面比较粗糙,并存在沿轴向的沟槽;截面随纺丝方法不同而异,干法纺丝的纤维截面呈哑铃形,湿法纺丝的纤维截面则为圆形。

②力学性能:腈纶的相对强度比涤纶和锦纶都低,其断裂伸长率为 25% ~ 50% ,与涤纶、锦纶相仿。腈纶蓬松、卷曲而柔软,弹性较好,但多次拉伸的剩余变形较大。

③吸湿性:腈纶结构紧密,吸湿性较低,在合成纤维中属中等,在标准条件下腈纶的回潮率为 2% 左右。

④耐光性:腈纶耐光性和耐气候性特别优良,是常见纺织纤维中最好的。腈纶放在室外曝晒一年,其强度只下降 20% ,因此腈纶最适宜做室外用织物。

⑤化学性能:腈纶具有较好的化学稳定性,耐酸、耐弱碱、耐氧化剂和有机溶剂。腈纶对无机酸具有良好的抗性,在质量分数超过 80% 的浓硫酸中才溶解。对弱碱以及室温下的强碱,具有一般的抗性。

⑥热性能:腈纶具有较高的热稳定性,在 150 ℃ 左右进行热处理,纤维的机械性能变化不大,若在空气中加热到 125 ℃ ,放置 32 d,其强度基本不变,在 180 ~ 200 ℃ 下也能做短时间的处理,但在 200 ℃ 时,即使接触时间很短,也会引起纤维发黄;加热到 250 ~ 300 ℃ ,腈纶就发生热裂解,分解出氰化氢及氨等小分子化合物。此外,腈纶具有涤纶、锦纶等结晶性纤维所不具有的热弹性,其本质是高弹形变。

3. 维纶

维纶,学名聚乙烯醇(缩甲醛)纤维,国外商品名为"维尼纶"。其性能接近棉花,有"合成棉花"之称,是现有合成纤维中吸湿性最大的品种。

(1)维纶的分子结构。

维纶的基本物质为聚乙烯醇,聚乙烯醇是具有很少支链的长链分子,羟基在大分子上主要处于 1,3 位置。聚乙烯醇无明显熔点,不能被加热成熔融状态,但它的分子上有许多羟基,易溶于水,故在纺丝成形后还要再用甲醛做缩醛化处理。由甲醛与纤维中的羟基作用生成聚乙烯醇缩甲醛,即维纶,故也称聚乙烯醇缩甲醛纤维(PVA),其分子结构中的一部分如图 2.16 所示。

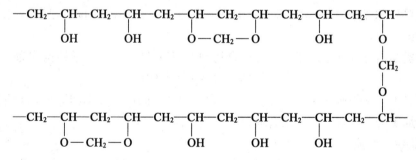

图 2.16　维纶的结构简式

(2)维纶的性质。

①热性能:维纶的耐热水性能随缩醛化程度的提高而明显增强。软化点高于 115 ℃ 的维纶,在沸水中的尺寸稳定性良好,在沸水中松弛处理 1 h,纤维收缩仅 1% ~ 2% 。同时,维纶的耐干热稳定性也很好,在 40 ~ 80 ℃ 的温度范围内,维纶短纤维的收缩随温度的提高缓慢增加,到 180 ℃ 时的收缩率约 2% ,以后收缩增加较快,至 220 ℃ 时收缩达到

最高值(约22%)。维纶在空气中经受更高温度处理会发生热裂解,温度越高或在某一温度下加热时间越长,维纶的失重越大,损伤越大,这主要是由于纤维被氧化和脱水所致。

②吸湿性:维纶在标准状态下的回潮率为5%,是五大合成纤维中最高的,但仍比天然纤维低。维纶的吸湿性随热拉伸程度和缩醛化程度的提高而降低。

③力学性能:维纶的机械性能决定于聚乙烯醇的聚合度和纺丝加工的条件。温度对维纶强度的影响比较小,其原因在于维纶的结晶度、取向度及分子间作用力较高。维纶的强度和耐磨性优于棉,但弹性不如大多数合成纤维,其织物易产生褶皱。

④化学性能:维纶具有耐酸、碱和其他大部分溶剂的优良性能,20 ℃时能经受质量分数为20%的硫酸作用,65 ℃时能经受质量分数为5%的硫酸和沸氢氧化钠溶液的作用。能溶于质量分数为80%的蚁酸(55 ℃)中,在溶剂中溶解时一般都发生分解或显著的损伤。

4. 锦纶

锦纶,学名聚酰胺纤维,是中国所产聚酰胺类纤维的统称。国际上称"尼龙"。在干、湿状态下均有很高的强度,耐磨性极好,是棉纤维的10倍,羊毛的20倍,可以纯纺和混纺做各种衣料及针织品,锦纶滤布已成功地应用于压滤机上。主要品种有锦纶6和锦纶66。

(1)锦纶的分子结构。

锦纶的基本组成物质是通过酰胺键连接起来的脂肪族聚酰胺,故也称聚酰胺纤维(PA)。常用的锦纶纤维可以分为两大类。

一类是由己二胺和己二酸缩聚而得的聚己二酸己二胺,其长链分子的化学结构为

$$H \left[HN(CH_2)_x NHCO(CH_2)_y CO \right]_n OH$$

这类锦纶的相对分子质量一般为17 000~23 000。根据所用二元胺和二元酸的碳原子数不同,可以得到不同的锦纶产品,并可通过加在锦纶后的数字区别,其中,前一数字是二元胺的碳原子数,后一数字是二元酸的碳原子数。例如锦纶66,说明它是由己二胺和己二酸缩聚制得。

另一类是由己内酰胺缩聚或开环聚合得到的,其长链分子的化学结构式为

$$H \left[HN(CH_2)_x CO \right]_n OH$$

根据其单元结构所含碳原子数目,可得到不同品种的命名。例如锦纶6,说明它是由含6个碳原子的己内酰胺开环聚合而得。

(2)锦纶的性质。

①热性能:锦纶的热转变点比涤纶低些。在120 ℃下短时间受热,其强度损失恢复,在150 ℃下受热5 h即变黄,纤维强度大幅度下降。锦纶的安全使用温度为93 ℃。在高温下锦纶会发生各种氧化和裂解反应,使主链断裂、强度降低。

②吸湿性:锦纶大分子链中含有大量的弱亲水基(—CONH—),分子两端还有亲水基(—NH₂—)和(—COOH—),水分子可以进入锦纶中的非晶区与酰胺键结合,锦纶的吸湿性高于维纶以外的所有合成纤维。锦纶66的吸湿性略高于锦纶6,在标准状态下,锦纶6和锦纶66的吸湿率分别是4.0%和4.2%。

③力学性能:锦纶的强度略高于涤纶。由于锦纶的长链分子比较柔顺,因此纤维的模量较小,回弹性和耐磨性居所有纤维之首,它的耐磨性是棉纤维的 10 倍。锦纶 6 伸长10%时的回弹率为 92%。

④化学性能:锦纶的化学稳定性较好,特别对碱的稳定性较高,在 100 ℃质量分数为10%的苛性钠中浸渍 100 h,纤维强度没有显著下降,同时,锦纶对其他碱性药物及氨水的作用也很稳定。锦纶对酸不稳定,对浓的强无机酸特别敏感。在常温下,浓硝酸、盐酸、硫酸都能使锦纶迅速水解并溶解在这些酸中。此外,锦纶对化学药品的稳定性比较好,对一般的有机溶剂如烃、醇、醚、酮比较稳定,但能溶解在甲酸、甲酚和苯酚等溶剂中。而强氧化剂如漂白粉、次氯酸钠等能够破坏锦纶,引起纤维分子链断裂,使纤维强度降低。

5. 涤纶

涤纶是合成纤维中的一个重要品种,是我国聚酯纤维的商品名称。涤纶的用途很广,大量用于制造衣着面料和工业制品,具有极优良的定形性能。

(1)涤纶的分子结构。

涤纶的基本组成物质是对苯二甲酸乙二酯,故也称聚酯纤维(PET),其长链分子的化学结构式为

$$H\{OCH_2{-}CH_2{-}O{-}\overset{O}{\overset{\|}{C}}{-}\overset{}{\bigcirc}{-}\overset{O}{\overset{\|}{C}}\}_n{-}O{-}CH_2{-}CH_2OH$$

从涤纶分子组成来看,它是由短脂肪烃链、酯基、苯环、端醇羟基构成的。涤纶分子中除存在两个端醇羟基外,并无其他极性基团,因而涤纶纤维亲水性极差。涤纶分子中约含有 46%酯基,酯基在高温时能发生水解、热裂解、遇碱则皂解,使聚合度降低,涤纶分子中还含有脂肪族烃链,它能使涤纶分子具有一定柔曲性。

(2)涤纶的性质。

①热性能:涤纶的耐热性和热稳定性在合成纤维织物中是最好的,在 170 ℃以下短时间受热发生的强度损失,在温度降低后可以恢复,在 150 ℃下受热 168 h 的强度损失不超过 3%。

②吸湿性:从涤纶的分子结构可知,除了端基外,它的分子链中不含亲水基团,加之涤纶的结晶度高,分子排列很紧密,因此吸湿性差,在水中膨化程度也低,并易积聚静电、引起吸灰,但织物具有易洗快干的特性。

③力学性能:涤纶具有较高的强度和延伸度。短纤维强度为 42~52 cN/tex,长丝纤维为 38~52 cN/tex。由于吸湿性较低,它的湿态强度与干态强度基本相同。耐冲击强度比锦纶高 4 倍,比黏胶纤维高 20 倍。

④化学性能:涤纶对碱的稳定性比对酸的稳定性差,所以涤纶的耐酸性较好,无论对无机酸或有机酸,它都有良好的稳定性。涤纶对氧化剂和还原剂的稳定性很好,即使在高浓度、高温下长时间处理,氧化剂和还原剂对纤维强度的损伤也不十分明显,故可用氧化剂、还原剂进行漂白。而常用的有机溶剂,如丙酮、苯、三氯甲烷等,在室温下能使涤纶

溶胀,在 70 ~ 110 ℃下很快溶解。

6. 其他纤维材料

除了上面介绍的五大特种合成纤维之外,一些耐高温、耐腐蚀及高性能的特种合成纤维的应用也越来越多。由于这类材料的结构和特性与普通化学纤维有很大的差别,因此将它们区分出来进行讨论。目前用于过滤材料的高性能纤维主要包括聚四氟乙烯纤维、芳纶、聚苯硫醚纤维等。

(1)聚四氟乙烯纤维。

聚四氟乙烯纤维是特种纤维中开发最早的品种,它具有许多独特的性能而难以被其他纤维代替,因此在许多领域获得广泛应用。

聚四氟乙烯纤维的分子结构式为 $(CF_2—CF_2)_n$,中国称"氟纶"。它的化学结构与聚乙烯相似,只是聚乙烯中的全部氢原子都被氟原子所取代。聚四氟乙烯纤维由聚四氟乙烯为原料,经纺丝或制成薄膜后切割或原纤化而制得的一种合成纤维。聚四氟乙烯为非极性分子,键能高,在其分子结构中,氟原子体积较氢原子大,氟碳键的结合力也强,起到保护整个碳—碳主链的作用,因此聚四氟乙烯纤维化学稳定性极好,耐腐蚀性优于其他合成纤维品种;摩擦系数小;耐高、低温性能优良,长期使用温度为 -120 ~ 250 ℃,瞬时可耐 1 000 ℃以上高温。

在环境工程领域,聚四氟乙烯纤维主要用作高温粉尘滤袋、耐强腐蚀性的过滤气体或液体的滤材。此外,在泵和阀的填料、密封带、自润滑轴承、制碱用全氟离子交换膜的增强材料以及火箭发射台的苫布、高强绳索、防弹背心等领域也都有应用。

(2)芳纶。

芳香族聚酰胺是指酰胺基团直接与两个苯环连接而成的线形高分子,由它制得的纤维即称为芳香族聚酰胺纤维。最有代表性的、已产业化的品种有两个:一个是聚对苯二甲酰对苯二胺纤维(Dupont 公司的商品名称为 Kevlar,我国称为芳纶 1414);另一个是间苯二甲酰间苯二胺(Dupont 公司的商品名称为 Nomex,我国称为芳纶 1313),其分子结构式如下:

芳纶是一种新型高科技合成纤维,有一系列不同牌号的产品,性能也有差异。但大体上其性能特点是:强度高(2.5 ~ 3.5 GPa),模量高(70 ~ 170 GPa),断裂伸长小(通常小于 5%),耐热性好(在 200 ℃时强度几乎不变,分解温度达 560 ℃),阻燃性好。有良好的绝缘性和抗老化性能,具有很长的生命周期。芳纶的发现,被认为是材料界一个非常重要的历史进程。芳纶纤维广泛应用于产业用纺织品(绳、带、织物等)、防护服装(防弹、防腐等)、增强材料(轮胎、胶管、复合材料等)、石棉替代品以及高温粉尘滤袋材料。

(3)聚苯硫醚纤维。

聚苯硫醚是以苯环在对位上连接硫原子而形成的刚性主链,结构上由于有大 π 键的

存在,所以性能极其稳定。其分子结构式为

$$\left[\!\!\left[\begin{array}{c} \end{array}\right]\!\!-\!S\right]_n$$

聚苯硫醚纤维是目前世界急需的高性能纤维之一。由聚苯硫醚树脂(PPS)采用常规的熔融纺丝方法,然后在高温下进行后拉伸、卷曲和切断制得。聚苯硫醚纤维的重要性质就是它的热稳定性,其熔融温度为 285 ℃,可以在 200 ~ 240 ℃长期使用,同时 PPS 纤维还可作为阻燃材料。目前,PPS 纤维材料主要用于烟道气的滤材。PPS 纤维几乎能抵抗所有有机物的腐蚀,耐碱和氧化性弱的无机酸,但在氧化性强的酸中不太稳定,可被氧化。此外,PPS 纤维强度、耐热性与芳香聚酰胺类纤维相当,可在低于 240 ℃条件下连续使用,是一种能在恶劣环境下长期使用的特种材料。

2.4.3　无机纤维

无机纤维是由天然无机物经物理或化学方法生产加工制成的,属于高性能纤维的一种。无机纤维在应力作用下只有很小的变形,也就是说它在较低的断裂伸长强度下显示高的弹性模量值。无机纤维中除碳纤维外,其他的无机纤维都是不燃的。无机纤维主要品种有玻璃纤维、金属纤维、陶瓷纤维和碳纤维等,本小节主要介绍过滤用的玻璃纤维和金属纤维,而陶瓷纤维和碳纤维在后面的章节中进行详细介绍。

1. 玻璃纤维

玻璃纤维又叫玻璃无机纤维,是一种性能优良的无机材料,它具有阻燃、耐高温、电绝缘、高强度和化学性能稳定等优点。早在 20 世纪 60 年代,玻璃纤维在飞机上就获得了应用,但由于当时价格昂贵、工艺性能欠佳等原因,未能获得进一步的发展和重视。后来随着技术的改进和应用领域的扩大,玻璃纤维的应用范围不断扩大,其中作为过滤材料使用已有半个多世纪。

(1)玻璃纤维的制备。

玻璃纤维的生产方法有两种:一种为坩埚拉丝法,也称玻璃球法;另一种为熔融纺丝法,该方法是目前广泛应用的生产方法,典型的生产装置如图 2.17 所示。按照不同玻璃纤维的要求,把硅砂、石英、硼酸及黏土等原料按不同的比例混合,送入高温炉中熔炼,制成玻璃熔融体,靠自重从喷丝板的小孔中流出(喷丝板上有 50 ~ 2 000 个喷丝孔),经过长达 3 m 以上的行程冷却,快速地卷绕而得到玻璃长纤维。玻璃短纤维用长丝切断法制成,也可由熔融玻璃直接从喷嘴中吹出,在高速气流下玻璃熔体细化冷却,发生断裂,收集吹落的玻璃短纤维,也常称为玻璃棉。

(2)玻璃纤维的种类和结构。

①玻璃纤维的种类:玻璃纤维的种类很多,如按含碱量多少可将玻璃纤维分为有碱玻璃纤维(碱性氧化物含量 > 12%);中碱玻璃纤维(碱性氧化物含量为 6% ~ 12%);低碱玻璃纤维(碱性氧化物含量为 2% ~ 6%);无碱玻璃纤维(碱性氧化物含量 < 2%)。按外观形态,可将玻璃纤维分为连续长丝束纤维、短切纤维、粉末状纤维、空心纤维、磨细纤维。按纤维性能可将玻璃纤维分为高强度纤维,也称 S 玻纤;低电介纤维,也称 D 玻纤;

耐化学性纤维,也称 C 玻纤;耐电腐蚀纤维,也称 E – CR 玻纤;耐碱纤维,也称 AB 玻纤。按纤维直径可将玻璃纤维分为粗纤维(纤维直径 30 μm)、中级纤维(纤维直径 20 μm)、初级纤维(纤维直径 10 ~ 20 μm)、高级纤维(纤维直径 3 ~ 9 μm)。

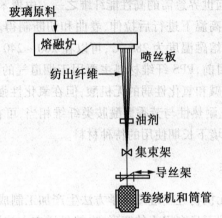

图 2.17 玻璃纤维的生产装置图

②玻璃纤维的结构:玻璃纤维的主要成分是 SiO_2,同时含有钠、钾等的一价氧化物和钡等碱金属的二价氧化物以及铝的三价氧化物等。硅、硼、磷等元素的氧化物通过较强的共价键构成网络结构,而钠、钾、钙、镁等金属氧化物中的金属离子填入网络中的空隙,对玻璃的性质如熔点起着重要作用,其中微量金属离子,如钛、铍等元素起到改性剂的效果,使玻璃纤维具有所要求的特性。硅酸钠玻璃纤维的结构如图 2.18 所示。

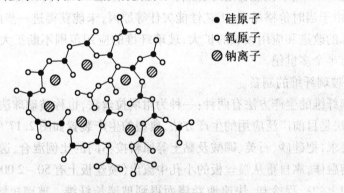

图 2.18 硅酸钠玻璃纤维的结构示意图

(3)玻璃纤维的性能。

①热性能:玻璃纤维的耐热性很好,其单丝在 200 ~ 250 ℃下,强度不会降低,仅略有收缩现象,玻璃棉的安全使用温度可达 350 ~ 400 ℃。玻璃布制成的袋式过滤器可用于钢铁生产、水泥工业以及发电厂的除尘设备。玻璃纤维的导热系数只有玻璃的 1/20 ~ 1/40,所以用玻璃纤维制成隔热材料,隔热效果很好。

②力学性能:玻璃纤维的强度较高,它的强度是所有天然或人造纤维中最大的。而磨损是造成玻璃纤维损坏的主要原因之一,与有机纤维相比,玻璃纤维的耐磨性差,是主

要弱点之一。玻璃纤维的曲挠性远不如合成纤维,玻璃纤维作为过滤材料,必须经过表面处理,目前对于玻璃纤维的表面处理配方,国内主要以硅油为主、以聚四氟乙烯为主、以硅油 – 石墨 – 聚四氟乙烯为主、以耐酸、耐腐蚀为主等四大系列表面处理配方。

③化学性能:除了浓碱、浓磷酸和氢氟酸外,玻璃纤维几乎能耐受所有的化学药品。玻璃纤维的化学稳定性主要取决于纤维中 SiO_2 的含量和碱金属氧化物的含量。如纤维中增加 SiO_2,Al_2O_3,ZrO_2 或 TiO_2 的含量,便可提高纤维的耐酸能力,同时纤维的耐水能力也相应提高;如在纤维中加入 CaO,ZrO_2,ZnO 的含量,便可提高纤维耐碱性。如需扩大耐化学药品能力,则需在增加 SiO_2 的同时,降低碱金属氧化物的含量。

2. 金属纤维

金属纤维是指由金属材料制成的具有细长形态、有一定可曲挠性的纤维材料,许多铜合金、铝合金、不锈钢等材料均可被制成金属纤维。金属纤维非织造布与有机纤维织物复合而成的织物,可用作抗静电的过滤材料。金属纤维的生产最早始于美国,20 世纪 70 年代后期,由于有机纤维和无机纤维性能无法满足工业和科技迅速发展的需要,发达国家开始对金属纤维制造法及其应用进行研究。由于技术难度大、工艺复杂,目前只有美国、比利时、日本、俄罗斯和中国掌握了金属纤维的生产技术。

(1)金属纤维的制备。

目前,金属纤维的制造方法主要是线材拉伸法、熔融纺丝法、切削成形法和粉末冶金法,其中前 3 种方法的应用范围最广。

①线材拉伸法:线材拉伸法是将金属的固体线材通过塑性加工,拉成线密度很低的金属纤维,这是生产金属纤维的基本方法。线性拉伸法分为单丝拉伸法和复丝拉伸法。

a. 单丝拉伸法如图 2.19(a)所示。线材从模的粗径端喂入、从模的细径端拉出,如一次达不到线密度要求,可分为数次拉伸,或通过电解研磨、化学处理等,加工成很细的金属纤维。单丝拉伸法得到的金属纤维尺寸精确,但成本高,主要用于高精度筛网等。

b. 复丝拉伸法如图 2.19(b)所示。由于同时受拉伸的线材根数很多,可以考虑在线材外面包覆其他材料,以保证各线材能同步接受拉伸,这样可减少反复拉伸的次数。复丝拉伸法制备工艺复杂,影响纤维质量的因素很多。

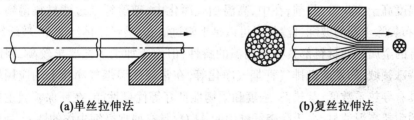

(a)单丝拉伸法　　　　　　　　　　(b)复丝拉伸法

图 2.19　线材拉伸法

②熔融纺丝法:如果要制备很细的金属纤维,使用线材拉伸法十分不便,若要大批量生产,则宜采用熔融纺丝法。熔融纺丝法的基本原理是将金属加热到熔融状态,再通过一定的装置将熔液喷出或甩出而形成金属纤维。熔融纺丝法既可制作短纤维,也可制取长纤维。

③切削成形法:该方法是目前使用最广泛的金属纤维制造方法,制造的金属纤维产品种类齐全,适用面广。切削法既可制作短纤维也可制作长纤维,设备简单,成本低,适用于不同材质的金属材料。

(2)金属纤维的性能。

金属纤维的熔点比合成纤维和天然纤维都高,是耐热性能最好的纤维材料。拉伸强度与玻璃纤维相当,高于天然和合成纤维,但伸长率较低,易断。几种常用的不锈钢丝有如下特点:易清灰、无静电放电现象、抗腐蚀、容尘量大(孔隙率可达95%)。由于生产不锈钢丝过滤器的技术要求高,制袋成本高,对滤袋或过滤单元的支撑要求滤室有较高的结构强度等,因此在应用上受到一定限制。

2.4.4 过滤用纤维材料的选择

纤维是过滤材料的重要组成部分,过滤材料的耐温性、耐蚀性、阻燃性等指标主要依据其组成的纤维性能确定。正确地选择纤维过滤介质(滤料)是有效净化污染物的关键,因此在环境治理中要根据污染物的性质正确使用纤维过滤材料。

1. 天然纤维

天然纤维使用时,由于棉纤维的湿膨润性好,故多用于液体过滤;羊毛纤维具有优良的成毡性,滤尘良好,故用作空气过滤。棉纤维毛织厚绒布等过滤介质,多半是用绵羊毛制成的,强度和对颗粒的截留性能方面,毛织介质逊色于棉织滤布,但在弹性方面却优于棉织滤布。丝的耐酸稳定性大致相当于毛,而耐碱稳定性则介于棉、毛之间。丝织滤布对悬浮液中的固相颗粒具有令人满意的截留性,同时对滤液也有足够的渗透性。但天然纤维与合成纤维相比较,力学性能、耐化学药品能力均较差,且价格较高,因此在合成纤维滤布出现后,天然纤维滤布已经很少采用。

2. 无机纤维

玻璃纤维的强力、韧性和耐化学腐蚀性好,不吸湿,不产生膨胀,耐高温,热稳定性好,是处理含湿量高、温度高、有腐蚀性化学成分烟气的较理想过滤材料。由于玻璃纤维的软化温度高于500 ℃,目前,在中、高温烟气净化中,玻璃纤维过滤材料得到了广泛应用,用于布袋除尘器的玻纤过滤材料可以是平幅过滤布、玻纤膨体纱滤布、玻纤针刺毡。

现有的金属过滤材料都具有耐高温的特性,但由于加工工艺要求较高,因此多应用于某些特殊领域,如发动机排气管烟气净化等,在常规高温烟气净化上的应用较少。陶瓷纤维具有导热系数低、蓄热低、强度和柔韧性良好等优良性能,在环保领域主要作为性能优良的耐超高温滤材,由于陶瓷纤维中的 Al_2O_3 具有捕捉极细尘埃的性能,所以普遍认为陶瓷纤维将成为过滤高温、高压、具有腐蚀性气体的一种主要方法。碳纤维具有较大的比表面积和发达的微孔结构,孔径分布均匀,能耐300 ℃以下的高温,能有效去除废水、废气中的大部分有机物和某些无机物及金属,但活性炭纤维的成本过高。

3. 合成纤维

合成纤维在过滤织物中占有重要的地位,这不仅因为它具有优良的物理和化学性能,而且也因为它可根据过滤要求,提供不同的纤维结构。使用较多的有锦纶、涤纶、腈纶和维纶等。我国生产的"208"工业涤纶绒布,具有过滤能力大、效率高、阻力小、强度高等优点,可耐温 130 ℃,大量用于各种袋式除尘器中。合成纤维还可以与棉、毛纤维混合织布,例如我国生产的"尼毛特 2 号"及"尼棉特 4 号",经线用维纶线,耐磨性好,纬线用毛线或棉线,直接织成无缝的圆筒形斜纹布,过滤性能和透气性好。

此外,各种耐高温纤维过滤材料如聚酰亚胺纤维(P84)、聚丙硫醚纤维(Ryton)、芳香族聚酰胺纤维(Nomex,Conex)、预氧化碳纤维等分别和玻纤混配复合,制成针刺过滤毡过滤材料,使用温度在 180~250 ℃之间。

2.4.5　纤维过滤材料的种类与纤维过滤器

纤维材料用于过滤技术中有两种类型;一类是直接以纤维形式使用的,如散纤维、纤维束、纤维球等进行过滤分离;另一类是将纤维纺成纱线织成织物,或以非织造工艺技术制备的非织造材料进行使用。目前,纤维过滤技术已在钢铁生产、地下水除铁除锰、含油废水等方面得到了广泛应用。

1. 纤维过滤材料的种类

(1)短纤维单丝乱堆过滤材料。

以密度大于水的短纤维单丝乱堆方式构成滤床,在过滤器中设置隔离丝网以防止短纤维过滤材料流失,反洗方式为气水联合反冲洗。这种过滤材料的短纤维单丝易流失,易缠挂隔离丝网,此外由于纤维与过滤液的密度差小,因而清洗效果差。

(2)对称结构纤维过滤材料成型体。

对称结构纤维过滤材料成型体和后面要介绍的不对称结构纤维过滤材料成型体都属于"规格化纤维过滤材料","所谓"规格化纤维过滤材料"是指将纤维材料按规定的设计要求制成某种形式的成型体,该成型体过滤材料具有特定的形状和规格,滤床在水中由无固定约束的单体过滤材料的集合体所构成。该类纤维过滤材料有以下几种具体形式,如图 2.20 所示。

①低卷曲纤维椭球过滤材料:长 5~50 mm 的无卷缩(低卷曲)纤维丝在液体中搅拌制作成椭球状纤维过滤材料,亦称纤维球。丝径为 5~100 μm,过滤材料外型为直径 5~20 mm、厚 3~5 mm 的扁平椭球体。这种过滤材料的特征是制造简便,由于过滤材料在液体中成型,纤维缠绕紧密,因而过滤材料内核较硬,变形小,但过滤材料内部捕捉的粒子反洗时脱落困难,此外,多次运行后从过滤材料上脱落的短纤维较多。

②实心纤维球:采用静电植绒法将长 2~50 mm 的纤维植于实心体上,并可通过改变实心体的密度而改善过滤材料床的特性。实心纤维球纤维牢固不掉丝,且球体中不含"死区",而其他过滤材料均含有"死区",即部分过滤材料受到某种约束。反冲洗时纤维无法散开,从而使其间截留的悬浮颗粒难以脱落。

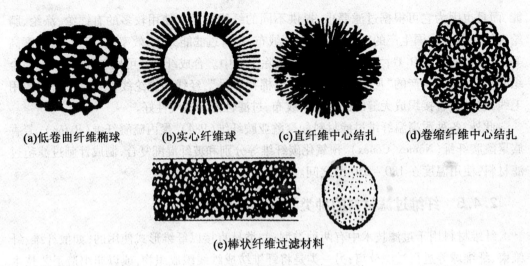

(a)低卷曲纤维椭球　　　(b)实心纤维球　　　(c)直纤维中心结扎　　　(d)卷缩纤维中心结扎

(e)棒状纤维过滤材料

图 2.20　对称结构纤维过滤材料成型体

③直纤维中心结扎球：以纤维球直径的长度作为节距，用细绳将纤维丝束扎起来，在结扎间的中央处切断纤维束，形成大小一致的球状纤维过滤材料。

④卷缩纤维中心结扎纤维球：卷曲度高的纤维丝束结扎、切断后形成球状过滤材料，特点是弹性好，耐机械变形。

⑤棒状纤维过滤材料：将卷曲纤维长丝集束，用黏合剂喷雾收束，纤维丝束上的纤维之间形成多点相接，成为一体的棒状，然后切开成一定长度的、类似于去外皮的香烟滤嘴形状的过滤材料。

⑥纤维束过滤材料：这是一种极其规格化的纤维过滤材料，首先将纤维长丝缠绕成卷，拉直后构成束状，形成纤维束，在过滤设备的填充中，纤维束采用悬挂或者是两端固定的方式。纤维束作为滤元，其过滤材料单丝可达几 μm 甚至几十 μm，微小的过滤材料直径，极大地增大了过滤材料的比表面积和表面自由能，增加了水中的杂质颗粒与过滤材料的接触机会和过滤材料的吸附能力，从而提高了过滤效率和截污容量。此外纤维束可以完全放松清洗，不掉毛且几乎不磨损，过滤材料寿命达十年以上。

（3）不对称结构纤维过滤材料成型体。

彗星式纤维过滤材料是一种不对称型过滤材料，一端为松散的纤维丝束，另一端纤维丝束固定在密度较大的实心体内，形如彗星，形状如图 2.21 所示。过滤时，密度较大的彗核起到对纤维丝束的压密作用，同时由于彗核尺寸较小，对过滤断面空隙率分布的均匀性影响不大，从而提高了滤床的截污能力。反冲洗时，由于彗核和彗尾纤维丝的密度差，彗尾纤维随反冲洗水流散开并摆动，产生较强的甩曳力，过滤材料之间的相互碰撞同时加剧纤维在水中所受到的机械作用力，过滤材料的不规则形状又使过滤材料在反冲洗水流作用下产生旋转，从而强化了反冲洗时过滤材料受到的机械作用力，上述几种力的共同作用使附着在纤维表面的固体颗粒容易脱落，提高了过滤材料的洗净度。

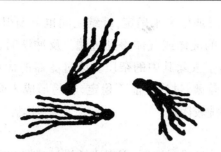

图 2.21　彗星式纤维过滤材料

2.纤维过滤材料的应用

目前,纤维过滤材料在工业水处理中以纤维过滤器的形式进行应用。纤维过滤器主要有纤维球过滤器、彗星式纤维过滤器、PCF 型纤维过滤器、刷形纤维过滤器、纤维束过滤器、旋压式纤维过滤器、HW 深层过滤器等。这些过滤器使用原理基本相同,在设计的方式上有所区别。

(1)纤维球过滤器。

容器内的床层是由纤维球形成的,由于纤维球个体较疏松,在床层中纤维球之间的纤维丝可实现相互穿插,使床层成为一个整体。因纤维球具备一定弹性,床层中纤维球在受到过滤水流的流体阻力、纤维球自身的重力以及截留悬浮物的重力后,滤层孔隙率和过滤孔径由大到小渐变分布,过滤材料的比表面积由小到大渐变分布,达到了一种过滤效率由低到高递增的理想过滤方式。直径较大、容易滤除的悬浮物可被上层滤层截留,直径较小、不易滤除的悬浮物可被中层和下层滤层截留。但该过滤器的不足之处是,由于纤维球呈辐射状的球体,靠近球中心部位的纤维密实,反洗时无法疏松,截留的污染物难于彻底清除;用气、水联合清洗时纤维球易流失,用机械搅拌清洗时纤维球易破碎,且不易洗净。

(2)彗星式纤维过滤器。

过滤器的滤层由彗星式纤维束过滤器构成,过滤材料上下支撑挡板采用深沟窄缝栅网结构,过滤材料构成的滤层其孔隙率沿层高呈梯度分布,下部过滤材料压实程度高,孔隙率相对较小,易于保证过滤精度,中、上部孔隙率逐渐增大,易于保证过滤速度。该过滤器横断面孔隙均匀,过滤周期长,滤床截污容量大,容积效率高。

(3)PCF 型纤维过滤器。

该过滤器采用的是 PP、尼龙材质的纤维丝,该纤维丝的丝径微小,且材质柔软。在过滤器运行的过程中,对滤床施以压力,使其孔隙变小后进行过滤,清洗时释放压力,让孔隙舒张,用加压空气和水施以反冲洗以达到去污的目的。过滤器运行、反冲洗时纤维过滤材料与水流的方向呈垂直状态。PCF 型纤维过滤器具有体积小、占地面积小、易于实现自动控制的优点,缺点是纤维装填量少、运行周期短、反洗频繁。

(4)刷形纤维过滤器。

将纤维长丝制成纤维束,每束纤维可黏或压在支撑板上,长度一般为 15～300 mm,具体大小根据过滤的流体和过滤效率来确定,纤维之间也可编织起来。过滤时,流体压缩纤维束,形成滤层,使通过的液体或气体得到过滤。反冲洗时,从相反的方向通入反洗液,压紧的纤维束伸展,易于去除其中的杂质。该过滤器的优点在于结构简单、操作方便。缺点是纤维床层一般较薄,过滤性能不稳定,容易形成表面过滤。此外因纤维呈刷状,容易缠在一起,使反冲洗较困难。

(5)纤维束过滤器。

纤维束过滤器有胶囊式纤维过滤器、无囊式纤维过滤器和自压式纤维过滤器3种类型。

①胶囊式纤维过滤器:将长纤维束悬挂孔板上,装在过滤设备中,纤维束下挂重锤,纤维层中安装数个软质胶囊,运行时将胶囊充水,横向挤压长纤维,使纤维层孔隙率和过滤孔径由大到小渐变分布,反洗时先排净胶囊中的水,使长纤维束床层得以疏松,再用气水联合清洗。

②无囊式纤维过滤器:将纤维束固定在两块孔板之间,其中一块孔板可以在设备内部上下运动,运行时靠水和纤维之间产生作用力,使活动板压实纤维,反洗时在反向力的作用下孔板与运行时反向运动,拉直纤维,在气水的联合反洗作用下,使截留在纤维中的悬浮物得以清除。

③自压式纤维过滤器:不依靠其他装置,仅靠水流和纤维层相对运动产生的作用力实现对纤维层的压缩。当水流自上向下通过纤维层时,纤维承受向下的纵向压力且越往下纤维所受的向下压力越大。由于纤维束是一种柔性过滤材料,当纵向压力足够大时就会产生弯曲,进而纤维层会整体下移,最下部纤维首先弯曲并被压缩,此弯曲、压缩的过程逐渐上移,直至作用力相互平衡。

由于纤维层所受的纵向压力沿水流方向依次递增,所以纤维层沿水流方向被压缩弯曲的程度也依次增大,滤层孔隙率和过滤孔径沿水流方向由大到小分布,这样就达到了高效截留悬浮物的理想床层状态。纤维束过滤器的优点是截污容量大,过滤周期长,占地面积小。但也存在着会造成水头损失大,而且截污容量不能充分利用等缺陷。

(6)旋压式纤维过滤器。

旋压式纤维过滤器多用于油中水的分离。过滤介质一般采用尼龙、聚酯、丙纶等,纤维直径为 1~50 μm,长度为 0.3~2.0 mm,纤维两端编织起来缠在接头上,再用夹紧或黏结的方法固定。过滤时,通过传动机构推动活接头向下滑动,并旋转一定角度使纤维缠绕在内筒上,形成滤层。含有两种不溶液体的悬浮液通过床层时,固体杂质被截留。也能使细小液滴凝聚成大液滴。反洗时,活接头上升,松开纤维,反方向加入清洗液,活接头便在一定范围内旋转,能很快清除床层中的固体杂质。

(7)HW 深层过滤器。

HW 深层过滤器的过滤介质选用富有弹性的纤维材料,如羊毛、碳纤维等。过滤时,采用活塞压缩过滤介质形成滤层,根据活塞对纤维的压缩程度,决定可滤除颗粒的细度。反冲洗时,从过滤器底部通入反洗液,活塞上升并在一定高度振荡,以除掉过滤材料间固体杂质,并可节省反洗液。该过滤器如采用碳纤维,滤层厚度为 0.23 m,流速为14.8 m/h 的情况下,对 3.1 μm 以上的颗粒过滤效率高达99%。

2.5 织物过滤材料

织物是由细小柔长物通过交叉、绕结、连接构成的平软片块物,通常将织物视为二维集合体。织物滤料是各种过滤介质中使用最为广泛的材料,根据纤维集合成形方法的不同,可将织物分为机织物、针织物和非织造物。其中,机织物和针织物的结构是以纱线为基本结构单元,而非织造物是以纤维为基本结构单元。

2.5.1 纤维成纱

纱线是先将松散的纤维聚结、梳理、拉旋成捻,然后根据需要合股加捻成纱线。常见的纱线形式有 3 种,具体形式如图 2.22 所示。单丝纱是由合成纤维制成的单根连续长丝,其直径为20 μm ~ (2 ~ 3) mm。单纱线纺成一根多股纱线,也叫复丝纱。短纤维合股加捻能纺成起绒的多股纱线,这种纱线织成的滤布具有很好的内部过滤作用。

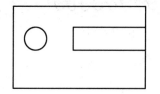 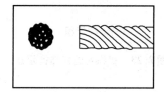 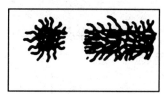

(a)连续单丝纱线　　　　(b)连续复丝单根纱线　　　　(c)短纤维起绒纺纱线

图 2.22　常见纱线形式

2.5.2 机织物过滤材料

1. 机织物的成形与分类

通常把经纱和纬纱呈直角交织而成的织物称为机织物。机织物最初的分类方法是根据纤维种类的不同分为棉织物、毛织物、麻织物和丝织物。后来在这些织物中不同程度地混用各种化学纤维,目的在于取代一部分天然纤维,以改善织物的性能。

2. 机织物的结构

常规机织物有平纹组织、斜纹组织和锻纹组织 3 种,常称为三原组织。在三原组织的基础上还可再变化出许多其他组织。具体形式如图 2.23 所示。

平纹组织是最简单的织物组织,它由两根经纱和两根纬纱组成一个组织循环,经纱和纬纱每隔一根纱交错一次,是所有织物中交织次数最多的组织。由于交织点多,因此平纹孔隙率低,但相对位置较稳定。平纹过滤材料的透气性差,在高滤速情况下很少使用。

斜纹组织最少要有 3 根经纬纱才能构成一个组织循环,它的特征是在织物表面呈现出由经纱或纬纱浮点邻接组成的斜纹线(成为一种纹织线),斜纹线的倾斜方向有左有右。当斜纹线由经纱浮点组成时,称为经面斜纹;由纬纱浮点组成时,称为纬面斜纹。在斜纹组织的织物中,经纬纱线的交织次数比平纹组织少,孔隙率较大,透气性较好,所以过滤时风速会比平纹组织高些。

缎纹组织是以连续 5 根以上的经纬线织成的织物组织。缎纹组织有经面缎纹和纬面缎纹两种,经面缎纹织物的正面主要由经纱显示,而纬面缎纹织物的正面主要由纬纱显示。缎纹组织的正反面有很明显的区别,正面特别平滑而富有光泽,反面则比较粗糙、无光。缎纹组织的交织点比平纹组织和斜纹组织都少,透气性最好。但由于有较多的纱线浮于机织物表面,较易破损。

(a)平纹组织　　　　　(b)斜纹组织　　　　　(c)缎纹组织

图 2.23　机织物组织结构示意图

3. 机织物过滤材料的形式

用作过滤材料的机织物是以合股加捻的经、纬纱线或单丝(单孔丝)做经纬线织成的过滤布,称为二维结构的过滤布。由单丝纱制成的单丝滤布,孔隙分布规则均匀,孔径分布范围很窄,滤布没有纤维间的细小孔隙,因此有很高的分离能力;表面光滑整齐、卸饼容易;单位面积开孔多、流通量大;不易阻塞,抗污染强。复丝纱织成滤布的特点是阻力大、孔隙结构复杂、抗污染能力低、使用寿命短,但抗拉强度高,再生性能较好。短纤维纱织成滤布的特点是颗粒截留性能好,并可提供极佳的密封性能。

机织物经、纬线及其交织处密度都比较大,过滤物基本上只能从经纬线间的孔隙通过,由于织物的孔道与缝隙是贯通的,对流体阻力较小,因此适用于含相关尺寸颗粒物的液体过滤。此外,由于此类滤布多选用无伸缩性能的纱线织成,所以孔眼尺寸固定,在过滤时一般不会截留较小粒径的颗粒物,同时又易于清除存在于孔眼间的颗粒。

2.5.3　针织物过滤材料

1. 针织物的成形与分类

将纱线编织成线圈并相互串套而形成的织物称为针织物,按成形方式可将针织物分为纬编和经编两大类。纬编针织物的横向延伸性较大,有一定弹性,许多组织结构的纬编针织物均具有较大的脱散性。经编针织物的延伸性小,弹性较好,脱散性小。

2. 针织物的结构

线圈是组成针织物的基本单元。根据线圈的结构及组合方式不同,构成了纬编织物和经编织物等不同的组织。纬编针织物的基本组织有纬平针组织、罗纹组织、双反面组织和双罗纹组织,具体结构如图 2.24 所示。经编针织物的基本组织有编链组织、经平组织、经缎组织,具体结构如图 2.25 所示,但因其花纹效应少,织物的覆盖性和稳定性差,加上线圈易产生歪斜,故很少单独使用。

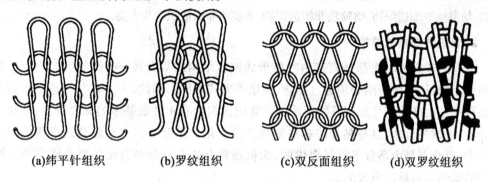

(a)纬平针组织　　(b)罗纹组织　　(c)双反面组织　　(d)双罗纹组织

图 2.24　纬编针织物基本组织示意图

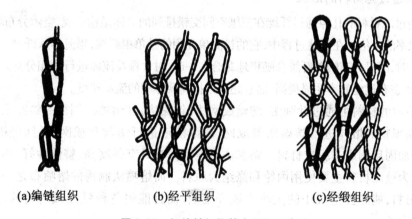

(a)编链组织　　　　(b)经平组织　　　　(c)经缎组织

图 2.25　经编针织物基本组织示意图

3. 针织物过滤材料的形式

纱线的线密度、织物的紧度和厚度对过滤材料的渗透性、漏透性和力学性能有很大的影响。针织物中的孔洞和缝隙弯曲迂回的通道能阻挡比孔隙小得多的颗粒,具有较好的除尘效果,除尘率可达99%以上。纬平针织物沿纵向或横向拉伸时,线圈形态会发生变化。故纬平针织物纵向和横向的伸长都很大,纵向断裂强度比横向断裂强度大。这种组织的织物较薄,透气性较好,可根据过滤工程与设备织成需要的材料。选择具有较高玻璃化温度的纤维材料,生产出的经编针织物具有在高温下的高体积弹性、耐热冲击和机械振动的性能,因此经编针织物适合在需要筒状过滤的场合使用。

2.5.4　非织造过滤材料

1. 非织造过滤材料的成形与分类

非织造织物曾被称为无纺织物、无纺布等,是指定向或随机排列的纤维通过摩擦、抱合、黏合或这些方法的组合而相互结合制成的片状物、纤网或絮垫。根据非织造织物成形原理和制造方法不同,可以分成毛毡、树脂黏合或热黏合非织造织物、针刺毡状非织造织物、缝结非织造织物、纺黏法非织造织物、熔喷法非织造织物、水刺法非织造织物几大类。

2. 非织造织物的结构

典型的非织造织物都是直接由纤维形成网状结构的集合体——纤维网。为了达到结构稳定的目的,纤维网必须通过黏合、缠结等方式加固。因此,大多数非织造织物的基本结构都是由纤维网与加固系统组成的。非织造织物有 4 种最基本的黏合方法,即化学黏合法、机械黏合法、自身黏合法和热融黏合法。化学黏合法和热融黏合法形成的网状构造中,黏合点是由高分子材料提供的,而机械黏合法和自身黏合法的黏合则是通过纤维间的缠结或自锁而形成的。

3. 非织造过滤材料的形式

非织造过滤材料的孔隙通过纤维在三维空间交错排列的立体结构形成,空隙分布均匀,是机织物孔隙率的一倍。在过滤过程中,它的过滤单元用的是单根纤维,当流体从纤维形成的曲折通道通过时,随机分布的单纤维会随机地黏合在一起,对含颗粒流体进行两相分离。相对于机织布,非织造布过滤效率明显提高,而且还可以提高载体相的流动速度。

非织造过滤材料可通过针刺法、纺丝成网法(纺黏法)和熔喷法制得。纺黏法和熔喷法是采用高聚物的熔体进行熔融纺丝成网,或浓溶液进行纺丝和成网,纤网经机械、化学、热黏合加固后制成非织造材料。纺黏法非织造滤布具有强度高、整体性好、均匀度高的特点,作为过滤材料主要使用丙纶和涤纶为原料。而熔喷法制得的熔喷布是一种高级空气过滤材料,能滤去空气中的大小尘埃和细菌,而且能耐各种强酸碱的腐蚀,效率稳定,使用寿命长。

目前最常用的工艺是采用针刺法将纤维网加固成无纺布,针刺非织造织物用量最大,针刺过滤材料约有 90% 是常温合成纤维过滤材料,其余 10% 是采用耐高温合成纤维、无机纤维、纤维束纤维以及其他纤维生产的特殊用途的过滤材料。

针刺非织造过滤材料的制备工艺如图 2.26 所示。

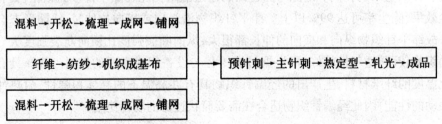

图 2.26　针刺非织造过滤材料的制备工艺

非织造过滤材料有基布和无基布两大类。增加基布是为了提高针刺非织造过滤材料的强度和尺寸稳定性。基布是事先织好的,生产过程中用上下纤维网将基布夹于其中,然后经过预针刺和主针刺加固,再采取必要的后续处理技术即可制成所需的过滤材料。过滤材料也可以根据用途加工成毡状、袋状或管状,袋式除尘器用的过滤材料绝大部分是针刺毡。针刺毡在加工完成后,表面会有许多突出的绒毛,这不利于粉尘从纤维过滤材料表面脱落。于是就需要进行烧毛、热定形、热轧光等表面热处理。针刺毡表面处理的目的是:提高过滤效率和清灰效果;增强耐热、耐酸碱、耐腐蚀性能;降低过滤材料阻力;延长使用寿命等。常用的针刺毡过滤材料具有如下特点:

(1)过滤材料中的纤维呈交错随机排列,孔隙率高达 70% ~80%,这种结构不存在直通的孔隙,过滤效率高而稳定;

(2)针刺毡过滤材料的孔隙率比纺织纤维的孔隙率高 1.6 ~2 倍,因而自身的透气性好、阻力低;

(3)针刺毡过滤材料的生产速度快,生产率高,产品成本低,产品质量稳定。

2.6　多孔过滤材料

多孔过滤材料是一种由相互贯通或封闭的孔洞构成网络结构的材料,孔洞的边界或表面由支柱或平板构成。典型的孔结构有两类,一类是其形状类似于蜂房的六边形结构而被称为“蜂窝”材料;另一类是由大量多面体形状的孔洞在空间聚集形成的三维结构,称为“泡沫”材料。如果构成孔洞的固体只存在于孔洞的边界(即孔洞之间是相通的),则称为开孔;如果孔洞表面也是实心的,即每个孔洞与周围孔洞完全隔开,则称为闭孔;而有些孔洞则是半开孔半闭孔的。多孔过滤材料既具有结构材料的特点(如比表面积大、孔隙率高、密度小等),又兼有功能材料的多种性能(如吸附分离、减振、隔音、电磁屏蔽等),属于结构功能型材料。多孔过滤材料有多孔陶瓷、多孔金属、活性炭和分子筛等不同类型。在本章中只介绍以过滤性能为主的多孔陶瓷过滤材料和多孔金属过滤材料,其他过滤材料因其另具特性,将放入其他章节重点介绍。

2.6.1　多孔陶瓷过滤材料

多孔陶瓷又称微孔陶瓷、泡沫陶瓷,是一种新型陶瓷过滤材料,由骨料、黏结剂和增孔剂等组分经过高温烧成,成分大多是氧化物、氮化物、硼化物和碳化物等,在成形与烧结过程中材料体内形成大量彼此相通或闭合气孔。以多孔陶瓷过滤材料做过滤介质的陶瓷微过滤技术及陶瓷过滤装置由于具有过滤精度高、洁净状态好以及容易清洗、使用寿命长等特点,目前已在石油、化工、制药、食品和环保等领域得到广泛应用。

1. 多孔陶瓷的性能和分类

多孔陶瓷种类繁多,可根据孔径大小、成孔方法、孔隙结构以及材质的不同划分为多种类型,具体分类详见表2.6。

表 2.6　多孔陶瓷的分类

分类依据	孔径大小	成孔方法和孔隙结构不同	材质的不同
种类	微孔陶瓷(<2 nm) 介孔陶瓷(2 ~ 50 nm) 宏孔陶瓷(>50 nm)	粒状陶瓷烧结体 泡沫陶瓷 蜂窝陶瓷	碳化硅陶瓷 粉煤灰基陶瓷 硅藻土基陶瓷

表 2.6 中的碳化硅陶瓷是以工业碳化硅粉作为骨料,同时加入一些氧化物作为结合剂以降低烧结温度,实现液相烧结,加入一定量的锯末、碳粉和石油焦粉作为造孔剂。得到的材料具有连通气孔,气孔孔径从几 μm 到几十 μm 不等。

硅藻土基陶瓷以硅藻土为基质,采用低温烧结和加入添加剂的方法,可使原有气孔保留下来而形成多孔陶瓷。采用这种方法制得的多孔陶瓷,其气孔率随着硅藻土含量的增加而增大,且含有大量三维网状微孔,孔径在几十 μm 范围内。

粉煤灰基陶瓷是以粉煤灰中漂珠为骨料,以聚苯乙烯颗粒、碳粉等为造孔剂制得的高孔隙率的多孔粉煤灰基陶瓷材料。该材料内部的微孔非常发达,孔的形态不规则,以三维交错的网状孔道贯穿其中,孔隙的内表面凹凸不平,具有很高的比表面积,多作为净化过滤材料使用。

多孔陶瓷具有如下特点:

(1)化学稳定性好,即选择适宜的材质和工艺,可制成耐酸、耐碱的多孔制品;

(2)孔隙率高,可达 20% ~95%,且孔径分布均匀和大小可控;

(3)强度高,刚性大,在冲击压力作用下不引起外形变化和孔径变形;

(4)热稳定性好,不会产生热变形、氧化现象等;

(5)自身洁净,无毒无味,不会产生二次污染;

(6)具有发达的比表面积及独特的表面特性;

(7)再生性强,通过用液体或气体反冲洗,可基本恢复原过滤能力,因而具有较长的使用寿命。

多孔陶瓷基于上述特点而被应用于高温烟气过滤、汽车尾气处理,工业污水处理、催化剂载体和隔音材料上。近年来,多孔陶瓷的应用领域又扩展到航空领域、电子领域、医用材料领域及生物化学领域等。

2. 多孔陶瓷的制备工艺

多孔陶瓷由于使用目的不同,对材料的性能要求各异,因此逐渐开发出许多不同的制备技术。目前广泛应用的多孔陶瓷大部分由传统方法制备的,这些制备方法比较成熟。多孔陶瓷的各种传统制备工艺比较见表 2.7。

表 2.7　多孔陶瓷的各种传统制备工艺比较

工艺名称	制备方法	孔径尺寸	孔隙率	优点	缺点
添加造孔剂法	加入造孔剂,高温下燃尽或挥发后留下孔隙	$10\ \mu m \sim 1mm$	≤50%	可以制得形状复杂的制品且孔隙率和强度可控	气孔率一般低于50%,且气孔分布均匀性差
挤压成型法	泥条通过蜂窝网格结构的模具挤出成型	>1 mm	≤70%	孔形状和孔大小可以精确设计	不能获得复杂孔道结构和较小孔径
颗粒堆积法	颗粒堆积形成空隙,黏合剂高温下产生液相使颗粒黏结	$0.1 \sim 600\ \mu m$	20% ~ 30%	工艺简单,制品的强度高	气孔率低
有机泡沫浸渍法	用有机泡沫浸渍陶瓷浆料,干燥后烧掉有机泡沫	$100\ \mu m \sim 5\ mm$	70% ~ 90%	开口气孔率较高且气孔相互贯通,强度高	不能获得小孔径闭气孔,形状受限且密度难控制
溶胶凝胶法	利用凝胶化过程中胶体粒子的堆积,形成可控多孔结构	$2\ nm \sim 10\ nm$	≤95%	能制取微孔制品,孔径易于控制且孔分布均匀	生产效率低,制品形状受限制
发泡法	加入发泡剂,通过化学反应产生气体挥发	$10\ \mu m \sim 2\ mm$	40% ~ 90%	气孔率高、强度好,易于获得闭气孔	对原料和工艺条件要求苛刻

　　上述传统方法由于技术条件的成熟,在短期内不会被新兴的方法取代。但是近年来,科学技术的发展对多孔陶瓷提出了新的要求——更高的孔隙率、更大的比表面积、合理的孔径分布、低成本以及各种新的功能。因此,发展起来的新型工艺制备的陶瓷材料具备传统工艺所不能具备的优势,新型制备方法主要有冷冻干燥法、水热 - 热静压法、凝胶注模法、化学气相渗透法等。其中,冷冻干燥法是将需干燥的物料在低温下先行冻结至结晶点以下,使物料中的水分变成固态的冰,然后在适当的真空环境下,通过加热使冰直接升华为水蒸气而除去,这样就留下了开口多孔结构,经烧结便得到多孔陶瓷。通过该工艺可获得气孔率高于90%的制品,且可以在较大范围内实现控制;水热 - 热静压法通过水作为压力传递介质制备各种孔径多孔陶瓷,其制品抗压强度高、性能稳定、孔径分布范围广;凝胶注模法利用有机单体的化学反应,使得陶瓷浆料原位凝固形成坯体,获得微观均匀性好,强度较高便于加工的素坯;化学气相渗透法是通过热解有机泡沫形成网眼碳骨架,然后通过化学气相渗透(CVI)工艺将陶瓷原料涂到网眼碳骨架上,通过控制工艺条件得到强度较高的网眼陶瓷。多孔陶瓷制备技术的发展拓展了多孔陶瓷的应用领域,但是目前仍存在一些亟待解决的问题,譬如制造成本的降低问题、精确控制孔径的尺寸问题、孔隙率与强度的关系问题等。从目前多孔陶瓷的制备来看,单一制备技术往往不能满足目前的性能指标需求,因此多孔陶瓷制备的一个研究重点是改进传统制备技

术、传统制备技术与新型制备技术的结合、多种传统技术的糅合等。

3. 多孔陶瓷的应用

(1) 废气治理。

高温烟气过滤技术的应用与发展引起世界各国的广泛关注,早在 20 世纪 70 年代,日本等国家在高温气体净化、烟气除尘等方面就研究使用多孔陶瓷,取得了较大进展。在烟尘过滤中,多孔陶瓷是将陶瓷烧制成刚性块状单体即陶瓷过滤单元来使用的。表 2.8 列出了目前陶瓷过滤单元常用的多孔陶瓷材料。

表 2.8　陶瓷过滤单元常用的多孔陶瓷材料

材料名称	化学分子式
碳化硅	SiC
氮化硅	Si_3N_4
氧化铝	Al_2O_3
氧化铝/多铝红柱石	$Al_2O_3/3Al_2O_3 \cdot 2SiO_2$
多铝硅酸盐	Al_2O_3/SiO_2
β-董青石	$Al_3(Mg, Fe)_2[Si_5AlO_{18}]$

碳化硅颗粒常用于制作高密度颗粒过滤单元,其过滤材料孔隙率为 30% ~60%;使用氧化铝或多铝硅酸盐制成的低密度纤维过滤单元的孔隙率为 80% ~90%。陶瓷材料虽然是高温气体除尘的优良选材之一,但也存在着性脆,延展性、韧性很差,热传导性以及抗热震性差。在高温、高压条件下,陶瓷材料的整体强度、操作的长期性、可靠性及反吹性仍存在不少问题。

可将催化剂沉积在多孔陶瓷表面,使其具有催化功能来去除气态污染物。如将多孔陶瓷催化净化器应用于汽车排气管中,可使排出的 CO,HC,NO_x 等有害气体转化成 CO_2,H_2O,N_2,从而达到净化空气的目的。目前,世界上 90% 的车用催化器载体是多孔陶瓷,其中应用最为广泛的是蜂窝状的董青石陶瓷载体。如果把室内空气中的悬浮颗粒物、灰尘等先经活性炭或滤网滤除后再通过 TiO_2 光触媒担载多孔陶瓷元件,可有效地提高空气净化效率,从而提高室内空气清新度。

(2) 废水治理。

多孔陶瓷的首要特征是其多孔性。当滤液通过时,其中的悬浮物、胶体物和微生物等被阻截在过滤介质的表面或内部,同时附着在污染物上的病毒等也一起被截留。该过程是吸附、表面过滤和深层过滤相结合的过程,且以深层过滤为主。表面过滤主要发生在过滤介质的表面,多孔陶瓷起一种筛滤的作用,大于微孔的颗粒被截留,被截留的颗粒在过滤介质的表面形成了一层滤膜,该滤膜防止杂质进入过滤层内部将微孔堵塞。深层过滤发生在多孔陶瓷内部,由于多孔陶瓷孔道的迂回,加上流体介质在颗粒表面形成的拱桥效应和惯性冲撞的影响,其过滤精度比本身孔径小很多,对液体介质约为多孔陶瓷

多孔陶瓷孔径的 1/5 ~ 1/10,对气体介质约为孔径的 1/10 ~ 1/20。

多孔陶瓷在处理锅炉湿法含尘废水、热电厂水力冲渣废水等方面都能达到相关国家排放标准。多孔陶瓷在城市污水和工业废水的处理中,曝气装置所用材料即为多孔陶瓷。此外,多孔陶瓷在饮用水的净化、海水淡化、食品医药过滤以及工业废水的处理等方面也有着广泛的应用。

(3)噪声治理。

多孔陶瓷的吸声性能是通过内部大量的连通微小孔隙和孔洞实现的。当声波到达多孔陶瓷的孔隙后,引起空气分子与孔壁的摩擦和黏滞阻力,部分声能转化为热能被吸收,改善声波在室内的传播质量,声能不断衰减,减少噪声的危害,起到吸声的作用。为达到较好的吸声效果,多孔陶瓷要求具备结构细密、相互连通的孔径结构。

2.6.2　多孔金属过滤材料

多孔金属过滤材料是以金属/合金粉末、金属丝网、金属纤维等为基础材料通过压制成型和高温烧结而制成的一类特殊工程材料。该类过滤材料孔隙率可达 98%,并且具有金属过滤材料的基本属性。多孔金属既可作为许多场合的功能材料,也可作为某些场合的结构材料,一般情况下它兼有功能和结构双重作用。因此,多孔金属过滤材料被广泛应用于多种行业中的分离、过滤、布气、催化热交换等工艺过程中,用来制作过滤器、催化剂及催化剂载体等材料。

1.多孔金属的性能

相对于致密金属材料,多孔金属的显著特征是其内部具有大量的孔隙,这些孔隙使得材料具有诸多优异的特性。

(1)优良的渗透性、过滤与分离特性。

多孔金属是适合于制备多种过滤器的理想材料。利用多孔金属的孔道对流体介质中固体粒子的阻留和捕集作用,将气体或液体进行过滤与分离,从而达到介质的净化或分离作用,过滤精度从 0.05 μm 至 100 μm。使用最广的金属过滤材料是多孔青铜和多孔不锈钢。

(2)良好的机械性能、韧性和优异的抗热震性能。

在常温下,多孔金属的强度是多孔陶瓷的 10 倍,即使在 700 ℃ 高温,其强度仍然高于多孔陶瓷数倍。

(3)较好的导热性、高温耐腐蚀能力。

这些性能使得金属多孔过滤材料与在高温除尘过滤介质上的应用具有优势。

(4)具有很好的加工性能和焊接性能。

多孔金属克服了多孔陶瓷的延展性、韧性差的缺点,易与系统整体封接。基于多孔金属的上述特点,在涉及固 – 液、液 – 液、气 – 液过滤与分离的场合,基本上均可使用。

2.多孔金属的分类

从结构上看,多孔金属可分为粉末烧结多孔材料、金属纤维毡、复合金属丝网和泡沫金属等。

(1)粉末烧结多孔材料。

粉末烧结多孔材料是采用金属或合金粉末为原料,经熔融、雾化、冷凝、压制和烧结等工序,制成各种形状复杂,有较高过滤精度的刚性结构的多孔材料。该材料的孔隙结构是由规则和不规则的粉末颗粒堆砌而成,孔隙的大小、孔隙率以及孔隙分布取决于粉末粒度组成和加工工艺。目前,我国已具有烧结金属多孔材料的规模生产能力,大量生产与应用主要是青铜、不锈钢、镍及镍合金、钛等粉末烧结多孔材料。

(2)金属纤维毡。

金属材料良好的塑性使之可拉拔成金属细丝或纤维,并进一步编织成网或铺制成毡。金属纤维毡的孔隙度可达80%以上,全部为贯通孔,塑性和冲击韧性好,容尘量大,用于许多过滤条件苛刻的行业。

(3)复合金属丝网。

复合金属丝网具有很高的整体强度和刚性,孔隙分布均匀,再生性好,滤速大,易制成小直径长管元件。目前,复合金属丝网的层数已从 2 层发展到了 20 多层,宽度达1 200 mm,精度从 2~500 μm,且网的种类繁多。我国不锈钢丝网种类较少,约 30 种,市场所需的复合金属丝网基本依赖进口。

(4)泡沫金属。

泡沫金属是指基体中含有一定数量、一定尺寸孔径、一定孔隙率的金属材料,实际上是金属与气体的复合材料。正是由于这种特殊的结构,使之既有金属的特性又有气泡特性。通孔泡沫金属具有热导率高、气体渗透率高、换热散热能力强等优点;而闭孔泡沫金属则具有相反的物理特性,是一种性能优异的多用途工程材料。

3. 多孔金属的制备工艺

多孔金属的制备方法很多,可以分为液相法、固相法和金属沉积法 3 大类。每一大类中又包含很多小类,见表 2.9。

表 2.9　多孔金属的制备方法

液相法	固相法	金属沉积法
直接发泡法(直接吹气发泡法和金属氢化物分解发泡法)	粉末冶金法	电沉积法
	粉末发泡法	气相沉积法
铸造法(熔模铸造法和渗流铸造法)	金属空心球法	
溅射法	金属粉末纤维烧结法	

(1)液相法。

液相法包括直接发泡法、铸造法和喷射法。直接发泡法有两类工艺,一类是直接吹气发泡法,该方法是在液态金属中产生多孔结构;另一类是金属氢化物分解发泡法,这种方法是在熔融的金属液中加入发泡剂(金属氢化物粉末),氢化物被加热后分解出氢气,并且发生体积膨胀,使得液体金属发泡,冷却后得到泡沫金属材料。

铸造法包括熔模铸造法和渗流铸造法两种工艺。熔模铸造是将已经发泡的塑料填入一定几何形状的容器内,在其周围倒入液态耐火材料,在耐火材料硬化后,升温加热使发泡塑料气化,此时模具具有原发泡塑料的形状,将液态金属浇注到模具内,在冷却后把耐火材料与金属分开,可得到与原发泡塑料的形状一致的金属泡沫,这种方法制备多孔金属成本较高;渗流铸造法是先把填料放于铸模之内,在其周围浇铸金属,然后把填料去除掉,得到泡沫金属材料。

溅射法是在反应器内维持可控的惰性气体压力,在等离子的作用下,通过电场的作用将金属沉积在基体上,与此同时,惰性气体的原子也一并沉积,升高温度,金属熔化时惰性气体发生膨胀形成一个个的空穴,冷却后即为多孔金属。

(2)固相法。

固相法包括粉末冶金法、粉末发泡法、金属空心球法和金属粉末纤维烧结法。粉末冶金法是将金属粉末与造孔剂按一定的配比混合均匀后,在一定的压力下压制成一定致密度的预制品。将预制品在真空烧结炉中进行烧结,制得复合材料烧结坯,去除造孔剂后即得多孔金属材料。

粉末发泡法是将金属或非金属粉末与发泡剂按一定的比例混合均匀,然后在一定的压力下形成具有一定致密度的预制品。将预制品进一步加工,如轧制、模锻等,使之成为半成品,然后将半成品放入一定的钢模中加热,使得发泡剂分解放出气体,即得到多孔金属材料。

金属空心球法是通过化学合成和电沉积的方法在高分子球的表面镀上一层金属,然后把高分子球去除得到金属空心球,将一个个的金属空心球通过烧结黏结到一起而形成多孔结构。

金属粉末纤维烧结法采用金属或合金粉末为原料,通过压制成型和高温烧结而制得具有刚性结构的多孔材料。

(3)金属沉积法。

金属沉积法可分为电沉积法和气相沉积法两种。电沉积法是以泡沫有机物为基体,将其粗化和活化后,放入镀液进行化学镀,制得均匀地附着在有机物表面导电的金属层,常见的镀层有 Cu,Ni,Fe,Co,Ag,Au 和 Pd。

气相沉积法是在真空条件下将液体金属挥发成金属蒸气,然后沉积在一定形状的聚合物基底上,形成一定厚度的金属沉积层,冷却后采用化学或热处理方法除去聚合物,得到通孔金属多孔材料。

2.6.3　多孔金属过滤材料在环境工程中的应用

利用多孔金属的孔道对流体介质中固体粒子的阻留和捕集作用,将气体或液体进行过滤与分离,从而达到介质的净化或分离作用。

1. 废水治理

多孔金属材料作为分离媒介,可从水中分离出油、从冷冻剂中分离水。20 世纪 80 年代以后,石化、纺织、造纸等行业的发展,对耐高温、高压和腐蚀多孔材料的需求不断扩大,促进了多孔材料的规模生产。如在纺织业,粉末烧结多孔不锈钢管用于喷丝头的前级过滤和分散及纺织厂热洗水中去除染料颗粒。在造纸业,316L、317LN 镍及镍合金、钛多孔材料用于纸浆漂洗和污水处理。在纺织业采用海绵铁、锰砂多孔金属过滤材料对印染废水的脱色效果进行研究,研究表明海绵铁对印染废水脱色效果显著,脱色率可达90% 以上,值得进一步研究和推广应用。

2. 废气治理

高温气体的净化除尘是实现高温气体资源合理利用必不可少的关键技术。在现代工业生产过程中,涉及含尘气体在高温下直接净化除尘和应用的领域十分广泛,如能源工业中先进的燃煤联合循环发电技术的高温气体,石化和化工工业的高温反应气体,冶金工业高炉与转炉高温煤气,玻璃工业的高温尾气,锅炉、焚烧炉的高温废气等,都需要进行合理的处置。针对中高温气体除尘,目前国内外研究较多的是陶瓷和金属多孔材料。陶瓷材料虽然具有优良的热稳定性和化学稳定性,但缺点是性脆、抗热震性极差,很难推广应用。为了解决陶瓷过滤材料的抗热震性差、可靠性不高的问题,国内外开展了高性能烧结金属多孔过滤材料的研究,如 Haynes 合金、FeCrAl 合金、Fe_3Al 金属间化合物、Hastelloy 合金等,在各种苛刻的加热条件下,金属过滤材料都表现了很好的抗热震性。一些材料如 FeCrAl 合金、Fe_3Al 金属间化合物等具有优良的抗氧化和抗硫腐蚀能力,它们在 600 ~ 800 ℃条件下工作超过 6 000 h 后,仍然保持完好。

汽车尾气净化载体过去常使用陶瓷多孔过滤材料,然而,由于其强度、抗热震性能及导热性能均不理想,致使净化效果较差、使用寿命也短。近年来,国外已开始用合金材料制备的多孔载体取代多孔陶瓷,取得了较好的应用效果。如 Ni – 20Cr 和 Ni – 33Cr – 1.8Al 合金多孔体,可以抵抗柴油机废气的高温腐蚀且无多孔陶瓷的开裂问题,同样适于柴油机的排气过滤材料,大大减少环境污染。此外,经过青铜、不锈钢、镍等多孔金属过滤器净化的空气,几乎取代了原用的活性炭加脱脂棉的空气过滤器,而钢铁厂中高炉煤气的净化也采用了不锈钢过滤器。

3. 噪声治理

多孔金属过滤材料具有良好的吸收噪音的功能,当声波压迫空气在多孔金属过滤材料的细小的、相互连通的孔洞中流动时,通过与孔壁的摩擦产生紊流而消耗能量,因此,多孔金属过滤材料可作为噪音环境下的吸声材料,如在高速公路两旁设置多孔金属过滤材料作为吸声障壁。此外,多孔金属过滤材料具有良好的阻尼性能,因此可有效地将系统的振动能转变为热能,减少振动、降低噪音。

2.7　其他过滤材料

除上述传统的颗粒过滤材料、纤维过滤材料、织物过滤材料以及多孔过滤材料外,还有很多其他种类的过滤材料,如烟尘过滤材料中的覆膜过滤材料、褶皱过滤材料和防静电过滤材料等新型过滤材料,以及一些多功能的水处理过滤材料,如沸石和硅藻土等。

2.7.1 粉尘过滤材料

1. 覆膜过滤材料

（1）覆膜过滤材料概述。

覆膜过滤材料是一层高孔隙率的厚度为 0.1 mm 以下的薄膜,该薄膜可透过气体分子。用于制作商业覆膜的聚酯种类很多,主要有醋酸纤维素、硝酸纤维素、聚酰胺、泰氟龙、聚氟乙烯等。对于烟尘过滤,覆膜要覆盖在基布的表面,使其具有足够的强度,便于使用,基布是无纺或纺织合成纤维。目前,覆膜过滤材料已成为工业应用最广泛的过滤材料之一。覆膜过滤材料按功能可分微滤、超滤、纳米过滤和反渗透过滤材料。微滤分离微米级粒子,超滤分离更小的粒子直至分子,纳米过滤分离分子,反渗透分离更小的分子。烟尘过滤一般属于纳米以上范围,即只要求净化比分子大的粒子就可以了,所以常用微滤覆膜。

（2）常规过滤材料与覆膜过滤材料的过滤机理对比。

常规过滤材料的过滤机理是:当粉尘颗粒随气流缓慢通过滤布时,由于筛滤、惯性碰撞、扩散、重力和静电效应的综合作用,颗粒粒径大于过滤材料纤维间孔隙的粉尘被纤维拦截,而单纯通过筛滤作用捕集的粉尘较少。在滤袋投入运行初期,由于过滤材料纤维间的空隙较大,大粒径的粉尘被拦截下来,小粒径的粉尘仍随气流通过滤袋排出,故此时除尘效率较低。而随着过滤过程的不断进行,由于架桥现象在滤袋表面会形成很薄的尘膜。此后,对含尘气体中粉尘的捕集,主要是依靠这个粉尘初层以及以后逐渐增厚的粉尘层,所以称之为深层过滤,这时滤袋仅是起支撑作用。随着滤袋表面粉尘层的不断增厚,滤袋的阻力也相应提高。当阻力达到限定值时,就需对过滤材料进行清灰。但清灰不能过度,否则会破坏粉尘初层,使除尘器的除尘效率降低。如果清灰无力,则会造成滤袋的阻力上升加快,引起清灰装置频繁动作,不仅增加了使用能耗,也降低了滤袋和清灰装置的使用寿命。

而覆膜过滤材料主要是利用粉尘初层有利于过滤的理论,人为地在过滤材料表面覆上一层有微孔的薄膜(相当于粉尘初层),从而提高除尘效率。在覆膜过滤材料的过滤过程中,过滤材料的基布只起支撑作用,不参加过滤,表面的薄膜起到相当于常规过滤材料的粉尘初层的过滤作用。此时,薄膜微孔对粉尘的筛滤作用在除尘中占主导,即把常规过滤材料的深层过滤机理转变成了表面过滤机理。覆膜过滤材料和常规过滤材料过滤烟气示意图如图 2.27 所示。

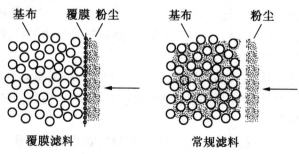

图 2.27 覆膜过滤材料和常规过滤材料过滤烟气示意图

（3）覆膜过滤材料的特点。

覆膜过滤材料的优越性可概括为以下 5 点。

①覆膜过滤材料表面的微孔小而均匀，能分离所有大于微孔直径的粉尘，所以烟尘净化效率高而稳定。测试结果表明，这种过滤材料对粒径为 0.01 ~ 1.0 μm 的粉尘，分级捕集效率也可高达 97% ~ 99%，总捕集效率可达 99.999%，约超出普通滤布 1 ~ 2 个数量级。

②覆膜过滤材料表面的微孔虽然微小但很密集，其孔隙率为 80% ~ 90%，并且过滤材料内部无粉尘堵塞，足以使大量的气体通过。

③覆膜过滤材料表面无黏性，表面光滑，减少了粉尘的聚集，因而清灰量减少，减轻了滤袋的维护量，延长其使用寿命。

④覆膜过滤材料表面不透水，能将水拒之膜外，却让完全气化了的水雾即过热水蒸气自由通过。因此，经进一步表面处理的覆膜过滤材料可以过滤黏性很强的粉尘，甚至可以过滤烟气湿度接近饱和的粉尘。

综上所述，覆膜过滤材料具体的应用场合有水泥旋窑窑尾、冶金行业、电石炉、炭黑行业、电厂燃煤锅炉及垃圾焚烧炉等。目前，常用的覆膜过滤材料有聚四氟乙烯覆膜过滤材料、玻纤覆膜过滤材料、聚酯覆膜过滤材料、芳族聚酰胺覆膜过滤材料和聚苯硫醚覆膜过滤材料等。虽然覆膜过滤材料与传统过滤材料相比具有优越的性能，但是覆膜过滤材料价格较高，是一般过滤材料的几倍，同时覆膜过滤材料生产的技术要求较高，国产覆膜过滤材料产品质量不稳定，进口产品价格昂贵，有待于进一步地开发和应用研究。

2. 褶皱过滤材料

（1）褶皱过滤材料概述。

褶皱过滤材料是指将纤维层折叠成曲折表面的过滤材料，早先的褶皱过滤材料多用于常温，而今已用于高温烟气净化。其中的一个重要应用是气燃机入口的气体预净化，此外褶皱过滤材料在袋式除尘器中代替纺织过滤材料和针刺毡过滤材料使用。

（2）褶皱过滤材料的特点。

①透气性好，因此过滤阻力小，过滤风速较高。褶皱过滤材料可采用聚酯纤维、特氟隆、尼龙、丙烯腈纤维等过滤材料制造。对于微滤褶皱过滤材料，纤维孔径范围在 0.1 ~ 1 μm，用于烟尘过滤的覆膜褶皱过滤材料的过滤效率可达 99.99%。

②过滤面积大，容尘量大，过滤效率高。褶皱过滤材料的制作是用大张的覆膜过滤材料放进溶剂中，使覆膜过滤材料有较大的韧性，然后折叠成褶皱状，因此褶皱过滤材料比平整的覆膜过滤材料的积尘量大得多。

③允许有较大的变形，有较高的韧性，所以抗拉伸、抗断裂能力强。有些褶皱过滤材料在外面还增加了保护层，里面另加了初滤纤维层和覆膜，以提高褶皱过滤材料强度、效率和降低粉尘附着量。

④安装、换袋方便。制成单元件的褶皱过滤材料，安装比较方便。

⑤设备占地面积小。

2.7.2　多功能的水处理过滤材料

近些年来开发了具有多功能的水处理过滤材料,这些过滤材料集两种以上的功能于一身,如吸附兼过滤、吸附兼离子交换、吸附兼氧化还原、絮凝兼浮选、阻垢兼缓蚀等。目前所使用的多功能材料中既是过滤材料又是吸附材料的主要有活性炭、沸石和硅藻土等,而这一大类材料结构、特性及应用的内容将在本书的第 3 章吸附分离材料中进行详细介绍。

第3章 吸附分离材料

3.1 吸附作用与吸附分离材料

3.1.1 吸附作用

1.吸附的概念和类型

当流体(气体或液体)与多孔固体接触时,流体中某一组分或多个组分在固体表面处产生积蓄的现象称为吸附。在表面积不能改变的情况下,通过吸附可以达到降低界面张力的目的,所以吸附过程是自发过程,且真正干净的固体难以获得。其中,被吸附到固体表面的组分称为吸附质,吸附吸附质的多孔固体称为吸附剂。

吸附作用基本上是"气-固"或"液-固"非均相界面上分子间或原子间作用力所产生的,吸附剂和吸附质的不同组合决定了不同的吸附相互作用。根据吸附质与吸附剂表面分子间作用力的性质,吸附作用可分为物理吸附和化学吸附。

(1)物理吸附。

吸附剂与流体分子之间的作用力是分子间引力(即范德华力)的吸附过程,是物理吸附。由于这种力较弱,故对分子结构影响不大,所以可把物理吸附类比为凝聚现象。物理吸附的主要特征是:

①发生物理吸附时,吸附分子和固体表面组成都不会改变,即不发生化学反应。

②物理吸附无选择性,可以是单分子层吸附也可以是多分子层吸附。

③吸附过程是放热的,因而温度对其影响大,在低温时吸附量高;反之,升高温度会使其解吸;

④物理吸附通常进行得很快,且吸附剂与流体分子间的吸附力弱,因而有较高的可逆性。当改变吸附操作条件,被吸附的分子很容易从固体表面逸出。

(2)化学吸附。

固体表面与吸附分子之间的作用力是化学键力的吸附过程称为化学吸附。该吸附本质上是一种表面化学反应,需要一定的活化能,故又称为活性吸附。化学吸附的主要特征是:

①吸附有选择性,被吸附物呈单分子层。

②吸附作用强,吸附热接近化学反应热,除特殊情况外,自发的吸附过程是放热过程。

③化学吸附的反应速率快,且吸附速率随温度的升高而增加。

④吸附过程不可逆,且不易解吸。

物理吸附与化学吸附的基本区别见表 3.1。

表 3.1　物理吸附与化学吸附的基本区别

性质	物理吸附	化学吸附
吸附力	范德华力	化学键力
吸附热	近于液化热(<40 kJ/mol)	近于化学反应热(约 80 ~ 400 kJ/mol)
吸附温度	较低(低于临界温度)	相当高(远高于沸点)
吸附速度	快	有时较慢
选择性	无	有
吸附层数	单层或多层	单层
脱附性质	完全脱附	脱附困难,常伴有化学变化

实际的吸附过程中,物理吸附和化学吸附并不是孤立的,往往相伴发生。如先发生单层的化学吸附,而后在化学吸附层上再进行物理吸附。因此,欲了解一个吸附过程的性质,常要根据多种性质进行综合判断。物理吸附常用于脱水、脱气、气体的净化与分离等;化学吸附是发生多相催化反应的前提,并且在多种学科中有广泛的应用。在污水处理技术中,大部分的吸附往往是几种吸附综合作用的结果。

2. 吸附原理

固体表面由于存在着未平衡的分子引力和化学键力,而使所接触的气体或溶质发生吸附现象。吸附过程是放热的,因而吸附热能使吸附剂升温,对吸附作用产生影响。

吸附过程大体分以下 3 个步骤:

(1)吸附质通过边界层扩散到吸附剂外表面(外扩散);

(2)吸附质经吸附剂内孔扩散到吸附剂内表面(内扩散);

(3)吸附质吸附在表面上(化学吸附)或进一步发生反应。

无论是物理吸附还是化学吸附,一般都经历上述 3 个步骤,不同之处在于物理吸附虽不发生表面反应,但可能出现多层吸附。吸附分离的效果常用吸附容量和吸附速率来衡量。

单位质量吸附剂所具有的吸附能力称为吸附量,通常以 kg(吸附质)/kg(吸附剂)或质量分数表示。

$$q = \frac{m}{w} = \frac{v(C_0 - C)}{w} \tag{3.1}$$

式中　w——吸附剂的质量(kg);

　　　m——吸附质的质量(kg);

　　　$C_0 - C$——吸附前后质量浓度的变化(kg/L)。

在吸附初期由于吸附剂表面较多的活性位置,吸附速率大于解吸速率,最终因两种速率相等而建立动态平衡,通常叫作吸附平衡。不同的吸附剂和吸附质组成的体系,达到平衡的时间有很大差异。吸附质的平衡吸附量(单位质量吸附剂在达到吸附平衡时所吸附的吸附质量),首先取决于吸附剂的化学组成和物理结构,同时与系统的温度和压力以及该组分和其他组分的浓度或分压有关。对于只含一种吸附质的混合物,在一定温度下吸附质的平衡吸附量与其浓度或分压间的函数关系的数学式,称为吸附等温式。目前已提出不同类型的数学式,各有其适用范围,常用的有弗兰德里希(Freundich)吸附等温式和朗缪尔(Langmuir)吸附等温式,利用等温式可以作出相应的吸附等温线。对于压力不太高的气体混合物,惰性组分对吸附等温线基本无影响;而液体混合物的溶剂通常对吸附等温线有影响。在判定某种吸附剂对指定污染物的去除效果时,一般通过实验绘制等温线。

虽然各种模式的吸附等温式均反映吸附平衡,但没有揭示吸附过程的细节,吸附动力学从不同方面研究吸附的微观过程,而两种吸附扩散常常是控制步骤。建立相关的扩散方程成为吸附动力学中的基本问题。对吸附速率的讨论和理解可以参考相关文献。

3.1.2　吸附分离材料的种类与选择原则

广义而言,一切固体表面都具有吸附作用,但只有多孔物质和磨得很细的物质由于具有巨大的表面积,才能成为吸附分离材料。工业上使用的吸附剂通常有吸附能力强、吸附选择性好、吸附平衡低、容易再生和再利用、机械强度好、化学性质稳定,来源广泛、价格低等特点。

1. 吸附分离材料的种类

吸附分离材料按化学结构可分为无机吸附剂、高分子吸附剂和碳质吸附剂3类。无机吸附剂是指具有一定晶体结构的无机化合物,多数是天然的无机物,因其兼有离子交换性质,所以也称为无机离子交换剂,沸石、蒙脱土等都属于无机吸附剂;高分子吸附剂是由烯类单体聚合制成的。通过改变聚合单体的组成和聚合的方法可以制得不同结构的吸附材料。与无机吸附剂相比较,这类材料的种类更多,应用范围更广,吸附作用包括整合、静电引力、化学键合、范德华力、氢键以及偶极 – 偶极的相互作用等;碳质吸附剂是一类介于无机和有机吸附剂之间的一类吸附材料,包括颗粒活性炭、活性炭纤维以及石墨吸附材料等。碳质吸附剂具有吸附能力强、化学稳定性好、力学强度高等特点,被广泛应用于工业、农业、国防、交通、医药卫生、环境保护等领域。

2. 吸附分离材料的选择原则

选择吸附分离材料应当遵守“相似相溶”原理和“孔径匹配”原则。所谓“相似相溶”原理系指当吸附剂与吸附质的化学组成和结构最为相似或接近的时候,两者之间的亲和力达到最大,吸附分离能力最强,分离效率达到最高。而“孔径匹配原则”系指只有那些内部孔道直径适当大于、最好达到 3~6 倍吸附质分子尺寸(水合直径)的吸附剂,才具有最佳的吸附分离能力和最高的分离效率。根据以上两个原则,污染物净化过程选择吸附剂要遵循以下原则:

（1）工业废水中电解质或离子型污染物的去除,应选择离子交换树脂或离子交换纤维,可达到最佳的环境净化和控制目标;

（2）废水中去除重金属污染物,宜选择吸附树脂可以定量地将其从废水中除去并实现回收利用;

（3）大气中气态分子型污染物的去除,宜选择高比表面积和 0.5 nm 以下微小孔径占主导地位的活性炭和分子筛等;

（4）气体或废水中分子型有机污染物的去除,各种类型的吸附树脂是最佳选择,其分离效率往往可以达到 99% 以上,并且具有回收利用污染物并实现资源化的功能。

3.2　碳质吸附材料

3.2.1　颗粒活性炭吸附材料

活性炭是最常用的碳质吸附剂,由无定形碳和少量灰分组成。活性炭因其形状不同有粉末和颗粒活性炭两类。在活性炭工业发展过程中,为了扩大活性炭的原料来源和用途,从 20 世纪 30 年代开始用煤生产定型颗粒炭,用硬果壳（核）生产不定型颗粒炭。由于颗粒炭本身具有一定的强度,再生容易,使用寿命长,使用方便等优越性,在空气净化、水处理等方面的大量使用,使其在量和质上都超过了粉末活性炭。

1. 颗粒活性炭的分类

颗粒活性炭又称粒状活性炭,外观为暗黑色,具有良好的吸附性能,其化学性质稳定,耐高温和强酸强碱,密度比水小,是一种多孔的疏水性吸附剂。目前,国内外粒状活性炭的规格较多,按生产原料不同可分为煤基活性炭、木质活性炭、果壳活性炭和合成活性炭等。按型状分定型（圆柱形、球形）和不定型（破碎颗粒）;按生产方法又分为气体活化法和化学活化法;气体活化法又可用多种黏结剂和各种活化炉生产不同用途的颗粒炭。此外,还有空心柱形活性炭和空心球状活性炭等。目前,粒状活性炭的品种可以根据用户的实际需要生产粒径小于 1 mm 大于 10 mm 的任何规格的颗粒活性炭。为了保护日益减少的森林资源,保护人类的生存环境,木质活性炭生产受到越来越多的限制,在我国市售的活性炭中煤质活性炭居多。

2. 颗粒活性炭的性质

（1）物理特性。

活性炭的物理特性主要指其多孔性结构。从宏观上看,活性炭是非晶体,但从微观角度看,活性炭是由微细的石墨微晶和将这些石墨微晶连接在一起的碳氢化合物组成。在制造活性炭的活化过程中,其挥发性有机物被去除,晶格间生成各种形状和大小不同的孔隙,因而构成巨大的吸附表面积,赋予活性炭特有的吸附性能。

由于活性炭发达的孔隙结构,孔壁的总面积几乎等于活性炭的总面积。一般将半径在 2 nm 以下的孔称为微孔;半径在 2~50 nm 之间的孔称为中孔（亦称过滤孔）;半径大于50 nm的孔称为大孔,其中微孔可进一步分为一级微孔(<0.8 nm)和二级微孔(0.8 ~ 2 nm),颗粒活性炭的孔径分布如图3.1所示。大孔的主要作用是为吸附质的扩散提供通道,吸附质通过大孔再扩散到过渡孔和微孔中去,吸附质的扩散速度往往受到大孔结构、数量的影响。

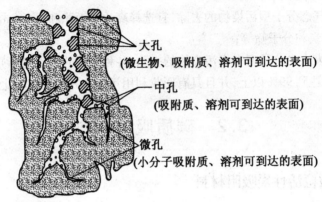

图3.1　活性炭孔径分布示意图

中孔(过渡孔)也具有一定的吸附和通道作用,由于水中有机物分子大小不同,所以活性炭对大分子有机物的吸附主要靠中孔完成,但是这有可能堵塞小分子溶质进入微孔的通道。

总之在吸附过程中,活性炭孔径的匹配情况能反映出其吸附性能的优劣。如果活性炭的孔径以微孔居多,那么它比较适合于气相吸附及吸附液中相对分子质量、分子直径较小的物质;如果中孔和大孔比较发达,则更适合于吸附液中相对分子质量和分子直径较大的物质。因此用于吸附污染物的活性炭,要求大孔、中孔和微孔有适当的比率,否则活性炭的吸附性能也会由此而降低。

(2)化学特性。

活性炭的吸附特性不仅受孔结构的影响,而且受活性炭表面化学性质的影响。活性炭的主要成分是碳元素,一般含量均超过80%,纯碳表面是非极性的,主要通过物理吸附作用易于吸附非极性的和弱极性的物质。但活性炭组成中除碳元素外,还有其他一些成分,如氧、氢、氮、硫和灰分。在活性炭的活化反应中,微孔进一步扩大形成了许多大小不同的孔隙,孔隙表面一部分被烧掉,化学结构出现缺陷或不完整,由于其他组分的存在,使活性炭的基本结构产生缺陷和不饱和价,氧和其他杂原子吸附于这些缺陷上与边缘上的碳反应形成各种键,以至形成各种表面功能基团,因而使活性炭产生了各种各样的吸附特性。图3.2为活性表面可能存在的含氧官能团,官能团(a) ~ (e)表现出不同的酸性,一般来说,活性炭的氧含量越高,其酸性也就越强。具有酸性表面基团的活性炭具有阳离子交换特性,氧含量低的活性炭表面表现出碱性特征以及阴离子交换特性。图3.3为活性炭表面可能存在的含氮官能团,这些基团使活性炭表面表现出碱性特征以及阴离子交换特性。

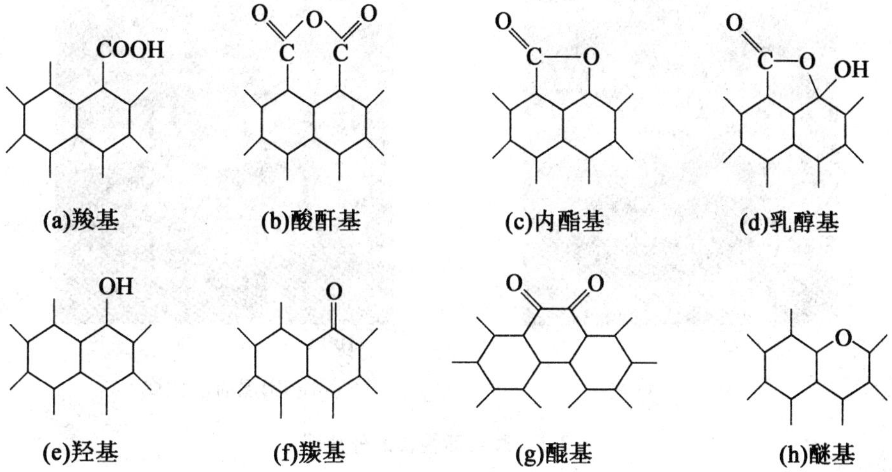

COOH
(a)羧基
(b)酸酐基
(c)内酯基
OH
(d)乳醇基
OH
(e)羟基
(f)羰基
(g)醌基
(h)醚基

图3.2　活性炭表面可能存在的含氧官能团

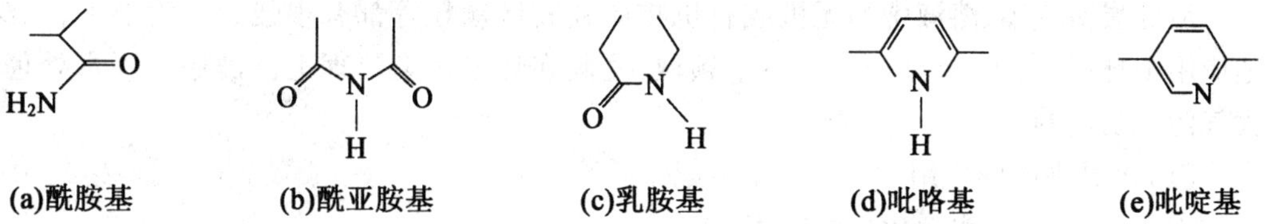

H₂N
(a)酰胺基
(b)酰亚胺基
(c)乳胺基
(d)吡咯基
(e)吡啶基

图3.3　活性炭表面可能存在的含氮官能团

3. 颗粒活性炭的制备

颗粒活性炭由含碳原料(如果壳、煤、动物骨骼和石油焦)在不高于773 K下炭化,然后通水蒸气活化制成,图3.4为颗粒活性炭制备工艺流程。

黏结剂
活化剂
原料
捏合
成形
炭化
活化
洗涤
干燥
筛分
活性炭

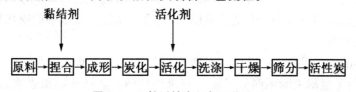

图3.4　颗粒活性炭制备工艺流程

将原料经过破碎制成一定粒度(约为200目以下)。加入焦油和沥青等黏合剂加热混合,通过挤压机挤压成形,切成一定尺寸的团块,然后经过固化烧结、干燥,缓缓地加热炭化制成致密坚硬的炭材,再放入活化炉,控制氧气量进行蒸汽活化。通常煤质和果壳活性炭采用上述方法制备时,产品形状以颗粒状为主。而木质活性炭的产品形状以粉状为主。果壳、煤质活性炭的外形如图3.5所示。

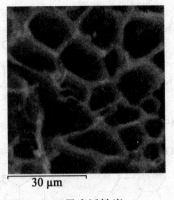

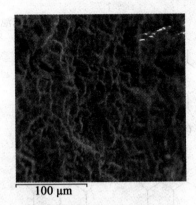

(a)果壳活性炭　　　　　　　　　　　　(b)煤质活性炭

图 3.5　颗粒活性炭的外形图

4.颗粒活性炭的应用

　　活性炭对气体、溶液中的无机或有机物质及胶体颗粒等都有很强的吸附能力,广泛地应用于环保、化工、食品加工等各个领域,尤其在环境污染治理上已被用于污水处理、大气污染防治等方面。

　　(1)水处理中的应用。

　　①在原水、饮用水净化中的应用。

　　原水、饮用水中主要有消毒副产物、含氮化合物以及残留洗涤剂、农药、酚、菌类等污染物。颗粒活性炭最初应用于水处理领域是从去除水中产生嗅味的物质开始的,世界上第一个使用颗粒活性炭的水厂建于美国费城,20 世纪 50 年代初期,西欧和美国的一些以地表水为水源的水厂也开始使用颗粒活性炭来去除水中的色度及嗅味。从此活性炭在水处理行业得到广泛的应用,颗粒活性炭吸附装置在美国、欧洲、日本等国家和地区陆续建成投产。随着人们对饮用水安全的重视,研究重点从仅去除水中的嗅味物质转移到去除有机污染物方面。

　　同济大学的相关研究人员采用颗粒活性炭(GAC)对黄浦江原水和水厂常规工艺处理的出水,进行了吸附去除不同分子质量有机物的研究。试验结果表明,黄浦江原水及常规工艺出水中的溶解性有机物以小分子为主。吸附初期的活性炭对有机物的去除能力较强,其中对 COD_{Mn} 的去除率 $>83\%$,对 UV_{254} 的去除率 $>90\%$;从初期到中期的去除率下降幅度不大,而从中期到后期的变化幅度较大,吸附后期对 COD_{Mn} 和 UV_{254} 的去除率都只有 25% 左右;活性炭吸附的各个阶段对小分子有机物的去除率均较高,而对大分子有机物的去除率则较低。

　　此外,活性炭去除卤素(氟、氯、溴、碘)、酚类、着色物质以及洗涤剂中的表面活性剂等亦有很好效果。而对重金属的去除研究见报道的有铬、汞、铅、锑、锡、镍、钴、钛等,处理效果与金属的化学形态和水的 pH 有关。

　　粒状活性炭可单独使用,但大多使用组合工艺处理水。颗粒活性炭在给水处理厂中的设置如图 3.6 所示。

原水 → 絮凝 → 沉淀 → 砂滤池 → 粒状活性炭处理 → 消毒 → 出水

图 3.6　颗粒活性炭在给水处理厂中的设置

②活性炭在废水处理中的应用。

根据现有的研究资料显示,活性炭吸附法处理的废水包括有机废水、印染废水、含油废水、含酚废水、含重金属废水等,均取得了良好效果。在有机废水处理中,由于活性炭对有机物的吸附能力不同,要针对不同工业有机废水进行工艺设计,在某些情况下,活性炭对混合有机物的吸附容量有时比单独组分还要大。有人用烷基苯磺酸盐、壬基苯氧基乙氧基乙醇、二氯二苯三氯甲烷、菸酸、三乙醇胺等5种物质的吸附试验进行了验证。除吸附作用外,活性炭还具有催化作用,可去除水中的余氯、氯酚。

对于印染工业,活性炭能有效去除废水中的活性染料、酸性染料、碱性染料、偶氮染料。活性炭在吸附水溶性染料时吸附率高,但不能吸附悬浮固体和不溶性染料。而采用的工艺多是化学法(氧化法、混凝法、电解法)、物理化学法(吸附法、膜法)、生物法(投菌法、厌氧—好氧法)等组合工艺。目前国内对多种染料进行活性炭吸附,其中对红色、黑色的染料研究较多,如酸性品红、碱性品红、活性艳红、活性黑、耐晒黑等,普遍的脱色率达90%以上。不同的染料吸附的平衡时间也不一样,活性炭使一些染料脱色能较快达到平衡,一些则需要较长时间,平衡时间由3 h到17 h不等。另外,各种染料的吸附等温线一般都符合Frendlich方程,处理后水质接近地表水质标准。

在炼油厂、石化厂污水中,工艺污水或含油排水中污染成分比较复杂,有油、酚、含硫有机化合物、环烷酸等。这些污染物用活性炭直接处理效果较差,一般先采用混凝沉淀等组合方法进行预处理,再用活性炭吸附或其组合法处理这些污水更有效。炼油厂废水按处理深度可分为二级、三级处理(或深度处理);按处理方法可分为生化法和非生化法流程。自20世纪70年代中期以来,国外炼油厂除继续采用传统的二级生化法流程外,还发展了活性炭吸附法三级处理工艺,而且发展很快。到了20世纪80年代中期,在炼油厂和石化厂废水三级处理中,往往包括活性炭吸附法,特别是臭氧/活性炭组合法,其应用日渐广泛。我国1976年已建成活性炭处理废水的大型装置,并且在多个炼油厂都有应用,经处理后一般都达到了地表水标准,可以重复利用。

废水中的某些重金属离子也可采用活性炭吸附去除。如山西某化工厂用酸处理后的活性炭进行含铬污水的治理,研究表明,活性炭改性后,其吸附六价铬的效率可提高15%以上;利用活性炭表面氧化物的催化作用和做催化剂载体的作用,并以氧气或空气为氧化剂,能使氰和镉的去除率达到99%以上;而对于废水中的Cu^{2+}的去除,使用的活性炭一般用硫化钠溶液改性,以氢氧化铜和硫化铜沉淀的形式去除Cu^{2+};此外采用离子交换法和反渗透法去除水中Ni^{2+},特别当活性炭用碱处理后,会增加活性炭对Ni^{2+}的吸附容量和除Ni^{2+}的能力。

在城市污水处理过程中,活性炭吸附法往往作为二级处理和三级处理。在美国,将工业废水和生活污水联合处理是较为普遍的。在日本,对活性炭吸附法处理城市废水进行了大量的试验研究,经活性炭处理后,城市废水处理水色度为15~20度,BOD去除率

约为60%,也能去除臭氧;城市废水如经充分凝聚、砂滤等前处理后,活性炭吸附效果
更好。

(2)废气治理中的应用。

活性炭用作气体吸附剂,开始于第一次世界大战的防毒面具。第一次世界大战结束
以后,在欧美各国活性炭的应用逐渐普及到溶剂回收、气体精制和分离中。日本当时由
于化学工业落后,活性炭在气相中的应用于第二次世界大战后才开始。目前活性炭在废
气治理中,主要用于烟气脱硫和空气净化等方面。

活性炭脱硫是常用的工业脱硫方法之一。烟气中没有氧和水蒸气存在时,用活性炭
吸附SO_2仅为物理吸附,吸附量较小;有氧和水蒸气存在时,在物理吸附过程中,还发生
化学吸附。这是由于活性炭表面具有催化作用,使吸附的SO_2被烟气中的O_2氧化为
SO_3,SO_3再和水蒸气反应生成H_2SO_4,使其吸附量大大增加,其反应式如下:

$$2SO_2 + 2H_2O + O_2 \Longrightarrow 2H_2SO_4$$

活性炭表面上形成的硫酸存在于活性炭的微孔中,降低其吸附能力,因此需要把存
在于微孔中硫酸取出,使活性炭再生。再生方法可分为加热再生和水洗再生。当活性炭
采用高温惰性气体再生时,其再生反应过程描述如下:

$$H_2SO_4 + C \xrightarrow{\text{高温}} CO + SO_2 + H_2O$$

$$2H_2SO_4 + C \xrightarrow{\text{高温}} CO_2 + 2SO_2 + 2H_2O$$

这种方式具有热解温度低、活性炭消耗量少、解吸出的SO_2易于回收且运行操作安
全可靠等优点。洗涤再生是通过洗涤活性炭床层,使炭孔内的酸液不断排出,从而恢复
炭的催化活性。

活性炭在空气净化中多作为空气净化器中的吸附剂,吸附剂的更换费用和更换后的
活性炭处理问题限制了其应用。由于空气净化装置本身没有再生装置,所以当吸附剂吸
附有害物质达到饱和时,就需要更换活性炭吸附剂,并且为了防止二次污染也需要对更
换下来的活性炭吸附剂进行统一管理和处理。

3.2.2　活性炭纤维吸附材料

1. 活性炭纤维的简介

活性炭纤维(Activated carbon fiber,ACF)又称纤维状活性炭,是继粉状活性炭(Pow-
dered AC,PAC)和粒状活性炭(Granulated AC,GAC)之后的第3种类型的活性炭材料。
人们最初将传统的粉状或粒状活性炭吸附在有机纤维上或灌到空心有机纤维里制成纤
维状活性炭,但产品性能不够理想。目前应用的ACF是将碳纤维(Carbon fiber,CF)及可
碳化纤维(Carbonizable fiber)经过物理活化、化学活化或物理化学活化反应后,所制得的
具有丰富和发达孔隙结构的功能型碳纤维,其多用作吸附材料、催化剂载体、电极材
料等。

活性炭纤维是由C,H和O 3种元素组成的,主要成分是碳。碳原子以类似石墨微晶
片层形式存在,约占总数的60%,含氧官能团如羟基、醚基约占25%,羰基、羧基、酯基约

占 10%,此外还有其他形式的官能团以及金属等。

活性炭纤维与传统炭质吸附材料相比,具有独特的化学和物理结构,并且作为一种高效吸附材料,吸附性能比粒状活性炭大大提高。原因在于:①纤维直径细,一般为 10 ~ 13 μm,与被吸附质的接触面积大,增加了吸附概率;②外表面积大,吸脱速度快,吸附量大,是其他活性炭吸附容量的 1 ~ 10 倍;③孔径分布窄,且主要以微孔和亚微孔为主,孔径小、可以通过各种手段来调节孔径做成分子筛,达到分离的目的;④漏损小,滤阻小,吸附层薄和体密度小,易制作轻而小型化的生产设备;⑤蓄热少,操作安全;⑥强度大,不易粉化,二次污染小,同时纯度高、杂质少,可以用于食品和医疗工业;⑦良好的成型性,可以做成各种形态的吸附剂,如纤维、毡、布、网和纸。

2. 活性炭纤维的制备工艺

活性炭纤维是由原料纤维经预处理、炭化和活化 3 个阶段制备而成。

(1)预处理。

不同原料纤维预氧化的目的和方法不一样。聚丙烯腈和沥青纤维预处理的目的是为了使原料纤维在炭化过程中不熔融变形,保持纤维形状。因此通常采取氧化预处理,使丙烯腈和沥青分子形成梯状聚合物而提高原料纤维的热稳定性。黏胶基纤维预处理的目的是提高原料纤维的热稳定性和控制活化反应特性,以达到改善活性炭纤维的结构和性能。

(2)炭化。

炭化是生产活性炭纤维的重要环节。通常采用热分解反应来排除原料纤维中可挥发的非碳元素。用热缩聚反应使富集的碳原子重新排列成石墨微晶结构,最终生成碳纤维。升温速率、炭化温度、炭化时间、炭化气氛和纤维的控制等都影响炭化质量。

(3)活化。

制备 ACF 的关键在于活化工艺,活化反应是活性炭纤维生成发达的微孔结构和比表面积的重要工艺过程。而在相同的活化工艺参数下,最终产品的活化效果又取决于所用原料活化的难易程度,因此原料性质和结构不同,会导致具体的生产工艺及参数有所不同,所得产品的性能和结构也有各自的特点。原料的活化过程就是在一特定温度下把纤维暴露于氧化介质中进行处理,可分为物理活化和化学活化。无论哪种活化工艺,影响因素主要有 4 个:活化剂种类、活化温度、活化剂浓度、活化时间。活化剂的种类很多,原则上只要可以和碳发生氧化反应的介质就可以作为活化剂。但是,在物理活化时,由于空气与碳反应为放热反应而不易控制,所以通常使用的是水蒸气和二氧化碳(CO_2)或者两者同时使用;活化温度一般为 600 ~ 1 000 ℃,700 ~ 900 ℃为最佳;活化时间可控制在 10 ~ 120 min;在相同活化温度和活化气氛下,比表面积和孔径随活化时间的增长而增大,但收率却随之降低。因此,如何协调活化收率与活化产品性能,改善生产工艺,仍是 ACF 新品种开发和工业化生产的重点。表 3.2 列出了目前工业化生产不同原料基 ACF 的主要特点。

表 3.2　不同原料基 ACF 的主要特点

原料	黏胶基	PAN 基	酚醛基	沥青基	PVA 基
化学式	$(C_6H_{10}O_5)_n$	$(C_3H_3N)_n$	$(C_{63}H_{55}O_{11})_n$	$(C_{124}H_{80}NO)_n$	$(C_2H_4O)_n$
理论碳收率/%	44.4	67.9	76.6	93.1	54.5
工艺特点	原料低廉,但收率低,强度低,比表面积在1 600 m^2/g以下,工艺较复杂	比表面积在1 500 m^2/g以下,结构中含有4%~8%的氮,工艺较简单、成熟	原料低廉,收率高,比表面积可达3 000 m^2/g,工艺简单	原料低廉,收率高,但强度低,比表面积在1 800 m^2/g左右,杂质多	原料低廉,比表面积在2 500 m^2/g以下

　　目前市场前景看好的碳纤维是沥青碳纤维和聚丙烯腈基(PAN)碳纤维。图 3.7 为沥青基 ACF 的制造工艺流程。

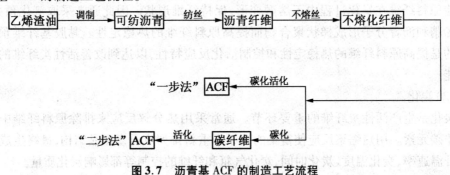

图 3.7　沥青基 ACF 的制造工艺流程

　　沥青纤维的突出优点是原料便宜,碳含量高。最早的原料纤维是煤沥青纤维,后来石油沥青基纤维的报道增多,制备工艺的技术关键为:沥青的特殊调制技术、沥青的熔融纺丝技术、沥青纤维的不熔化技术以及不溶化沥青纤维的碳化活化技术。得到的 ACF 和 GAC 的表面结构模型如图 3.8 所示。

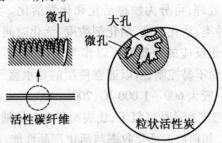

图 3.8　ACF 与 GAC 的表面形态结构示意图

　　由图 3.8 可见,纤维活性炭的微孔都开在纤维细丝表面,因而孔道极短,与粒状活性炭的微孔孔道长度相差 2~3 个数量级。此外活性炭纤维不但孔隙率大,而且孔径均一,并且绝大多数为特别适合气体吸附的 $0.0015 \sim 0.003 \mu m$ 的小孔和中孔,因而纤维活性炭的吸附、脱附速率要高于粒状活性炭。

3. 活性炭纤维的应用

活性炭纤维因其优异的吸附性能而广泛用于空气净化、废水处理、溶剂回收、贵金属回收等方面。

(1)废水处理。

活性炭纤维较一般活性炭吸附容量大,因此用其制造的水净化装置净化效率高,且处理量大。采用改性的 ACF 来处理废水中硝基苯类化合物浓度可以达到国家一级排放标准,而且再生工艺简单,可以重复使用,加热再生的 ACF 可完全恢复原有吸附性能;而采用黏胶基 ACF 吸附水中苯酚和氯苯酚实验,证明了活性炭纤维对酚类废水处理的有效性,研究发现在室温条件下,通过调节水体 pH 可改变对苯酚的吸附能力,从而提高吸附效率和活性炭纤维的再生效率,再生后的活性炭纤维吸附率最高可达 90% 以上,有很高的重复使用价值。而吸附氯苯酚饱和后的 ACF 用 NaOH 再生解吸速率快,再生后吸附性能基本不变,这些研究为 ACF 在酚类废水处理中的实际运用提供了理论依据。除此之外,ACF 对重金属离子也有较好的处理效果,且不同于以往的化学物理、微生物方法,通过对最佳吸附时间、pH 等各种条件的进一步摸索和控制,以及对 ACF 性能的改良和更优化的生产工艺,活性炭纤维将成为去除水中金属离子的一种新材料。

(2)饮用水深度处理。

近年来由于水质污染日趋严重,新型的活性炭纤维对饮用水进行深度处理得到了越来越广泛的研究和推广应用。日本东京大学的利用改性 ACF 对地表水源进行处理,对"三致物质"的去除率达 80%,TOC 去除率大于 50%,使用过的 ACF 可以利用碱性物质再生。同济大学用活性炭纤维在饮用水深度处理方面也做了充分的探讨。

(3)废气处理。

SO_2 在 ACF 上吸附后,在 O_2 存在下被催化氧化为 SO_3,SO_3 再与烟气中的水蒸气作用形成 H_2SO_4。吸附饱和的 ACF 可通过洗脱过程空出吸附部位,进行下一个周期的吸附实验。如果将 ACF 用 $HNO_3 - Fe^{3+}$ 处理后,对 SO_2 和 NO 的处理效果更好。此外,ACF 对硫化氢、氮氧化物、挥发性有机化合物等也有很好的吸附作用。

(4)空气净化。

ACF 对多种气体有特殊的吸附、分解能力。如可制成毡、纸、过滤芯等形式用于汽车车厢、客厅等场所的空气净化,去除异味、有害气体以及杂质微粒等。活性炭纤维可制成防毒衣、面罩和口罩等器材,这些对于防护人们免受有害气体的侵害,保护身体健康有良好的效果。

3.2.3　膨胀石墨吸附材料

1. 膨胀石墨的特点

膨胀石墨是制造柔性石墨的中间产品,是一种新型碳素材料,由天然鳞片石墨经化学或电化学插层处理、水洗、干燥、高温膨化制得。膨化之后的石墨呈蠕虫状,又称膨胀石墨蠕虫。膨胀石墨除了具有石墨的耐高温、耐腐蚀、自润滑等特点外,还具有其他特性:①由于天然鳞片石墨沿微晶 C 轴方向膨胀数十倍到数百倍,从而在材料表面和内部形成许多微小的孔,比表面积大大增加,是一种很好的吸附材料;②膨胀石墨表面主要表现为非极性,所以疏水亲油,在水中具有选择性吸附特性,对轻质油、重质油具有良好的吸附性;③膨胀石墨具有多孔性,且主要以中、大孔为主,可用于废气脱除、催化剂载体等领域;④膨胀石墨还具有低密度、质量轻的特点,并且耐氧化、耐腐蚀,具有高的化学稳定性,还可以耐高温、低温,无毒,不会造成环境污染。

2.膨胀石墨的制备工艺

早在 19 世纪 60 年代初,Brodie 将天然石墨与硫酸和硝酸等化学试剂作用后加热,发现了膨胀石墨。然而百年之后才开始将其应用,众多国家相继展开了膨胀石墨制备工艺的研究和开发,取得了许多重大的科研突破。

制备膨胀石墨的第一步是让天然鳞片石墨与氧化剂发生反应,以消除鳞片石墨层间作用力,其平面大分子因被氧化而带正电荷,边缘相邻层面的碳原子相互排斥,使层间距加大,从而使石墨层间打开。鳞片石墨氧化时可直接利用氧化剂进行化学氧化,也可在电场作用下进行电化学氧化。第二步是加入酸类物质作为插层剂,在石墨层间已经打开的情况下,插入剂分子或离子得以插入层间形成石墨盐,该石墨被称为酸化石墨或可膨胀石墨。第三步是高温膨化,在 1 000 ℃左右的瞬间高温处理下,已干燥的石墨层间化合物会快速分解,产生的推动力克服石墨 C 轴方向 C—C 之间较弱的范德华力,使石墨沿 C 轴方向剧烈膨胀即得到膨胀石墨,体积可膨胀为原来的百倍到数百倍。外观如蠕虫状,由许多黏连、叠合的石墨鳞片构成,而片间又有许多蜂窝状的微细孔隙构成,图 3.9 为膨胀石墨不同孔径尺寸的 SEM 图。制备中选用的鳞片石墨粒度越大,所得膨胀石墨的膨胀率越高。

 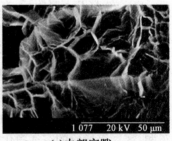

(a)蠕虫缠绕空间　　　　　　(b)石墨蠕虫外观结构　　　　　　(c)内部空隙

图 3.9　膨胀石墨不同孔径尺寸的 SEM 图

传统的化学法制备膨胀石墨采用的氧化剂为浓硝酸,插层剂为浓硫酸,反应在 100 ~ 105 ℃下进行,机理可表示为

$$3n H_2SO_4 + n\,石墨 + n/2[O] \longrightarrow n/2 H_2O + [石墨^+ \cdot HSO_4^- \cdot 2H_2SO_4]_n$$

由于此法所得产品中含硫量往往高达 3% ~ 4.5%,严重影响了材料的耐蚀性,直接

损害了材料的密封效果;另外使用的都是强酸,甚至有挥发性酸,制备过程中会释放出 SO_2,NO_2 等有毒气体,危害环境,因此着重研究其他类型的氧化剂和插层剂。研究较多的氧化剂有 $KMnO_4$,$(NH_4)_2S_2O_8$,$K_2Cr_2O_7$,H_2O_2 等,插层剂有丙酸、草酸、醋酸、乙酐、高氯酸等。制备过程中氧化剂和插层剂的用量都应适中,若氧化剂含量较低,对鳞片石墨的氧化能力弱,易使鳞片石墨氧化不够充分,表现为石墨边缘不能完全打开,影响插层剂的插入,进而影响了膨胀容积;如果氧化剂浓度过高,则会发生石墨边缘层的过度氧化以至发生卷曲,反而影响了插层的进行,导致膨胀容积下降。

3. 膨胀石墨在环境工程中的应用

(1)油类污染治理。

油类污染是海洋污染的主要形式,据联合国环境规划署估计,因海上运输、生产、事故和陆地注入海洋中的油量每年达 10 万 t,严重污染着海洋环境。膨胀石墨作为一种疏松多孔物质,表面具有丰富的网状结构,虽然高温膨化,但仍然保留了天然鳞片石墨的非极性性质,因而对各种油具有很好的亲和性。早在 1981 年日本科学家就指出,膨胀石墨可以在水中有选择地除去被吸附的非水溶液,特别是从海上、河流和废水中除去油类及有机成分。几年后以色列科学家进一步的研究成果显示,膨胀石墨可制成多种形状(如颗粒状、垫板状、毡状等)从水中吸油,由于膨胀石墨具有疏水亲油的性能,在吸附了大量的油后,结成块状浮在水面而不下沉,便于收集。膨胀石墨吸附重油时,先是重油在膨胀石墨表面的大孔壁上实现单层吸附,进而是多层吸附,并通过互联孔隙的扩散进入内部的大孔进行单层直至多层吸附。因此,膨胀石墨对重油的吸附性能远远高于其他吸附剂。

(2)废水治理。

膨胀石墨对印染废水、重金属废水、农药废水及有机废水均有较好的处理效果。在印染废水处理中对活性染料、酸性染料及直接染料均有吸附脱色作用,为了保证膨胀石墨在使用时不会破碎变形,研究人员将膨胀石墨加压制成低密度板后用于处理毛纺厂印染废水,静态条件下,色度平均降低 40%。现场应用时,废水中色度平均降低 20%,作为吸附剂处理印染废水具有潜在应用价值;此外,膨胀石墨也可用作催化剂载体。采用化学氧化法制备了膨胀石墨负载 TiO_2 光催化剂,对甲基橙和氯氰菊酯有很强的吸附和降解性能,而金红石型的光催化剂更有利于敌敌畏的降解。膨胀石墨在处理有机废水和重金属废水方面有很好的降解效果。膨胀石墨对硝基苯的吸附符合一级吸附动力学,属于单分子层吸附。而对含 $Cr(Ⅵ)$ 的吸附主要是物理吸附及含氧官能团和 $Cr(Ⅵ)$ 形成氢键的结果,但以物理吸附为主。

(3)废气治理。

膨胀石墨可以对煤和石油燃烧产生的 SO_2 和 NO_x 等有害气体进行脱除。通过 SO_2 动态柱吸附实验发现,膨胀石墨对 SO_2 吸附脱除能力较好;而对 NO_x 的吸附研究表明,单位质量膨胀石墨对 NO_x 的吸附量是活性炭的 4 倍;膨胀石墨对甲醛的吸附以物理吸附为主,吸附量随温度升高而逐渐减小,对甲醛的吸附量比活性炭吸附剂大 3 倍,说明膨胀石墨对甲醛废气具有较好的吸附效果。

3.3　离子交换吸附材料

典型的离子交换反应和典型的吸附过程其区别是非常明显的。以水相为例,虽然他们都是将水中的某种组分固定在离子交换剂或吸附剂上,但前者将交换剂上的相应组分转移(交换)至水相中,而后者只是将水相中的组分通过物理的或化学的作用吸附在吸附剂表面上。但是很多吸附材料除具有吸附功能外,也可发生离子交换过程,因此本节所介绍的离子交换吸附材料集中这两种功能,即吸附兼离子交换。

3.3.1　离子交换分离原理

离子交换吸附材料也属于离子交换剂的范畴,离子交换剂是一种带有可交换离子的不溶性固体物,由固体母体和交换基团两部分组成,交换基团内含有可游离交换的离子(阳离子或阴离子),离子交换反应是可游离交换的离子与水中同性离子间的交换过程。

典型的阳离子交换反应可表示为

$$B^+ + R^-A^+ \longrightarrow R^-B^+ + A^+$$

典型的阴离子交换反应可表示为

$$D^- + R^+C^- \longrightarrow R^+D^- + C^-$$

式中　　R——交换剂的母体;

　　　　A^+,C^-——交换剂上所带的可交换离子;

　　　　B^+,D^-——废水中待交换的离子。

分子式下的横线表示固相。

早在 1858 年,W. Henneberg 和 F. Stohmann 证实了离子交换反应具有可逆性和等量交换两个基本特征,反应的可逆性是离子交换剂反复使用的化学基础,交换反应的等量性可用来测定离子交换剂的交换容量。交换过程电荷传递也呈当量关系,所以交换过程任一瞬间离子交换剂保持电中性。

3.3.2　无机离子交换吸附材料

典型的无机离子交换材料(无机吸附剂)大多数是天然的无机物,不仅具有吸附性能,还具有离子交换特性,主要有沸石、膨润土、硅藻土、海泡石等,而应用最为广泛的是凝胶型的硅铝酸盐——沸石。

1. 沸石

18 世纪,瑞典矿物学家首次在冰岛玄武岩孔隙内发现一种低密度、软性的白色透明矿物,这种矿物在进行分析时显示出独特的发泡特性,因而被称为"Zeolite",意为"沸腾的石头",即"沸石"。沸石种类很多,按生成方式可分为天然沸石和人工合成沸石两大类。迄今为止,已经发现的天然沸石达 40 多种,人工合成沸石已有 100 多种,而且仍不断有新的品种出现。

（1）沸石结构。

沸石是一种呈结晶阴离子型架状结构的多孔硅铝酸盐,其化学通式可表示为

$$M_{n/2} \cdot Al_2O_3 \cdot xSiO_2 \cdot yH_2O$$

式中,M 为碱或碱土金属,称为沸石中的阳离子,n 为其电价,x 为硅铝比。根据上述元素组成可以认为沸石由 SiO_2,Al_2O_3,H_2O 和碱或碱土金属离子 4 部分组成,SiO_2 和 Al_2O_3 两种成分占沸石矿物总量的 80%。在不同的沸石矿中硅铝比（Si/Al）不同,且相差较大,最小为 2,最大可达 200。硅铝比值的大小影响沸石的相应性能。构成沸石骨架的基本结构单元是硅氧四面体（SiO_4）和铝氧四面体（AlO_4）。四面体中心是硅或铝原子,周围为 4 个氧原子,通过四面体顶点的氧原子互相连接,并且按边、角、面的布置,形成一种多微孔、孔结构十分精确的多孔固体,如图 3.10 所示。

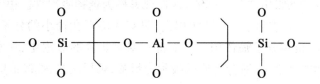

图 3.10 沸石结构平面图

沸石根据结构和键的类型可分为纤维状、层状和严格的三维空间结构,常用三维网架结构来代表沸石。沸石以（SiO_4）和（AlO_4）四面体的角顶连接构成四元环、六元环等亚结构单元,它们再以不同的布置方式构成更大的多面体,沸石结构中的环再围成的空腔被称作笼。笼有多种类型,如立方体笼（6 个四元环组成）和八面沸石笼（18 个四元环、4 个六元环和 4 个十二元环组成）等,图 3.11 为沸石的结构图。

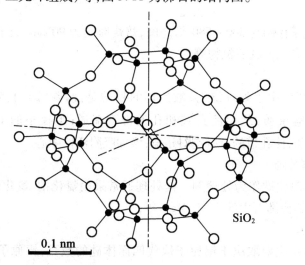

SiO_2

0.1 nm

图 3.11 沸石三维空间网架四面体交联示意图

沸石的硅（铝）氧四面体连接的方式不同,沸石结构中便形成很多孔穴和孔道,这些孔道通常被 Na^+,K^+,Ca^{2+},Mg^{2+} 和水分子所占据,孔容积有时可达沸石体积的 50% 以

上,加热可将水除去,而不破坏它们的结构,这种水称为沸石水,脱除水的沸石具有很强的吸附性能。但与活性炭相比,天然沸石的比表面积小得多。

(2)沸石性质。

沸石的性质主要决定于上述沸石的结构以及其中的水分子和阳离子的性质。

①阳离子交换性能。

沸石的骨架带负电,在其周围分布着 Na^+、Ca^{2+} 等阳离子。沸石浸泡于水中后,水进入沸石孔道,水中的阳离子可以和由沸石离解出的阳离子发生离子交换。所以沸石为天然无机离子交换剂,但沸石的离子交换具有选择性,如丝光沸石阳离子交换顺序为:$Cs^+ > K^+ > Na^+ > Li^+$ 和 $Ba^{2+} > Sr^{2+} > Ca^{2+} > Mg^{2+}$。

②选择吸附性能。

沸石对不同分子的吸引力是不同的,这种现象称为选择吸附性。由于沸石微孔分布均匀,孔径较小,与一般物质的分子尺寸相当,只有比沸石孔径小的分子才可进入,故具备了选择吸附功能,也称分子筛作用。例如沸石对无机物的吸附中,对水的吸附能力最强。而烃类化合物的吸附中,对芳香族的吸附力最强,烯烃次之,烷烃最弱。

③沸石的稳定性。

沸石具有坚固的刚性骨架,对较高的温度是稳定的。沸石加热到一定温度时可脱去其中的结晶水,在 700 ℃ 以下结构保持不变。高硅铝比的沸石具有很强的耐酸性,在一般的酸碱介质中沸石是稳定的,用高浓度强碱或强酸处理后结构完全破坏。

(3)沸石的改性。

天然沸石由于硅(铝)氧结构带有负电荷,不能直接去除水中的阴离子污染物,为了满足不同的工业需要,沸石改性是必要的方法之一。沸石的改性主要有以下几种方法。

①高温焙烧。

焙烧温度一般是控制在 300 ~ 580 ℃ 之间,焙烧时间为 90 min 或 120 min,焙烧的目的是清除沸石孔穴和孔道的有机物等。

②酸处理。

盐酸、硫酸等都可用于处理沸石,酸处理的目的是:清除沸石孔穴和孔道的 SiO_2、Fe_2O_3 和有机物质等杂质,从而使孔穴和孔道得到疏通;半径小的 H^+ 置换半径大的 Ca^{2+}、Mg^{2+} 等阳离子,使孔道的有效空间拓宽;增加吸附活性中心。

③盐或(和)碱处理。

碱处理常用氢氧化钠作为处理剂。盐处理通常采用氯化钠、氯化钾、氯化铵使其中的 K^+、Na^+、NH_4^+ 置换沸石中的 Ca^{2+}、Mg^{2+} 等;

④改变硅铝比。

沸石的吸附容量主要取决于铝原子取代四面体硅的数目,铝原子取代硅的数目越大,对极性分子或离子的吸附能力也就越大。

(4)沸石在环境工程中的应用。

①水处理中的应用。

天然沸石的成分不同,吸附性能也各有差异,其共同点是均对水中阳离子(重金属离子和氨离子)具有强烈吸附作用。例如,用山东胶州沸石破碎过40目筛,以1:500质量比处理质量浓度为300 mg/L的含铬废水,铬去除率达99%以上;用白银产纳型沸石进行去除重金属离子的试验,结果表明交换容量差别较大,交换顺序为:Pb^{2+} > Cu^{2+} > Zn^{2+} > Cd^{2+} > Ni^{2+} > Cr^{3+};将天然沸石变为铵型或纳型后,对Cu^{2+}和Zn^{2+}的吸附交换容量比原样提高十几倍;用氯化钠改型后的白银沸石,除硬交换容量提高近3倍。

沸石对氨氮有着优越吸附性能和选择性,有研究人员直接向城市污水初沉池出水中投加沸石,结果表明沸石对初沉池出水中的氨氮具有很强的选择性,在交换开始后的10～20 min内沸石的氨氮交换容量迅速上升。离子交换顺序为:Cs^+ > Rb^+ > K^+ > NH_4^+ > Sn^{2+} = Ba^{2+} > Ca^{2+} > Na^+ > Fe^{3+} > Al^{3+} > Mg^{2+} > Li^+,利用沸石的这一特性,将沸石预先改性成 NaZ 沸石,再对水中氨氮进行交换去除,去除反应式如下:

$$Na^+ - Z + NH_4^+ \xrightarrow{\text{除氨氮}} NH_4^+ - Z + Na^+$$

研究发现,经过盐热改性后的沸石,表面形貌发生了改变,沸石孔结构得到了充分扩展,微观孔径大小和形状均发生了变化,其脱氮能力提高了37.12%,吸附氨氮的等温线较好地符合 Freundlich 等温线模型,沸石失活后还可用于改良土壤和增加土壤氮源,达到变废为宝的效果。

沸石对水体中的有机物和磷酸盐也有一定的去除效果。沸石去除有机物主要基于其表面容易吸附氯仿、三氯乙烷、苯胺、苯酚等有机物,不同活化剂影响沸石对有机物的吸附效果,表3.3列出了不同活化剂对沸石吸附苯、氯仿的影响。

表3.3 活化后沸石对有机物吸附的影响

活化剂	去除率/%		吸附量/($mg \cdot L^{-1}$)	
白银沸石	苯	氯仿	苯	氯仿
氯化钠溶液	17.10	22.19	7.68	519.6
氯化钙溶液	24.49	8.36	11.09	195.7

钠型沸石的极性大于钙型沸石,因此,钠型沸石易吸附极性大的氯仿,而极性小的钙型沸石易吸附非极性苯。

近年来,沸石复合材料在水处理中也有研究报道。煤矸石可以和沸石制成沸石－活性炭复合材料,该材料既具有中孔和微孔双重孔结构特征,又兼顾了沸石的亲水性和活性炭的亲油性两种吸附特性,对苯酚的脱除率可高达100%,这为煤矸石的利用开辟了一条新途径;郝长红等人以天然沸石为对照,探讨了天然沸石负载氧化镁对养猪场废水中磷素净化效果,结果表明:天然沸石负载氧化镁对养猪场废水中磷素的去除率可以高达96.8%,比单独天然沸石处理高出38.5%,天然沸石对磷素的净化机制主要是静电吸附和表面吸附,其中表面吸附机制去除的磷占全部去除磷素的35.4%～45.1%,专性吸附机制去除的磷素占44.5%～50.2%。而改性沸石去除机制主要是化学吸附(沉淀),通过化学吸附(沉淀)去除的磷占全部去除磷素的比重为97.7%～97.9%。

②废气处理中的应用。

采用碱熔融与水热合成方法,以粉煤灰为原料制备了一种类沸石产品,进行了烟气脱硫研究。研究表明,制备的沸石对 SO_2 有明显的吸附效果,最高吸附达到 99% 以上,但吸附时间较短,10 min 后已经穿透;沸石脱除硫酸厂尾气中的 SO_2 和硝酸厂尾气中的 NO_x 已被工业化应用,运行数据显示,对 NO_x 可脱除到小于 10 μg/L,沸石可再生使用 1 000次,寿命达 2 年。

2. 其他无机离子交换吸附材料

(1)膨润土。

膨润土又称斑脱岩、膨土岩、膨胀土,被人们称为万能土的一种黏土。我国开发使用膨润土的历史悠久,四川仁寿地区数百年前就有露天矿,原来只是作为一种洗涤剂,称为土粉。美国最早发现就是在怀俄明州的古地层中有黄绿色的黏土,吸水后能膨胀成糊状,后来人们把凡是有这种性质的黏土统称为膨润土。

①膨润土的结构、类型及理化特性。

膨润土是以蒙脱石为主要成分的黏土矿物,含量在 85% ~90%。蒙脱石由两个硅氧四面体夹一层铝氧八面体组成 2:1 型晶体三明治状结构,二者之间靠共用氧原子连接,一般结构式为 $\{(Al_{2-x}Mg_x)[Si_4O_{10}](OH)_2\}$。蒙脱石的晶体结构如图 3.12 所示。由于膨润土晶胞带有负电荷,具有吸附阳离子的能力,即在膨润土晶胞形成的层状结构间存在 Ca^{2+},Mg^{2+},Na^+,K^+ 等阳离子,此阳离子与膨润土晶胞间仅存在静电作用,很不牢固,易被其他阳离子交换。此外,膨润土矿物晶粒细小,具有较大的比表面积;同时由于层间作用力较弱,在溶剂作用下,可发生层间剥离、膨胀,分离成更薄的单晶片,这又使膨润土具有更大的比表面积,所以膨润土具有较强的吸附能力。膨润土具有各种颜色,如白色、乳黄色、浅灰色等,有油脂光泽、蜡状光泽或土状光泽,呈现贝壳状或锯齿状端口,膨润土矿地表一般松散如土,深部较为致密坚硬,其密度一般为 2 g/cm³。

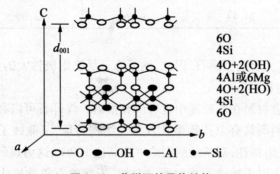

图 3.12　蒙脱石的晶体结构

天然膨润土的类型由膨润土层间的阳离子种类决定,层间阳离子为 Na^+ 时称为钠基型膨润土,层间阳离子为 Ca^{2+} 时称为钙基型膨润土。层间阳离子为 H^+ 时称为氢基膨润土(活性白土)。层间阳离子为有机阳离子时成为有机膨润土。钠基型膨润土具有较其他类型膨润土的吸附性、悬浮性、膨胀性、黏结性及稳定性高等特点。天然膨润土由于其表面硅氧结构具有极强的亲水性及层间阳离子的水解,使表面通常蒙上一层薄的水膜,故未经改性的原土吸附有机物的能力较差,而且由于硅氧结构本身带负电荷,不能去除水中的阴离子污染物。

为了提高膨润土对污水处理的能力,往往对其进行改性处理。膨润土的改性方法可以分为活化改性和添加活化剂改性两类。活化改性的方法有焙烧法、酸活化法、微波活化法、氧化法、氢化以及还原法等,其中焙烧和酸活化法因工艺简单、效果明显而尤为人们所重视。添加活化剂可分为无机改性和有机改性。无机改性一般指加入无机盐活化剂、柱撑改性等;研究较多的有机改性剂是含季胺结构的表面活性剂、重金属捕集剂等有机物。此外,使用硅烷等偶联剂进行耦合改性、有机-无机复合改性等方式都是近来较受关注的膨润土改性方法,也取得了较大的进展。

膨润土具有以下特性:吸附性,膨润土具有吸附阳离子的特性;离子交换性,蒙脱石中硅氧四面体或铝氧八面体中的 Si^{4+} 离子或 Al^{3+} 离子,被其他低价离子取代的晶格置换导致单位晶层中的电荷不平衡,需置换 O^{2-} 来补偿,另一部分静电吸附一些低价的阳离子来维持电荷的平衡,被吸附的阳离子具有交换性;触变性,指胶体溶液在搅拌时剪切力下降,而静置后切应力升高的特性;黏结性和可塑性;吸水膨胀性,膨润土能吸附比自身体积大 8～15 倍的水量;分散悬浮性,膨润土以胶体分散状态存在。

②膨润土在环境工程中的应用。

膨润土或者改性膨润土对重金属的吸附机理主要有两种解释:层间离子交换和表面络合。对未改性膨润土吸附 Pb^{2+} 的机理研究发现,Pb^{2+} 浓度较低时,以离子交换为主;Pb^{2+} 浓度较高时,则以表面配合作用为主。而膨润土对 Cu^{2+} 的吸附是离子交换和表面络合的共同作用。

膨润土在处理有机废水时,都需要进行改性,这是因为天然膨润土表面的硅氧结构具有较强的亲水性,导致层间阳离子水解,从而天然膨润土吸附有机物的能力较差。改性膨润土不但可以吸附去除水中的污染物而且还可以作为催化剂。例如用 $Al(OH)_3$、H_2SO_4 处理的膨润土对废水中酚的最高去除率可达 73.88%;而阴-阳离子有机膨润土吸附水中硝基苯酚的性能研究发现,阴阳离子表面活性剂在膨润土中形成了增容(分配)作用较强的有机相,在一定的配比下对水中有机污染物产生协同去除反应。

国内外利用膨润土处理废水中氨氮的研究也有报道。像聂锦旭等利用微波强化改性膨润土对废水中的氨氮进行了吸附研究,研究结果表明,在微波辐照功率 480 W,辐照时间 10 min。在溶液 pH 为 10,吸附剂用量为 0.4 g/L,吸附时间为 20 min 条件下,对质量浓度为 100 mg/L 氨氮废水的去除率可达 96.8%;许德厦等也研究了改性膨润土对氨氮废水的处理效果。研究结果表明,经过质量分数为 1% 的氯化钠溶液改性的膨润土,室温条件下处理质量浓度为 160 mg/L 的氨氮废水最高去除率可达到 93.78%。

(2)硅藻土。

①硅藻土的结构与性质。

硅藻土是一种生物成因的硅质沉积岩,主要由古代硅藻的遗骸(壳体)组成。硅藻在生长繁衍的过程中,吸取水中胶态的二氧化硅,形成由蛋白石构成的硅藻壳,而硅藻土即由 80% ~90% 甚至 90% 以上的硅藻壳组成,主要化学成分是 SiO_2,还有少量的 Al_2O_3, Fe_2O_3,CaO,MgO 及一定量的有机质等。不同产地硅藻土中的硅藻可以有许多不同的形状,图 3.13 为浙江硅藻土中所发现的几种不同硅藻的表面形貌。

图 3.13　硅藻土的表面形貌

硅藻土的外形为块状或页岩状,颜色有白色、灰绿色、暗绿色及蓝灰色等,硅藻含量越大、杂质越少,则颜色越白,质量越轻,其相对密度一般为 0.4 ~0.9。由于硅藻体具有很多的壳体孔洞,使硅藻土具多孔构造,孔隙度达 90% ~92%,吸水性强。硅藻颗粒细小约为 0.001 ~0.5 mm,不溶于 HCl,H_2SO_4 和 HNO_3,但溶于 HF 和 KOH。由于硅藻土具有很多独特的物化性能,因而在工业上用途较广,它是理想的过滤介质、化工催化剂载体、吸附剂、助滤剂和脱色剂等。

②土在环境工程中的应用。

形成硅藻土的硅藻壳体具有大量、有序排列的微孔,从而使硅藻土具有很大的比表面积,而且硅藻土的表面及孔内分布有大量的硅羟基。这些硅羟基在水溶液中离解出 H^+,从而使硅藻土颗粒表面表现出一定的负电性,可用于吸附各种金属离子、有机化合物及高分子聚合物等。但城市生活污水或综合废水中的胶体颗粒大多是带负电的,如用纯的硅藻土作为处理剂,只能起到压缩双电层的作用,而无法使胶体颗粒脱稳,处理效果不佳。所以在实际应用中,要对硅藻土进行改性,使其对带负电的胶体颗粒也能脱稳。改性方法有如下几种:用铝、铁等带正电荷的离子对其进行表面改性;加入其他的絮凝剂复合制成改性硅藻土;对其进行酸化、灼烧等处理。

20 世纪 90 年代中期,世界上硅藻土总开采量的 62% ~65% 都用于加工过滤材料,其中绝大部分用于制备硅藻土助滤剂。近年来,硅藻土作为吸附剂逐渐得到了更为广泛的应用。表 3.4 列举了一些近年来国内外利用硅藻土对各种污染物吸附方面所进行的研究工作。

表 3.4　硅藻土吸附污染物的研究工作

改性试剂	吸附对象	吸附效果	研究人员
—	放射能	降低 2.2 Bq/mL	Osmanlioglu(2007)
—	Pb^{2+},Cu^{2+},Zn^{2+}	$Pb^{2+} > Cu^{2+} > Zn^{2+}$	Murathan,Benli(2005)
聚乙烯亚胺	苯酚	92 mg/g	高保娇等(2006)

续表3.4

改性试剂	吸附对象	吸附效果	研究人员
微波	硫化物	去除率87%	刘景华等(2006)
NaOH	氟	净化率提高20%	翁焕新等(2002)
改性硅藻土	生活污水	BOD,COD 去除率60% 以上, SS 去除率90% 以上	—
Ca(OH)$_2$	SO$_2$	高度反应性	Karatepe 等(2004)

(3)海泡石

①海泡石的结构与性质。

海泡石是一种天然纤维状含结晶水层链状镁硅酸盐黏土矿物,属斜方晶系,分子式为 $Mg_8Si_{12}O_{30}(OH)_4 8H_2O(OH_2)_4 \cdot 8H_2O$,具有2:1 型链状和层状的过渡型结构,是由两层硅氧四面体和夹在中间的一层镁氧八面体及吸附于晶体层间的水化阳离子构成的结构单元。构成硅氧四面体基础的氧,组成间隔约 0.65 nm 的连续晶层,而顶角的氧则交替指向这种连续晶层的上下,各四面体顶角所构成的晶层可以靠羟基加以完善。这些晶层按八面体与镁离子配位并相互连接起来,因此形成由2:1 的层状结构单元上下层相间排列的与键平行的孔道,水分子和可交换的阳离子就位于其中。海泡石这种特殊结构,使其与膨润土、沸石这些现有的无机载体相比,具有更好的吸附金属离子的性能、更大的比表面积、分散性和热稳定性。

海泡石由于成因不同而化学组成有较大差异,一般有两种类型,一种为长纤维状的热液型海泡石即 α – 海泡石;另一种为黏土状,但在显微镜下观察仍呈纤维状的沉积型海泡石即 β – 海泡石。热液型纤维状海泡石中 MgO 和 SiO$_2$ 含量高,而 Al$_2$O$_3$ 含量低,为富镁海泡石;沉积型海泡石 Al$_2$O$_3$ 含量高,而 MgO 和 SiO$_2$ 含量低,为富铝海泡石。

海泡石表面有 3 种类型的吸附活性中心,分别是:硅氧四面体中的氧原子——由于这类矿物的四面体中仅存在少量的类质同象代替,氧原子提供弱的电荷,因而它们与吸附物之间的相互作用是微弱的;在边缘与镁离子配位的水分子——它可与吸附物形成氢键;在四面体的外表面——由 Si—O—Si 键破裂产生的 Si—OH 离子团,通过一个质子或一个羟基分子来补偿剩余的电荷。这些 Si—H 离子团可以同海泡石外表面吸附的分子相作用,并且能与某些有机试剂形成共价键。此外由于海泡石内部活性吸附中心和孔隙度的存在,使海泡石具有很大的负压,其直观表现为很强的吸附性。海泡石还具有阳离子交换性,但其阳离子交换量与其巨大的比表面积相比是很低的,一般每100 g 海泡石干土只有 25 ~ 30 mg 当量阳离子。海泡石热稳定性能好,耐腐蚀,良好的抗盐性、流变性以及良好的催化性能。

②海泡石在环境工程中的应用。

天然海泡石一般通过加热(烘烧、焙烧)、酸处理和离子交换等方法对其进行改性处理,改性后的海泡石比表面积大,吸附性能增强,离子交换容量增大,它在脱色和废水吸附方面的功能引起了人们的重视。用 Fe^{3+} 和 Al^{3+} 对海泡石原矿进行改性,得到的材料对活性艳兰模拟染料废水的脱色率达 99%；吸附容量最高可达 58.44 mg/g，与同条件下的活性炭及海泡石原矿相比，最高吸附容量分别提高了 3~4 倍和 9~10 倍。以热酸活化过的海泡石对亚甲基蓝、结晶紫和甲基绿 3 种染料吸附过程的研究发现，浓度、温度等因素均对海泡石吸附效果产生影响。其中温度对吸附过程的影响较小，而染料溶液浓度的改变则会对吸附产生很大的影响。进一步的研究发现，亚甲基蓝由于分子体积较小可以进入海泡石内部通道，而大体积的结晶紫和甲基绿的吸附主要发生在海泡石外表面，且一价有机阳离子会在中性位置发生吸附，形成带电或中性复合物。

如用 HCl 溶液浸泡海泡石，并在 420 ℃ 下烘烤活化后，用于含 Pb^{2+}，Cu^{2+}，Hg^{2+} 等金属离子冶金废水的处理，去除率达 100%。经酸和离子活化的海泡石对工业废水中的微量重金属离子吸附效果好，吸附容量为 $Cd^{2+} > Cu^{2+} > Zn^{2+} > Ni^{2+}$。热活化海泡石对水中有机污染物苯、甲苯和乙苯有较强的吸附性，对含氮化合物中 NH_4^+ 的吸收为 3.5 mol/g，去除率达 90%，其中 60% 的氮被转化为无毒物质，用盐酸或硝酸处理的海泡石对丙酮和苯乙烯气体吸附量较大，用酸和热活化的海泡石能吸附废水中的表面活性剂。

海泡石经缎烧除去其中的吸附水并使之活化，具有极强的吸附和除臭能力，适于室内空气净化。海泡石对臭气分子有很强的吸附能力，特别是对生物的腐烂味和尸臭味以及它们的排泄物臭气中的氮茚和丁烷一类气体，具有速效吸附性能。此外，海泡石对氨气也有良好的吸附性，可用于动物饲养场除氨的吸附剂。经 HCl 改性的海泡石对恶臭的吸附能力为 $HCl > Cl_2 > SO_2$，$NH_3 > H_2S$，可用于制造毒气吸收器中的高级黏合剂配料以及放射性废物和毒气的吸附剂。

3.3.3　高分子吸附材料

高分子吸附材料不仅能通过离子交换选择性吸附分离物质，有机离子交换材料还具有整合、阴离子与阳离子间的电荷相互作用、化学键合、范德华引力、偶极–偶极相互作用等吸附作用。最常见的高分子吸附材料包括离子交换树脂和吸附树脂。

1. 离子交换树脂

离子交换树脂是一类具有离子交换特性的有机高分子聚合电解质，是一种疏松的、具有多孔结构的固体球形颗粒，主要有强酸阳离子交换树脂、弱酸阳离子交换树脂、强碱阴离子交换树脂、弱碱阴离子交换树脂、螯合树脂和大孔吸附树脂等。其中，螯合树脂和大孔吸附树脂是在离子交换树脂的基础上发展起来的吸附树脂。

（1）离子交换树脂的分类和选择性。

高分子离子交换树脂的品种很多，按功能基类别可分为两大类：可与溶液中的阳离子进行交换反应的称阳离子交换树脂，其中的阳离子包括氢离子及金属阳离子；可与溶液中的阴离子进行交换反应的称阴离子交换树脂。根据离子解离程度的不同，离子交换树脂又分为强酸性、弱酸性、强碱性、弱碱性。

①强酸性阳离子交换树脂。

含有磺酸基（$-SO_3H$，$-CH_2SO_3H$）的树脂为强酸性阳离子交换树脂。这种树脂容易电离，若以 R 代表树脂的骨架部分，其结构式可写为 $R-SO_3H$，水中电离式为：R—

$SO_3H \Longleftrightarrow R—SO_3^- + H^+$。

电离后水溶液的酸性与强酸 HCl, H_2SO_4 接近。在常温下,低浓度时,强酸性阳离子交换树脂对各种离子的亲和力为

$$Fe^{3+} > Cr^{3+} > Al^{3+} > Ca^{2+} > Mg^{2+} > K^+ = NH_4^+ > Na^+ > Li^+。$$

②中酸性及弱酸性阳离子交换树脂。

阳离子交换树脂中含有羧酸基(—COOH)、磷酸基(—PO_3H_2)、酚基(—C_6H_4OH)时因其离解度小于强酸性阳离子交换树脂而称为中酸性(含磷酸基)、弱酸性(含羧酸基)阳离子交换树脂。该类树脂对各类离子的亲和力为

$$H^+ > Fe^{3+} > Cr^{3+} > Al^{3+} > Ca^{2+} > Mg^{2+} > K^+ = NH_4^+ > Na^+ > Li^+$$

含羧酸基的弱酸型树脂用途最广,它仅能在接近中性和碱性介质中才能解离而显示离子交换功能。弱酸性阳离子交换树脂的特点是高的交换容量、容易再生以及对二价金属离子具有较好的选择性。

③强碱性阴离子交换树脂。

强碱性阴离子交换树脂中的交换基团为季胺基(—N^+R)和季锍基(S^+),常温下强碱性阴离子树脂在稀溶液中离子选择性顺序为

$$Cr_2O_7^{2-} > SO_4^{2-} > CrO_4^{2-} > NO_3^- > Cl^- > OH^- > F^- > HCO_3^- > HSiO_3^-$$

强碱性阴离子树脂中胺基化学稳定性较差,季胺基氧化后可变为叔胺基,甚至最后可变为无碱性物质。强碱性阴离子树脂上的 OH^- 离子极易电离,故对水中弱酸根如 HCO_3^- 及 $HSiO_3^-$ 有强的交换能力。

④弱碱性阴离子交换树脂。

树脂中的交换基团为伯胺基(—NH_2)、仲胺基(—NHR)、叔胺基(—NR_2)时均为弱碱性阴离子交换树脂。常见的有苯乙烯、丙烯酸和酚醛 3 种阴离子树脂,弱碱性阴离子交换树脂对 OH^- 离子亲和力强、选择性高,对离子的亲和力为

$$OH^- > Cr_2O_7^{2-} > SO_4^{2-} > CrO_4^{2-} > NO_3^- > Cl^- > HCO_3^-$$

这类树脂的交换基团容易受到氧化而使碱性下降,不耐碱,并且耐热性较差。

(2)离子交换树脂在水处理中的应用。

①除硬。

离子交换法可将水中的 Ca^{2+}, Mg^{2+} 除去,使水软化,因此实质是一种化学脱盐法。水的软化通常采用 Na 型阳离子交换树脂,当原水通过 Na 型阳离子交换树脂柱时,水中的 Ca^{2+}, Mg^{2+} 等离子与树脂上的 Na^+ 进行交换而保留在树脂上,从而将 Ca^{2+}, Mg^{2+} 等离子从水中除去,使水得到软化,交换反应为

$$2RNa + Ca^{2+}(Mg^{2+}) \longrightarrow R_2Ca(Mg) + 2Na^+$$

软化水系统一般以减少水中的钙镁离子的含量为主,有些软化系统中还可以去掉水中的碳酸盐,甚至可以降低水中的阴阳离子的含量。

②脱盐。

用离子交换树脂除去水中的盐,可以将阳离子树脂和阴离子树脂分开,也可以阴阳混合使用。前者称为复床,后者称为混床。除盐过程将原水依次通过阳离子交换床(简

称阳床)和阴离子交换床(简称阴床)。通过阳床时交换出等量的 H^+,通过阴床时交换出等量的 OH^- 离子。两个过程反应式为

$$nRH + M^{n+} \longrightarrow R_nM + nH^+$$

$$nROH + A^{n-} \longrightarrow R_nA + nOH^-$$

$$nH^+ + nOH^- \longrightarrow nH_2O$$

在除盐过程中若需要彻底除盐,采用强酸性及强碱性树脂,需要部分除盐可以强弱搭配。

③废水处理。

利用离子交换树脂对废水中阴阳离子的选择性交换作用来处理废水的方法,不仅树脂可以回收,而且操作简单、工艺条件成熟,目前在废水处理方面得到了大量应用。

离子交换树脂处理贵金属废水,如含银或含金电镀漂洗水时,金或银可完全回收;处理含铬、镍、锌、铜、氰废水后,还可以使部分水循环利用;处理含铬废水时为防止金属离子对树脂的氧化,应选用化学性质稳定、耐氧化的强碱性阴离子树脂;处理含汞废水时失效后的树脂不再回收,作为汞废渣回收汞,防止了二次污染。

目前处理的有机废水有:含酚废水、造纸废水、农药废水、印染废水及其他有机废水。离子交换树脂主要除去有机废水中的酸性或碱性的有机物质如酚、酸、胺等离子,这些有机物均可电离,如苯酚可离解为 H^+ 和苯氧负离子,某染料化工厂利用离子交换树脂对高浓度含酚废水进行试验,结果显示,对酚的吸附量在 600 mg/g,酚回收率达 96%。

2. 吸附树脂

吸附树脂以吸附为特点,具有多孔立体结构的树脂吸附剂。它是最近几年高分子领域里新发展起来的一种多孔性树脂,可分为大孔吸附树脂、螯合树脂和螯合纤维,其中应用比较广泛的是大孔吸附树脂。大孔吸附树脂因其内部具有三维空间立体孔结构,孔径与比表面积都比较大而得名。一般为白色球状颗粒,粒度为 20~60 目,内部呈交联网络结构的高分子珠状体,具有优良的孔结构和很大的比表面积,通过范德华引力可从水中吸附有机溶质,实现废水中有机物的富集和分离。

(1)大孔吸附树脂的制备、类型和性能

①制备。

在高分子化合物合成过程中加入致孔剂,控制反应条件可以制成具有一定孔径、孔容、比表面积和特定表面化学结构的树脂。合成吸附树脂单体有苯乙烯、甲基丙烯酸甲酯,交联剂为二烯苯,单体和交联剂经过共聚而成。致孔剂有汽油、苯、石蜡等不含双键、不参与共聚、能溶于单体、可使共聚物溶胀或沉淀的物质,聚合完成后存在于共聚物中的致孔剂经蒸馏或溶剂萃取而除去,从而得到多孔结构。

②类型。

吸附树脂按其极性大小和所选用的单体分子结构不同,可分为非极性、中极性和极性 3 类:非极性大孔吸附树脂,是由偶极矩很小的单体聚合制得,该树脂孔表面疏水性较强,可通过与小分子内疏水部分的作用吸附溶液中的有机物,主要是物理结构起作用,最适于由极性溶剂中吸附非极性物质,也称为芳香族吸附剂;中极性大孔吸附树脂,是含酯

基的吸附树脂,以多功能团的甲基丙烯酸酯作为交联剂,其表面疏水部分和亲水部分共存,既可由极性溶剂中吸附非极性物质,又可由非极性溶剂中吸附极性物质,也称为脂肪族吸附剂;极性大孔吸附树脂,是指含酰胺基、氰基、酚羟基等极性功能基的吸附树脂,它们通过静电相互作用和氢键作用等进行吸附,适用于从非极性溶剂中吸附极性物质,如丙烯酰胺。

　　③性能。

　　吸附性能主要取决于吸附材料表面的化学性质、比表面和孔径。由于大孔树脂的基质是合成的高分子化合物,因此通过选择各种适当的单体、致孔剂和交联剂,根据需要对孔结构进行调整,同时还可以通过化学修饰改变树脂表面的化学状态;吸附树脂耐热、耐化学药剂、不发生氧化还原、不溶于水、不溶于有机溶剂、机械强度大、使用寿命长;吸附树脂失效后再生比较容易,根据吸附质的特性,选用有机溶剂或酸、碱即可达到解吸的目的。

　　(2)大孔吸附树脂在环境工程中的应用。

　　吸附树脂在水处理中应用广泛,可以从废水中回收有用物质,具有良好的环境效益和经济效益。含酚废水经树脂吸附后,一般可达到或接近排放标准,酚类吸附率通常大于99%,COD 也可明显降低。常用稀酸、稀碱、有机溶剂作为脱附剂,脱附率大于95%,不产生二次污染;采用超高交联吸附树脂处理芳香两性化合物对氨基苯甲酸(PABA)生产废水,COD 去除率达 88% 以上,树脂脱附性能良好;利用 ZH-01 吸附树脂对氯酚生产废水的吸附研究发现,废水中氯酚类化合物平均去除率达 92.3%,COD 平均去除率达91.0%,树脂经碱液脱附可重复利用并回收了高浓度的氯酚类化合物。树脂有较高的耐氧化、耐酸碱、耐有机溶剂的性能,可在小于 150 ℃ 的温度下长期使用,正常情况下树脂的年耗损率小于 5%。

　　大孔树脂还可以分离、富集贵金属,例如 NKA—9 大孔树脂在稀盐酸或稀王水介质中,对 Au(Ⅲ)具有强烈的吸附作用。

3.4　生物吸附材料

　　生物吸附是指物质通过共价、静电或分子力的作用吸附在生物体表面的现象。如大气中的尘埃、细菌、重金属等能被吸附在植物叶片上;水体中的颗粒物及一些污染物也能被水草、藻类及鱼贝类所吸附。吸附作用与表面积有关,微细的细菌、藻类等相对表面积最大,其吸附能力最强,能够吸附重金属及其他污染物的生物材料称为生物吸附材料。

　　通常所说的生物吸附仅指非活性微生物的生物吸附作用,而活性微生物、生物具有的去除金属离子的作用一般称为生物积累。因此,当利用活体生物作为吸附剂时,新陈代谢作用和物质的主动运输过程不属于生物吸附过程。与传统的吸附剂相比,生物吸附具有以下主要特征:适应性广,能在不同 pH、温度条件下操作;选择性高,能从溶液中吸附重金属离子而不受碱金属离子的干扰;金属离子质量浓度影响小,在低质量浓度(小于10 mg/L)和高质量浓度(大于 100 mg/L)下都有良好的金属吸附能力;对有机物耐受性好,有机物污染不影响金属离子的吸附;再生能力强、步骤简单,再生后吸附能力无明显降低。

3.4.1　生物吸附机理

生物体吸收金属离子的过程主要有两个阶段:一个阶段是金属离子在细胞表面的吸附,即细胞外多聚物、细胞壁上的官能基团与金属离子结合的被动吸附;另一阶段是活体细胞的主动吸附,即细胞表面吸附的金属离子与细胞表面的某些酶相结合而转移至细胞内,它包括传输和沉积。由于细胞本身结构组成的复杂性,目前吸附机理还没有形成完整的理论。

1.离子交换机理

细胞壁与金属离子的交换机理即在细胞吸附重金属离子的同时,伴随有其他阳离子的释放。

2.表面配合机理

当生物体暴露在金属溶液中时,首先与金属离子接触的是细胞壁,细胞壁的化学组成和结构决定着金属离子与它的相互作用特性。生物体细胞表面的主要官能团有羧基、磷酰基、羟基、硫酸酯基、氨基和酰胺基等,其中氮、氧、磷、硫可作为配位原子与金属离子配合。

3.氧化还原及无机微沉淀机理

变价金属离子在具有还原能力的生物体上吸附,有可能发生氧化还原反应。如酸还原菌(SRB)在厌氧条件下产生的 H_2S 能和金属离子 Zn^{2+},Cd^{2+},Pb^{2+} 和 Cu^{2+} 等反应生成金属硫化物沉淀而除去。

4.酶促机理

非活性和活性的生物都能吸附重金属,活性生物细胞对金属的吸附与细胞上某种酶的活性有关。如啤酒酵母中的磷酸酶能够将溶液中的重金属离子运输进细胞内,液泡是细胞内金属积累的主要场所。

一般来说,金属的生物吸附是以许多金属结合机理为基础的。这些机理可以单独起作用,也可以与其他机理结合在一起起作用,这取决于过程条件和环境。

3.4.2　生物吸附剂的种类

生物吸附剂的种类见表3.5。

表 3.5　生物吸附剂的种类

种类	生物吸附剂
有机物	纤维素、淀粉、壳聚糖等
细菌	枯草杆菌、地衣型芽孢杆菌、氰基菌、生枝动胶菌等
酵母	啤酒酵母、假丝酵母、产朊酵母等

续表 3.5

种类	生物吸附剂
霉菌	黄曲霉、米曲霉、产黄青霉、白腐真菌、芽枝霉、微黑根霉、毛霉等
藻类	绿藻、红藻、褐藻、鱼腥藻、墨角藻、小球藻、岩衣藻、马尾藻、海带等
动植物碎片	螃蟹壳、金钟柏、红树叶碎屑、稻壳、花生壳粉、番木瓜树木屑
植物系统	苎麻、红树、加拿大杨、大麦、香蒲、凤眼莲、芦苇和池杉等

目前研究比较多的生物吸附剂是细菌、真菌和藻类。

1. 细菌吸附剂

细菌是地球上最丰富的微生物,尺寸小、普遍存在、对环境适应能力强,可用来作为生物吸附剂。早在 20 世纪 80 年代,人们就发现微生物能吸附高含量金属。海水中有些微生物吸附 Pb 和 Cd 的浓度比周围海水环境高 1.7×10^5 倍和 1.0×10^5 倍,已报道的可以吸附重金属的细菌包括枯草芽孢杆菌等都是较广泛的生物吸附材料。细菌及其产物对金属离子有很强的配合能力。细胞壁带有负电荷,使得细菌表面具有阴离子的性质,金属离子能够与细胞表面结构上的羧基阴离子和磷酸阴离子发生相互作用而被固定,因而金属很容易结合到细胞的表面。不同的细菌种类、不同类型的重金属离子,生物吸附容量一般从几 mg 到几百 mg 不等,差别较大。

2. 真菌吸附剂

在重金属生物吸附中,丝状真菌和酵母菌由于其菌丝体粗大、吸附后易于分离、吸附量大等特点受到了普遍关注。真菌能够吸附和积累重金属,这一特征既有以代谢为目的的主动金属离子吸附,也有以细胞及其组成成分的化学补偿而引起的被动吸附和结合。丝状真菌和酵母菌容易利用不复杂的发酵技术在廉价的生长基质上培养。真菌易于生长、产量高、较容易进行基因操作和改造;酵母菌广泛用于食品和酿造工业,易于大量廉价地获得这些生物材料来制备生物吸附剂。使用真菌生物吸附剂从工业废水中除去重金属离子,一方面可以脱除工业废水的毒性,而另一方面吸附的贵金属可以回收和再生,能补偿水处理过程的费用。而且很多菌体,特别是真菌生物吸附剂是很多大规模发酵工业中不需要的副产物,如果能从中选择出具有生物吸附性能的菌体,就可使这些菌体副产品得到很好的利用。在真菌吸附剂中,酿酒酵母对 Pb,Hg 和放射性核素 U 的吸附量较高,在竞争吸附中占优势,受干扰小;而对 Co 的吸附量较低。丝状真菌如青霉菌 *Penicillium* 可以吸附多种重金属离子,如 Pb,Cu,Zn,Cd,Ni,Cr,Hg,U,Th 等。

3. 藻类吸附类

海藻菌体是一类天然的、光合自养生物,大多数情况下,对许多重金属具有良好的生物富集能力,常被用来指示水体、生态系统及营养条件的变化。不管是海洋微藻还是大型海藻都可以吸附多种金属离子,如 Co,Cd,Ag,Cu,Zn,Mn,Pb,Au 等,而且吸附量往往很高。Romera 等对 37 种藻类(20 种褐藻、9 种红藻、8 种绿藻)的生物吸附情况进行了综述。认为与细菌、真菌吸附重金属的情况相比,藻类的生物吸附研究相对较少,而三大藻类中(红藻、绿藻、褐藻),褐藻的吸附容量较高。

早期的研究表明,在吸附和积累重金属离子方面,死藻菌体比活细胞和组织更有效,并且使用无生命的海藻从水溶液中回收金属有两个主要的优点:

(1)死海藻可以在通常对活海藻有毒的条件下回收金属离子;

(2)通常在硬水或咸水中存在的 Ca^{2+},Mg^{2+},Na^+ 和 K^+ 离子与死海藻的结合力很小,因此这些离子对其他重金属离子的结合没有太大的干扰。

4. 其他生物吸附剂

(1)富含丹宁酸的废物。

富含丹宁酸的物质主要有树皮、花生皮和锯末等废物,丹宁酸中多羟基酚是吸附的活性组分。当金属阳离子取代相邻的羟基酚时,离子交换作用发生,并形成螯合物。已有学者把一些富含丹宁酸的农业副产品用作金属吸附剂。但是研究表明,一些化学预处理如甲醛、酸、碱处理可以消除有色化合物的浸渍而不会显著影响其吸附能力。虽然预处理会增加成本,但通过预处理控制颜色还是有必要的。还有研究人员把坚果、胡桃壳、废弃的茶叶、咖啡与活性炭进行了对比,并发现含丹宁酸的物质的吸附能力仅比活性炭稍弱一点。

(2)木质纤维素。

木质纤维素是从造纸厂黑液中提取出来的,它的成本比活性炭低约 20 倍。研究了木质纤维素对 Pb 和 Zn 的吸附,发现在 30 ℃时对 Pb 的吸附能力为 1 587 mg/g,40 ℃时为1 865 mg/g。木质纤维素的强吸附能力在一定程度上归于多元酚和其他表面官能团,离子交换也有一定的作用。

(3)甲壳质。

甲壳质是几丁质的脱己酰衍生物。几丁质存在于甲壳动物的外壳和真菌细胞壁中(像虾壳和蟹壳),在自然界中的丰度仅次于植物纤维,它是海产品加工的废物,因此几丁质数量丰富而且价格低廉。几丁质具有较强的重金属吸附能力,甲壳质在脱己酰过程中自由氨基裸露,使得它吸附重金属的能力比几丁质的吸附能力高56 倍。

3.4.3　生物吸附剂的制备

生物吸附剂的原材料主要包括细菌、霉菌、酵母菌和藻类等,就处理效果而言,酵母、曲霉、青霉和毛霉属等几个属的微生物是极具前景的生物吸附剂原料,这些属既有高度吸附专一性的菌株,又有吸附广泛性的菌株。生物吸附剂制备使用菌体有两种形式:一是活细胞体系;二是无代谢活性的、无生命的材料。使用活细胞体系在某些废水的金属回收系统中有一定的应用。但是废水成分复杂,并且重金属废水中存在的一些有毒的物质(像重金属本身)阻碍了活细胞体系的应用,因此使用无生物活性体系更具有优势。但天然的菌体机械强度低、密度小、颗粒小,吸附重金属后,必须使用过滤、沉淀或离心的方法从溶液中分离菌体,这样的使用成本很高。因此要把菌体的形式改变,使其强度、密度、颗粒加大,更适宜工业应用。一般在生物吸附剂制备过程中都要对其进行预处理和固定化。

1. 预处理

微生物菌体可以直接用于生物吸附剂的生产,但吸附剂表面经过物理或化学处理,可以提高吸附剂对重金属的吸附能力。物理方法包括加热/煮沸、冷冻干燥、高压灭菌等,化学方法是利用各种无机或有机物质进行处理,如酸、碱、甲醇、甲醛等。对吸附剂进行预处理的主要目的是:①使吸附剂表面去质子化,活化吸附点位;②改善吸附剂化学性能。未处理的芽孢杆菌菌体的金属吸附能力是每克菌吸附银 11.4 mg、吸附铜 9.2 mg,用碱处理后,相应的金属吸附力增加到了吸附银 86.7 mg,而吸附铜达到了 79.2 mg。出现这种情况有以下原因:

(1)碱处理将菌体羟基化。使细胞壁上的 H^+ 解离下来,导致负电性官能团增多,吸附量也会增大。

(2)去除了脂肪和其他遮盖活性点的细胞成分,使络合作用更突出,因此吸附金属的活性量增加。

2. 固定化

菌体强度、密度小,在污水处理过程中为了使用方便和安全,要将其固定化或颗粒化。具体固定化的方法详见第 5 章。

3.4.4　生物吸附工艺

研究人员对吸附动力学进行了研究,发现生物吸附剂对重金属的吸附速率很快,几秒或几分钟内即可以达到理想的吸附量。因此,采用吸附工艺主要是固 – 液接触式反应器。具体有以下几种类型。

1. 间歇搅拌式反应器

在间歇反应器中,生物吸附剂与含重金属的废水首先在反应罐中混合形成悬浮溶液,当吸附结束时,悬浮液进入过滤器进行固液分离,得到的固体吸附剂进行再生处理,滤液进入回收槽后进一步净化处理。在这种反应器中要注意吸附剂与重金属充分接触,才能有效去除重金属。因此,搅拌形式、反应器的尺寸非常重要,工艺流程如图 3.14 所示。

2. 连续搅拌式反应器

该工艺是在间歇反应器的基础上改进而成的。含重金属的废水和吸附剂均连续进入反应器中,经混合后形成悬浮液,在适宜的运行条件下,吸附反应结束,悬浮液经过滤器将吸附剂和废水进行分离,要求在进水和出水的这个时间段内完成吸附。工艺流程如图 3.15 所示。

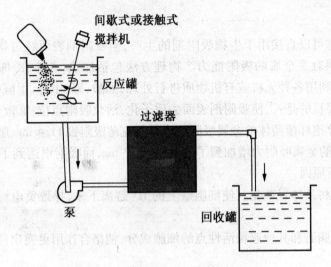

图 3.14　间歇搅拌式反应器的工艺流程

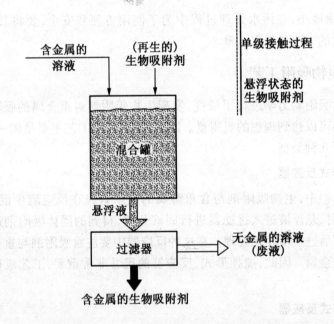

图 3.15　连续搅拌式反应器的工艺流程

3. 固定床式反应器

固定床式反应器中,颗粒状的吸附剂以固体床层方式填充于反应器中,含重金属的废水自上而下缓慢通过床层。为了保证床层的水流状态和吸附效率,吸附剂的粒径大小适中,过大会降低容积负荷(单位体积吸附剂的有效比表面积),粒径过小容易产生堵塞而影响运行。所以,粒径以 1~3 mm 较适宜。通常情况下两个以上反应器并联运行,交替进行吸附和再生操作。工艺流程如图 3.16 所示。

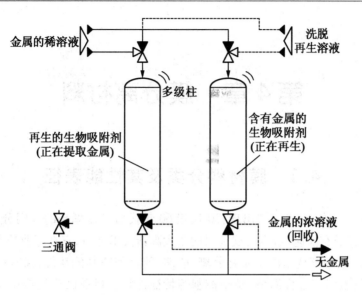

图 3.16　固定床式反应器的工艺流程

4. 脉冲接触式反应器

脉冲接触式反应器是指在适宜的进水水力负荷条件下,吸附达到饱和的生物吸附剂能够及时地从反应器进入再生系统,新鲜的吸附剂同时从脉冲巢中快速补充,反应器的吸附剂采取"吸附－排空－补充"的方式周期运行。在单元反应器中达到饱和的吸附剂得到有效再生的同时,整个吸附工艺仍处于连续稳定的运行状态。工艺流程如图 3.17所示。

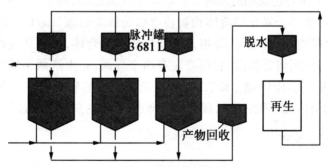

图 3.17　脉冲接触式反应器的工艺流程

第4章　膜分离材料

4.1　膜材料分类及其性能表征

膜分离技术是在20世纪初出现,20世纪60年代后迅速崛起的一门分离新技术,被认为是"21世纪最有前途、最有发展前景的重大高新技术之一,它在工业技术改造中起着战略性作用"。膜分离技术由于兼有分离、浓缩、纯化和精制的功能,又有高效、节能、环保、分子级过滤及过滤过程简单、易于控制等特征,因此,目前已广泛应用于食品、医药、生物、环保、化工、冶金、能源、石油、水处理、电子、仿生等领域,产生了巨大的经济效益和社会效益,成为当今分离科学中最重要的手段之一。

4.1.1　膜的定义

膜究竟是什么? 至今还没有一个完整、精确的定义。广义的定义就是,自然界中经常存在着这样的物质体系,即在一种流体相(Fluid phase)内或两种流体相之间,有一薄层凝聚相(Condensed phase)物质把流体相分隔成两部分,这一薄层物质就是所谓的"膜"(Membrane)。这里作为凝聚相的膜可以是固态的或液态的,甚至气态的,可以是中性的或者荷电性的。而被膜分隔开的流体相物质可以是液态的或气态的。膜本身可以是均匀的一相,也可以是由两项以上的凝聚态物质构成的复合体,可以是对称型的或非对称型的。不论膜本身薄到何等程度,它都必定有两个界面,并由这两个界面分别与被其分割于两侧的流体相物质相接触。简言之,膜有两个明显的特征:其一,膜充当两相的界面,分别与两侧的流体相接触;其二,膜具有选择透过性,这是膜与膜过程的固有特性。

4.1.2　膜的分类

膜是具有选择性分离功能的材料。利用膜的选择性分离实现料液的不同组分的分离、纯化、浓缩的过程称作膜分离。它与传统过滤的不同在于,膜可以在分子范围内进行分离,并且这过程是一种物理过程,不需发生相的变化和添加助剂。

膜材料是膜分离技术的核心,膜材料的性质直接影响膜的物化稳定性和分离渗透性,不同的膜分离过程对膜材料有不同的要求,如反渗透膜材料必须是亲水的,膜蒸馏要求膜材料是疏水性的,微滤、超滤过程膜的污染取决于膜材料与被分离介质之间的相互作用等。因此,按照膜分离过程和被分离介质的具体要求,选择或制备合适的膜材料是首先必须解决的问题。但是,选择何种材料作为膜材料并不是随意的,而要根据其特定的结构和性质来选用。

　　分离膜的种类和功能繁多,不可能用单一的方法来明确分类。比较通用的膜的分离方法主要有 4 种:按膜材料性质分类、按膜的形态结构分类、按膜的用途分类、按膜的作用机理分类。

1. 按膜的材料分类

　　分离膜按膜材料性质可分为天然生物膜和合成膜。天然膜指生物膜(生命膜)与天然物质改性或再生而制成的膜。合成膜指无机膜与高分子聚合物膜。

　　合成分离膜按其凝聚状态又可分为固膜、液膜、气膜 3 类,目前大规模应用的多为固膜。固膜主要以高分子合成膜为主,它可以是致密的或是多孔的,可以是对称的或非对称的。另外,以无机物为膜材料的分离膜近年来也发展迅速。液膜分乳状液膜(又称无固相支撑性液膜)和带支撑液膜(又称有固相支撑性液膜或固定膜)两类,它们主要用于废水处理和某些气体分离等。气膜分离现在尚处于实验研究阶段。

2. 按膜的形态结构分类

　　分离膜按膜的形态结构可分为多孔膜和非多孔膜。其中,多孔膜又可分为对称膜和非对称膜。对称膜又称均质膜或各向同性膜,指各向均质的致密或多孔膜,物质在膜中各处的渗透速率相同。非对称膜又称各向异性膜,一般由一层极薄的多孔皮层或致密皮层(决定分离效果和传递速率)和一个厚得多的多孔支撑层(主要起支撑作用)组成。非对称膜又分为两类:一类为整体不对称膜(膜的皮层和支撑层为同一种材料),另一类为复合膜(膜的皮层和支撑层为不同种材料)。

　　多孔膜和非多孔膜也可按晶型区分为结晶型和无定型两种。

3. 按膜的用途分类

　　按膜的用途分为气相系统用膜和气 – 液系统用膜。

　　(1)气相系统用膜:伴有表面流动的分子流动;气体扩散;聚合物膜中溶解扩散流动;在溶剂化的聚合物膜中的溶解扩散流动。

　　(2)气 – 液系统用膜。

　　①大孔结构:移去气流中的雾沫夹带或将气体引入液相。

　　②微孔结构:制成超细孔的过滤器。

　　③聚合物结构:气体扩散进入液体或从液体中移去某种气体,如血液氧化器中氧和二氧化碳的移动。

　　(3)液 – 液系统用膜:气体从一种液相进入另一液相;溶质或溶剂渗透从一种液相进入另一液相液膜。

　　(4)气 – 固系统用膜:过滤器中用膜以除去气体中的微粒。

　　(5)液 – 固系统用膜:用大孔介质过滤污染物;生物废料的处理;破乳。

　　(6)固 – 固系统用膜:基于颗粒大小的固体筛分。

4. 按膜的分离原理及适用范围分类

　　(1)吸附性膜。

　　①多孔石英玻璃、活性炭、硅胶和压缩粉末等。

②反应膜:膜内含有能与渗透过来的组分起反应的物质。

(2)扩散性膜。

①聚合物膜:扩散性的溶解流动。

②金属膜:原子状态的扩散。

③玻璃膜:分子状态的扩散。

(3)离子交换膜:阳离子交换树脂膜;阴离子交换树脂膜。

(4)选择渗透膜:渗透膜;反渗透膜;电渗析膜。

(5)非选择性膜:加热处理的微孔玻璃;过渡型的微孔膜。

4.1.3　膜的性能表征

制出一张膜后,需要对其进行简单评价,以了解它的基本性能。膜过程的性能或效率通常包括分离性能、透过特性、物化稳定性及经济性,这是商品分离膜所应具备的 4 个最基本条件。膜的物化稳定性取决于构成膜的材料,主要是指膜的抗氧化性、抗水解性、耐热性和机械强度等。透过特性,用通量或渗透速率表示,即流动性,表示单位时间内通过单位面积膜的体积流量($L/(m^2 \cdot h)$)。在实际的分离操作中,膜的渗透通量由于浓差极化、膜的压密以及膜孔堵塞等原因将随时间衰减。分离效率即选择性,是膜过程的另一个重要性能,对于溶液脱盐或某些高分子物质和微粒的脱除用截留率表示,而对气体混合物和有机液体混合物的分离通常用分离系数(也称分离因子)表示。理想的膜过程应该是同时具有好的选择性和高的渗透性,实际上这两者之间往往存在矛盾,在两者之间寻找合适的平衡一直是膜分离技术研究的一个重要内容。

1.膜的分离性能

不同膜分离过程中膜的分离性能表示方法有所不同,具体见表 4.1。

表 4.1　膜的分离性能表示方法

膜分离过程	膜分离性能表示方法
反渗透	脱盐率
超滤	截留(切割)相对分子质量
微滤	膜的最大孔径、平均孔径或孔分布曲线
电渗析	选择透过度、交换容量等
气体分离	分离系数

关于膜的分离性能,主要有以下 3 点。

(1)膜必须对被分离的混合物具有选择透过能力即具有分离能力。

(2)膜的分离能力要适度,因为膜的分离性能和透过性能是相互关联的,要求分离性能高,就必须牺牲一部分透量,这样就会提高操作费用。

(3)膜的分离能力主要取决于膜材料的化学特性和分离膜的形态结构,但也与膜分离过程的一些操作条件有关。

2.膜的透过性能

分离膜的透过性能是其处理能力的主要标志,同时也是分离膜的基本条件。一般而言,希望在达到所需要的分离率之后,分离膜的透量越大越好。

膜的透过性能首先取决于膜材料的化学特性和分离膜的形态结构;操作因素也有较大影响,它随膜分离过程的势位差(如压力差、浓度差、电位差等)变大而增加,操作因素对膜透过性能的影响比对分离性能的影响要大得多。不少膜分离过程与压力差之间,在一定范围内呈直线关系。不同混合物体系,膜的透量表示方法有所不同。对水溶液体系,透水率的定义一般以单位时间内通过单位膜面积的水体积流量来表示,有时也称为渗透流率、透水速度、透水量或水通量等。膜的透过性能表示方法见表4.2。

表4.2　膜的透过性能表示方法

膜分离过程	膜的透过性能表示方法
反渗透	透水率
超滤	透水速度
微滤	过滤速度
电渗析	反离子迁移数和膜的透过率
气体分离	渗透系数、扩散系数

3.膜的物理、化学稳定性

分离膜的物理、化学稳定性主要是由膜材料的化学特性决定的,它包括耐热性、耐酸碱性、抗氧化性、抗微生物分解性、表面性质(荷电性或表面吸附性等)、亲水性、疏水性、电性能、毒性、机械强度等。

4.膜的经济性

分离膜的价格不能太贵,否则生产上就无法采用。分离膜的价格取决于膜材料和制造工艺两个方面。

除此之外,任何一种膜,不论它是多孔的还是致密的,活性分离皮层内部不允许有可使被分离物质形成短路的大孔径(缺陷)存在,因为它们的存在将会使整个分离膜的分离率大大降低。综上所述,具有适度的分离率,较高的透量,较好的物理、化学稳定性,无缺陷和便宜的价格是具有工业实用价值分离膜的最基本条件。

在具体的膜分离过程中,对膜的更换周期要求是不同的。对具体操作条件进行的经济核算的结果表明,每个过程都对应有一个适宜的使用周期。

4.2 反渗透膜材料

4.2.1 反渗透膜的原理

对透过的物质具有选择性的薄膜称为半透膜,一般将只能透过溶剂而不能透过溶质的薄膜称之为理想半透膜。当把相同体积的稀溶液(例如淡水)和浓溶液(例如盐水)分别置于半透膜的两侧时,稀溶液中的溶剂将自然穿过半透膜而自发地向浓溶液一侧流动,这一现象称为渗透。当渗透达到平衡时,浓溶液的液面会比稀溶液的液面高出一定高度,即形成一个压差,此压差即为渗透压。渗透的推动力是渗透压,渗透压的大小取决于溶液的固有性质,即与浓溶液的种类、浓度和温度有关而与半透膜的性质无关。若在浓溶液一侧施加一个大于渗透压的压力时,溶剂的流动方向将与原来的渗透方向相反,开始从浓溶液向稀溶液一侧流动,这一过程称为反渗透。反渗透是渗透的一种反向迁移运动,是一种在压力驱动下,借助于半透膜的选择截留作用将溶液中的溶质与溶剂分开的分离方法,它已广泛应用于各种液体的提纯与浓缩,其中最普遍的应用实例便是在水处理工艺中,用反渗透技术将原水中的无机离子、细菌、病毒、有机物及胶体等杂质去除,以获得高质量的纯净水。

许多天然或人造的半透膜对于物质的透过具有选择性。如图 4.1 所示,在容器中半透膜右侧是溶剂和溶质组成的浓溶液(如盐溶液),左侧是只有溶剂的稀溶液(如水)。渗透是在无外界压力作用下,自发产生水从稀溶液一侧通过半透膜向浓溶液一侧流动的过程。渗透的结果是使浓溶液一侧的液面上升,一直到达一定高度后保持不变,半透膜两侧溶液的静压差等于两个溶液间的渗透压。不同溶液间有不同的渗透压。当在浓溶液上施加压力,且该压力大于渗透压时,浓溶液中的水就会通过半透膜流向稀溶液,使浓溶液的浓度更大,这一过程就是渗透的相反过程,称为反渗透。

反渗透过程有两个必备的条件:一是要有一种高选择性、高透过率的膜;二是要有一定的操作压力,以克服渗透压和膜自身的阻力

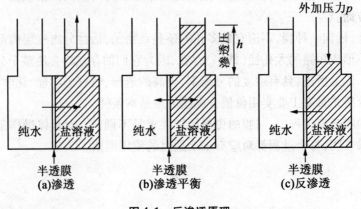

图 4.1 反渗透原理

4.2.2　反渗透膜的特点及其分类

1.反渗透膜的特点

反渗透膜(Reverse osmosis,RO)的一个特点就是,无法制造出完美的膜,即脱盐率100%的膜,尽管它对无机盐和相对分子质量大于100的有机物的脱除率可以达到98%以上。目前可以制造出反渗透膜脱盐率最高可达到99.9%。

反渗透膜的性能决定着反渗透膜器的性能,对反渗透膜的要求,要看膜是否具备下列条件:

(1)高的截留率和高的透水率;

(2)强抗微生物侵蚀性能;

(3)好的柔韧性和足够的机械强度;

(4)抗污染性能好,使用寿命长,适用pH范围广;

(5)运行操作压力低;

(6)制备简单,便于工业化生产;

(7)耐压致密性好,具有化学稳定性,能在较高温度下应用。

以纤维素、聚酰胺等为材料制备的非均相膜,以及近年来研究的复合膜能在不同程度上符合上述对反渗透膜的要求。

2.反渗透膜的分类

(1)按膜的结构分类。

反渗透膜可分为对称膜和非对称膜。对称膜又称均质膜,指各向均质的致密或多孔膜,物质在膜中各处的渗透速率相同。非对称膜是由一个极薄的致密皮层(决定分离效果和传递速率)和一个多孔支撑层(主要起支撑作用)组成。不对称膜又分为两类:一类为整体不对称膜(膜的皮层和支撑层为同一种材料);另一类为复合膜(膜的皮层和支撑层为不同种材料)。

(2)按膜的性质分类。

反渗透膜一般属于合成固态膜。制备反渗透膜的材料一般为有机高分子;无机材料多用于制备为微滤膜、超滤膜,也有少量用于纳滤过程,但它制备的多孔膜也可作为复合反渗透膜的基膜。

(3)按用途分类。

反渗透膜属于液体分离膜。它一般用于进行液体混合物的分离。再细分又可将反渗透膜分为高压、低压、超低压海水淡化用反渗透膜或苦咸水淡化用反渗透膜。

(4)按膜的作用机理分类。

反渗透膜属于选择渗透膜,也有文献称之为致密被动膜(透过膜前、后的组分没有发生化学变化的膜)。

3.典型的反渗透膜

目前,国内外已商品化的反渗透膜仍以醋酸纤维素膜与芳香聚酰胺膜为主。另外在开发的过程中为了提高其性能或制备特种膜(如耐氯膜、耐热膜),也曾研究过其他一些材料,如聚苯并咪唑(PBI)、聚苯醚(PPO)、聚乙烯醇缩丁醛(PVB)等。

(1)醋酸纤维素膜与芳香聚酰胺膜。

醋酸纤维素膜是由二醋酸纤维素和三醋酸纤维素的铸膜液及二者混合物浇铸而成,由于它们具有广泛的来源和低廉的价格而普及。随着乙酰基含量的增加,盐截留率与化学稳定性增加而水通量下降。醋酸纤维素膜的化学性差,在运转期间会发生水解,其水解速度与温度及 pH 条件有关。它可在温度为 $0 \sim 30$ ℃ 及 pH 为 $4.0 \sim 6.5$ 下连续操作。这类膜也会被生物侵蚀,但由于它们具有可连续暴露在低含氯量环境下的能力,故可以消除生物侵蚀。膜稳定性差的结果导致膜截留率随操作时间增长而下降。

目前,在反渗透过程中广泛采用的是芳香聚酰胺膜,它价格较贵,但 pH 适应范围广($4.0 \sim 11.0$),脱盐率高,适用寿命长(5 年),具有优良的机械强度、高温稳定性和化学稳定性,耐压实。它们能在温度为 $0 \sim 30$ ℃、pH 为 $4.0 \sim 11.0$ 之间连续操作,且不会被生物侵蚀。然而若连续暴露在含氯环境中,则易受氯侵蚀。芳香聚酰胺膜水通量虽不及醋酸膜,但将该膜制成中空纤维膜,可增加其表面积,从而抵消了透水率低的不足。

(2)复合膜。

为克服醋酸纤维素类反渗透膜有易压密的过渡层,通量下降斜率大,pH 范围较窄,不耐生物降解等缺点,聚酰胺膜则对氯很敏感等缺点,提出了新型反渗透膜,也就是被人们誉为第三代膜的复合膜概念:它是由薄而致密的活性层与高孔隙率的基膜复合而成的。复合膜的优点与它们的化学性质有关,其主要特点是有较大的化学稳定性,在中等压力下操作就具有高水通量和盐截留率及抗生物侵蚀。它们能在温度为 $0 \sim 40$ ℃ 及 pH 为 $2.0 \sim 12.0$ 之间连续操作,但这些材料的抗氯及其他氧化物的性能差。

(3)工业用的反渗透膜。

①高压反渗透膜:用于高压海水脱盐的反渗透膜主要有三醋酸纤维素的细中空纤维、直链全芳族聚酰胺细中空纤维、交链全芳族聚酰胺型薄层复合膜(卷式)、芳基 – 烷基聚醚脲型薄层复合膜(卷式)及交链的聚醚薄层复合膜等 5 种。

②低压反渗透膜:使用这类膜可使苦咸水脱盐在 $1.4 \sim 2.0$ MPa 操作压力下进行。而以前苦咸水的反渗透脱盐操作压力高达 $2.8 \sim 4.2$ MPa。由日本电工株式会社投入市场的 NTR – 739HF 用于低含盐量苦咸水脱盐,其皮层由聚酰胺和聚乙烯醇组成。使用这类低压反渗透膜,除了可减少设备费、操作费,提高生产能力外,还提高了对某些有机和无机溶质的选择分离能力,因此这类膜还可用于电子工业和制药工业用高纯水生产、食品加工和过程废水处理、饮料用水生产等。

③超低压反渗透膜:又称疏松型反渗透膜或纳滤膜

4.2.2　反渗透膜的性能参数及影响因素

1. 性能参数

(1)脱盐率和透盐率。

脱盐率是通过反渗透膜从系统进水中去除可溶性杂质浓度的百分比。

透盐率是进水中可溶性杂质透过膜的百分比。

$$脱盐率 = (1 - 产水含盐量/进水含盐量) \times 100\%$$

$$透盐率 = 100\% - 脱盐率$$

膜元件的脱盐率在其制造成形时就已确定,脱盐率的高低取决于膜元件表面超薄脱盐层的致密度,脱盐层越致密脱盐率越高,同时产水量越低。反渗透对不同物质的脱盐率主要由物质的结构和相对分子质量决定,对高价离子及复杂单价离子的脱盐率可以超过99%,对单价离子如钠离子、钾离子、氯离子的脱盐率稍低,但也超过了98%;对相对分子质量大于100的有机物脱除率也可达到98%,但对相对分子质量小于100的有机物脱除率较低。

(2)产水量(水通量)。

产水量(水通量)指反渗透系统的产能,即单位时间内透过膜水量,通常用吨/小时或加仑/天来表示。

渗透流率是表示反渗透膜元件产水量的重要指标,指单位膜面积上透过液的流率,通常用加仑每平方英尺每天(GFD)表示。过高的渗透流率将导致垂直于膜表面的水流速加快,加剧膜污染。

(3)回收率。

回收率指膜系统中给水转化成为产水或透过液的百分比。膜系统的回收率在设计时就已经确定,是基于预设的进水水质而定的。

$$回收率 = (产水流量/进水流量) \times 100\%$$

2. 影响因素

(1)进水压力对反渗透膜的影响。

进水压力本身并不会影响盐透过量,但是进水压力升高使驱动反渗透的净压力升高,使得产水量加大,同时盐透过量几乎不变,增加的产水量稀释了透过膜的盐分,降低了透盐率,提高脱盐率。当进水压力超过一定值时,由于过高的回收率加大了浓差极化,又会导致盐透过量增加,抵消了增加的产水量,使得脱盐率不再增加。

(2)进水温度对反渗透膜的影响。

反渗透膜产水电导对进水水温的变化十分敏感,随着水温的增加,水对通量也线性地增加,进水水温每升高1℃,产水量就多产出2.5%~3.0%(以25℃为标准)。

(3)进水 pH 对反渗透膜的影响。

进水 pH 对产水量几乎没有影响,但对脱盐率有较大影响。pH 在7.5~8.5之间,脱盐率达到最高。

(4)进水盐浓度对反渗透膜的影响。

渗透压是水中所含盐分或有机物浓度的函数,进水含盐量越高,浓度差也越大,透盐率上升,从而导致脱盐率下降。

4.2.3　反渗透技术的应用

反渗透是利用反渗透膜选择性地只能透过溶剂(通常是水)的性质,对溶液施加压力,克服溶剂的渗透压,使溶剂通过反渗透膜而从溶液中分离出来的过程。反渗透膜的制备技术相对比较成熟,其应用亦十分广泛,海水和苦咸水的淡化是其最主要的应用。

我国的海水淡化事业起步较晚,现在的规模不大,采用台数最多、技术最成熟的是电渗析法,其次是反渗透法;唯一的较大型蒸馏法海水淡化工程(大港电厂)采取的是引进技术和设备。我国的电渗析海水淡化技术已经接近世界先进水平,能够国产化;我国的电渗透海水淡化技术还不理想,性能优良的关键元件还需要外购;我国在多级闪蒸和低温多效海水淡化方面还处于开发研究阶段,还不具备独立的技术和制造能力;还有处于研究开发阶段的太阳能法和真空沸腾法等。

下面叙述了山东荣成万吨级反渗透海水淡化示范工程项目第一期工程的项目概述、工艺设计及设备配置、平面布置、调试结果和成本与效益分析。

1. 项目概述

国家发展计划委员会于 2001 年 10 月 27 日批复山东省计划经济委员会,同意将山东石岛水产供销集团公司万吨级反渗透海水淡化产业化示范工程项目列入国家高技术产业发展项目计划。项目由山东省计委主持,山东石岛水产供销集团公司承担建设,国家海洋局杭州水处理技术研究开发中心为项目的依托单位。建设地点在荣成市石岛城区,建设期为 2 年。

项目的主要建设内容和主要技术经济指标见表 4.3。

表 4.3　主要建设内容和主要技术经济指标

项目名称	主要建设内容	主要技术经济指标
山东荣成 10 000 t/d 海水淡化 示范工程	1. 设计、建立万吨级反渗透海水淡化示范工程,形成工程设计技术软件 2. 研制和购置示范工程主体设备和辅助设备 3. 建设厂房约 2 000 m²,包括海水淡化主厂房、中央控制室、取水泵房、变电站等 4. 工程成套、安装、调试等	1. 系统产水量:10 000 t/d(25 ℃) 2. 单机产水量:5 000 t/d(25 ℃) 3. 耗电量:吨水耗电量小于 5.5 kW·h 4. 水回收率:35%～40% 5. 出水水质:符合 GB 5749—85 标准,TDS < 500 mg/L。

荣成是资源型缺水城市,由于三面环海,无客水水源,开挖下水会引起海水倒灌,城区内生产和生活用水长期严重短缺。1999—2000 年连续两年严重干旱,全年降水量仅 200 mm。因干旱缺水,许多企业处于停产和半停产状态。为保证社会稳定,保证居民最低的生活用水需要,利用当地丰富的海水进行淡化,实施海水淡化工程,确保荣成市正常供水已经到了刻不容缓的地步,因此选择该地区建立示范工程具有很大的示范作用。

2002 年 12 月底,山东省荣成市石岛水产供销集团总公司与国家海洋局杭州水处理技术研究开发中心签订了"万吨级反渗透海水淡化示范工程"项目(第一期)协议。示范工程采取总体设计、分步实施。其中,工程的基础设施(包括海水取水、土建、厂房、配电和供水管网等)按总体设计,一次建成。而万吨级反渗透海水淡化示范工程工艺设备由两个日产 5 000 t 淡化水的独立机组组成,第一期完成一个机组的施工,第二期完成另一个机组的施工。并于2003年3月初签订了"万吨级反渗透海水淡化示范工程"项目(第一期)的技术合同。

2. 工艺设计及设备配置

荣成万吨级反渗透海水淡化工程现场面临黄海,位于山东半岛石岛湾南端,沿岸地质结构为花岗石礁石;石岛湾海水水质分析报告见表4.4;现场取海水点附近无径流,无污染排放,海水质变化较小;现场点风浪影响较小,最高和最低潮位差3 m;现场海水月水温变化见表4.5。

表4.4 石岛湾海水水质分析报告

序号	项目	含量/(mg·L^{-1})	序号	项目	含量/(mg·L^{-1})
1	K$^+$	9 979.70	10	H$_2$SiO$_3$	未检出
2	Na$^+$		11	电导率(25 ℃)	41 000.00 μS/cm
3	Ca^{2+}	396.79	12	pH	8.13
4	Mg^{2+}	1 203.84	13	COD$_{(Mn)}$	8.70
5	Fe$_总$	未检出	14	TDS	31 805.02
6	HCO$_3^-$	225.70	15	总碱度(CaCO$_3$)	185.00
7	Cl$^-$	17 693.10	16	总硬度(CaCO$_3$)	5 940.00
8	SO$_4^{2-}$	2 376.00	17	总阳离子	552.30 mN/L
9	NO$_2^-$	0.03	18	总阴离子	552.30 mN/L

注 mN/L为毫当量浓度,mN/L×相对分子质量/价电子数=mg/L

表4.5 现场海水月水温变化

月份		1	2	3	4	5	6	7	8	9	10	11	12
海水水温/℃	最大值	4	5	11	24	24	28	31	31	30	24	15	9
	最小值	0.5	-1	1	15	15	18	25	26	21	13	6	0.5
	平均值	1	3	6	18	19	23	28	29	25	18	10	4

万吨级反渗透海水淡化工程的工艺流程如图4.2所示,分为海水取水、海水预处理、反渗透海水淡化系统、产品水后处理系统和控制系统5个部分。

(1)海水取水。

海水取水构筑物由海水集水井和取水泵房组成。集水井建于码头堤坝外侧,海水靠渗透进入集水井。集水井采用钢砼结构,直径2.8 m,深约11 m,井底处于低潮位以下1.8 m。取水泵房内配置取水泵和水环式真空泵。该项目第一期5 000 t/d海水淡化系统配置了3台海水取水泵,两开一备,单台水泵流量300 m³/h,扬程45 m,功率55 kW,过流材质为Duplex SST(双相钢)。取水泵吸入管插入井深约6 m,吸入口离井底0.7 m。配置抽气速率6 m³/min的水环式真空泵1台,利用真空抽吸使取水泵充满海水,然后启动取水泵,通过管径 $\Phi500$ mm,距离约 180 m 的管道,将海水输送到淡化主厂房,进入海水预处理系统。

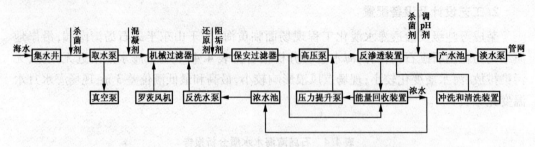

图 4.2　万吨级反渗透海水淡化工程的工艺流程示意图

鉴于该项目的海水水源系表层海水,海水中存在较多的微生物、藻类和细菌,易影响设备和管阀件的正常运行,因此,在设计中采用在海水取水管的进口处投加液氯杀菌灭藻方案,投加量约为 1~2 mg/L。

(2)海水预处理。

海水预处理的目的是去除地表海水中存在的颗粒泥沙、胶体、微生物等杂质,确保反渗透系统能长期稳定运行。在海水预处理工艺设计时经预处理后的海水水质应达到反渗透膜元件的进水水质要求。

①混凝过滤。混凝过滤旨在去除海水中胶体、悬浮杂质,降低浊度:由于海水密度大,pH 较高,该项目选用 $FeCl_3$ 作为混凝剂,投加量在 1~2 mg/L。经混合器混合,铁盐与海水中胶体杂质形成较大的矾花,再经机械过滤器过滤,使出水水质的淤积指数(SDI$_{15}$)小于 5,浊度小于 1。

第一期工程配置了 9 台机械过滤器,单台机械滤器设计直径 $\Phi3\ 200$ mm,内衬 5 mm 天然橡胶,外涂防腐船用油漆,底部采用水冒结构,内填装按级配规定的多介质过滤材料,单台滤器设计出水量为 7 m^3/h。

为了节省水耗,利用反渗透浓水作为机滤反洗用水。系统配置了浓水池、反洗水泵和罗茨风机。空气擦洗流速为 16 L/(m^2·s),水反洗流量为 15 L/(m^2·s)。

②加药消除余氯和防止反渗透膜面结垢沉淀。海水中游离氯等氧化剂的存在会降低反渗透膜元件的性能,因此海水在进反渗透膜以前必须控制游离氯 <0.1 mg/L。通过计量泵投加 1.5~2 mg/L 亚硫酸氢钠,海水中的余氯与亚硫酸氢钠反应,形成酸和中性盐,从而消除余氯对反渗透膜的影响。

海水中含有高浓度的 Ca^{2+},Mg^{2+},HCO_3^-,SO_4^{2-} 等离子,在反渗透海水淡化过程中,海水被浓缩,易在反渗透膜表面形成难溶无机盐类的沉淀。根据原海水水质和反渗透装置的水回收率,计算 Stiff&Davis 指数,判别结垢沉淀趋势,在海水进入反渗透装置前添加阻垢剂。通过对几种阻垢剂的阻垢效果和价格的综合评价后,选用硫酸做阻垢剂,投加量为 15~20 mg/L,控制海水 pH 为 7.0~7.5,能有效防止海水中难溶无机盐类在反渗透膜表面形成结垢沉淀。

③保安过滤。在反渗透装置前设置保安过滤器是为了保护高压泵、能量回收装置和

膜元件的安全长期运行。根据过滤水量和过滤精度设计计算保安过滤器的规格,配置了 4 台直径为 $\Phi 800$ mm 的保安过滤器,滤器材质为 316 L,内衬塑料。单台保安过滤器装有 $\Phi 7$ mm－1 000 mm－5 μm 插入式滤芯 70 支,设计出水为 150 m^3/h。

(3)反渗透海水淡化系统。

反渗透海水淡化系统是整个工程的核心,系统的设计是根据现场海水水质报告、反渗透元件性能、水温、所需产水量和回收率经计算确定。

①反渗透装置。

反渗透海水淡化系统采用多组件并联单级式流程,为了提高系统运行的可靠性和机动性,首期 5 000 m^3/d 海水淡化系统实行整体设计,按单机配置。在工艺配置上分为两个系列,即整个系统既可按单机运行,产淡水 5 000 m^3/d,又可按单系列运行,产淡水 2 500 m^3/d。

膜元件为美国陶氏化学公司生产的高性能反渗透海水淡化复合膜元件 SW30HR－380,其元件平均脱盐率为 99.6%。整套装置共配置了 420 支海水膜元件,分别装在 60 根并联布置的膜压力容器内,每根压力容器内串联排列 7 支 SW30HR－380 膜元件。

装置设有低压自动冲洗排放、淡化水低压自动冲洗置换浓水排放系统。为防止反渗透海水淡化装置停机时浓差渗透反压对海水膜元件的影响,在反渗透装置淡化水出口处安装了容积为 10 m^3 的空塔滤器。停机时,滤器中的淡化水部分倒流,以补充膜元件浓差渗透失水,防止膜装置受损伤。

②高压给水系统。

高压给水系统由高压泵、能量回收装置和压力提升泵组成。高压泵选用丹麦格兰富公司生产的 BME30－18 型多级离心泵,共配置了 4 台并联的高压泵,单台流量 57 m^3/h,扬程 620 m,功率 134 kW。采用美国能量回收公司生产的 PX－120 能量回收器,将反渗透膜堆排放浓水 90%～95% 的能量回收,大大降低了生产淡水所需的电耗。系统配置了 12 台 PX－120 型能量回收器,并相应配置 6 台压力提升泵。压力提升泵选用美国能量回收公司的 HP－2403 型高压多级离心泵,单台流量 52.8～68.2 m^3/h,扬程 50～70 m,功率 14.7kW。

高压给水系统设计中,根据海水淡化系统工艺参数的要求,设置了高低压保护开关和自动切换设备,流量、压力出现异常时,能实行自动切换、自动联锁、报警、停机,以保护高压给水设备和反渗透膜元件。

③冲洗和清洗装置。

反渗透海水淡化系统配置了就地冲洗和清洗装置,利用产水池中产水在反渗透装置停机时,即自动用淡水冲洗反渗透装置,置换出反渗透膜元件中的浓缩海水,防止浓海水中亚稳定过饱和微溶盐产生沉淀,同时也具有冲洗膜面污染物的作用。采用化学清洗装置根据反渗透膜污堵情况,配制不同化学清洗液对反渗透膜元件进行循环清洗,也可用以对反渗透膜元件进行加药长期停运保护。

(4)产品水后处理系统。

反渗透产水经空塔滤器后,通过计量泵在产水管路中投加氢氧化钠溶液,以提高产水 pH,使产水从 pH =5.5 左右提高到 pH =7.5 左右,然后再进入一个 3 000m³ 的产水池,再经输送泵将产水池中的淡水输入市政自来水管网。为保证供水的消毒杀菌,在淡水输送泵入口管处配置 JK -2 型加氯机向输出的淡水中投加余氯。

(5)控制系统。

自动控制系统作为整个反渗透海水淡化系统的一部分,既服务于系统工艺又具有本身的独立性。该反渗透海水淡化系统的自控部分选择 GGD -3 型低压配电柜作为设备动力柜;单独设置现场控制柜、PLC 柜,以西门子 PLC 和 WinCC 监控软件为自控核心。

现场控制柜完全根据工艺的特点及方便操作的原则来设置。系统设置了海水取水泵房控制柜、反渗透海水淡化装置控制柜、产水泵房控制柜和加药控制柜。

上位机监控系统具有良好的人机交互功能,操作员既可以通过它发布命令给 PLC,也可以通过它全面了解现场设备运行情况。一旦出现异常情况,及时提供详细的报警信息给操作员,并产生报警声。上位机自动采集系统运行的一些重要参数,并自动、及时归档,以利于今后对系统设备运行的连续性进行全面分析处理。

3. 平面布置

按工艺流程、设备规格和要求、现场实际情况,同时考虑设备的操作、维护和管理等要素,设计日产万吨级反渗透海水淡化系统的平面布置,如图4.3所示。

在靠海边设置 Φ2.8 m、深约 11 m 的海水取水井一个,距离主厂房约 180 m。在离取水井约 6 m 处,设 8.0×6.0 m 取水泵房一间,内设取水泵 5 台,第一期安装 3 台取水泵。设 4.0 m×4.0 m 真空泵房一间、4.0 m×2.0 m 加氯间和储氯钢瓶间各一间。

海水淡化主厂房建筑面积为 45.6 m×26.0 m,层高约 6 m。以东西中轴线对开各布设一套 5 000 m³/d 反渗透海水淡化系统的主体设备,其南北两侧各布设 9 台直径为 Φ200 mm 机械滤器,中间布设两套反渗透海水淡化装置、高压泵、能量回收装置等设备,在西端进大门两侧设 8.0 m×4.0 m 控制室一间,4.0 m×4.0 m 的维修和分析室各一间。

主厂房东南端离外侧墙 0.5 m 处,设供 3.0 m×3.0 m 产品水消毒杀菌加氯间和储氯钢瓶间各一个,东北端设 5 m³ 硫酸储槽一只。

主厂房东面,离东侧外墙约 3.0 m 处,由北向南排布 3 000 m³ 产水池一只,250 m³ 浓水池一只,14.0 m×6.0 m 水泵、风机和加药房一间,内设置冲洗水泵 1 台,反洗水泵 4 台,产水输送泵 3 台,罗茨风机 1 台及计量加药泵 7 台。

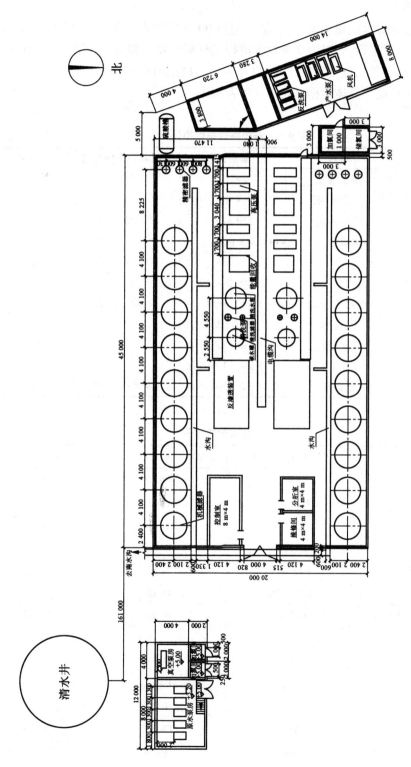

图4.3　万吨级反渗透海水淡化系统的平面布置

4. 调试结果

万吨级反渗透海水淡化示范工程(第一期)5 000 t/d 海水淡化系统,于 2003 年 11 月初调试成功,投入试运行,并对海水淡化水进行了分析测量。调试和检测结果表明,该系统运行参数稳定,各单元设备运行正常,操作简便,性能指标达到设计要求,产品水符合国家生活饮用水标准。具体数据见表 4.6 和表 4.7。

表 4.6　系统运行参数指标

序号	项目	实测值	合同或国家标准值	结果
1	海水温度	14 ℃	25 ℃	
2	产品水 pH	7.2		
3	产水流量	220 m^3/h	208.33 m^3/h	超过
4	浓水流量	318 m^3/h		
5	回收率	40.9%	35% ~40%	超过
6	海水含盐量	32 648.5 mg/L		
7	产水含盐量	89.67 mg/L	<500 mg/L	优于
8	脱盐率	99.73%		
9	制水能耗	3.31 kW·h/t 产水		
10	送水能耗	0.23 kW·h/t 产水		
11	总能耗	3.54 kW·h/t 产水	5.5 kW·h/t 产水	优于

表 4.7　水质分析报告

项目	海水/(mg·L^{-1})	反渗透产水/(mg·L^{-1})	脱盐率/%
K^+, Na^+	10 564.59	29.67	99.72
Ca^{2+}	432.46	0.83	99.81
Mg^{2+}	1 029.47	1.83	99.82
$Fe_{总}$	未检出	未检出	
HCO_3^-	129.64	5.50	95.76
Cl^-	18 488.78	41.88	99.77
SO_4^{2-}	1 992.00	0.96	99.95
NO_2^-	0.002		
$H_2SiO_3^-$	0.88	0.32	
CO_3^{2-}	11.59	未检出	
COD_{Mn}	2.42	1.22	
TDS	32 648.5	89.67	99.73
电导率(μS/cm)	45 000.0	170.00	
pH	7.76	5.42	

5.成本与效益分析

海水淡化属于水资源开发建设工程。世界各国在对待水资源工程上,政策差别很大。在我国,淡水资源包括地表水、地下水尚未作为有限资源来实现商品化。开发水资源的工程仍作为公益性福利工程来建设,水的成本往往只包含运转费和维修费,很少考虑资源及投资回收、利息等,淡水供水价格普遍不高,亏损由政府补贴,因此目前尚无法直接与市政供水费作比较。

万吨级反渗透海水淡化工程第一期造水成本如下。

(1)计算依据。

装置生产能力	$5\,000\ m^3/d$
一期工程投资	2 000 万元
利息	5%
装置开工率	90%
电费成本	0.6 元/千瓦·时
单位产水能耗	$4.0\ kW·h/t$ 产水
维修费(以总投资计)	1.5%
装置及配套设施平均使用寿命	15 年
反渗透膜元件平均使用寿命	4 年
化学试剂和易耗品费用	0.36 元/吨产水
劳动力(三班八人制)	20 000 元/(年·人)

(2)造水成本。

投资成本	1.17 元/吨产水
电费成本	2.40 元/吨产水
膜更换费用	0.36 元/吨产水
维修费用	0.18 元/吨产水
化学试剂和易耗品费用	0.36 元/吨产水
劳动力和管理费用	0.13 元/吨产水
合计	4.60 元/吨产水

由计算可知,每吨淡化水费用中投资成本占25.4%,电费成本占52.2%,两项合计占造水费用的77.6%。因此要降低造水费用,关键是减低工程投资和能耗。

目前在中东地区、岛屿国家和西方发达国家的沿海城市、岛屿,已将反渗透海水淡化技术作为制取饮用水的主要方法。随着反渗透技术及海水淡化产业的不断提高与发展,反渗透膜及工程配套设备的价格也会不断下降。

在我国,反渗透海水淡化技术的推广应用才刚起步,随着科学研究的不断深入和装置国产化率不断提高,无论是工程投资还是能耗都会不断降低。与此同时,水资源开发及供水将逐步走市场经济的轨道,市政给水价格和海水淡化造成成本之间的差距会逐渐缩小。在现阶段,反渗透海水淡化作为严重缺水地区或岛屿市政供水的补充是完全可行的。

4.2.4　膜污染与处理方法

1. 膜污染

反渗透膜分离技术实际应用中,不可避免地产生膜污染现象,且膜污染问题是影响该技术稳定性的决定因素,因此考察膜污染形成机理、对膜污染进行清洗是反渗透系统正常运行、防止其发生故障的重要保证。

膜污染是指与膜接触的料液中微粒、胶体粒子或溶质大分子与膜发生物理、化学相互作用,或因浓差极化使某些溶质在膜表面的浓度超过其溶解度及因机械作用而引起的在膜表面或膜孔内的吸附、沉积造成膜孔径变小或堵塞,使膜产生透过流量与分离特性不可逆变化现象。污染物尤其是蛋白质等大分子在膜表面和膜孔内的吸附所引起的通量衰减及分离能力的降低,是造成膜通量衰减的主要原因。但膜污染引起的通量衰减又往往和浓差极化现象引起的可逆通量下降混合在一起,使得膜分离效果进一步降低。

反渗透系统在运行过程中,废(污)水中的金属离子、微生物、不易溶解的沉淀、有机污染物、生物黏泥、胶体、油脂等长时间与膜接触,会引起膜污染,使膜的通量及分离性能明显降低、压降升高。其原因主要包括以下几方面。

(1)浓差极化。

浓差极化是引起膜表面形成附着层的一个重要因素。液体膜分离过程中,随着透过膜的溶剂(水)到达膜表面的溶质,由于受到膜的截留而积累,使得膜表面溶质浓度逐步高于料液主体溶质浓度。由于膜表面溶质浓度与料液主体溶质浓度之差产生了从膜表面向料液主体的溶质扩散传递。当溶质的这种扩散传递通量与随着透过膜的溶剂(水)到达膜表面的溶质主体流动通量完全相等时,上述过程达到不随时间而变化的定常状态。

当溶质是水溶性的大分子时,由于其扩散系数很小,造成从膜表面向料液主体的扩散通量很小,因此膜表面的溶质浓度显著增高形成不可流动的凝胶层。当溶质是难溶性物质时,膜表面的溶质浓度迅速增高并超过其溶解度从而在膜表面产生结垢层。此外,膜表面的附着层可能是水溶性高分子的吸附层和料液中悬浮物在膜表面上堆积起来的滤饼层。

(2)离子结垢。

$CaCO_3$,$CaSO_4$,$BaSO_4$,$SrSO_4$,CaF_2 及 SiO_2 等溶度积较小的盐类,在反渗透过程中可能会因浓缩超过其溶度积而析出,产生沉积物停留在膜表面及进水通道内形成水垢。例如,$CaCO_3$ 的溶度积是 8.7×10^{-9}(25 ℃)即 $[Ca^{2+}] \times [CO_3^{2-}]$ 大于 8.7×10^{-9} 时,$CaCO_3$ 就会沉淀下来。J. H. Bruus 等发现,当从污泥中提取 Ca^{2+} 后,导致小颗粒数量及过滤阻力增加。

(3)金属氧化物沉积。

一般含有低价铁离子和锰离子苦咸水范围的某些井水水源具有一定的还原性,此类水源造成膜污堵的主要原因就是铁、铝、锰等在膜表面产生胶体颗粒污堵。铁发生氧化所需的 pH 较低,使得反渗透系统发生铁污堵现象较频繁。引起膜面上沉积可溶性二价铁和三价铁的相关污染物可能的情况为:氧气进入到含二价铁的进水中;高碱度水源形成 $FeCO_3$;铁与硅反应形成难溶性的硅酸铁;受铁还原菌氧化作用影响,将会加剧生物膜滋生和铁垢的沉积;由含铁絮凝剂转变引起的胶体状铁;铁、铝、锰等产生金属污染后的特征表现为产水量降低,压差上升。

(4)生物污泥的生成。

当膜表面覆盖生命力旺盛的微生物污泥时,膜所除去的盐类将陷于黏层中,不易被水冲走,为微生物繁殖提供了丰富的营养物质,同时反渗透进水前预处理时加入的阻垢剂(如聚马来酸,氨基三甲基膦酸等)、软水剂等又能促进微生物生长。有机与无机的溶解性物质以及颗粒物可以通过有效的预处理被去除,但可繁殖的微生物颗粒,经预处理后即使剩余 0.01%,还能利用水中可生物降解的物质进行自身繁殖,这也是生物污泥在任何系统中都会造成污染的主要原因之一。

(5)"水锤"现象。

对于反渗透系统,由于设计不恰当及在开始调试阶段,装填膜的膜壳内有大量的空气,当待处理液瞬间进入膜壳时,由于空气具有可压缩性,且瞬间不可能完全排尽,当空气在膜壳内达到一定压力时,会突然爆破释放,引起反渗透在膜壳内相互撞击、挤压以及窜动,产生"水锤"现象。在反渗透系统中,水锤的危害在于造成无法恢复的反渗透膜元件损伤。

(6)悬浮颗粒物的污染。

当保安过滤器有"短路"或缺陷造成过滤介质、腐蚀碎片及异物(如小芯绒线)等的泄漏或反渗透初次投用冲洗不彻底时,可能使膜元件受到污染,使进水通道堵塞和膜面上形成非晶体沉淀。这种情况较少遇到。

(7)其他因素造成的污染

碳氢化合物和硅酮基的油及脂能覆盖于膜表面,致使膜受到污染;膜的水解、有机溶剂及氧化性物质侵蚀等也会造成膜材料的本质改变。

2.膜污染的防治

膜污染问题也使得膜分离技术的应用领域不能进一步扩大。在压力、流速、温度和料液浓度都保持一定的情况下,膜污染使膜组件性能随着时间发生变化,使膜分离技术不能充分发挥其应有效能。如在超滤浓缩蛋白质等高分子溶液过程中,膜的透过流速随时间迅速下降为纯水透过流速的 1/10 乃至 1/100;在反渗透脱盐过程中,当溶液的 pH 很高或很低时,膜透过流速随着时间逐步增大而盐截留率则会明显降低。因而人们在研制和开发新型分离膜和膜过程技术的同时,对膜过程中所出现的膜污染也开展了大量的研究工作。

膜的污染是指由于在膜表面上形成了滤饼、凝胶及结垢等附着层或膜孔堵塞等外部因素导致了膜性能变化。其具体表现为,所有种类都是膜的透过阻力增大造成膜的透过流速显著减少,而膜的截留率随着滤饼层、凝胶层及结垢层等附着层的形成有两种变化趋势,即附着层的存在对溶质具有截留作用使截留率增高,同时可导致膜表面附近的浓差极化使表观截留率降低。上述情形与溶质或附着层的类型密切相关。一般而言,凝胶层具有较强的溶质截留作用使得截留率增高,而滤饼层或结垢层具有较弱的溶质截留作用,将导致膜表面附近的浓差极化现象严重,使得表观截留率降低。但由于膜面吸附形成的附着层对超滤膜截留率的影响尚不明确,可能因为浓差极化现象严重使得截留率降低,也可能因为吸附层的溶质截留作用增强使得截留率增大。

膜污染在膜过程中是不可避免的,但是通过对膜组件进料进行适当的预处理并采取适宜的操作方法可以减少其影响。防止污染应根据其产生的原因不同,使用不同的方法。具体方法如下。

①预处理法:预先除掉使膜性能发生变化的因素,但会引起成本的提高。如用调整供给液的 pH 或添加氧化剂来防止化学劣化;预先清除供给液中的微生物,以防止生物性劣化等。

②开发抗污染的膜:开发耐老化或难以引起附生污垢的膜组件,这是最根本的办法。

③加大供给液的流速:可防止形成固结层和凝胶层,但需要加大动力。

对于已形成附着层的膜可通过清洗来改善膜分离过程,洗涤法分为以下两种。

①化学洗涤:根据所形成的附着层的性质,可分别采用 EDTA 和表面活性剂、酶洗涤剂、酸碱洗涤剂等。

②物理洗涤:包括泡沫球擦洗、水浸洗、气液清洗、超声波处理(或亚音速处理)和电子振动法等。

(1)选择合适的抗污染膜材。

污染物在膜上的吸附是由于膜、溶剂、污染物之间相互作用的结果,当然还与膜表面性质和膜孔径等因素有关。针对污染物,选择合适的耐污染膜材,可以有效地减少膜对污染物的吸附。研究表明,对蛋白质溶液的分离,膜的亲水性越好则蛋白质污染越小;而对 O/W 型乳化液的处理,亲水膜较疏水膜抗污染。

①开发新型的抗污染膜材。

具有良好的成膜性、热稳定性、化学稳定性,耐酸、碱物侵蚀和耐氧化性能的膜材是研究者们一直追求的目标。但单一物质的性质都有其局限性,因此人们常针对一定的处理物系,对膜材料进行改性或对膜表面进行改性,以提高其抗污染性能。

②膜的表面修饰。

Chen 等在蛋白质超滤过程中用阴离子表面活性剂对超滤膜进行预处理,降低了污染所引起的通量衰减。这是由于阴离子表面活性剂的加入,改变了蛋白质与膜表面的静电作用,减小了蛋白质的沉积。Hamnza 等在制备聚砜超滤膜时,在膜液中添加不同的大分子作为表面改性剂,用相转化法制备了改性聚砜超滤膜,并用于处理 O/W 型含油乳化废水,结果表明改性聚砜超滤膜较未改性膜性能优越,改性膜表面凝胶层阻力相对减小。

③开发复合分离膜。

Faibish 等在氧化锆陶瓷膜表面接枝乙烯基吡咯烷酮,制备了陶瓷聚合物(CSP)抗污染超滤膜,其膜孔径减小了 25% ~28%,并用来处理 O/W 型含油乳化液,提高了对乳化油的截留率,有效地降低了污染物在膜上的沉积。

④制备共混膜。

共混通常是为了克服某材料在某一性能上的不足而加进一种或多种物质,制备出综合性能较好的膜,是目前膜科学工作者研究的热点之一。郝继华等研制了氯甲基化/季铵化聚砜与聚偏氟乙烯共混超滤膜,并用于阴极电泳漆超滤系统,具有较好的抗污染性能。

(2)选择适宜孔径的膜。

对膜孔径的选择,应根据所处理物系的特点及所要达到的截留率来确定。对较大孔径的膜,尽管其初始通量较大,但通量衰减较快,易受到膜污染。因此对膜孔径的选择应比要求截留的相对分子质量要小,这样能获得较好的处理效果,还可减少溶质在膜孔上的吸附和堵塞所造成的污染。但孔径越小,流体阻力越大,通量越小。因此实际操作过程中还要综合考虑两者的关系,以选择合适的膜材和孔径。

(3)对原料液进行预处理。

预处理是指在原料液过滤前向其中加入适当的药剂,以改变料液或溶质的性质,或对其进行絮凝、过滤,以去除一些较大的悬浮粒子或胶状物质,或者调整料液的 pH 以去除给膜带来污染的物质,从而减轻膜过程的负荷和污染。采用预处理方法时,应根据料液的性质以及膜材的性质来选择处理方法。对含难溶盐的料液可采用预沉、加化学阻垢剂或分散剂等方法;在高黏度料液的过滤中,加入适当的药剂以降低料液的黏度,改善其流动性能,提高过滤效果;对含悬浮微粒或胶状物的料液可采用砂滤、微滤或加混凝剂、絮凝剂等方法;对富含微生物的料液可添加杀菌剂或先进行紫外线杀菌以免微生物对膜造成污染和侵蚀。

(4)设计抗污染的膜组件。

在膜组件设计中,设计合理的流道结构,使被截留物质及时被水带走,同时减小流道截面积,以增加流速,使流体处于湍流状态。对平板膜,通常采用薄层流道;对管式膜组件,可设计成套管。此外,应注意减少设备结构中的死角,以防止污染物质的聚集。在膜器设计中可结合所要采用的强化措施(如湍动器、旋转装置的设计、外加场的引入等)来对整个膜组件进行优化。

(5)强化过滤操作。

①改善膜面的流体力学条件。

提高料液流速或使用湍流促进器或脉冲流技术等可以改善膜面料液的水力学条件,减小膜面流体边界层厚度,降低浓差极化,延缓凝胶层的形成,减小膜污染。

湍流流动:控制浓差极化和膜污染最简单的办法就是提高流速,使流体处于湍流状态。湍流流动较层流流动在膜面附近边界层内可提供较大的剪切力,流体微团的脉动可减少颗粒和溶质在膜面的沉积,减轻膜污染。

非稳定流动:指在流动系统中,流体的流速、压强等物理量随空间和时间的变化。流体的非稳定流动可以加快质量传递过程,有效控制浓差极化和膜污染,对过滤过程具有强化作用。流体的非稳定流动是一种强化效果好的操作方式。实现这一过程的操作方式主要有设置湍流促进器、提供脉冲压力,采用脉动流或采用旋转动态膜技术等。

②气液两相流技术。

为了强化膜过滤过程中的界面传质效果,可以在料液中通入气体。研究表明,在中空纤维超滤膜中喷射空气可以防止料液中悬浮粒子的沉积,稳定过滤操作,提高过滤效率。

③外加场强化过滤。

外加场包括电场、超声等。外加电场或超声对某些料液的超滤能起到强化作用,可有效控制膜污染。

电场超滤技术:料液中的胶体及悬浮粒子具有较高的表面电性,容易在膜表面吸附,造成膜污染。若在过滤过程中施加电场,带电微粒在电场作用下会发生迁移,减少在膜面上的沉积,提高过滤效果。Nameri 等用静态湍流促进器和电场相结合的方法来强化超滤,使浓差极化和膜污染得到了有效控制。Zumbush 等用电超滤法进行了牛血清蛋白的超滤实验,发现施加交流电场可以减小超滤过程中的膜污染,增大滤液通量。其作用效果与电场频率、电场强度、电导率、蛋白质浓度以及膜材等有关,且低频率高电场强度可以获得较佳的电场超滤效果。

超声强化超滤技术:Kobayashi 等用聚砜超滤膜过滤蛋白胨时,在超声频率为28 kHz、功率为 8～33 W 范围内研究了超声对超滤过程的影响。结果表明,超声能有效去除蛋白胨对聚砜膜的污染,强化超滤过程。Hai C 等在不同的超声频率和功率下对蛋白胨超滤的研究也说明超声具有在线防垢作用。

④其他操作条件的选择。

选择适当的溶液温度、pH、流速及操作压力等可减少膜污染,强化超滤过程。适当提高原料液温度,可以减小溶液黏度,增大扩散系数,提高过滤通量。在含蛋白质的料液过滤中通过对预处理及超滤过程中溶液 pH 的控制,来减小蛋白质对膜的污染。增加膜面流速可以减小污染物在膜面的沉积。一般压力增加,透液速率增加,将导致浓差极化增加,当膜面浓度达到饱和浓度时,会开始析出形成凝胶层,从而使膜的透液速率大大减小。因此,较佳的操作压力是控制在超滤膜透水速率变得与静压力无关而凝胶层刚开始形成时所对应的压力。因为此时再增加压力只会增加凝胶层的厚度和致密性,不会增加透水率。

4.3　纳滤膜材料

4.3.1　概述

纳滤(Nanofiltration,NF)膜的研制与应用较反渗透膜大约晚 20 年。纳滤膜早期称为松散反渗透(Loose RO)膜,是 20 世纪 80 年代初继典型的反渗透(RO)复合膜之后开发出来的。后来美国的 Filmtec 公司把这种膜技术称为纳滤,一直沿用至今。之后,纳滤技术发展得很快,膜组件于 20 世纪 80 年代中期商品化。目前,纳滤技术已成为世界膜分离领域研究的热点之一。

纳滤膜介于反渗透膜与超滤膜之间,对 NaCl 的脱除率在90%以下,反渗透膜几乎对所有的溶质都有很高的脱除率,但反渗透膜只对特定的溶质具有高脱除率;反渗透膜主要去除直径为 1 个纳米(nm)左右的溶质粒子,截留相对分子质量为 100 ~ 1 000,在饮用水领域主要用于脱除三卤甲烷中间体、异味、色度、农药、合成洗涤剂、可溶性有机物、Ca、Mg 等硬度成分及蒸发残留物质。

1. 纳滤膜的原理

与超滤及反渗透等膜分离过程一样,纳滤也是以压力差为推动力的膜分离过程,是一个不可逆过程。其分离机制可以运用电荷模型(空间电荷模型和固定电荷模型)、细孔模型以及近年来才提出的静电排斥和立体阻碍模型等来描述。与其他膜分离过程比较,纳滤的一个优点是能截留透过超滤膜的相对分子质量小的有机物,又能透析反渗透膜所截留的部分无机盐,也就是能使"浓缩"与脱盐同步进行。

纳滤膜分离需要的跨膜压差一般为 0.5 ~ 2.0 MPa,比用反渗透膜达到同样的渗透能量所必须施加的压差低 0.5 ~ 3 MPa。在同等的外加压力下,纳滤的通量要比反渗透大得多,而在通量一定时,纳滤所需的压力则比反渗透低很多。所以用纳滤代替反渗透时,"浓缩"过程可更有效、快速地进行,并达到较大的"浓缩"倍数。一般来讲,在使用纳滤膜进行的膜分离过程中,溶液中各种溶质的截留率有以下规律:

(1)随着摩尔质量的增加而增加;

(2)在给定进料浓度的情况下,随着跨膜压差的增加而增加;

(3)在给定压力的情况下,随着浓度的增加而下降;

(4)对于阴离子来说,按 NO_3^-,Cl^-,OH^-,SO_4^{2-},CO_4^{2-} 顺序上升;

(5)对于阳离子来说,按 H^+,Na^+,K^+,Ca^{2+},Mg^{2+},Cu^{2+} 顺序上升。

2. 纳滤膜的特点

纳滤膜是 20 世纪 80 年代末问世的新型分离膜。它有两个显著特征:一个是其所截留的物质的相对分子质量介于反渗透膜和超滤膜之间,约为 200 ~ 2 000;另一个是因为纳滤膜表面分离层由聚电解质构成,对不同价态的离子存在 Donnan 效应,而使得它对无机电解质具有一定的截留率。根据其第一个特征,推测纳滤膜可能拥有 1 nm 左右的微孔结构,故称之为"纳滤"。从结构上看,纳滤膜大多是复合型膜,即膜的表面分离层和它的支撑层的化学组成不同。

到目前为止,对纳滤膜的准确定义、机制、特征等的认识还远远不充分。学术界比较统一地解释纳滤膜的定义包括以下 7 个方面:

(1)纳滤膜介于反渗透膜和超滤膜之间,其膜表面分离皮层可能具有纳米级微孔结构。

(2)相对于反渗透膜 NaCl 的脱除率均在 95% 以上,一般将 NaCl 脱除率为 90% 以下的膜均可称之为纳滤膜。

(3)反渗透膜几乎对所有溶质都有很高的脱除率,而纳滤膜只对特定的溶质具有脱除率。

(4)纳滤膜孔径在 1 nm 以上,一般 1 ~ 2 nm。

(5)主要去除一个纳米左右的溶质粒子,截留相对分子质量在 200 ~ 1 000 Da。

(6)反渗透膜几乎均为聚酰胺材质,而纳滤膜材料可采用多种材质,如醋酸纤维素、醋酸－三醋酸纤维素、磺化聚砜、磺化聚醚砜、芳香聚酰胺复合材料和无机材料等。

（7）一般纳滤膜的表面形成高聚物电解质，因而常常有较强的负电荷性。

4.3.2　纳滤膜在水处理中的应用

美国、日本及欧洲的一些发达国家和地区自20世纪50年代开始研究反渗透膜水处理技术，至20世纪70年代逐步形成产业化。我国以国家海洋局杭州水处理技术研究开发中心为代表的研究机构自20世纪60年代起开始对分离膜于膜工业过程进行研究开发。1995年，辽宁8271厂首次在国外引进复合反渗透膜及膜元件的生产线，揭开了国产反渗透膜工业化生产的进程。此后，无锡海洋膜工程公司、汇通源泉环境科技有限公司、杭州北斗星制膜有限公司、河北阿欧环境技术有限公司等企业相继投入反渗透膜的生产线。目前，纳滤膜的主要发展方向在于提高膜的通量，提高脱盐率（或分离效率），降低操作压力，提高耐氧化、耐生物及抗污染能力。

鉴于纳滤膜特殊的传质分离特性，R. Rautenbach等把纳滤膜的应用归纳为3个方面：对单价盐截留率的要求并不是很高的场合；对不同价态离子的分离；对分子质量相对较高和相对较低的有机物的分离。

1. 对地下水的处理

膜软化水主要是利用纳滤膜对不同价态离子的选择透过特性而实现对水的软化。膜软化在去硬度的同时，还可以去除其中的浊度、色度和有机物，其出水水质明显优于其他软化工艺。而且膜软化具有无需再生、无污染产生、操作简单、占地面积省等优点，具有明显的社会效益和经济效益。膜软化在美国已很普遍，佛罗里达州近10多年来新的软化水厂都采用膜软化法，代替常规的石灰软化和离子交换过程。近几年，随着纳滤性能的不断提高，纳滤膜组件的价格不断下降，膜软化法在投资、操作、维护等方面已优于或接近于常规法。典型工艺流程如图4.4所示。

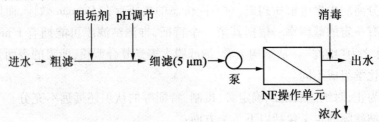

图4.4　纳滤膜软化法地下水工艺流程

2. 工业废水处理中的应用

用纳滤处理废水是一种非常有效而且环保的选择，它可以有效降低废水中的污染物含量，经过纳滤处理的废水甚至可以回收利用，这在水资源逐渐匮乏的今天是十分引人注目的。

（1）电镀废水处理。

Salzgitter Flachstahl电镀厂采用膜技术处理镀锌废水，回收其中的Zn^{2+}和H_2SO_4。处理设备包括预过滤、3 个 UF 单元(3×14 m^2)和 3 个连续 NF 中单元(270 m^2)。实验表明:NF 阶段的渗透通量为 32.5 L/(m^2·h),锌离子的截留率为 99.2%,铁离子的截留率为 99.8%,而 H$_2$SO$_4$ 的截留率低于 30%,浓缩液中锌离子的质量浓度 >20 g/L,而 H$_2$SO$_4$ 的回收率为 70%,达到了设计要求。

(2)纺织印染废水处理。

纳滤膜已经被应用在纺织废水的处理过程中。Tang C 等使用纳滤膜处理被高含量无机盐所染色的纺织废水,在操作压力为 500 kPa 条件下,通量可以达到很高而且染料的截留率超过 98%,对 NaCl 的截留却不超过 14%,因此可以实现废水的回收利用。

(3)染料制造业废水的处理。

染料制造业的废水中含有很多有毒的有机残留物,然而,由于废水中所含物质的可变性,用传统方法处理的污水往往不能达到排放标准。另外,这些方法处理费用往往很高。早在 1973 年,就有人用反渗透膜处理直接染料和酸性染料废水获得成功。由于染料废水中盐和染料浓度高,造成反渗透膜损耗大、能耗高,但纳滤可以克服这些缺点,因此,NF 和 RO 结合的膜集成处理方法应运而生。实验表明:采用 NF 和 RO 结合的膜集成工艺处理某染料生产废水,COD 截留率 >98.4%,色度截留率 >99.6%,对 R. Y. 145 和 R. B. 5 两种染料的截留率分别是 96.6% 和 53.2%。NF - RO 膜集成法极大地增加了污水的回收效率,废水中的染料可回收,使污水达到了排放标准。同时,NF - RO 膜集成法巧妙解决了 RO 膜低通量和 NF 膜低分离性的问题。

(4)食品工业废水。

酿造业是 17 个污染危害最大的行业之一,每升酒精将产生 8 ~ 15 L 高 COD、高色度的废水。Sanna 等采用 NF - RO 联用技术处理酒糟废水,实验表明:NF 对色度的去除率为 99.8%,COD 的去除率达到 99.99%,产水经过 RO 处理后回用。Li 等采用 UF - NF 集成技术从制酪乳清废水中回收有用成分,研究表明乳糖的回收率为 99% ~ 100%,乳酸的回收率为 65%。

3. 饮用水中有害物质的脱除

传统的饮用水处理主要通过絮凝、沉降、砂滤和加氯消毒来去除水中的悬浮物和细菌,而对各种溶解性化学物质的脱除作用很低。随着水源的环境污染加剧和各国饮水标准的提高,可脱除各种有机物和有害化学物质的"饮用水深度处理"日益受到人们的重视。目前的深度处理方法主要有活性炭吸附、臭氧处理和膜分离。膜分离中的微滤和超滤因不能脱除各种低分子物质,故单独使用时不能称为深度处理。纳滤膜由于本身的性能特点,故十分适用于此用途的应用。美国食品与医药局曾用大型装置证实了纳滤膜脱除有机物、合成化学物的实际效果。日本也曾于 1991—1996 年组织国家攻关项目"MAC21"(Membrane Aqua Century21)开发膜法水净化系统。该项目的前 3 年侧重于微滤/超滤膜的固液分离,后三年重点开发以纳滤膜为核心,以脱除砂滤法不能脱除的溶解性微量有机污染物为目的的饮水深度净化系统。法国 Mery - Sur - Oise NF 饮用水处理示范厂由于用臭氧加活性炭处理的河水仍不能满足饮用水(TOC 的质量浓度 <2 mg/L)的要求,于是采用 NF 膜对饮用水进行深度处理,工艺流程如下:河水—取水池—澄清—

臭氧—絮凝—双层过滤—中间水池—低压泵—保安滤器—高压泵—NF - UV—与生化处理水混合—给水水池。经 NF 膜处理后,地表水中 TOC 量平均减少到 0.5 mg/L,这样不仅可以增加配水期间氯的稳定性,降低氯浓度使 THMs 含量降低约 50% ,还可以减少生物所能分解的有机碳(BOC),增加水的生物稳定性,降低配水期间的微生物含量。大量工业装置的运行实践表明,纳滤膜可用于脱除河水及地下水中含有三卤甲烷中间体 THM (加氯消毒时的副产物为致癌物质)、低分子有机物、农药、异味物质、硝酸盐、硫酸盐、氟、硼、砷等有害物质。

纳滤膜由于截留分子质量介于超滤与反渗透之间,同时还存在 Donnan 效应,故对相对分子质量低的有机物和盐的分离有很好的效果,并具有不影响分离物质生物活性、节能、无公害等特点,在各行业得到日益广泛的运用。自问世以来,纳滤技术在理论和实际应用研究上取得了重大进展,但纳滤膜实际应用中还存在着膜易受污染,耐用性差等问题。这些是目前膜分离技术的基本问题,也是纳滤膜法水处理技术应用受限的主要原因。目前,通过对原水进行预处理,优化工艺设计和运行条件等,可以有效减轻膜污染,延长膜的使用寿命。另外,纳滤膜的截留机理仍在探索阶段,这也影响着纳滤膜材料的选择和性能优化。

4.4　超滤膜材料

超滤(Ultra filtratio,UF)现象在 130 多年前被发现,最早使用超滤膜是天然的动物脏器薄膜。早在 1861 年,Schmidt 首次公开了用牛心胞膜截留可溶性阿拉伯胶的实验结果,堪称世界上第一次进行的超滤试验,但超滤一直作为一项实验工具而未得到发展。到了 1960 年,在 Loeb - Sourirajan 试制成功不对称反渗透醋酸纤维素(CA)膜的影响下,1963 年 Michaels 开发了不同孔径的不对称醋酸纤维素超滤膜。从 1965 年开始,不断有新的高聚物超滤膜品种问世,并很快商品化。超滤技术从 20 世纪 70 年代进入工业应用的快速发展阶段,20 世纪 80 年代建立了大规模的工业生产装置。

超滤膜材料已从最初的醋酸纤维素(CA)扩大到聚苯乙烯(PS)、聚偏氟乙烯(PVDF)、聚碳酸酯(PC)、聚丙烯腈(PAN)、聚醚砜(PES)和 Ny 尼龙等。截留相对分子质量从 $10^3 \sim 10^6$,孔径从 1 ~ 100 nm,组器形式包括有实验室型、板式、管式、中空纤维式和卷式。为了提高超滤膜的抗污染性、热稳定性和化学稳定性,还相继开发了耐热、耐溶剂的高分子膜。此外,无机超滤膜的开发应用也得到了迅速发展。由于超滤法具有相态不变、无需加热、设备简单、占地面积小、能量消耗低等明显优点和操作压力低、泵与管对材料要求不高等特点,因此从研究转向实际应用很快,近年来销售量迅速增长。目前,超滤广泛用于电子、电泳漆、饮料、食品化工、医药、医疗用人工肾和环保废水处理及回收利用等各个领域。超滤公司从开始的 Amicon 发展到如今的几十家。由此可见,近 30 年来,超滤技术在工业上迅速得到大规模应用,并已成为当今世界膜分离技术领域中独树一帜的重要的单元操作技术。

4.4.1　超滤膜材料及其制备方法

1.超滤的基本原理

人们根据超滤膜的孔径分布,认为超滤过程是一种机械筛分过程,如图 4.5 所示。在静压差为推动力的作用下,原料液中溶剂和小溶质粒子从高压的料液侧透过侧膜到低压侧,一般称为滤出液或透过液,而大粒子组分被膜所阻拦,使它们在滤剩液中浓度增大。按照这样的分离机理,超滤膜具有选择性表面层的主要因素是形成具有一定大小和形状的孔,聚合物的化学性质对膜的分离特性影响不大。

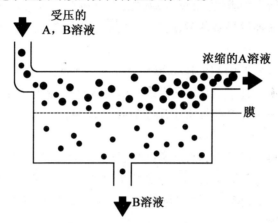

图 4.5　超滤工作原理示意图

超滤属于压力驱动型膜分离技术,其操作静压差一般为 0.1 ~ 0.5 MPa,被分离组分的直径大约为 0.01 ~ 0.1 μm,这相当于光学显微镜的分辨极限,一般被分离的对象是相对分子质量大于 500 ~ 1 000 000 的大分子和胶体粒子,这种液体的渗透膜压很小,可以忽略,常用非对称膜,膜孔径为 10^{-3} ~ 10^{-1} μm,膜表面的有效截留层厚度较小(0.1 ~ 10 μm)。

超滤主要用于从液相物质中分离大分子化合物(蛋白质,核酸聚合物、淀粉、天然胶、酶等)、胶体分散液(黏土、颜料、矿物料、乳液粒子、微生物)、乳液(润滑脂 – 洗涤剂以及油 – 水乳液),或采用先与适合的大分子复合的办法,也可采用超滤分离相对分子质量低的溶质,从而达到某些含有各种相对分子质量较小的可溶性溶质和高分子物质(如蛋白质、酶、病毒)等溶液的浓缩、分离、提纯和净化。

2.超滤膜材料及其制备方法

制作超滤膜的材料很多,早期的超滤膜以醋酸纤维酯为材料。这种材料价格低、成膜性能好,至今仍有重要用途。非醋酸纤维素超滤膜材料,有聚砜、聚丙烯腈、聚碳酸酯、聚氯乙烯、芳香聚酰胺、聚酰亚胺、聚四氟乙烯、聚偏氟乙烯和高分子电解质复合体等。目前已商品化且较常用的有十几种材料,处于实验室阶段的则更多。

超滤膜为多孔膜,可分为对称膜和非对称膜。前一种超滤膜透过滤液的流量小,后者流量较大且不易被堵塞。

超滤膜按照原料种类可分为有机高分子材料超滤膜和无机材料超滤膜。目前,工业上常用的有机超滤膜材料主要有乙酸纤维、聚砜、芳香聚酰胺、聚丙烯、聚乙烯、聚碳酸酯和尼龙等高分子材料,可根据不同要求选择使用;而以氧化铝为主要成分的无机超滤膜也具有较好的应用前景。

(1)超滤膜材料。

①有机高分子材料。

用于制备超滤膜的有机高分子材料主要来自两个方面:其一,由天然高分子材料改性而得,例如纤维素衍生物类、壳聚糖等;其二,由有机单体经过高分子聚合反应而制备的合成高分子材料,这种材料品种多、应用广,主要有聚砜类、乙烯类聚合物、含氟材料类等。

纤维素衍生物类:早期的超滤膜以醋酸纤维酯为材料,这种材料价格低、成膜性能好,至今仍有重要用途。其中最常用的纤维素衍生物有二醋酸纤维素(CA)、三醋酸纤维素(CTA)等。此外,一些混合纤维素也用于制作超滤膜,如二醋酸纤维素与硝酸纤维素的混合纤维素等。

再生纤维素类:再生纤维素是将天然纤维素通过化学方法溶解后再沉淀析出的纤维素,也称为纤维素Ⅱ。它不同于天然纤维素之处在于相对分子质量(或聚合度)较低,分子缠结较少,结晶度较低,但分子结构与纤维素相同。再生纤维素在大多数有机溶剂中不溶,具有较好的耐溶剂性。例如,再生纤维素在各种醇类、丙酮、甲苯、二甲基甲酰胺、四氢呋喃、质量分数为10%的镉乙二胺络合物水溶液中,使用几个月均未发现任何异常现象,也不溶于三氯甲烷、乙酸乙酯和1 mol/L 盐酸中;微溶于1mol/L NaOH 溶液中;具有较高的玻璃化温度(240~260 ℃);当温度达到240 ℃时开始热分解。再生纤维素的基本原材料是纤维素,它在自然中的储备量很大,而且在环境中可生物降解,对环境污染少。

再生纤维素同天然纤维素一样,具有好的亲水性,因此对蛋白质的吸附较低,表现出较强的耐污染性,其通量衰减比纤维素膜要低,清洗后的通量接近原来的值。和其他聚合物相比,一个突出特点是它对生物体无毒性,具有良好的生物相容性,可以广泛用于食品、化妆品等领域。

聚砜类:聚砜以优异的化学稳定性、宽的 pH 使用范围和良好的耐热性能、酸碱稳定性好,以及较高的抗氧化、抗氯性能而被广泛用于超滤膜的制作。芳香族聚砜有较高的相对分子质量,因而适合制作超滤膜或微滤膜。

聚砜是目前的主要超滤膜材料,其中聚砜、聚芳砜、聚醚砜已经商品化,聚苯砜尚未商品化,下面重点介绍聚砜酰胺(PSA)。

聚砜酰胺学名为聚苯砜二甲酰胺,简称 PSA,它具有耐高温(约 125 ℃)、耐酸碱(pH 为 2~10.3)、耐有机溶剂(除耐乙醇、丙酮、醋酸乙酯、醋酸丁酯外,还耐苯、醚及烷烃等多种溶剂)等特性,可以对水和非水溶剂兼用,既可过滤油剂,又可过滤水剂。PSA 可用浇铸法成膜,铸膜液中常用的溶剂有二甲基乙酰胺(DMAC)、N - 甲基吡咯烷酮(NMP),其中 PSA 的质量分数约为 12%。在铸膜液中,可加入某些无机盐或有机试剂做添加剂,以达到调节膜孔径的目的。

聚砜酰胺的密度为 1.2 ~ 1.39 g/cm³,具有优良的耐热、耐酸碱和抗氧化性。其结构中的砜基提供了良好的抗氧化性,酰胺基团则增加了分子链之间的作用力,使其力学性能提高,因而兼具聚砜和聚酰胺两者的特性。PSA 可溶于二甲基甲酰胺(DMF)、二甲基乙酰胺(DMAC)、N - 甲基吡咯烷酮(NMP)等溶剂。由于在 PSA 主链结构中含有酰胺基团,因此也可以将其归为聚酰胺(PA,尼龙)类材料。其他常用的聚酰胺类聚合物还有:聚己内酰胺(PA6,尼龙 6)、聚己二酰己二胺(PA66,尼龙 66)和芳香族聚酰胺等。一般 PSA 可由 4,4′ - 二氨基二苯砜与己二酸通过高温缩聚制得,也可与己二酰氯通过低温缩聚制备。

②无机膜材料类。

无机膜材料主要分为致密材料和微孔材料两类。致密材料包括致密金属材料和氧化物电解质材料。分离机理是通过溶解—扩散或离子传递机理进行的,致密材料的突出特点是对某种气体具有高的选择性。致密材料由于渗透通量小,没有达到一定的渗透通量,在工业上用于分离或反应是没有意义的。因此,多孔膜材料的开发研究就显得更为重要,受到特别的关注。作为超滤膜使用的无机材料主要是微孔无机材料,有多孔金属、多孔陶瓷膜和分子筛 3 种材料。

多孔金属:由多孔金属材料制成的多孔金属膜,包括 Ag 膜、Ni 膜、Ti 膜及不锈钢膜等,目前已有商品出售。其孔径范围一般为 200 ~ 500 nm,厚度为 50 ~ 70 μm,孔隙率可达 60%。多孔金属膜孔径较大,在工业上用作微孔过滤膜和动态膜的载体。由于这些材料的价格较高,在工业上大规模使用还受到限制,但作为膜反应器材料,其催化和分离的双重性能正在受到重视。

多孔陶瓷膜:20 世纪 80 年代以来,陶瓷作为功能材料的开发利用令人瞩目,多孔陶瓷膜是目前最引人注目,也是最具有应用前景的一类无机膜。常用的多孔陶瓷膜有 Al₂O₃,SiO₂,ZrO₂ 和 TiO₂ 膜等。其有两大优点:一是耐高温,除玻璃膜外,大多数陶瓷膜可在 1 000 ~ 1 300 ℃高温下使用;二是耐腐蚀(包括化学的及生物的),陶瓷膜一般比金属膜更耐酸腐蚀,而且与金属膜的单一均匀结构不同,多孔陶瓷膜根据孔径的不同,可有多层、超薄表层的不对称复合结构。目前,孔径为 4 ~ 5 000 nm 的多孔 Al₂O₃ 膜、ZrO₂ 膜及玻璃膜均已商品化,都可以大规模地供应市场,构型有片状、管状及多通道状。其他材料的陶瓷膜,如 TiO₂ 膜、SiC 膜及云母膜等,也有研究和实验室规模应用的报道。特别是 20 世纪 80 年代中期,多孔陶瓷膜制备技术有了新的突破,荷兰 Twente 大学采用溶胶 - 凝胶法制备出具有不对称结构的微孔陶瓷膜。这种微孔膜孔径可达 3.0 nm 以下,孔隙率超过 50%,表层膜厚 20 μm。就其孔径而言,它可作为微滤膜,也可作为超滤膜使用。由多孔陶瓷制得的超滤膜,用于气体分离,已成为有机膜的有力竞争对手,并将在涉及高温及腐蚀过程(如食品加工、催化反应等)中发挥更为重要的作用。这种无机膜材料问世后,立即引起世界各国产业部门和学术界的重视。国内不少研究单位和高等学校正在大力开展这一领域的研究工作。另外,由于这类膜材料又是常用的催化剂载体,自身就对某些反应具有催化作用,这给膜催化研究提供了一个更加有利的条件,因此在膜反应器研究方面也被认为是最有希望的一类膜材料。

分子筛膜:具有与分子大小相当且均匀一致的孔径、离子交换性能、高温热稳定性、优良的择形催化性能和易被改性,以及多种不同的类型与不同的结构可供选择,是理想的膜分离和膜催化材料,是近年竞相研究开发的热点。分子筛每个晶胞结构中都有笼,这些笼的窗口构成分子筛的孔。由于分子筛的孔径可在 1.0 nm 以下,使气体分离的选择性大大提高,为气体分离提供了应用前景。另外,分子筛中硅铝比可以调节,硅或铝原子还能被其他原子代替,因此可以根据不同要求制备不同种类的分子筛膜。

无机膜:是固态膜的一种,其表层结构可分为多孔膜和致密膜两大类。作为超滤膜使用的无机膜一般是孔径为几个至 100 nm 的多孔膜。已商品化的有 ZrO_2,Al_2O_3 和玻璃等材料制成的无机超滤膜,见表4.8。在这些材料中,以多孔陶瓷膜最为引人注目。

表4.8　无机膜产品及性质

膜材料	载体	膜孔径/nm	膜构型
ZrO_2	C	3	管状
ZrO_2(动态膜)	Al_2O_3	约10	管状
Al_2O_3	Al_2O_3	4～100	多孔道形
Al_2O_3	Al_2O_3	25	片状
玻璃(质量分数为90%的 SiO_2)		4～50	管状/片状

多孔金属膜:由于孔径较大,可在工业上用作微孔过滤膜和动态膜的载体。分子筛也可用于制作复合膜的载体。

(2)超滤膜材料的制备。

总体上说,超滤膜制造工艺的难度并不亚于反渗透膜的制造工艺。合格的超滤膜是无缺陷的。此外,还要有严格合适的孔径尺寸、孔径均一性、孔隙率。因此,如制膜工艺上严格控制生产条件以消除缺陷,制备满足上述要求的超滤膜,是一个技求很高的研究课题。由于超滤膜的制备方法较多,再加上不同的膜材料需要不同的工艺和工艺参数,因此,选择合理的制膜工艺和最佳的工艺参数,是制作性能优良的重要保证。

①有机高分子超滤膜的制备。

相转化法:根据制膜过程中,溶剂及添加剂去除方法的不同,又分为溶剂蒸发凝胶法、浸渍凝胶法、温差凝胶法和溶出法等。

溶剂蒸发法:将预处理的聚合物与溶剂及添加剂配成铸膜液,通常由真溶剂(良性溶剂)、溶胀剂(不良溶剂)和非溶剂(致孔剂或添加剂)等组合而成。真溶剂用于溶解聚合物;溶胀剂不能单独用于溶解聚合物,只有与真溶剂混合使用才有溶解聚合物的作用;致孔剂或添加剂一般没有溶解作用,只能与混合溶剂混溶并起致孔作用。

浸渍凝胶法:目前商品化超滤膜的主要制备方法。与溶剂蒸发法不同,铸膜液的溶剂不是完全靠挥发液体交换出来从溶胶中去除,而是将铸膜液薄层浸入水或其他凝固液中,使溶剂与凝固液立即相互扩散,急速相分离,形成凝胶。待凝胶层中剩余溶剂和添加剂进一步被凝固浴中的液体交换出来后,就形成多孔膜。浸渍凝胶法制超滤膜的过程大致分为 7 个步骤:将制膜材料溶入特定的溶剂中,根据需要加入相应的添加剂;通过搅拌使膜材料溶解成均匀的制膜液;过滤除去未溶解的杂质;脱气;膜成型,用流延法制成平板形、圆管形,用纺丝法制成中空纤维型;使膜中的溶剂部分蒸发或不蒸发;将成型的膜浸渍于对膜材料是非溶剂的液体(通常是水)中,液态膜便凝胶固化而成为固态膜。

温差凝胶法:对在高温下才互溶的聚合物和增塑剂,先进行加热使之融合;再以此溶液流延或挤出成膜层后使之冷却;当温度下降到某一温度时,溶液中聚合物链相互作用而形成凝胶结构;最后相分离而成细孔。用萃取液除去增塑剂,可制得对称结构的多孔膜。

溶出法:将制膜基材与某些可溶出性高分子混合,用溶剂溶解制成铸膜液。成膜后,用水或有机溶剂将可溶性聚合物溶出,从而得到多孔膜。

复合膜法:一般来说,不对称复合膜是将一个薄的致密层直接支撑在多孔亚层上,皮层和亚层由不同的(聚合物)材料制成。复合膜的优点是可以分别选用适当的皮层和亚层,并使之在选择性、渗透性、化学和热稳定性等方面得到优化。常用相转化法制备多孔亚层,皮层则用难以在相转化法中使用的材料制备。具体来说,可采用溶液涂敷(浸涂、喷涂和旋转涂敷)、界面聚合、原位聚合、等离子聚合、接枝等方法在一个支撑体上沉积一个(超)薄层。除了溶液涂敷(浸涂、旋转涂敷和喷涂)外,其他几种方法都是通过聚合反应来完成的。为增强膜的机械强度,常将平板型超滤膜做在织物、无纺布或耐水滤纸上。

②无机超滤膜的制备。

无机超滤膜的结构常为三明治式的,顶层为极薄的微孔分离膜层,一般为 $10 \sim 20~\mu m$,也有薄到 $5~\mu m$ 的;载体层较厚,约几 mm,以提供必要的机械强度、孔径分布和膜渗透量;中间为过渡层,位于顶层与载体层之间,可以是一层或多层,厚度为 $20 \sim 50~\mu m$。整个膜的孔径分布由载体层到顶层逐渐减小,形成不对称的分布。制备这种不对称结构无机超滤膜的主要方法有固体粒子烧结法、溶胶 – 凝胶法。此外,还可以通过阳极氧化法、动态膜法、相分离 – 沥滤法、薄膜沉积法、水热法等方法来制备。

固体粒子烧结法:将无机粉料粒度为 $0.1 \sim 10~\mu m$ 的微小颗粒或超细颗粒与适当的介质混合分散形成稳定的悬浮液,成型后制成生坯,再经干燥,然后在 $1~000 \sim 1~600~℃$ 的高温下进行烧结处理,这种方法可以制备微孔陶瓷膜或陶瓷膜载体。

溶胶 – 凝胶法:合成无机超滤膜的一种重要方法。它可以制得孔径为 $1.0 \sim 5.0~\mu m$、孔径分布窄的陶瓷膜,还可制得许多单组分和多组分金属氧化物陶瓷膜。根据起始原料和溶胶方法的不同,溶胶 – 凝胶法又可分为胶体凝胶法和聚合凝胶法(分子聚合法)。

阳极氧化法:制备多孔 Al_2O_3 膜的重要方法之一。其特点是制得的膜孔径是同向的,几乎互相平行并垂直于膜表面,这是其他方法难以达到的。

4.4.2　超滤膜的应用

超滤膜的典型应用是从溶液中分离大分子物质和胶体,所能节流的溶质相对分子质量范围为 500 ~ 100 万。自 20 世纪 60 年代以来,超滤很快从实验规模的分离手段发展为重要的工业单元操作技术,它已广泛用于食品、医药、工业废水处理、超纯水制备及生物技术工业,其中最重要的是食品工业,乳清处理是其最大市场;在工业废水处理方面应用得最普遍的是电泳涂漆过程;在超纯水制备中超滤是重要过程。城市污水处理及其他工业废水处理以及生物技术领域都是超滤未来的发展方向。超滤的主要应用领域见表4.9。

表4.9　超滤的主要应用领域

应用领域	具体应用实例	应用领域	具体应用实例
食品工业	乳品工业中乳清蛋白的回收,脱脂牛奶的浓缩 酒的澄清、除菌和催熟 酱油、醋的除菌、澄清与脱色 发酵液的提纯精制 果汁的澄清 浓缩蛋清中的蛋白质 明胶的浓缩	水的净化	医药工业用无菌、无热原水及大输液的生产 饮料机化妆品用无菌水的生产 饮用水生产 高纯水的制备
医药工业	抗生素、干扰素的提纯精制 中草药的精制与提纯 屠宰动物血液的回收 医药产品除菌 腹水浓缩 蛋白、酶的分离、浓缩和纯化	工业废水处理	回收电泳涂漆废水中的涂料 乳胶的回收 造纸工业废液的处理 采矿及冶金工业废水的处理 汉原油污水的处理 纺织工业PVA、燃料及染色废水处理与回收 照相工业废水的处理
		城市污水处理	家庭污水处理 阴沟污水的处理

1. 在制作矿泉水方面的应用

最早的超滤膜材料是聚砜,膜结构呈中空毛细管状,管壁密布微孔,超滤所分离的组分直径为0.1~0.01 μm。一般来讲,在压力的作用下,对于中等程度相对分子质量(约几百)的有机物(细菌、病毒)、高分子聚合物(蛋白质核酸及多糖类)有机和无机胶体粒子,有着很好的截留功能,通过超滤能有效去除上述各种物质,使水质得到进一步的净化。一般通过超滤膜过滤后水质可达到国家饮用水标准。

随着国家和地方饮用水标准的修订以及新规范的出台,超滤技术必将被越来越多的自来水厂所采用。随着人们越来越关注人居环境和饮水安全,可以预测超滤技术将在我国未来市政水处理及饮用水处理市场得到大规模应用。

主要工艺有:自来水→多介质过滤→活性炭过滤离子交换→超滤装置→灌装线。

2. 果汁澄清

榨取的新鲜苹果汁,由于含有单宁、果胶和苯酚等化合物而呈现混浊状。传统方法是采用酶、皂土和明胶使其沉淀,然后取上清液过滤而获得澄清的果汁,如图4.6(a)所示。使用超滤或微滤技术澄清果汁时,如图4.6(b)所示,只需部分脱除果胶,就可减少酶的用量,省去了皂土和明胶,不仅节约了原材料,同时还省工省时,果汁回收率也有提高,达 98% ~ 99%。此外,经超滤处理的果汁质量也有提高,浊度仅 0.4 ~ 0.6 NTU(传统工艺为 1.5 ~ 3.0 NTU)。又因超滤可无热除去果汁中的菌体,因而可延长果汁的保质期。

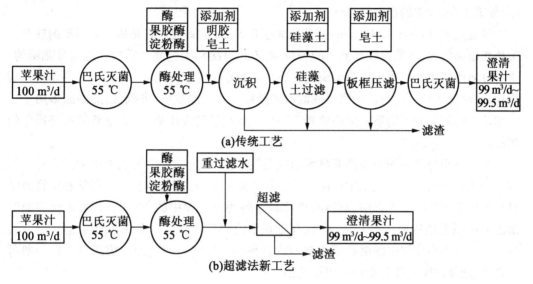

图 4.6 超滤法果汁澄清工艺与传统工艺比较

4.5 微滤膜材料

微孔过滤(Microporous filtration 或 Microffltration,MF,简称微滤)与反渗透(RO)、纳滤(NF)、超滤(UF)均属于压力驱动型膜分离技术,分离组分的直径为 0.01 ~ 10 μm,主要除去微米颗粒、亚微米颗粒和亚亚微米颗粒物质。微滤多用于工业超纯水(高纯水)的终端处理、反渗透的前端预处理,在啤酒与其他酒类的酿造中用于除去微生物和异味杂质,各种气体净化和流体中去除细菌等,还有如酵母、血细胞等微粒的过滤。目前,在反渗透(RO)、超滤(UF)和微滤(MF)3 种主要的膜分离技术中,以微滤的应用最为广泛,据世界膜分离市场的统计,RO 约占 9.0%,UF 约占 8.0%,而 MF 约占 35.0%。由此可见,MF 在膜分离技术中具有很重要的地位和作用。

我国 MF 研究始于 20 世纪 70 年代初,开始以 CA - CN 膜片为主,于 20 世纪 80 年代相继开发成功 CA,CA - CTA,PS,PAN,PVDF,尼龙等膜片,并进而开发出褶筒式滤芯;开发了控制拉伸致孔的 PP,PE 和 PTFE 膜;也开发出聚酯和聚碳酸酯的核径迹微孔膜,多通道无机微孔膜也实现产业化;并在医药、饮料、饮用水、食品、电子、石油化工、分析检测和环保等领域有较广泛的应用。

4.5.1 微滤膜的结构

微滤膜(亦称微孔膜、微孔滤膜)分离过程是在流体压力差的作用下,利用膜对被分离组分的尺寸选择性,将膜孔能截留的微粒及大分子溶质截留,而使膜孔不能截留的粒子或小分子溶质透过膜。微滤过程的基本原理同常规的用滤布或滤纸分离悬浮在气体或液体中的固体颗粒相比(筛分过程)几乎是一样的,只是膜过滤所截留的微粒尺寸更小,效率更高,过滤的稳定性更好。

常规过滤(Common filtration)能截留大于 0.5 μm 的颗粒。它是依靠滤饼层内颗粒的架桥作用等机理,才截留住如此小的颗粒,而不是直接利用过滤介质的孔隙筛分截留的,常规过滤所使用的纤维堆积或编织的过滤介质的孔径通常有几十 μm 大小。与常规过滤相比,微滤属于精密过滤。精密过滤截留的微粒尺寸范围狭窄、准确,因此微滤多用于滤除细菌、血清、大分子物质和细小的悬浮颗粒。从粒子的大小来看,它是常规过滤操作的延伸。

在所有膜分离过程中以微滤技术的应用最广,所产生的经济价值也最大。它是现代大工业尤其是尖端工业技术中确保产品质量的必要手段,也是精密技术科学和生物医学科学中科学实验的重要方法。目前,微滤膜在各种分离膜中的年产值最高,占世界膜产值的 1/6,其总销售额超过 15 亿美元,年增长率约15%。这一方面是它的应用领域广泛,另一方面是许多应用中的微孔膜常被一次性使用。空气过滤的微孔膜组件寿命一般可达几年,液体的膜组件寿命则可短至几小时。

目前,MF 主要用于制药工业的除菌过滤、电子工业集成电路生产所用水、气、试剂的纯化过滤及超纯水生产的终端过滤,MF 技术在食品生产中的应用正在进入工业化。城市污水处理、反渗透脱盐的预处理及废水处理是 MF 技术的两大潜在应用市场。用 MF或 UF 膜组件直接放置与曝气池中的浸没式生物反应器(Submerged membrane bioreactor, SMBR)处理城市废水或者以 MF,UF 作为城市污水生化处理后的安全过滤已在日本、德国得到应用,在我国也已开始了这方面的研究。

微滤膜一般具有比较整齐、均匀的多孔结构,它是深层过滤技术的发展,使过滤从一般比较粗放的相对性质过渡到精密的绝对性质。在静压差的作用下,小于膜孔的粒子可能通过滤膜,而比膜孔大的粒子则被完全被截留在膜面上,使大小不同的组分得以分离,其操作压力通常在 0.01~0.2 MPa。

微滤膜根据膜孔的形态结构可以分为两类:一类是具有毛细管状孔的筛网型微滤膜;一类是具有弯曲孔结构的深度型微滤膜。前者是一种理想状态下的情况,此类膜一般具有理想的圆柱形孔,对大于其孔径的物质可以起到过滤作用;后者有弯曲孔结构的深度型微滤膜,在实际中经常应用,从表面上看它是粗糙的,实际上内部孔结构错综复杂,互相交织在一起形成了一个立体网状结构,在溶液经过时,截留、吸附、架桥 3 种作用同时起作用,因此深度型微滤膜可以去除粒径小于其表观孔径的微粒。

微滤膜因膜材料和制备工艺的不同,大体上有以下两种膜截面结构:对称结构和不对称结构。具有对称截面结构的微滤膜称为对称微滤膜,对称膜在截面结构和膜材质上都是均匀的,没有物理孔上的明显差异,一般制备方法有相转化、延伸、烧结等方法;非对称膜则相反,膜截面结构明显呈现出不对称性,其表面为极薄的、起分离作用、具有一定孔径的皮层,而多孔的支撑层位于皮层之下。非对称膜有相转化膜和复合膜两种,前者皮层和支撑层是同一种材料,通过相转化过程形成非对称结构,后者皮层和支撑层则由不同的材料组成,通过在支撑层上进行浇铸、界面聚合、等离子聚合、核径迹蚀刻等方法形成超薄皮层。

微滤膜典型截面结构示意图如图 4.7 所示。

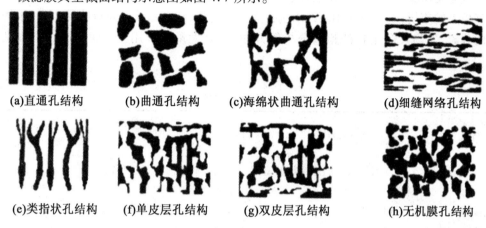

(a)直通孔结构　(b)曲通孔结构　(c)海绵状曲通孔结构　(d)细缝网络孔结构

(e)类指状孔结构　(f)单皮层孔结构　(g)双皮层孔结构　(h)无机膜孔结构

图 4.7　微滤膜典型截面结构示意图

注　(a)制备方法为核径迹法;(b)制备方法为相转化法;(c)制备方法为相转化法;(d)制备方法为拉伸法;(e)制备方法为相转化法;(f)制备方法为相转化法;(g)制备方法为相转化法;(h)制备方法为烧结法;其中(a)~(d)所示为对称微滤膜孔结构,(e)~(h)所示为不对称微滤膜孔结构

4.5.2　微滤膜材料的种类与特点

用于制备微滤膜的材料很多,目前国内外已经商品化的有机膜材料主要有:硝酸纤维素(CN)、醋酸纤维素(CA)及 CN 与 CA 的混合物。另外,聚氯乙烯(PVC)、聚酰胺(PA)、聚丙烯(PP)、聚乙烯(PE)、聚四氟乙烯(PTFE)、聚偏氟乙烯(PVDF)、聚碳酸酯(PC)、聚砜(PS)、聚醚砜(PES)等微滤膜开始进入市场。其中,聚丙烯、聚乙烯、醋酸纤维素、聚砜、聚醚砜、聚偏氟乙烯等是常用的成膜材料。一些化学接枝聚合物、共混聚合物、共聚聚合物等也经常用作微滤膜材料。除了上述的有机膜材料以外,无机陶瓷材料(如氧化铝、氧化锆)、玻璃、铝、不锈钢等也可以用来制备微滤膜。微滤膜特点如下:

(1)微滤膜膜内孔径是比较均匀的贯穿孔,孔隙率占总体积的 70%~80%,能将液体中大于额定孔径的微粒全部拦截,过滤速度快。

(2)微滤膜是均一连续的高分子多孔体,具有良好的化学稳定性,无纤维和碎屑脱落,不会重新产生微粒影响滤出水的水质。

(3)微滤膜过滤中不会因压力升高导致大于孔径的微粒穿过微滤膜,即使压力波动也不会影响过滤效果。

(4)使用微滤膜处理废水与其他方法相比,不需要投加特殊的水处理药剂,占地面积小,操作简便,系统运行稳定可靠,易于控制、维修,处理效率高。

(5)由于微滤膜近似于多层叠置筛网,截留作用限制在膜的表面,极易被少量与膜孔径大小相仿的微粒或胶体颗粒堵塞。如采用正交流结构的膜元件,由于其具有连续自清

洗的特性,可以较好地解决这一缺陷。

4.5.3 微滤膜及其应用

微滤是所有膜过程中应用最普遍、总销售额最大的一项技术。制药行业的过滤除菌是其最大的市场,电子工业用高纯水制备次之。此外,在食品饮料及调味品生产、生物制剂的分离、生物及微生物的检查分析等方面,都有大量的应用。微滤的应用范围见表4.10。

表4.10 微滤的应用范围

行业	应用范围	目的	建议选用的膜孔径/μm
科研、环保、分析监测	海洋、江河等水中的悬浮物的富集或水样净化	研究调查海洋、江河各方面的水质资料	0.45 或 0.65
	水中含油量的检验	检查被油污染的水质	3~5
	含油水的精滤	改善水质	0.45~1.2
	空气载体中有机物测定(气溶胶)	空气污染物监测	0.8
	工矿地区粉尘微粒	空气中微粒监测	0.45~0.8
	工业灰尘的重量分析	空气中微粒监测	0.45~0.8
电子工业	半导体器件和集成电路制造车间的空气净化	高效的空气净化	0.3
	洗涤用高纯水制备及终端过滤	除微粒和细菌	0.22~0.45
	溶液、光刻胶等的过滤	除微粒和细菌	0.22~0.45
医学科研和医药工业	热敏性药物、组织培养基及疫苗射清过滤	除菌	0.22~0.45
	细菌学的研究工作	细菌检查	0.22~1.25
	生化分析研究	分析测试	0.45
	药液、针剂、大输液的过滤	除微粒、细菌	0.22~1.22
	安瓿与药洗涤水过滤	除微粒、细菌	0.5
	注射液灌装前过滤	除微粒、细菌	0.22
	眼药水过滤	除微粒、纤维和细菌	0.22~0.45
医院和临床化验	化验用水净化	除微粒、细菌	0.22~0.45
	患者菌血过滤	细菌检查	0.45
食品卫生及其他	对饮水、饮料等细菌检查和去除	保证产品质量,监测细菌数量	0.22
	生奶生产微生物检查	保证食品卫生	0.65
	饮料适用期检查	保证饮料卫生	0.22~1.22
	生啤酒灭菌和饮料过滤	除菌和提高澄清度	0.8~3
	航空油中微粒监测和过滤	纯化燃料防止事故	1.2
	白糖的色素测定	除去干扰微粒	0.45

1. 实验室中的应用

在实验室中,微滤膜过程是检测有形微细杂质的重要工具。

微生物检测如对饮用水中大肠菌群、游泳池水中假单胞族菌和链球菌、啤酒中酵母和细菌、软饮料中酵母、医药制品中细菌的检测和空气中微生物的检测等。

微粒子检测如注射剂中不溶性异物、石棉粉尘、航空燃料中的微粒子、水中悬浮物和排气中粉尘的检测、锅炉用水中铁分的分析、放射性尘埃的采样等。

2. 工业上的应用

(1)石灰软化 – 微滤膜技术处理电厂循环冷却排污水。

热电厂根据其循环冷却排污水高碱度、高硬度的特点,采用石灰软化 – 微滤膜技术处理热电厂的循环冷却排污水,处理后的出水可以回用做火电厂循环水补充水。其工艺流程为

循环排污水→石灰软化处理→微滤系统→电厂循环水补充水系统

工程应用结果表明,石灰软化法可大大降低循环冷却排污水的硬度和碱度,微滤可有效除去水中的悬浮物,降低胶体含量,保证出水污染密度指数 SDI <4,处理出水水质完全满足厂内对循环补充水质的要求,而且该系统运行稳定可靠,占地面积小,经济效益和社会效益显著。

(2)在酱油除菌中的应用。

用微滤代替酱油的高温灭菌(酵母菌、大肠菌群、霉菌及其他致病菌),不仅能达到灭菌目的,还可避免产生焦糊气味、灭菌器结垢及有效成分的损失。应用微滤技术,可减少占地面积,简化工序,缩短料液处理时间,提高效率,降低成本。国外已有研究,日本在 20世纪 80 年代已应用于酱油生产,国内的研究也日渐成熟,有的也已应用于工业生产。例如,用大连理工大学高分子材料系研发的新型耐高温高分子材料膜聚芳醚砜酮(PPESK)中空纤维微滤膜对酱油原液进行除菌实验,代替其传统工艺中高温灭菌 – 静置沉降 – 多次过滤等工艺。结果表明,微滤膜的除菌率达 100%,最佳操作压力为 0.07 MPa,可选择的操作温度范围较宽,在近 30 h 内膜渗透通量变化较小,表现出较强的耐污染性,热水及碱液反洗均有很好的再生效果,渗透通量恢复率高达 100%。滤膜具有耐污染性、可长期操作性、耐高温性及耐碱腐蚀性等优良特性。

3. 制药工业

医药工业中,注射液及大输液中微粒污染(是不可代谢物质)引起的病理现象可分为 4 种情况:较大微粒直接造成血管阻塞,引起局部缺血和水肿,如纤维容易引起肺水肿。红血球聚集在微粒上形成血栓,导致血管阻塞和静脉炎。微粒侵入组织,由于巨噬细胞的包围和增殖导致血管肉芽肿。据报道在 210 例患肺血管肉芽肿的小儿尸检中,发现有 19 例是由纤维素造成的。1963 年在尸检中发现用过 40 L 输液病人的肺标本中有 5 000 个肉芽肿。因此,注射液、大输液及药瓶清洗用水必须去除微生物及微粒。此外,医院中手术用水及洗手水也要去除悬浊物和微生物,都可应用微滤技术。

目前,应用微滤技术生产的西药品种有葡萄糖大输液、右旋糖苷注射液、维生素 C、维

生素(B_1,B_2,B_6,B_{12},K)、复合维生素、肾上腺素、硫酸阿托品、盐酸阿托品、硫酸庆大霉素、硫酸卡那霉素、维丙胺、安痛定等注射剂。此外,还用于获取昆虫细胞,分离大肠杆菌、制取阿米多无菌注射液和用于组织液培养及抗菌素、血清、血浆蛋白质等多种溶液的灭菌。

第5章 生物固定化材料

5.1 生物填料

生物填料一般用于流化床和生物接触氧化池。所采用的生物填料有软性、半软性和硬性填料之分。软性填料是由涤纶、维纶等制成的纤维束组成的纤维填料,其比表面积大,强度高,无堵塞现象,但长期使用后会产生结块和纤维绳段落。硬性填料有波纹板、蜂窝填料等,比表面积大,质轻性强,但易堵塞。按填料安装方法分类,生物填料大致可分为固定式填料、悬挂式填料、悬浮式填料、分散型填料等几种类型。

5.1.1 固定式填料

固定式填料始于20世纪70年代,形状主要有蜂窝状及波纹状(图5.1),多用玻璃钢、各种薄形塑料片制成。固定式填料的材质有酚醛树脂加玻璃纤维及固化剂,不饱和树脂加玻璃纤维及固化剂、塑料等。

1. 蜂窝状填料

常用的蜂窝状填料一般由超薄型轻质玻璃钢或各种薄形塑料片构成,孔形有正六角形和偏六角形之分,孔径在20~100 mm之间。

蜂窝状填料的优点是材料耗费较少、比表面积大、孔隙率大,如内切圆直径为10 mm的蜂窝管壁厚0.1 mm,孔隙率达到97.9%,质轻、纵向强度大,蜂窝管壁面光滑无死角,衰老的生物膜易于脱落。

缺点是蜂窝状填料的管内水流流速难以均一,影响传质。填料横向不流通,造成布气不均匀。当管壁内生物膜量较大时,易出现堵塞现象,故不宜处理高浓度有机废水。比表面积小造成生物膜量少,表面光滑,生物膜容易剥落,只有在常温下,才能承受黏附大量活性污泥所产生的负荷而不变形,但如果温度极低,在零度以下,它的硬度会增大,其抗冲击性能会减弱。在室外常年暴露在直射的阳光下,紫外线会使其老化,强度降低。另外,其造价较高,成品填料的体积不可压缩,给运输和安装带来困难。

2. 波纹状填料

波纹板状填料的优点是孔径大、不易堵塞、流程长、处理效率较高、安装运输方便等,缺点是水在波纹通道内流动不均匀,不利于生物膜更新等缺陷。因此近年来,此类填料已逐渐淘汰。

图 5.1　固定式填料外形

5.1.2　悬挂式填料

这类填料始于 20 世纪 70 年代末 80 年代初,应用比较广泛,使用寿命长,价格适中,非常具有市场竞争力,一般分为软性填料、半软性填料、组合填料和弹性立体填料等 4 类,悬挂式填料外形如图 5.2 所示。

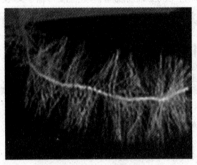

图 5.2　悬挂式填料外形

1. 软性填料

软性填料是这 4 类填料中问世最早的,其基本结构是在一根中心绳索软化纤维束。

优点:理论比大,孔隙率 >90%,挂膜容易,空变性使之不易堵塞,而且造价低省、组装方便、出水稳定、COD 和 BOD_5 去除率达 80% 以上。

缺点:当废水浓度高或水中悬浮物大时,填料丝会结团,从而大大减少实际利用的比表面积,并在结团中心区容易产生厌氧效应,从而严重影响其使用性能,且易发生断丝、中心绳断裂等情况,影响使用寿命,其寿命一般在 1~2 年。

2. 半软性填料

为了克服软性填料的不足,在 20 世纪 80 年代中期发明了半软性填料。

优点:它的结构形式合理,具有良好的切割气泡和二次布水布气功能,挂膜、脱膜效果较好,不堵塞,可使氧的利用率由 6%~8% 提高到 40%~60%,减少能源的浪费,COD 和 BOD 去除率在 70%~80%。在运行状态下,每根填料两端虽固定在支架上,但中间部分可随气流和水流扰动,立体空间不断变化,生物膜更新得快,而且剥落的生物膜也能及时被水流冲走。另外,填料的体积可压缩,有利于运输和安装,使用寿命长(5~10 年)。

缺点:其比表面积较小($87 \sim 93 \ m^2/m^3$),导致实际运行过程中生物膜总量不足,表面较光滑,微生物附着性能较差,生物膜易脱落,造价偏高等。

3. 组合填料

组合填料是鉴于软性、半软性填料存在的上述缺点并吸取软性填料比表面积大、易挂膜晒半软性填料不结团、气泡切割性能好而设计的新型填料,在填料中央设计半软性部件支撑附着于外围的软性纤维束,其平面有如盾形,故又称盾式填料。

优点:其比表面积$1\ 000 \sim 2\ 500 \ m^2/m^3$,乳隙率98~99%,具有挂膜快、生物总量大、不结团,且容积负荷率高、耐冲击、运行稳定和生化处理效果好,是一种经济高效和生化性能良好的新型填料。污水处理能力优于软性、半软性填料,在正常水力负荷条件下COD 去除率70%~85%,BOD_5 去除率达80%~90%。

此外,国内的生产厂家还陆续推出了多种组合填料,但都只是在中心环的结构和纤维束的数量、长短上做了一些改进,而设计构思并未跳出盾式填料的范畴,使用性能也相近于盾式填料。

4. 弹性立体填料

弹性立体填料发明于 20 世纪 90 年代初,主要分为 YDT 型弹性立体填料(YDT 填料)、TA 型弹性波形填料(TA 填料)和 PWT 型立体网状填料(PWT 填料)3 种。

YDT 填料是通过中心绳的绞合将填料丝固定在绳内而成的辐射立体构造,填料丝具弹性、带波纹,极为毛刺,根据处理工艺的不同要求,填料丝均为一次加工成不同规格的单体。YDT 弹性立体填料展开后呈螺旋状,它的单丝在水中完全撑开,丝条空间分布均匀,因此该填料能提供最大的实际可利用比表面积,生物膜活性厚度增大,密集切割气泡提高充氧效率,节约能耗。该填料材料质地柔韧,又具有一定的刚性,能有效防止曝气池池水短路,使水气充分混合,增强传质效果,不存在结团厌氧问题,生物膜更新速度快,能提供曝气池最大的生物量,保持较好的生物膜活性,从而大大提高了污水净化效率。

TA 填料单体由若干填料片通过中心绳和套管拴接而成,每个填料片由中心环压固填料丝而成辐射状分布。

根据处理工艺的不同要求,填料单体的填料片数可做调整,并且立体网状结构填料片参数也可通过电脑控制进行调整。每个填料片成立体网状结构,由横筋、横丝构成网形,由竖丝均匀连成立体结构。

优点:弹性立体填料其丝条呈辐射立体状态,具有一定的柔性和刚性,回弹性好,使用寿命长,布水布气性能良好,氧传递系数高,挂膜脱膜容易,比表面积大,不结团堵塞,不宜老化且生产速度快,可满足大型工程的需要,目前得到广泛应用。

如浙江某公司在 1991 年开发的 YDT 型弹性立体填料,采用了聚烯烃类耐高温、耐腐蚀、耐老化的优质塑料和酰胺品种,并加入抗热、抗氧化、亲水、稳定、抗吸附等添加剂,保证了产品的物理性能和应用机理所需的特殊作用,大大提高了使用寿命。

5.1.3　悬浮式填料

悬浮式填料的开发是当前国内外针对固定式或悬挂式填料的不足,由生物流化床工艺引发而来的一个新的研究动态。这种填料密度接近于水,无需固定支架,在池中可随曝气搅拌悬浮于水中并全池均匀流化,能耗较低,是一种很有发展前途的填料。

悬浮式填料品种比较多,常用的可归为4类:①空心柱状悬浮式填料;②空心球状悬浮式填料;③外形笼架、内装丝形或条形编织填料的组合悬浮式填料;④海绵块状的软性悬浮式填料,如图5.3所示。

(a)空心柱状悬浮式填料　　(b)组合悬浮式填料　　(c)软性悬浮式填料

图5.3　悬浮式填料外形

日本开发出的各种小填料,直径以mm计,作为污水处理新技术。日本Nipponoil公司的压力式流化床生物接触氧化反应器内装聚乙烯醇凝胶小颗粒载体,用来处理酚质量浓度为400 mg/L的含酚污水,反应器水力停留时间为2 h。活性污泥曝气池中用聚丙烯酰胺凝胶体作为流动型微生物载体,曝气池BOD容积负荷可达10 k/(m³·d)。日本ATAKA工业株式会社生产的流动载体生物处理装置中采用蛭石烧结而成的扁平椭圆形颗粒作为流动型生物膜载体,提高曝气池中微生物浓度,高负荷去除BOD和脱氮。该公司认为,由于固定式填料的微生物附着表面积有限,装置面积大。而流动粒状生物膜载体可在池内浮游流动,微生物附着表面积增大,池内维持高的微生物浓度,提高容积负荷,装置面积小。

德国Linde公司提出的城市污水和工业废水的Linfor生物处理工艺,就是在活性污泥曝气池中加入10%~30%的浮动型生物载体,载体为微孔泡沫塑料小方块,回流比为50%~70%,曝气池加载体后可缩短水力停留时间,处理城市污水时BOD5容积负荷为2 kg/(m³·d)。德国依维优(EVU)公司生产的聚丙烯小圆柱体悬浮填料长8 mm,直径5 mm,密度为0.9 g/cm³,比表面积为800~1 200 m²/m³,投加到活性污泥法曝气池中处理生活污水和工业废水。

北欧挪威KMT公司和瑞典PRL公司制造的浮动型生物膜载体是聚乙烯中空圆柱体,长5~7 mm,直径10 mm,内部有十字支撑,外部有翅片,密度为0.95 g/cm³,孔隙率为88%,可供生物膜附着的比表面积约400 m²/m³。这种填料可在曝气池中自由浮动,运行管理方便,已在欧洲国家许多城市和工业污水处理工程中使用,取得了很好的效果。挪威KMT公司设计建筑中水处理系统时,采用接触氧化池的水力停留时间仅为0.6 h。

美国Klytechnologies公司的FBC系列多孔自由浮动型球状填料,可快速安装,附着生物膜容量大,氧的利用率高,用于BOD和氨氮浓度高的废水处理。

韩国某研究所研发的建筑中水处理系统通常采用生物接触氧化法,氧化池中的生物载镶(填料)是生物接触氧化工艺的圆柱形微生物载体,密度为 0.88～0.98 g/cm³,比表面积为 2 000～5 500 m²/g,可在池水中浮动,用于处理各种污水。

国内许多单位也开发了多种悬浮填料用于各种污水处理。在建筑中水处理系统中,北京国贸中心和奥林匹克饭店的中水处理站,采用了日本的多孔球形悬浮填料。

5.1.4　其他生物填料

1.分散型填料

分散型填料由纤维丝球体、网络状外壳和通心多孔柱体 3 部分组成。纤维丝球体是微生物主要附着场所,网络状外壳起固定填料形状的作用,通心多孔柱体为球体内部微生物与周围环境交流提供通道。

该悬浮式填料的优点是不需固定,不用安装,具有大的比表面积,容易脱膜,不断运动中能够得到连续不断的冲洗,不易堵塞,水中的溶氧值提高快,氧转移效率大,微生物代谢旺盛,空气使用量少,产泥量少,处理效率高。

2.亲水填料及生物亲和(活性)填料

常见的生物填料主要以聚丙烯、聚乙烯、聚氯乙烯或聚酯等为原材料而制成的。填料开发的侧重点在填料的比表面积、填料结构与布水、布气性能及生物膜更新等方面。

缺点:上述填料在挂膜速度、挂膜量及膜与填料的紧密度方面存在不足。

(1)亲水填料。

填料的亲水改性,主要是通过填料表面处理和在原材料中引入亲水基团两种途径实现。处理过的填料,表面润湿性能有很大的提高,但也存在不少缺陷。应用溶液浸泡或者表面接枝处理过的填料,在运行过程中由于水流的作用很容易发生表面消磨和脱落。使用紫外线处理改性,往往难以均匀辐照填料的内外表面,使填料的内外表面的亲水性产生差异,也影响其使用效果。

(2)生物亲和填料。

生物亲和(活性)填料通常指该材料与生物相容,不会对生物有任何损坏或有任何副作用。生物医学中的人工骨材料(含羟磷灰石)就具有极高的生物亲和性(或生物活性)。

生物亲和是生物填料的一个重要指标,如微生物固定化填料大多以生物亲和性较好的海藻酸钙和琼脂糖等物质为载体。隋军等发明了一种用于水处理的活性生物填料,填料中含有少量面粉、淀粉及碳酸钙等粉体。该填料不但为微生物提供适当营养源,还可为微生物提供更多的物理附着点,同时还可改善填料的亲水性,更易于微生物生长,加快挂膜启动和提高水处理效率。

3.生物亲和活性磁填料

磁物理化学生物效应在生物医学、环保、冶金、农业增产等方面得到越来越多的应用。在磁场应用方面,邬建平开发出一种"UFO 球碟形磁性生物填料"。该填料的特别之处在于塑料材料经过磁粉和活性炭改性,使整个网格球体内外均带有微弱的磁场,能起到刺激菌群良性生长代谢的作用,使新生的菌膜极易挂于填料各表面,而衰老的菌尸体也极易脱落,显示出良好的生物磁效能和生物活性炭功能。

5.2　生物载体材料

5.2.1　无机载体

无机载体一般具有多孔结构,靠吸附作用和电荷效应将微生物细胞固定。载体的空隙为微生物生长和繁殖提供空间,有利于增加细胞密度。常用的无机载体有硅藻土、硅胶、分子筛、陶瓷、高岭土、氧化铝等氧化物及无机盐。

优点:载体强度大、传质性好、对细胞无毒害、价格便宜且制备过程简单,有较大的应用价值。

缺点:这类载体密度大、实现流化的能效高、微生物吸附量有限、吸附的微生物易脱落。

1.硅胶

硅胶是一种高活性吸附材料,属非晶态物质,透明或乳白色粒状固体。其化学分子式为 $mSiO_2 \cdot nH_2O$。硅胶中的水为结构水,它以羟基的形式和硅原子相连而覆盖于硅胶表面,具有开放的多孔结构,吸附性强,能吸附多种物质。不溶于水和任何溶剂,无毒、无味,化学性质稳定,除强碱、氢氟酸外不与任何物质发生反应。硅胶的化学组分和物理结构,决定了它具有许多其他同类材料难以取代的特点:吸附性能高、热稳定性好、化学性质稳定、有较高的机械强度等。

一般来说,硅胶按其性质及组分可分为有机硅胶和无机硅胶两大类。

无机硅胶是一种高活性吸附材料,通常是用硅酸钠和硫酸反应,并经老化、酸泡等一系列后处理过程而制得。

有机硅胶是一种有机硅化合物,是指含有 Si—C 键且至少有一个有机基是直接与硅原子相连的化合物。

硅胶根据其孔径的大小分为:大孔硅胶、粗孔硅胶、B 型硅胶、细孔硅胶。由于孔隙结构的不同,因此它们的吸附性能各有特点。粗孔硅胶在相对湿度高的情况下有较高的吸附量,细孔硅胶则在相对湿度较低的情况下吸附量高于粗孔硅胶,而 B 型硅胶由于孔结构介于粗、细孔硅胶之间,其吸附量也介于粗、细孔硅胶之间。

由于硅胶为多孔性物质,而且表面的羟基具有一定程度的及性,故硅胶优先吸附极性分子及不饱和的碳氢化合物。此外,硅胶对芳烃的 π 键有很强的选择性及很强的吸水性,因此,硅胶主要用于脱水及石油组分的分离。钱军民等利用溶胶－凝胶技术,以四甲氧基硅烷和 γ－氨丙基甲基二甲氧基硅烷为前体制备了氨基化硅胶,并以戊二醛为偶联剂共价固定葡萄糖氧化酶,得到了优化的固定化条件。Sangpill Hwang 等研究发现,pH 和反应温度等反应独立性因素对固定在亲水性硅胶上的微生物的活性影响较小,而对固定在疏水性硅胶的微生物的活性影响较大。

2.分子筛

分子筛是一种具有立方晶格的硅铝酸盐化合物。分子筛具有均匀的微孔结构(图5.4),它的孔穴直径大小均匀,这些孔穴能把比其直径小的分子吸附到孔腔的内部,并对极性分子和饱和分子具有优先吸附能力,因而能把极性程度不同、饱和程度不同、分子大小不同及沸点不同的分子分离开来,即具有"筛分"分子的作用,故称分子筛。由于分子筛具有吸附能力高、热稳定性强等其他吸附剂所没有的优点,使得分子筛获得广泛的应用。

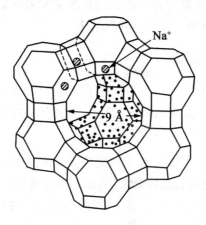

图 5.4 分子筛

分子筛按骨架元素组成可分为硅铝类分子筛、磷铝类分子筛和骨架杂原子分子筛;按孔道大小划分,孔道尺寸小于 2 nm,2 ~ 50 nm 和大于 50 nm 的分子筛分别称为微孔、介孔和大孔分子筛。

分子筛为粉末状晶体,有金属光泽,硬度为 3 ~ 5,相对密度为 2 ~ 2.8,天然沸石有颜色,合成沸石为白色,不溶于水,热稳定性和耐酸性随着 SiO_2/Al_2O_3 组成比的增加而提高。分子筛有很大的比表面积,达 300 ~ 1 000 m^2/g,内晶表面高度极化,为一类高效吸附剂,也是一类固体酸,表面有很高的酸浓度与酸强度,能引起正碳离子型的催化反应。当组成中的金属离子与溶液中其他离子进行交换时,可调整孔径,改变其吸附性质与催化性质,从而制得不同性能的分子筛催化剂。

3.其他无极载体

(1)陶瓷。

陶瓷具有良好的化学稳定性和较高的机械强度,但与酶的结合能力差,通常需要对其表面进行化学修饰。用于固定化的陶瓷具体形式有多孔陶瓷、陶瓷微通道和陶瓷膜等。Masanobu Kamori 等通过酸性条件下的热水合成方法由高岭土制备出了一种直径为 155 μm 粒状多孔陶瓷 Toyonite 200 – M(TN – M),以含有甲基丙烯酰氧基的有机改性剂进行表面处理后,用做载体进行细胞的固定化,效果良好。

(2)硅藻土。

硅藻土的巨大比表面积、强大吸附性以及表面电性,使得其在污水处理过程中不但能去除颗粒态和胶体态的污染物质,还能有效地去除色度及以溶解态存在的磷(导致富营养化的主要污染物之一)和金属离子等。特别是对于含有较高工业废水比例的城市污水,其可能有较大的色度和较高浓度的金属离子。对于改性硅藻土处理系统来说,由于其表面带负电,能有效地吸附去除一部分带正电荷的金属离子。

(3)纳米二氧化硅。

纳米尺度的二氧化硅具有较高的表面能和生物相容性,在酶固定化中具有较高的应用价值。研究结果表明,硅纳米管的中孔结构对溶菌酶的吸附特别有效,吸附作用主要决定于硅纳米管和溶菌酶分子之间的静电作用。

5.2.2 有机高分子载体

有机高分子载体可分为两类:一类是高分子凝胶载体,如琼脂和海藻酸钙等;另一类是有机合成高分子凝胶载体,如聚丙烯酰胺凝胶、聚乙烯醇凝胶、光硬化树脂等。

1. 多糖类载体

天然多糖广泛存在于大自然中,是一种既价廉又取之不尽的可再生资源,同时可以满足微生物固定化对载体材料较高的要求,因此近年来成为国内外研究最热门的固定化材料之一,主要有琼脂、海藻酸钙、纤维素、明胶等,它们无生物毒性、传质性好,但强度较低、在厌氧条件下易被生物分解。

(1)纤维素。

纤维素是地球上最古老、最丰富的天然高分子,主要来源于绿色的陆生、海底植物和动物体内,此外还有细菌纤维素。纤维素的分子链呈长链状,是一种结晶性高分子化合物。纤维素可以通过棉纤维、木纤维提取得到,也可以通过细菌发酵制备细菌纤维素。由于纤维素的每一个葡萄糖单元有 3 个羟基具有 8 种取代的可能性,因此利用这些羟基进行一系列的化学反应可以得到许多的衍生物。纤维素作为一种在自然界储量丰富的天然生物降解材料,微生物可完全将其降解,对环境不会造成污染,且具有良好的亲水性、生物相容性以及较好的机械强度,完全满足生物法废水处理用载体的需要。

(2)甲壳素。

甲壳素也称甲壳质,别名壳多糖、几丁质、甲壳质、明角质、聚 N-乙酰葡萄糖胺,广泛存在于低等植物菌类、虾、蟹、昆虫等甲壳动物的外壳、高等动物的细胞壁等,是地球上仅次于纤维素的第二大可再生资源,是一种线型的高分子多糖,也是唯一的含氮碱性多糖。甲壳素是白色或灰白色半透明片状固体。由于具有较好的晶状结构和较多的氢键,因此溶解性能很差。可通过与酰氯或酸酐的反应,在大分子链上导入不同相对分子质量的脂肪族或芳香族酰基;酰基的存在可以破坏分子间的氢键,改变其晶态结构,使所得产物在一般常用有机溶剂中的溶解性大大改善。甲壳素作为低等动物中的纤维组分,兼具高等动物组织中的胶原和高等植物纤维中纤维素的生物功能,因此生物特性十分优异,生物相容性好,生物活性优异,具有生物降解性。

(3)海藻酸。

海藻酸是从海藻植物中提炼的多糖物质。海藻酸盐的分子式为$(C_8H_8O_8)_n$,聚合度可从 80 ~ 750,无毒,一价盐为水溶性,二价以上的为水不溶性,因此可形成耐热的凝胶或薄膜,易与蛋白质、明胶等多种物质共溶,海藻酸盐作为固定化载体得到了大量应用。

为克服海藻酸钙凝胶在使用过程中的不稳定性质,有的研究者用聚乙烯亚胺溶液来处理海藻酸钙凝胶,分别考察了聚乙烯亚胺—戊二醛交联强化法和聚乙烯亚胺高碘酸钠氧化强化法来提高凝胶颗粒抗磷酸盐的能力,发现经强化的固定化细胞的抗磷酸盐能力、机械强度均得到了提高,并且酶活力没有变化,操作稳定性较好。作为一种生物无毒、物美价廉的固定化载体,随着其改性研究的深入,海藻酸盐作为包埋法凝胶的强度与稳定性会得到更进一步的提高,其应用会越来越广泛。

2. 蛋白质类载体

胶原是哺乳动物体内结缔组织的主要部分,如皮肤、骨、软骨、键及韧带,共有 14 种,性质优良,被广泛用作生物材料。胶原的基本组成单元是原胶原分子。原胶原分子呈细棒状,长 20nm,直径 1.5nm。每一个原胶原分子均有 3 条肽链,每条肽链上有 1 052 个氨基酸。I 型胶原分子结构稳定,在机体内分布有一定的组织特异性,可通过特定来源提取获得,一般要经过多步的提取与分级获得纯度较高的产物。胶原具有良好的耐湿热稳定性、良好的生物相容性、生物可降解性、经处理可消除抗原性、对组织恢复有促进作用、无异物反应。胶原分子有着规整的螺旋结构,具有温和的免疫原性,而且在体外能形成更大的有序结构,能聚集成强度良好的纤维。

明胶是一种水溶性的生物可降解高分子,是胶原的部分降解产物。明胶无抗原性、易于吸收,但因其存在膜质脆、不耐水、潮湿环境中易受细菌侵蚀而变质、力学性能差等缺点而限制了其使用。明胶与电性相反的信号分子通过离子间的相互作用,形成聚电解质复合物。明胶凝胶与生长因子的聚电解质复合物较稳定,而且负载的生长因子会随着明胶在体内的降解而释放出来,因而可以被复合于组织工程支架中。

5.3　微生物固定化方法及其应用

微生物固定化就是将微生物细胞利用物理或化学方法固定在微生物固定化材料上,使细胞与这些固体的水不溶性材料相结合,既保持微生物的活性又方便微生物的使用。

5.3.1　微生物的固定化方法及其影响因素

1. 微生物的固定化方法

微生物的固定化方法主要分为包埋法、吸附法和共价交联法 3 种。

(1)包埋法。

微生物固定化方法中,以包埋法最为常用。包埋法的原理是将微生物细胞截留在水不溶性的凝胶聚合物孔隙的网络空间中。通过聚合作用或通过离子网络形成,或通过沉淀作用,或改变溶剂、温度、pH 使细胞截留。凝胶聚合物的网络可以阻止细胞的泄露,同时能让基质渗入和产物扩散出来。

固定化微生物细胞的实用化对包埋载体的要求包括：固定化过程简单，易于制成各种形状，能在常温常压下固定化；成本低；固定化过程中及固定化后对微生物无毒；基质通透性好；固定化细胞密度大；载体内细胞漏出少，外面的细胞难以进入；物理强度和化学稳定性好；抗微生物分解；沉降分离性好。

包埋材料可分为天然高分子多糖类和合成高分子化合物两大类。

作为包埋载体，天然高分子多糖类的海藻酸钠和卡拉胶应用最多，它们具有固化、成形方便，对微生物毒性小及固定化密度高等优点。但它们抗微生物分解性能较差，机械强度较低。

合成高分子化合物中常用的载体物质有聚丙烯酰胺、光硬化树脂等。它们的突出优点是抗微生物分解性能好、机械强度高、化学性能稳定。但是聚合物网络的形成条件比较剧烈，对微生物细胞的损害较大，而且成形的多样性和可控性不好。

（2）吸附法。

吸附法是通过物理吸附、离子结合、共价结合及生物特异性吸附等作用将微生物吸附在吸附剂的表面的方法，这是一种非常廉价和有效、比较常用的微生物固定化方法。

影响微生物与载体结合强度的因素有：载体的性质、培养物的菌龄、离子强度、温度等。

固定化对于吸附载体的要求包括：具有抗物理降解、抗化学降解、抗生物降解的稳定性，具有一定的机械强度和结构稳定性。

根据组成的不同，载体可分为有机载体和无机载体。有机载体又分为天然载体和合成载体。在固定化过程中使用的天然载体包括：聚多糖，如纤维素、葡聚糖、琼脂糖；蛋白质，如明胶、胶原蛋白；碳材料，如无烟煤、木材等。合成载体包括：乙烯和马来酸的共聚物、戊二醛缩水甲基丙烯酸酯共聚物、合成的离子交换材料及塑料等。无机载体主要包括：玻璃、陶瓷、含水的金属氧化物及硅藻土等。

①物理吸附法。

利用吸附载体将微生物吸附到其表面的方法，称为物理吸附法。微生物与吸附载体之间的作用包括范德华力、氢键及静电作用。常用的吸附载体有：活性炭、木屑、多孔玻璃、多孔陶瓷、塑料、硅藻土、硅胶、纤维素等。

吸附法固定化微生物细胞时，pH、细胞壁的组分、载体的性质等均影响细胞与载体之间的相互作用。用吸附法固定微生物细胞是一个十分复杂的过程。只有当细胞的性质、载体的特征及细胞与载体间的作用等参数配合恰当时才能形成稳定的微生物载体复合物，应用于实际系统。

②离子吸附法。

离子吸附法是利用微生物细胞表面的静电荷在适当条件下可以和离子交换树脂进行离子结合和吸附而制成的固定化细胞。常见的离子交换剂有 DEAE－纤维素、CM－纤维素等，又称载体结合法。这种方法操作简单，对微生物活力影响小，但所结合的微生物量有限，反应稳定性和反复使用性差。

（3）共价交联法。

共价交联法是通过微生物中酶分子的氨基和羟基与具有两个或两个以上官能基团的试剂反应，交联形成共价键，使微生物菌体相互连接成网状结构而达到固定化微生物的目的。

聚集－交联固定法是使用凝聚剂将菌体细胞形成细胞聚集体，再利用双功能或多功能交联剂与细胞表面的活性基团发生反应，使细胞彼此交联形成稳定的立体网状结构。这样高效菌体不易流失、生物浓度高而使处理效果提高。最为常见的交联剂是戊二醛、双重氮联苯胺、乙烯－马来酸酐共聚物等。戊二醛等价格昂贵，限制了其应用，实际常与其他方法结合。

2. 微生物固定化的影响因素

微生物固定化的主要影响因素包括 pH、温度、固定材料及菌体浓度等。

（1）pH。

pH 是影响微生物固化的主要因素之一。国内外许多学者对此进行了研究。有研究表明，固定化产黄青霉菌颗粒对 Pb^{2+} 的吸附受 pH 的影响较大，在 pH 为 2～5 时，吸附量随 pH 的增大而呈线性增加，在 pH 大于 5 后，逐渐趋于最大值，最佳 pH 为 5～5.5。另有研究表明，将活跃硝化杆菌包埋到海藻酸钙的小球中，装入流化床处理含 NO_2 的废水，30 h 内 NO_2 可被完全氧化，但系统对酸碱度比较敏感，pH 也不能恢复活性。

（2）温度。

温度是影响菌体包埋体包埋颗粒机械强度的关键因素。温度高不利于颗粒形状的保持，细胞包埋后的硬化过程中，环境温度应保持不高于 20 ℃，偏高的环境温度可能导致硬化不彻底而造成颗粒强度降低。

微生物附着吸附的最初阶段受温度的影响很大。温度升高，微生物吸附速率加大，但附着容量会随温度的升高而减小。温度对细胞与细胞之间附着的影响难以确定。但总的来说，由于微生物的生长速率和胞外产物的合成速率随温度升高而增大，因此生物膜的生长速率会随温度升高而加快。

（3）固定材料浓度。

固定材料浓度直接影响固定化细胞的性能。材料浓度越高，固定化小球的强度越大，但黏度增加，操作的难度增加，不利于基质的传递，对微生物的生长也有影响。

（4）菌体浓度。

菌体浓度越高，一般处理效率也较高，但易造成供氧不足。对不同的载体和不同的处理对象，包埋条件非常重要。在不同海藻酸钠浓度下固定双歧杆菌发现，随海藻酸钠浓度的增大，细胞的回收率有所增加，但变化不大，而体系的黏度大幅度增加，操作难度也随之增大。

5.3.2　微生物固定化材料的选择和固定化技术的应用

1. 微生物固定化材料的选择

作为微生物固定化的材料，对生物处理构筑物运行时的处理效果和能耗都有十分重要的影响,在选择时应遵循以下几个原则。

(1)足够的机械强度。

废水生物处理过程中,微生物有机底物的去除分为快速吸附和慢速吸附(相对而言)反应两个过程,其中快速吸附是前提。由于废水处理过程中的搅动可引起固定化结合体之间的强烈摩擦。因而,要求微生物固定化材料必须具有足够高的机械强度,以抵抗强烈的水流剪切力的作用,防止填料运动、碰撞过程中破碎而损失其功能。若使用的固定化材料机械强度不够,则一旦发生破碎,不仅影响固定化微生物的数量,其直接后果将是导致处理出水水质的波动。

(2)优越的物理性状。

微生物固定化材料制成的填料和过滤材料的物理性状包括几何形态、相对密度、孔隙率及表面粗糙度等。填料和过滤材料的几何形态直接决定其比表面积的大小,不同形状的填料和过滤材料所具有的传质效率及对微生物所起的屏蔽作用也不同。一般情况下,单个生物膜填料和过滤材料的空间体积越大,其所具有的比表面积越小。另外,在提高填料的比表面积的同时,还必须考虑保证有效的传质及操作运行的便捷等。

填料和过滤材料的相对密度影响处理构筑物的建设费用及运行能耗。对用于悬浮载体生物膜系统即流化床的填料,若相对密度过大,则需要更多的提升动力从而增加运行成本,同时也将因为过强的水力剪切而影响微生物的固定。但若相对密度过小,则不易维持填料在反应器中的一定流态。

(3)良好的表面带电特性及亲疏水性。

微生物固定化材料表面的带电特性是否合适主要表现在其所带电荷是否有利于微生物的固定化过程。由于在一般的生物处理过程中,废水的 pH 通常为 7 左右,此时微生物表面带负电荷,因而若选择表面带有正电荷的微生物固定化材料,则不仅有利于附着或固定化过程的快速完成,也有利于提高微生物与微生物固定化材料之间结合的强度。另外,根据物理化学中体系自由能最小原则,亲水性微生物易于在亲水性填料表面附着、固定,疏水性生物附着材料有利于疏水性微生物在其表面的固定。

(4)较好的生物、化学及热力学稳定性。

由于生物膜反应器中所发生的污染物转化过程涉及物理化学、生物化学及能量传递的错综复杂的过程,同时其反应系统是一个复杂的多元体系,因此微生物固定化材料必须具备较好的生物、化学及热力学稳定性,以免发生溶解或参与其中的各种反应,导致自身的消耗。

2. 微生物固定化的技术应用

(1)有机废水的处理。

固定化细胞用于废水生物处理,与传统的悬浮生物处理法相比,处理效率高,稳定性强,能纯化和保持高效菌种,微生物浓度高,污泥产量少,固液分离效果好。因此,该项技术在废水生物处理,尤其是在特种废水处理领域中,获得了广泛的研究。

生物转盘法是废水处于半静止状态,微生物生长在转盘的盘面上,转盘在废水中不断缓慢地转动使其互相接触的处理方法。盘体与废水和空气交替接触,微生物从空气中摄取必要的氧,并对废水中污染物质进行生物氧化分解。生物膜的厚度与处理原水的浓度和基质性质有关,约 $0.1 \sim 0.5$ mm,在盘面的外侧附着液膜、好氧性生物膜与厌氧性生物膜,活性衰退的生物膜在转盘转动剪切力的作用下而脱落。生物转盘法与其他好氧生物处理法相同,具有对有机物的氧化分解(BOD 去除)、硝化和脱氮功能。

生物滤池系统中,污水先进入初沉池,在去除可沉性悬浮固体后,进入生物滤池。经过生物滤池的污水与脱落的生物膜一起进入二次沉淀池,再经过固液分离,净化后污水排放。一般普通生物滤池不需要回流,而高负荷滤池和塔式滤池需要进行回流。

生物滤池处理城市污水比较理想。生物滤池构造简单,操作容易,池内的过滤材料是固定的,污水自上而下流过过滤材料层,在池内停留的时间一般比较短,污水中的有毒物质对生物膜的破坏相对较小。因此,对于有毒物质的冲击有一定的承受和适应能力。当负荷低时,出水水质可以高度硝化,污泥量少,并且依靠自然通风供氧,运行费用低。

但是,由于微生物附着在过滤材料固定的表面生长,不能随着环境的变化而改变反应器中的生物量,因此,对于污水浓度或流量的变化的适应性较差。对于季节和环境温度变化,也会受一定的影响。

(2)气态污染物的处理。

气态污染物的生物处理是利用微生物的生命活动将废气中的有毒、有害物质转化成二氧化碳、水等简单的无害无机化合物及细胞物质。

废气的处理方法主要有物理和化学方法,如吸附、吸收、氧化及等离子体转化法,还有生物净化法。

微生物净化气态污染物的装置有:生物吸收池、生物洗涤池、生物滴滤池和生物过滤池。生物过滤池应用较多,技术较成熟。德国和荷兰建有几百座生物滤池,多数处理食品和屠宰业的废气,处理效果很好。

生物滴滤塔的具体循环过程为:启动初期,首先要在填料表面挂上生物膜。在循环液中接种了经被试有机物驯化的微生物菌种,微生物利用溶解于液相中的有机物进行代谢繁殖,并附着于填料表面,形成微生物膜。挂膜后,当气相主体的有机污染物和氧气经过传输进入微生物膜时,微生物进行好养呼吸,将有机污染物分解,其代谢产物则通过扩散作用外排。

生物滴滤塔所用的填料与废水处理生物滤床相似,一般为陶瓷或塑料。填料的选择要求有易于挂膜、不易堵塞、比表面积大等。生物滴滤塔中最重要的基本组成部分是吸收器,吸收器内气液分界面的表面积往往决定了气体的吸收效率。常用的洗涤器有:填充式、旋涡式、喷溅式及转子式。

生物滴滤塔设备少、压降低、填料不易堵塞。由于有生物膜附着在惰性填料上,VOCs去除效率高,且易于控制,处理高污染负荷的废气的效果好于生物滤床。此外,生物滴滤塔的 pH 可通过自动酸碱添加设施进行调节,因此它适宜处理卤化烃、含硫、氮等会产生酸性代谢产物的污染物。但是生物滤塔系统需要外加营养物,其填料比表面积小,运行成本较高,不适合处理水溶性差的化合物。

生物洗涤器实际上是一个悬浮活性污泥处理系统,它是将微生物及其营养物质溶解于液体中,气体中的污染物通过与悬浮液接触后转移到液体中而被微生物降解。其典型的形式有鼓泡塔和穿孔板塔等。

生物法处理 NO_x 废气仅处于研究的阶段,离广泛使用还有一段距离。山西大学生命科学系的樊凌雯、冯安吉和张肇铭等人利用脱氮硫杆菌生物处理工艺对氮氧化物进行了治理,使排入大气中的氮氧化物的含量由原来 $(2\ 000 \sim 5\ 000) \times 10^{-6}$ mg/L 降到 5×10^{-4} mg/L 以下,处理后的硝酸尾气中氮氧化物浓度远远低于国家标准,且处理后的菌液可以综合利用。四川大学的毕列锋、李旭东等人利用生物膜滴滤塔,有效地脱除了废气中的 NO_x,其中 NO_2 的去除率可达 99% 以上,而 NO 的去除率可达 90% 左右。

煤炭中含有一定量的硫分,主要是无机硫和有机硫,直接燃用时将排放出大量的 SO_2 等有害气体,造成大气污染并由此引发酸雾、酸雨,破坏生态平衡,危害人类健康。用于净化含硫工业废气的生物膜处理装置,主要有生物滤池及生物滴滤池两种形式。

生物滤池中 pH 的控制则主要通过在装填料时投配适当的固体缓冲剂来完成,一旦缓冲剂耗尽,则需更新或再生过滤材料,而温度的调节则需要外加强制措施来完成。在生物滴滤池中存在一个连续流动的水相,整个传质过程涉及气、液、固三相,通过回流水可以控制滴滤池水相的 pH,也可以在回流水中加入 K_2HPO_4 和 NH_4NO_3 等物质,为微生物提供营养元素。因此,在处理含硫、含氮等微生物降解会产生酸性代谢产物及释放能量较大的污染物时,生物滴滤池比生物滤池更有效。

(3)在污染土壤中的应用。

将固定化微生物技术应用于土壤污染的研究是一个崭新领域。中国科学院沈阳应用生态研究所对此进行了尝试性研究,采用聚乙烯醇包埋土著优势菌降解含多环芳烃的污染土壤,结果表明,经过固定后的细菌和真菌对菲、芘的降解明显高于土著游离菌。

(4)重金属离子的处理。

研究表明,微生物亦可通过酶促或化学反应将有毒物质低毒化或无毒化,最终消除重金属污染,如铜绿假单胞菌和大肠埃希菌等对汞的还原。由于大多数微生物对重金属的抗性系统主要由质粒上的基因编码,且抗性基因亦可在质粒与染色体间相互转移,许多研究工作开始采用质粒来提高细菌对重金属的累积作用,并取得了良好的应用效果。

用微生物作吸附剂处理低浓度废水效果较好,但微生物细胞太小,与水溶液的分离较难,易造成二次污染。而固定化技术处理废水,处理效率高、稳定性强、固液分离效果好,可将金属脱附回收、重新利用。

(5)CO_2 的微生物固定。

CO_2 是有机质及化石燃料燃烧的产物,它一方面是造成温室效应的废物,另一方面又是巨大的可再生资源。因此,二氧化碳的固定在环境、能源方面具有极其重要的意义。目前,CO_2 的固定方法主要有物理法、化学法和生物法,而大多数物理法、化学法必须依赖生物法来固定 CO_2。而微生物由于能够生存于各种特殊环境中而更显优势。另外,自氧微生物在固定 CO_2 的同时,可以将其转化为菌体细胞以及许多代谢产物,如有机酸、多糖、甲烷、维生素、氨基酸等。

目前,日本已经利用 CO_2 生产单细胞蛋白较有潜力的微生物产业化生产螺旋藻、小球藻等微藻。利用真养产碱杆菌，以 CO_2 为碳源生产生物降解塑料（PHB），在限氧条件下闭路循环发酵系统中培养至 60 h，其菌体质量浓度高于 60 g/L，PHB 达 36 g/L。革兰氏阴性菌在限氮条件下可分泌大量胞外多糖。甲烷菌可利用 CO_2 和 H_2 形成甲烷，如在中空纤维生物反应器中利用嗜热自养甲烷杆菌转化 CO_2 和 H_2，该反应器可保持菌体高浓度及长时间产甲烷活性。

（6）能源开发。

①生产氢气和甲烷。

氢气作为一种清洁能源已引起人们关注。很多细菌和藻类在厌氧条件下都能产生氢气。但是，微生物体内的产氢系统很不稳定，因而很难用于连续产生氢气。实验证明，微生物细胞经固定化后，其氢化酶系统稳定性提高，能够连续产生氢气。

因此，利用固定化氢产生菌处理工业废水，既获取了能量，又净化了环境。近来，固定化细胞技术在甲烷发酵中也获得了应用。

②固定化微生物电池。

将固定化氢气产生菌与铂金电极组合在一起，置于葡萄糖溶液中，构成圆筒状阳极，阴极则由碳棒构成，两者共同组成氢氧（空气）型微生物电池。由于用葡萄糖做营养源经济上不合算。因此，人们已开始利用各种工业废水来作为固定化氢产生菌的营养来源，制造微生物电池。这样既能处理废水，又能利用废水中的有机物产生电能。从节省资源、开发能源的角度看是很有前途的。在此基础上，又研制成功了能够同时处理废水、发电和产生甲烷燃料的微生物电池。可以预料，利用固定化微生物组成的生化电池在处理废水、开发能源方面将发挥其巨大作用。但是，这方面的研究离实际应用还有一定距离。

（7）纯培养微生物过程的细胞固定化。

20 世纪 60 年代，Magna 公司报道了利用 *Clostridium butyricum* 和 *Clostridium welchii* 厌氧发酵制取氢气，从此人们对发酵产氢细菌进行了大量的研究。发酵产氢细菌分为专性厌氧菌和兼性厌氧菌，主要包括肠杆菌属（*Enterobacter*）、梭菌属（*Clostridium*）、埃希氏肠杆菌属（*Escherichia*）和杆菌属（*Bacillus*）4 类。其中，肠杆菌属和梭状均属研究得较多。发酵型细菌能够利用多种底物在固氮酶活氢化酶的作用下将底物分解制取氢气，这些底物包括：甲酸、乳酸、丙酮酸、短链脂肪酸、葡萄糖、淀粉、纤维素二糖和硫化物等。细胞固定化技术也应用到纯培养生物制氢过程中，通过细胞固定化能有效减少菌种的流失、提高菌种的产氢能力。

纯培养生物制氢微生物培养方式主要有 3 种：

①分批培养。

分批培养是一种最简单的发酵方式，在培养基中接种后通常只要维持一定的温度，厌氧过程还需要驱逐溶解氧。在培养过程中，培养液的菌体浓度、营养物质浓度和产物浓度不断变化，表现出相应的变化规律。

②连续培养。

在连续培养中，不断向反应器中加入培养基，同时从反应器中不断释放出培养液，培养过程可以长期进行，可以达到稳定状态，过程的控制和分析也比较容易进行。生物反应器的培养基接种后,通常先进行一段时间的培养,待菌体浓度达到一定数量后,以恒定流量将新鲜培养基送入反应器,同时将培养液以同样的流量抽出,因此反应器中的培养液体积保持不变。在理想状态下,培养液中的各处的细胞浓度和产物浓度分别相同。和分批培养相比,连续培养省去了反复放料、清洗发酵罐、避免了延迟期,因而设备的利用率高。

③补料分批培养。

补料分批培养是一种介于分批培养和连续培养之间的一种操作方式,在进行分批培养时,随着营养的消耗,向反应器补充一种或多种营养物质,以达到延长生产期和控制发酵的目的。随着补料操作的持续进行,发酵液的体积逐渐增大,到了一定时候需要结束培养,或者取出部分发酵液,剩下的发酵液继续进行补料分批培养。补料分批培养可以有效地对发酵过程进行控制,提高发酵过程的生产水平,在生产中得到广泛应用。

(8)混合培养微生物过程的细胞固定化。

混合培养发酵法生物制氢工艺的基本操作是接种活性污泥,利用生物厌氧产氢 – 产酸发酵过程制取氢气,产氢单元就是作为污水的二相厌氧生物处理工艺的产酸相。污泥接种后进行驯化培养,采用高浓度有机废水,辅助加入 N/P 配置而成的作用底物,使反应器进入乙醇型发酵状态,进行连续流的氢气生产。

有关研究表明,微生物混合培养发酵制氢过程中,通过加入活性碳等载体也能有效提高发酵系统的产氢能力。

Miyamoto 等研究了藻类 *Chlamydomonas reinhardti* 与光合细菌 *Rhodospirillum rubrum* 混合培养的产氢效果,结果表明:其产氢率是单独利用藻类 *C. reinhardtii* 产氢率的 4 倍,氢气摩尔产量是原来的 5 倍。James 以纤维素为底物,利用野生型混合培养的暗发酵细菌 *Cellulomonas* sp.（ATCC21399）和光合细菌 *R. capsulata*,氢气产量为 $1.2 \sim 4.3 \ molH_2/mol$ 葡萄糖。近年来中国利用厌氧活性污泥混合制氢的研究越来越多。多菌种的协同作用能够更好地弥补单一菌种由于环境、污泥性质等对其造成的影响,同时也能够达到较高的氢气产量。任南琪在 1990 年提出了以厌氧活性污泥为制氢生产者,利用碳水化合物为原料的发酵法生物制氢技术。1995 年,任南琪又以有机废水为原料,利用驯化的厌氧活性污泥作为混合菌种发酵制氢,即突破了利用纯菌种和细胞固定化技术生物制氢的方法,又能够持续产氢,降低了成本,也提高了产氢的纯度。

第6章 物理性污染控制工程(噪声)材料

6.1 噪声控制基础

6.1.1 声音的产生

声音的产生来源于物体的振动,故称振动而发出声音的物体为声源,声源可以是固体、液体或空气。声源发出的声音必须通过所接触的介质才能传播出去,送到人耳,使人感觉到有声音的存在,空气、液体和固体都可作为传播介质。例如以空气为传播介质的情况下,声源振动时带动相邻的空气质点,交替进行压缩和膨胀运动。由于空气分子间有一定的弹性,又会影响和促使周围相邻区域空气质点发生压缩与膨胀运动,如此由近及远相互影响传递,就会把声源的振动以一定的速度沿着弹性介质向各方向传播出去。这种压缩、膨胀交替运动由近及远向前推进的空气振动称为声波,声波作用于人耳鼓膜使之振动,刺激内耳的听觉神经,就产生了声音的感觉。因此声音不能在真空中传播,因为真空中不存在能够产生振动的弹性介质。声音在空气中的产生和传播过程如图6.1所示。

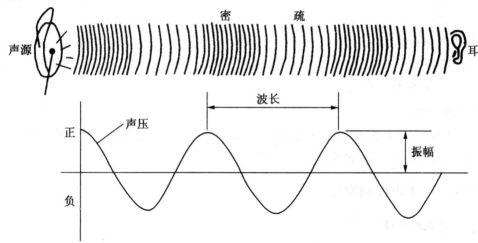

图6.1 声音的产生和传播

6.1.2 噪声的概念

声音是一种物理现象,噪声和声音有共同的特性,主要来源于物体的振动。从心理学角度讲,凡是人们不需要的声音称为噪声。从物理学观点来看,噪声是由许多不同频率和强度的声波无规则地杂乱无章组合而成。判断一种声音是否属于噪声,人的主观意识起决定性作用,在某种条件下,乐声也可能被人们视为噪声。

绝大多数情况下,噪声是由人类各种各样的活动所产生的,因此噪声也可看成是一种环境污染物。噪声污染的特点是:

(1)噪声只会造成局部性污染,一般不会造成区域性和全球性污染;

(2)噪声污染无残余污染物,不会积累,不像空气污染物和水污染物那样长期存在于环境中;

(3)噪声源停止运行后,污染即消失;

(4)噪声的声能是噪声源能量中很小的部分,一般认为再利用的价值不大,故声能的回收尚未被重视。

6.1.3　噪声的类型

自20世纪70年代以来,噪声污染被称为城市环境问题的四大公害之一,严重地危害人们的身心健康。根据城市环境噪声的主要来源,可将噪声分为以下4类。

1. 交通噪声

交通噪声主要指机动车辆、火车、飞机和船舶所产生的噪声。这些噪声的噪声源是流动的,干扰范围大。

2. 工业噪声

工业噪声是指在工业生产中各类机械所发出的噪声,主要来自机器和高速运转设备。

3. 建筑噪声

建筑噪声是指在建筑施工过程中所产生的噪声。在施工中使用各种动力机械,进行挖掘、打洞、搅拌,从而产生大量噪声。

4. 社会噪声

社会噪声是指人群活动所产生的噪声。如人们在商业交易、体育比赛、游行集会、娱乐场所等各种社会活动中产生的喧闹声等。

6.1.4　噪声控制原理

1. 吸声降噪原理

材料的吸声性能可用吸声系数和吸声量来表示。而按吸声原理的不同,吸声材料可分为多孔吸声材料和共振吸声材料两大类。

(1)吸声系数。

吸声原理如图6.2所示。

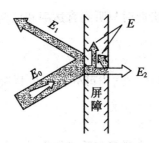

图 6.2　吸声原理示意图

E_0—入射声能量;E—吸收声能量;E_1—反射声能量;E_2—透射声能量

当声波入射到材料表面,一部分声能被材料反射(E_1),一部分声能被材料吸收(E),还有一部分声能透过材料继续向前传播(E_2)。在室内所接收到的噪声除了通过空气直接传来的直达声外,还包括室内各壁面多次反射回来的反射声。能吸收一定声能的材料称为吸声材料,其吸声能力的大小通常用吸声系数 α 表示,α 定义为材料吸收的声能(E)与入射到材料上的总声能(E_0)之比,即

$$\alpha = \frac{E}{E_0} \tag{6.1}$$

式中　E——被吸收的声能量;

　　　E_0——入射的总声能量。

由式(6.1)可知,当声波被完全反射时,$\alpha = 0$,说明材料不吸声;当声波被完全吸收时,$\alpha = 1$,表示声能全部被吸收。一般情况下,α 值的变化在 $0 \sim 1$ 之间,α 值越大,说明材料的吸声性能越好。多数吸声材料的 α 值都在 $0.2 \sim 1$ 之间。此外,材料的物理性质、声波的频率和声波的入射角等对吸声系数均有影响。

(2)吸声量。

工程上通常采用吸声量来评价吸声材料的实际吸声效果。吸声量定为吸声系数与吸声面积的乘积,亦称等效吸声面积,即

$$A = S \cdot \alpha \tag{6.2}$$

式中　A ——吸声量(m^2);

　　　α ——某频率声波的吸声系数;

　　　S ——吸声面积(m^2)。

在定义了吸声量后,吸声系数可理解为材料单位面积的吸声量。对于整个房间而言,将房间的吸声量 A 与总表面积 S 之比定义为房间的平均吸声系数。即 $\bar{\alpha} = \dfrac{A}{S}$,平均吸声系数是表示整个表面吸声强弱的特征物理量。

(3)多孔吸声原理。

多孔吸声是利用吸声材料松软多孔的特性来吸收一部分声波,当声波进入多孔材料的孔隙之后,能引起孔隙中的空气和材料的细小纤维发生振动,由于空气与孔壁的摩擦阻力、空气的黏滞阻力和热传导等作用,相当一部分声能就会转变成热能而消耗掉,消耗

掉的能量称为吸收能量。接收者此时只听到直达声和已减弱的混响声,从而达到降低噪声强度的目的。

(4)共振吸声原理

根据不同的共振原理,共振吸声结构可分为薄板共振吸声结构、穿孔板共振吸声结构和微穿孔板共振吸声结构。

①薄板共振吸声。

薄板共振吸声结构近似于一个弹簧和质量块振动系统。薄板相当于质量块,板后的空气层相当于弹簧。当声波入射到薄板上,使其受激振后,由于板后空气层的弹性,薄板产生振动,发生弯曲变形,因为板的内阻尼及板与龙骨间的摩擦,便将振动的能量转化为热能,从而消耗声能。当入射声波的频率和系统固有频率接近时,板产生共振,吸收声能达到最大值。共振频率 f_0 的计算公式为

$$f_0 = \frac{600}{M_0 \cdot L} \tag{6.3}$$

式中 M_0——板材的面密度(kg/m^2);

　　　 L ——板后空气层的厚度(cm)。

②穿孔板共振吸声和微穿孔板共振吸声。

按照薄板上穿孔的数目,穿孔板共振吸声结构分为单孔共振吸声结构与多孔穿孔板共振吸声结构。单孔共振吸声结构(又称为"亥姆霍兹"共振吸声器)如图6.3所示。它是一个封闭的空腔,在腔壁上开一个小孔与外部空气相通,可用陶土、煤渣等烧制或水泥、石膏浇注而成。这种结构腔体中的空气具有弹性,相当于弹簧。当声波入射时,孔颈中的气柱体在声波的作用下便像活塞一样做往复运动,与颈壁发生摩擦,使声能转变为热能而损耗,这相当于机械振动的摩擦阻尼。当共振器的固有频率与外界声波频率一致时发生共振,这时颈中空气柱的振幅最大,因而阻尼最大,消耗声能也就最多,从而得到有效的声吸收。

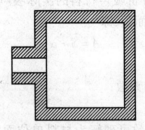

图6.3　单孔共振吸声结构

多孔穿孔板共振吸声结构实际是单孔共振器的并联组合,故其吸声机理同单孔共振结构相同。而微穿孔板共振吸声结构实质上仍属于共振吸声结构,因此吸声机理也相同。

2.隔声降噪原理

隔声的原理也可以用图6.2表示。当声波入射到障碍物表面时,一部分声能 E_1 被

反射,另一部分进入障碍物。进入障碍物声能一部分在传播过程中被吸收,另一部分到达障碍物的另一面。到达另一面的声能又有一部分被反射,只有一小部分声能 E_2 透过障碍物进入空气中。因此隔声实际上是隔声体对噪声的吸收和反射两个过程,噪声经过障碍物以后,强度就会大大降低。

隔声结构的隔声效果可用透声系数、隔声量和插入损失来衡量。

(1)透声系数。

在噪声控制技术中,常采用透声系数 τ 来表示隔声构件本身透声能力的大小,定义为透射声功率(W_t)与入射声功率(W)的比值,即

$$\tau = \frac{W_t}{W} \tag{6.4}$$

通常所指的 τ 是无规则入射时各入射角度透声系数的平均值。

(2)隔声量。

隔声量又称传声损失或透射损失,可用下式来表示:

$$R = 10\lg \frac{I_i}{I_t} \tag{6.5}$$

式中　R ——隔声量(dB);

I_i ——入射声强(W/m^2);

I_t ——透射声强(W/m^2)。

R 值越大,隔声性能越好。由于隔声性能与入射频率有关,通常取 50 Hz 和 5 000 Hz 两频率的几何平均值 500 Hz 的隔声量代表平均隔声量,记为 R_{500}。

(3)插入损失。

离声源一定距离某处测得隔声构件设置前的声压级 L_0 和设置后的声压级 L 之差称为插入损失,记作 IL,即

$$IL = L_0 - L \tag{6.6}$$

式中　L_0——无隔声构件时的声压级(dB);

L ——有隔声构件时的声压级(dB)。

插入损失通常在现场用来评价隔声罩、隔声屏等构件的隔声效果。

3. 消声降噪原理

消声降噪可通过消声器来实现,它是降低空气动力性噪声的主要技术措施。消声器种类很多,大致可分为阻性消声器、抗性消声器、阻抗复合式消声器、微穿孔板消声器、排气喷流消声器等,不同类型的消声器,其消声原理也各不相同。

(1)阻性消声原理。

阻性消声器是一种吸收型消声器。它把吸声材料固定在气流通道内,利用声波在多孔吸声材料中传播时,摩擦阻力和黏性阻力的作用将声能转化为热能,达到消声的目的。

阻性消声器的消声量与消声器的结构形式、长度、通道横截面积、吸声材料性能、密度、厚度以及穿孔板的穿孔率等因素有关。消声量的计算公式为

$$\Delta L = \varphi(\alpha_0) \frac{p}{S} l \tag{6.7}$$

式中　ΔL——消声量(dB)；

　　　$\varphi(\alpha_0)$——消声系数(dB)，与材料吸声系数 α_0 有关，详见表6.1；

　　　P——通道截面的周长(m)；

　　　S——通道横截面面积(m^2)；

　　　l——消声器的有效长度(m)。

由式6.7可知，阻性消声器的消声量与消声系数有关，即材料的吸声性能越好，消声量越高；此外消声量与长度、周长成正比，与横截面面积成反比。因此，设计消声器时要挑选有较高吸声系数的材料，并准确计算通道各部分的尺寸。

表6.1　$\varphi(\alpha_0)$ 与 α_0 的关系

α_0	0.10	0.20	0.30	0.40	0.50	0.6~1.0
$\varphi(\alpha_0)$	0.11	0.24	0.39	0.55	0.75	1.0~1.5

(2)抗性消声原理。

该原理是不使用吸声材料，而是依靠管道截面的突变或旁接共振腔等措施，在声传播过程中引起阻抗的改变，使沿管道传播的噪声在突变处发生反射、干涉等现象，从而降低由消声器向外辐射的声能，以达到消声的目的。

扩张室式消声器消声量 ΔL 的计算公式为

$$\Delta L = 10\lg\left[1 + \frac{1}{4}\left(m - \frac{1}{m}\right)^2 \cdot \sin^2 kl\right] \tag{6.8}$$

式中　ΔL——消声量(dB)；

　　　m——扩张比，$m = \dfrac{s}{s_1}$，s 为扩张室截面积(m^2)，s_1 为进、出气管截面积(m^2)；

　　　L——扩张室长度(m)；

　　　K——波数，$k = \dfrac{2\pi}{\lambda}$。

可见 ΔL 是 kl 的周期性函数，即随着频率的变化，ΔL 在零和极大值之间变化。在扩张室长 l 为1/4波长的奇数倍时，消声量为极大，而 l 为半波长的倍数时，消声量为零，即此时相应的声波可以无衰减地通过，不起消声作用。

(3)阻抗复合式消声原理。

该原理是阻性和抗性原理的结合。但声波波长较长时，阻抗复合后因耦合作用而相互干涉，使声波在传播过程中的衰减机理变得极为复杂，难以确定简单的定量关系。实际应用中，阻抗复合式消声器的消声量通常由试验或实际测量确定。

(4)微穿孔板消声原理。

它是以微穿孔板吸声结构作为消声器的贴衬材料，由于共振孔很小，所以声阻就大得多，当声波入射时，可以有效地消耗一部分声能，从而提高了结构的吸声系数，以达到消声的目的。

（5）排气喷流消声原理。

它是利用扩散降速、变频或改变喷注气流参数等措施从声源上降低噪声，以达到消声的目的。此类消声器有小孔喷注消声器、节流降压消声、喷雾消声器和引射掺冷消声器等类型。

4. 振动控制原理

振动是一种周期性的往复运动，任何物理量，当其围绕一定的平衡值做周期性的变化时，都可称该物理量在振动。振动是自然界最普遍的现象之一，与噪声有着十分密切的联系，声波就是由发声物体的振动而产生的，当振动的频率在 20～2 000 Hz 的声频范围内时，振动源同时也是噪声源。

振动能量通常以两种方式向外传播而产生噪声，一部分由振动的机器直接向空中辐射，称之为空气声；另一部分则通过承载机器的基础，向地层或建筑物结构传递，在固体表面，振动以弯曲波的形式传播，因而能激发建筑物的地板、墙面、门窗等结构振动，再向空中辐射噪声，这种通过固体传导的声叫做固体声。振动超过一定界限时，即产生了振动污染，从而对人体健康和设施产生损害，或使机器、设备和仪表不能正常工作。

控制振动污染的方法大体上可归纳 3 大类，即减小扰动、采取隔振措施和阻尼减振等。

（1）减小扰动。

减小扰动是指改造振源，降低乃至消除振动的产生。例如，改善机器的平衡性能；改造机械的结构或工艺过程来降低振动级等。这种方式是控制振动的根本途径，但实施起来有较大难度。因此，采用隔振和阻尼减振措施是控制振动的主要方法。

（2）隔振原理。

它是利用波动在物体间的传播规律，在振源和需要防振的设备之间安置具有一定弹性的装置，使振源与需防振的设备之间的近刚性连接转变为弹性连接，使部分振动为隔振装置所吸收，减少了振源对设备的干扰，从而达到了减少振动的目的。隔振技术有积极隔振和消极隔振之分。降低振动设备（振源）馈入支撑结构的振动能量称为积极隔振；防止周围振源传递给设备的隔振称为消极隔振，积极隔振和消极隔振的原理基本是相同的。

（3）阻尼减振。

空气动力机械的管道壁、机械的外罩、车体、船体、飞机的机壳等都由金属薄板制成。当机械运转或行驶时，金属薄板便弯曲振动，辐射击出强烈的噪声。阻尼减震主要是通过减弱金属板弯曲振动的强度来实现的。当金属薄板发生弯曲振动时，振动能量就迅速传给涂贴在薄板上的阻尼材料，并引起薄板和阻尼材料之间以及阻尼材料内部的摩擦。由于阻尼材料内损耗、内摩擦大，使得相当一部分的金属振动能量被损耗而变成热能，减弱了薄板的变曲振动，并能缩短薄板被激振后的振动时间，从而降低了金属板辐射噪声的能量，达到了减振降噪的目的。各种阻尼技术都是围绕如何把受激振动能转化为其他形式的能（如热能、变形能等）而使系统尽快恢复到受激前的状态。

6.2　吸声材料

6.2.1　多孔吸声材料

吸声材料多为多孔性吸声材料,有时也可选用柔软性材料及膜状材料等。作为一种良好的多孔吸声材料,必须具备如下结构特征:①材料内部具有大量微孔或间隙,而且孔隙细小且在材料内部均匀分布;②材料内部的微孔是互相连通的,单独的气泡和密闭间隙不起吸声作用;③微孔向外敞开,使声波易于进入微孔内,没有敞开微孔而仅有凹凸表面的材料不会有好的吸声性能。目前常见的多孔吸声材料一般可分为纤维型、泡沫型和颗粒型 3 类。

1.纤维吸声材料

(1)无机纤维吸声材料。

无机纤维吸声材料是指天然人造的以无机矿物为基本成分的一类纤维材料,主要有石棉纤维、玻璃棉、岩棉和矿渣棉及其制品。其中,石棉纤维是人类使用历史最悠久的天然无机纤维材料,但由于石棉纤维对人体健康有害,故传统的石棉纤维已被淘汰。而玻璃棉、岩棉等人造材料不仅具有良好的吸声性能,而且具有质轻、不燃、不腐、不易老化、价格低廉等特性,在声学工程中得到了广泛的应用。

①玻璃棉。

玻璃棉属于玻璃纤维中的一个类别,是采用石英砂、石灰石、白云石等天然矿石为主要原料,配合一些纯碱、硼砂等化工原料熔成玻璃。用喷吹法或离心法处理熔融玻璃,或将玻璃熔体吹成长纤维后折断而成,一般能耐 350 ℃ 高温。由于纤维和纤维之间为立体交叉,互相缠绕在一起,呈现出许多细小的孔隙。玻璃棉分为短棉、超细棉以及中级纤维棉 3 种。其中,超细玻璃棉是使用最普遍的吸声材料,容重为 18 ~ 25 kg/m³,每层厚为 25 ~ 50 mm,吸声性能好,吸声系数可达 0.7 ~ 0.8,具有不燃、密度小、防蛀、耐蚀、耐热、抗冻、柔软、对皮肤刺激发痒感较小等优点。缺点是吸湿性大,受潮后吸声性能下降,但经过硅油处理的超细玻璃棉,具有防潮的特点。

②岩棉和矿渣棉。

岩棉和矿渣棉的生产工艺基本相同,差别就在于矿渣棉纤维的熔融温度稍低,一般为 1 360 ~ 1 400 ℃,而岩棉的熔融温度较高,一般为 1 500 ℃,具体工艺如图 6.4 所示。

原料配制 → 原料熔融 → 纤维的制备 → 纤维收集 → 成型

图 6.4　棉纤维的生产工艺流程

岩棉是以天然岩石如玄武岩、辉长岩、白云石等为主要原料,经高温熔融、纤维制备、集束及成型等工序而制成的蓬松状短细纤维。按使用温度分普通岩棉(小于 900 ℃)、高温岩棉(大于 900 ℃)、优质岩棉(1 250 ~ 1 400 ℃)。岩棉具有隔热、耐高温的优点,而且价格也比较低廉。

矿渣棉是以工业矿渣如高炉矿渣、铜矿渣、粉煤灰以及采矿废渣等为主要原料,经过高温熔融、纤维化而制成的无机质纤维。矿渣棉具有质轻、不燃、耐高温、耐腐蚀、化学稳定性强、吸声性能好等优点,但所含杂质多、性脆易折断或磨成粉末,不适于在洁净要求高的室内使用。

(2)有机纤维吸声材料。

早期使用的吸声材料主要为植物纤维制品,如棉麻纤维、毛毡、甘蔗纤维板、木质纤维板、水泥木丝板以及稻草板等有机天然纤维材料。其优点是成本低,然而防火、防蛀和防潮性能差,因此该类材料不适于在环境恶劣的地方使用。现在有机天然纤维材料已多为有机合成纤维材料所代替,如腈纶棉、涤纶棉等。这类材料在中、高频范围内具有良好的吸声性能,密度小、弹性大、施工方便、应用也较为普遍,但在超高频声波场中,基本上没有任何吸声作用。

2.泡沫吸声材料

泡沫吸声材料是由表面与内部皆有无数微孔的高分子材料制成。主要有泡沫金属、泡沫塑料、泡沫玻璃和聚合物基复合泡沫材料。

(1)泡沫金属。

泡沫金属是一种新型多孔材料,经过发泡处理在其内部形成大量的气泡,这些气泡分布在连续的金属相中构成孔隙结构,孔隙率达到90%以上。泡沫金属是把金属的强度大、导热性好、耐高温的特性与阻尼性、隔离性、绝缘性、消声减震性有机结合在一起,产生了优良的吸声性能。目前泡沫金属包括 Al,Ni,Cu,Mg 等,其中研究最多的是泡沫铝及其合金。

泡沫金属的制备方法有直接法和间接法两种。直接法就是利用发泡剂直接在熔融金属中发泡,或者利用化学反应产生大量气体在制品凝固时减压发泡。间接法是以高分子发泡材料为基材,采用沉积法或喷溅法使之金属化,然后加热脱出基材并烧结。与玻璃棉、石英棉相比较,泡沫金属为刚性结构,且加工性能好,能制成各种形式的吸声板;不吸湿且容易清洗,吸声性能不会下降;不会因受震动或风压而发生折损或尘化;能承受高温,不会着火和释放毒气。泡沫金属低、中、高频区均具有较好的吸声性能。目前已成功应用于空压机房、列车发动机房、声频室、施工现场等吸声领域。

(2)泡沫塑料。

与其他的多孔吸声材料相比,泡沫塑料产品拥有良好的韧性、延展性及耐热性能,同时其吸声性能也很突出,是一种理想的隔热吸声材料。当前应用比较多的泡沫吸声材料主要是聚氨酯泡沫塑料。

聚氨酯泡沫塑料(PUF)是一种新型系列化吸声材料,主链含(—NHCOO—)重复结构单元的一类聚合物,是以聚醚树脂或聚酯树脂为主要原料,与异氰酸酯定量混合,在发泡剂、催化剂、稳定剂等作用下,进行发泡而制成的一种泡沫塑料,一般情况下聚氨酯泡沫塑料是用二氧化碳来发泡的,具体工艺如图 6.5 所示。按照气孔形式不同,可分为闭孔型和开孔型两类,闭孔聚氨酯泡沫主要用于隔热保温,开孔的则用于吸声。

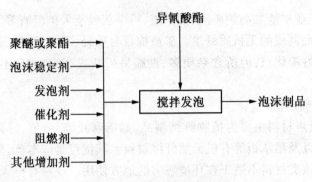

图6.5　一步法的工艺流程

聚氨酯泡沫塑料无臭、透气、气泡均匀、耐老化、抗有机溶剂侵蚀,对金属、木材、玻璃、砖石、纤维等有很强的黏合性。特别是硬质聚氨酯泡沫塑料还聚氨酯泡沫塑料具有很高的结构强度和绝缘性。聚氨酯泡沫具有阻燃性好、容重轻、耐潮、易于切割和安装方便等特点,缺点是易老化、耐火性差、吸水性强等。适用于机电产品的隔声罩,吸声屏障以及在影剧院、会堂、电影录音室、电视演播室等音质设计工程中控制混响时间。

此外,用于吸声材料的泡沫塑料还有橡胶改性的聚丙烯泡沫塑料、聚偏二氟乙烯泡沫塑料和聚氰胺酯泡沫等。

(3)泡沫玻璃。

泡沫玻璃又称多孔玻璃,是以废玻璃或云母、珍珠岩等富玻璃相物质为基料,加入适当的发泡剂、促进剂、改性剂并粉碎混匀,在特定的模具中预热、熔融、发泡、冷却、退火而制成的一种内部充满无数均匀气孔的多孔材料,孔隙率可达85%以上,按照材料内部气孔的形态可分为开孔和闭孔两种,闭孔泡沫玻璃作为隔热保温材料,开孔的泡沫玻璃作为吸声材料。泡沫玻璃的生产工艺流程如图6.6所示。

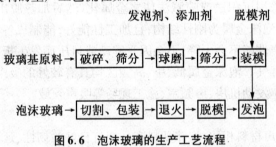

图6.6　泡沫玻璃的生产工艺流程

泡沫玻璃本身既是吸声材料,又可做成各种颜色的室内装饰材料,与常用的玻璃棉、岩棉及矿渣棉等纤维吸声材料相比,其外表不需要再加装饰穿孔护面板,使用方便。研究发现泡沫玻璃板厚度的增加对吸声系数影响不明显,因此一般选用20~30 mm厚的板材即可。泡沫玻璃具有质轻、不燃、不腐、不易老化、无气味、受潮甚至吸水后不变形、易于切割加工、施工方便和不会产生纤维粉尘污染环境等优点。适用于候车室、商场和展览大厅,用作平顶和墙面装饰,降低混响、提高广播清晰度以及要求洁净环境的通风和空调系统的消声。由于其良好的耐水和抗老化性能,也可用在潮湿环境和露天条件下,如游泳馆、地铁、道路声屏障等。但是泡沫玻璃板强度较低,使用过程中背后不宜留有空腔,否则容易损坏。

(4)聚合物基复合泡沫材料。

将聚氯乙烯(PVC)、增塑剂、发泡剂等原料按一定的配比混合均匀后,加入一定量的岩棉,然后在开放式炼塑机上进行混炼,再将混炼好的材料放入模具,在烘箱中升温发泡后得到聚氯乙烯/岩棉泡沫材料,这是一种既含机物又含无机物的复合泡沫材料。对这类复合泡沫材料的吸声性能测试表明吸声性能优良,厚度为 20 mm 时,平均吸声系数最大可达 0.63,较好地改善了一般多孔吸声材料低频吸声性能较差的缺陷,并极大地改善了中低频吸声性能。

如将丁腈橡胶(NBR)加入到聚氯乙烯/岩棉复合泡沫吸声材料中,由于 PVC 发泡材料高频吸声系数高,低频吸声系数低,而 NBR 材料的吸声性能正相反,使得当两种材料共混时,吸声性能介于二者之间。即随着 NBR 用量的增加,高频吸声系数显著下降,而低频吸声系数有所上升。PVC/NBR/岩棉复合吸声材料具有适用频率范围宽、低频吸声系数高、可加工性能好、工艺简单、成本低等优点,广泛适用于工业和民用建筑等领域。但由于制备过程中用到岩棉,会产生纤维粉尘污染,因此不适用于环境洁净度要求较高系统的消声处理。

3.颗粒型吸声材料

颗粒型吸声材料有膨胀珍珠岩、粉煤灰和矿渣水泥等。由于颗粒表面有许多半开口小孔,构成了空腔共振吸声结构。此外,颗粒之间能形成空隙,加上一定的厚度,使材料也具有多孔材料的吸声性能,因此材料中加入颗粒型吸声材料会提高制品的吸声性能。

膨胀珍珠岩是常用的颗粒型多孔吸声材料,它将珍珠岩粉碎、再急剧升温焙烧制成一种很轻的内部蜂窝状的白色或浅灰色颗粒。工程上较少直接采用松散的颗粒材料,通常是用颗粒原料加黏接剂和部分填料制成吸声砖块或吸声板材。膨胀珍珠岩经常同水泥掺杂到一起形成水泥基膨胀珍珠岩吸声材料,在搅拌浇注成型中,由于膨胀珍珠岩内部有许多微孔,具有极强的吸水性,水会进入珍珠岩的孔内,使微孔内的空气排出。排出的气体在水泥浆体内扩散,形成一些连通气孔,使得样品的吸声性能有所提高。但是,膨胀珍珠岩的含量要适当,用量过大,发泡过程中泡孔生长非常困难,而且水泥浆体受到影响,致使生成的气泡气体一部分逸出,导致试样空隙率下降,从而降低吸声性能。对于水泥基膨胀珍珠岩吸声材料采用颗粒尺寸为 0.63 ~ 1.25 mm 的膨胀珍珠岩制得的制品吸声效果最好;背后留空腔相当于增加材料的厚度;在材料中加入憎水剂可以提高材料在潮湿状态下的吸声性能。

膨胀珍珠岩制品一般具有保温、防潮、不燃、耐热、耐腐蚀、抗冻等优点。可将其制成装饰吸声板或穿孔复合板做吸声吊顶和吸声墙面,以广泛用于车间、机房、控制室、候机室以及礼堂、影剧院和会议室等地面建筑和地下建筑。

6.2.2　共振吸声材料

多孔材料对中、高频声吸收较好,而对低频声吸收性能较差,若采用共振吸声结构则可以改善低频吸声性能。利用共振原理做成的吸声结构称作共振吸声结构,它基本可分为薄板共振吸声结构、穿孔板共振吸声结构和微穿孔板共振吸声结构3种类型。

1.薄板共振吸声结构

将薄的塑料、金属或胶合板等材料的周边固定在框架上,并将框架牢牢地与刚性板壁相结合,这种由薄板与板后封闭空气层构成的系统为薄板共振吸声结构。在同一材料中,板越厚,共振频率越低;其后的空气层越大,共振频率也越低。这类结构在剧场建筑中应用最广。在观众厅、排练厅和琴室内的胶合板护墙即为薄板共振吸声结构。共振频率一般在 60 ~315 Hz 范围内。如在板后空腔内或龙骨边缘填以多孔吸声材料,可将吸声频带展宽。

2.穿孔板共振吸声结构

金属板制品、胶合板、硬质纤维板、石膏板和石棉水泥板等,在其表面开一定数量的孔,其后与刚性壁之间留一定深度的空腔所组成的吸声结构为穿孔板吸声结构。它的吸声性能是和板厚、孔径、孔距、空气层的厚度以及板后所填的多孔材料的性质和位置有关。穿孔板吸声结构空腔无吸声材料时,最大吸声系数为 0.3 ~0.6,这时穿孔率不宜过大,以 1% ~50% 比较合适。穿孔率大,则吸声系数峰值下降,且吸声带宽变窄。在穿孔板吸声结构空腔内放置多孔吸声材料,可增大吸系数,并拓宽有效吸声频带,特别当多孔材料贴近穿孔板时吸声效果最佳。

3.微穿孔板共振吸声结构

由于穿孔板吸声结构存在吸声频带较窄的缺点,近年来国内研制出了微穿孔板吸声结构。即在厚度小于 1 mm 的金属薄板上,钻出许多孔径小于 1 mm 的小孔(穿孔率为 1% ~4%),将这种孔小而密的薄板固定在刚性壁面上,并在板后留以适当深度的空腔,便组成微穿孔板吸声结构。薄板常用铝板或钢板制作,微穿孔板的孔细而密,因此比穿孔板的声阻大,而声质量小,从而在吸声系数和吸声频带方面优于穿孔板。微穿孔板结构由于不需在板后配置多孔吸声材料,使结构简化,并具有卫生、美观、耐高温等优点,这类材料在空调系统的消声结构中应用较广。

6.3　隔声材料

把空气中传播的噪声隔绝、隔断、分离的一种材料、构件或结构,称之为隔声材料。隔声是噪声控制中最有效的措施之一。对于隔声材料要求材料厚重而密实,不透气。按用途隔声材料可分为以下几类:用于隔绝相邻房间的噪声和避免噪声传出的分隔墙材料;用于防止机械等噪声扩散的隔声罩材料;用于阻止噪声传入的墙壁、屋顶、门窗等部位的建筑材料;用于降低噪声和阻断噪声传播的声屏障材料。

6.3.1　隔声板材

隔声板材的种类很多,几乎所有的材料都具有隔音作用,其区别就是不同材料间隔音量的大小不同。同一种材料,由于面密度不同,其隔音量存在比较大的变化。归纳起来,隔声板材主要有单层板材、双层板材、单层墙体和双层墙体几种。

单层板材主要包括金属板、塑料板和石膏板、木板和铁板等;单层墙体多指实心砖块、钢筋混凝土墙、石膏蜂窝板墙以及矿渣珍珠岩砖墙等;双层板材包括双层金属板、双层铁丝网抹灰板和双层复合板等;而双层墙体是将墙一分为二,中间夹一定厚度的空气层,包括纸面石膏板双层墙、炭化石灰板双层墙和加气混凝土双层墙等。由于传统的隔声材料得到的隔声板材一般都比较笨重,因此开发出了一系列轻质、薄型的隔声材料,使其既可用于建筑分户墙,又可用于噪声控制工程中的隔声,取得了很好的效果。

目前开发了许多新型的复合隔声材料中,如玻璃纤维织物/聚氯乙烯复合隔声材料、钢渣粉填充聚氯乙烯基隔声材料以及无机物/聚氯乙烯基隔声材料。这类材料是采用常压浇注工艺制备的一种复合隔声材料,其隔声性能远优于单一隔声材料。研究发现,由于各种类型的填充物加入基体后,材料的黏弹性发生了很大的改变,同时增加了复合材料的面密度和材料的应变及损耗能量能力。此外由于基体树脂和填料是不同的物质,其弹性模量也不同。当承受相同的交变应力时,将产生不同的应变而形成不同材料之间相对应变,从而产生附加的耗能。所以当声波入射时,因基体与填料产生不同的应变而大大增加了声能的损耗。

6.3.2　隔声结构

隔声材料可制成各种隔声结构(构件),这些隔声构件可以选用现成产品,也可以按需要选用合适的隔声板材进行设计制造。

1. 隔声罩和隔声间

(1)隔声罩。

将噪声源封闭在一个相对小的空间,以减少向周围辐射噪声的罩状结构,通常称为隔声罩,其基本结构如图 6.7 所示。有时为了操作、维修方便或通风散热的需要,罩体上需开观察窗、活动门及散热消声通道等。隔声罩通常是兼有隔声、吸声、阻尼、隔振和通风、消声等功能的综合结构体,有密封型与局部开敞型,固定型与活动型之分,主要用于控制车间内的机器噪声,降噪量一般在 10 ~ 40 dB(A)之间。

隔声罩一般用厚 1 ~ 3 mm 的钢板制成,为了获得理想的隔声效果,隔声罩的设计要满足以下条件:

①尽量选用隔声性能好的轻质复合材料,以便于拆装方便。若采用单层金属薄板,还需表衬一定厚度的吸声材料,如果罩壁振动较大,可在金属板外表面或内表面涂一些内损耗系数大的阻尼材料,如沥青浆、石棉沥青浆等。有些大而固定的场合也可用砖或混凝土等厚重材料制作;

②形状与声源设备轮廓相似,宜选用曲面形体,尽量少用方形,以防止驻波效应,声罩内所有缝隙应密封严实,否则会使隔声量大大下降;

③避免声罩与声源之间的刚性连接,声罩与地面间应安装隔振器或铺设隔振材料。

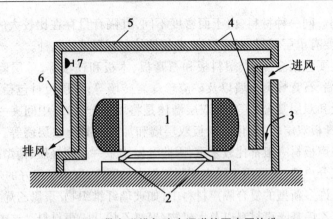

图 6.7 带有进排气消声通道的隔声罩构造
1—机器;2—减振器;3,6—消声通道;4—吸声材料;5—隔声板壁;7—排风机

（2）隔声间。

当一个车间内有很多噪声源时，采用隔声罩很不经济。这时则可建立一个小空间使之与声源隔离开来，即隔声间。隔声间可用金属板或土木结构改造，有两种类型，一类是由于机器体积较大，设备繁琐又需进行手工操作，此时只能采用一个大的房间把机器围护起来，并设置门、窗和通风管道。此类隔声间类似一个大的隔声罩，只是人能进入其间。另一类隔声间是在高噪声环境中隔出一个安静的环境，以供工人观察控制机器转动或是休息用，按实际需要也要设置门、窗和通风管道。无论哪种类型都要考虑通风、照明和温度的要求，特别是要采用特制的隔声门窗。

2. 隔声门和隔声窗

门、窗的隔声能力取决于本身的面密度、构造和密封程度。因为通常需要门、窗为轻型结构，故一般采用轻质双层或多层复合隔声板制成。隔声门是将优质冷轧钢板处理成型，门体内按隔声等级填充吸声棉、蜂巢结构、隔声材料，采用特殊密封制作工艺精工制作而成的木、钢质门，具有防火、隔声、逃生优质性能，使用性能稳定。隔声窗常采用双层或多层玻璃制作，玻璃板要紧紧地嵌在弹性垫衬中，以防止阻尼板面的振动。层间四周边框宜做吸声处理，相邻两层玻璃不宜平行布置，朝声源一侧的玻璃有一定的倾角，以便减弱共振效应，并需选用不同厚度的玻璃，以便削弱吻合效应的影响。

3. 隔声屏

隔声屏也叫声屏障，是放在噪声源和受声点之间的挡板，阻挡噪声直接传播到屏障后的区域，使该区域的噪声降低。隔声屏有隔声、吸声的双重功能，设置隔声屏的方法简单、经济、便于拆装与移动，因而多应用于车间、办公室或道路两侧。

隔声屏一般用砖、砌块、木板、钢板、塑料板、玻璃等材料制成，外形设计上形式多样，具体如图 6.8 所示。形状的变化提高声屏障的插入损失，并且可有效利用地形地貌提高声屏障效果，降低成本。如图 6.8 的（a）~（d）适用于工业厂房中，（e）适用于交通干线两侧，（f）适用于穿过城区的铁路两侧。

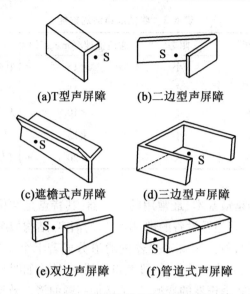

(a)T型声屏障　　　(b)二边型声屏障

(c)遮檐式声屏障　　　(d)三边型声屏障

(e)双边声屏障　　　(f)管道式声屏障

图6.8　声屏障的几种布置型式

隔声屏适用于室外防止直达声,靠近声源或接收点,即增加路程差时可使降噪效果增加。在处理混响声时,必须配合吸声措施。例如道路两侧的隔声屏,如果表面不加吸声材料,噪声就会在道路两旁的隔声屏间多次反射,形成声廊,并向屏障外辐射,从而使其失去了应有的降噪效果。而在混响明显的房间里,可在屏的两侧都贴上吸声材料,能获得较好的降噪效果。

6.4　消声材料

消声降噪可通过消声器来实现,消声器是一种允许气流通过,又能有效阻止或减弱噪声向外传播的装置,它是降低空气动力性噪声的主要技术措施。性能优良的消声器可使气流噪声降低 20 ~ 40 dB(A)。

6.4.1　阻性消声器

阻性消声器是一种利用吸声材料消声的吸收型消声器。该类型消声器结构简单,应用十分广泛,对中、高频范围的噪声具有较好的消声效果,但对低频噪声的消声性能较差,因此多用于风机、燃气轮机进排气的消声处理,不适合在高温、高湿的环境中使用。阻性消声器按气流通道几何形状的不同可分为直管式、片式、折板式、蜂窝式、声流式等。几种常用阻性消声器的性能见表6.2。

表6.2　阻性消声器的性能

名称	消声频率	阻力	通道流速/(m·s⁻¹)	适用范围
直管式	中	小	<15	中小型风机进、排气口的消声
片式	中	小	<15	大中型风机进、排气口的消声
折板式	中、高	中	<10	大中型风机进、排气口的消声
蜂窝式	中	小	<15	中型风机进、排气口的消声
声流式	中、高	大	<20	大中型风机排气口的消声

　　直管式阻性消声器是最基本、最常用的消声器,其特点是结构简单、气流直通、阻力损失小,适用于流量小的管道及设备的进、排气口的消声,结构如图6.9(a)所示.

　　片式消声器通常将直管式阻性消声器的通道分成若干个小通道,设计成片式消声器,适用于气流流量较大的管或设备进、排气口的消声,结构如图6.9(b)所示。

　　折板式消声器是片式消声器的变型,为了增加高频的消声效果而将直通道改为曲折通道,以增加声波在消声器通道内的反射次数,使吸声材料与声波增加接触机会,提高吸声效果,为了减小阻力损失,折角不要过大,一般小于20°,结构如图6.9(c)所示。

　　声流式消声器是将折板式的折角变为平滑,它把吸声片制成正弦波或流线型。当声波通过厚度连续变化的吸声片(层)时,改善对低、中频噪声的消声性能。与折板式消声器比较,气流通过顺畅、阻力较小,但该消声器结构复杂,制造工艺难度大,造价较高,结构如图6.9(d)所示。

　　蜂窝式消声器是由若干个小型直管消声器并联而成,形似蜂窝。这种消声器对中、高频声波的消声效果好,但阻力损失比较大,构造相对复杂。一般适用于风量较大、低流速的场合,结构如图6.9(e)所示。

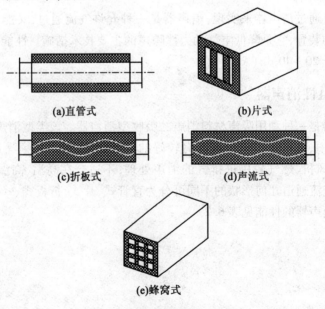

(a)直管式　　　　　　　　(b)片式

(c)折板式　　　　　　　　(d)声流式

(e)蜂窝式

图6.9　阻性消声器结构示意图

6.4.2　抗性消声器

常见的抗性消声器有扩张室式和共振腔式两种。扩张室式消声器也称为膨胀室消声器,它是由管和室组成的。利用声传播中的不连续结构产生的声阻抗改变,引起声反射而达到消声的目的。扩张室式消声器具有结构简单、消声量大等优点,缺点是局部阻力损失较大。它主要用于消除中、低频噪声,控制内燃机、柴油机、空压机等进、出口噪声。扩张室式最常用的结构如图 6.10 所示。

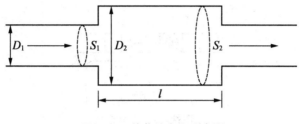

图 6.10　单节扩张室消声器

共振腔消声器是由管道壁开孔与外侧密闭空腔相通而构成,实际上是共振吸声结构的一种应用,主要有同心式和旁支式两种,如图 6.11 所示。

共振腔消声器适合于低、中频成分突出的噪声,且消声量比较大。但消声频带范围窄,一般采用在共振腔中填充一些吸声材料或采取多节共振腔串联的方式,可有效地展宽消声频率的范围。

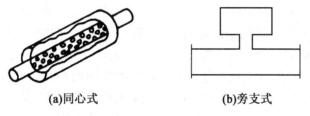

(a)同心式　　　　　　　　　(b)旁支式

图 6.11　共振腔消声器示意图

6.4.3　阻抗复合式消声器

在实际工作中,经常遇到低、中、高频的噪声,即宽频带噪声,为了在较宽的范围获得较好的消声效果,通常采用阻抗复合式消声器进行消声处理。

阻抗复合式消声器是由阻性消声器与抗性消声器组合而成,根据阻性与抗性两种不同的消声原理,结合噪声源的具体特点和现场实际情况,通过不同的组合方式,就可以设计出不同结构形式的复合消声器。常见的形式有阻性 – 扩张室复合式、阻性 – 共振腔复合式、阻性 – 扩张室 – 共振腔复合式等,具体形式如图 6.12 所示。

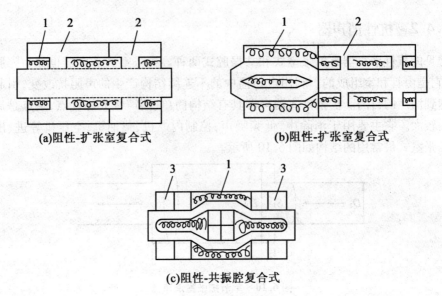

图 6.12　阻抗复合式消声器示意图

1—阻性；2—扩张室；3—共振腔

阻性－扩张室复合消声器是由阻性和抗性两部分消声器组成的复合消声器,详见图 6.12 中的(a)。该消声器是由两段或多段串联而成,第一段为阻性部分,主要用于消除中、高频噪声。为了不增加消声器的长度,在这段消声器通道周围衬贴吸声材料。主要用于消除风机等设备的高频噪声,消声效果约为 20 dB(A)。第二段抗性部分,由两节不同长度的扩张室构成,主要用于消除低、中频噪声,一般有 10 ~ 20 dB(A)的消声效果。有时为了将消声频带拉得宽一些,在每节扩张室内,从两端分别插入等于它的各自长度的 1/2 和 1/4 的插入管,并在插入管上衬贴吸声材料,如图 6.12(b)所示。该类消声器一般用在风机进出口上。图 6.12(c)是阻性－共振腔复合消声器。消声器的阻性部分设置在通道中间,将吸声材料贴在消声器通道的内壁上,用以消除压缩机噪声的中、高频成分。抗性部分是由几对共振腔串联组,其消声值在 20 ~ 30 dB(A)。

6.4.4　微穿孔板消声器

微穿孔板消声器是衬装微穿孔板吸声结构的一种消声器,是阻抗复合式消声器的一种特殊形式。微穿孔板消声器一般是用厚度小于 1 mm 的金属薄板制作,在薄板上钻许多孔径为 0.5 ~ 1 mm 的微孔,穿孔率一般为 1% ~ 3%,穿孔板后留有一定的空腔,选择不同的穿孔率和板厚不同的腔深,就可以控制消声器的频谱性能,使其在需要的频率范围内获得良好的消声效果。

微穿孔板消声器能在较宽的频带范围内消除气流噪声,而且具有耐高温、耐油污、耐腐蚀和不怕水蒸气的性能,即使在气流中带有大量水分,也不影响工作。受到短期的火焰喷射也不致于损坏,这对于蒸汽排气放空系统、内燃机、燃气轮机以及发动机试验站的排气系统消声具有很大的意义。由于在高速气流下,微穿孔板消声器还有一定的消声性能,这对大型空气动力设备的消声器可以较大幅度地减小尺寸,降低造价。对于要求洁净的场所,由于微穿孔板消声器中没有玻璃棉之类的纤维材料,使用后可以不必担心粉屑吹入房间,施工、维修都方便得多。

6.4.5 排气喷流消声器

工厂中各种空气动力设备的排气、高压锅炉排气放风以及喷气发动机试车的排气喷流噪声在工业生产中普遍存在,这种噪声声级高、频带宽、传播远、严重危害人的身心健康。排气喷流消声器是从声源上降低噪声的,根据不同的消声原理可将排气喷流消声器分小孔喷注消声器、节流降压消声器、多孔扩散消声器和喷雾消声器等类型,图6.13为小孔喷注消声器。

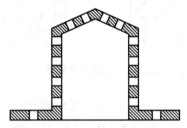

图6.13 小孔喷注消声器

小孔喷注消声器多用于消除小口径高速喷流噪声。设计小孔消声器时,应注意各小孔间的距离,避免经过小孔后的气流再汇合形成较大的喷注。此外孔径不宜选得过小,否则难于加工,同时易于堵塞,影响排气量。将小孔喷注消声器的材料用粉末冶金、烧结塑料、多层金属网、多孔陶瓷等材料替代就成为多孔扩散消声器。该消声器与小孔喷注消声器的不同之处在于其孔心距与孔径之比较小,排放的气流被滤成无数小气流,不能忽略混合后产生的噪声,而小孔喷注消声器混合后的噪声可以忽略。节流降压消声器是利用节流降压的原理制成的,这种消声器通常有15~30 dB(A)的消声量。喷雾消声器主要针对锅炉等排放的高温气体噪声,利用向蒸汽喷气口均匀地喷淋水雾来达到消声的目的。引射掺冷消声器周围没有微穿孔板吸声结构,底部接排气管,消声器外壳开有掺冷孔洞与大气相通,内壁设置吸声结构。

6.5 隔振与阻尼减振材料

6.5.1 隔振材料

凡是具有弹性的材料均能作为隔振器材来使用,隔振装置可分为两大类,即隔振垫和隔振器。

1. 隔振垫

隔振垫是一种适用于中小型设备的隔振装置,通常由橡胶、软木、毛毡、玻璃纤维等材料制成。制作时先把这些材料制成板材,然后再根据实际需要切成一定的形状。

(1)橡胶。

橡胶隔振垫是近几年发展起来的隔振材料。天然橡胶由于变化小、拉力大、受破坏时延伸率长、价格低廉,所以应用比较多。橡胶隔振垫有肋状垫、镂孔垫、钉子垫及 WJ 型橡胶垫等,详见图 6.14 所示。

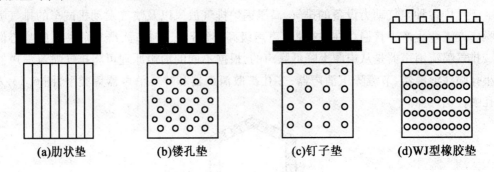

(a)肋状垫　　　(b)镂孔垫　　　(c)钉子垫　　　(d)WJ型橡胶垫

图 6.14　橡胶垫常见型式

其中使用最广泛的是 WJ 型圆突台橡胶垫,WJ 型隔振垫的结构为在橡胶垫的两面有 4 个不同高度的圆台,分别交叉配置,在载荷作用下,较高的凸圆台受压变形,较低的圆台尚未受压时,其中层部分受载而弯成波浪形,振动能量通过交叉圆台和中间弯曲波来传递,它与平板橡胶垫相比,通过的距离增大,能较好地分散并吸收任意方向的振动,更有效地发挥橡胶的弹性。此外由于原凸面斜向地被压缩,起到制动作用,在使用中无须紧固措施,即可防止机器滑动,承载越大,越不易滑移。

(2)软木。

软木是一种应用历史悠久的隔振垫材料。隔振用的软木是用天然软木经高温、高压、蒸汽烘干和压缩制成的板状或块状物。软木具有一定的弹性,一般软木的动态弹性模量约为静态弹性模量的 2～3 倍。软木隔振系统的固有频率一般可控制在 20～30 Hz 范围内,承受的最佳载荷为 $(5～20)×10^4$ Pa,阻尼比一般取 0.04～0.18,常用的厚度为 5～15 cm。软木具有质轻、耐腐蚀、保温性能好、加工方便等优点。一般软木的隔振效果是随着晶粒粗细、软木厚的厚度、荷载大小,以及结构形式的不同而变化。作为隔振基础的软木,由于固有频率较高,不宜于低频隔振。

(3)毛毡。

玻璃纤维毡、矿渣棉和各类材质的毛毡均是良好的隔振材料,这类隔振材料在极广泛的负载范围内能保持自然频率。预制的毡类隔振材料除可用在机械设备的基础上,也可作为管子穿墙套管来隔振,用时最好是预先设计,再压制成毡状,为了便于切成小块,也可制成板条形。毛毡的适用频率范围为 30 Hz 左右,适用于车间内中小型机器隔振降噪处理。毛毡应防腐、防虫,易用油纸或塑料薄膜予以包裹,缝隙易用沥青涂抹密封。毛毡类隔振垫的优点是价格低廉、安装方便,可根据需要切成任何形状和大小,并可重叠放置,获得良好的隔振效果。

2.隔振器

隔振器是用在某一频率范围内衰减振动传输的隔离器,是用来减弱冲击、振动传输的构件,通常是弹性的支撑物、使用时可作为机械零件来装配安装的器件。最常用的隔振器主要有弹簧隔振器、橡胶隔振器和空气弹簧隔振器等。

(1)弹簧隔振器。

弹簧隔振器是目前应用较广泛的隔振器,它的优点是承载能力高、耐高温、耐油污、性能稳定不老化,固有频率低,低频隔振性能高。缺点是本身阻尼小,共振时传递率可能很大,高频隔振性能差。

弹簧隔振器包括螺旋弹簧式隔振器和板条式隔振器两种,如图 6.15 所示。螺旋弹簧式隔振器多用在各类风机、破碎机、压力机、锻锤机的振动上。板条式隔振器是由多根钢板叠加在一起构成的,具有良好的弹性,变形时钢板间产生摩擦阻尼,只在一个方向上具有隔振作用,用于火车、汽车的车体减震。

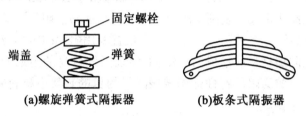

图 6.15　弹簧隔振器

(2)橡胶隔振器。

橡胶隔振器在工业上广泛使用,主要由硬度合适的橡胶材料制成。橡胶隔振器一般由约束面与自由面构成。约束面通常和金属相接,自由面则指垂直加载于约束面时产生变形的那一面。在受压缩负荷时,橡胶横向胀大,与金属接触的面则受约束,因此只有自由面在变化,约束面和自由面大小的不同,影响着橡胶隔振材料的参数。

常用的橡胶隔振器根据受力情况分为压缩型、剪切型、压缩－剪切复合型 3 种,如图 6.16 所示。橡胶隔振器具有良好的阻尼特性,不会产生共振激增现象,并可通过改变配方及结构来调节弹性大小;此外还具有良好的高频隔振特性,可承受压缩、剪切或剪切—压缩力,是一种适合于中小型设备和仪器隔振的装置。但橡胶不耐高温、易老化,导致弹性劣化,在高温下使用性能不高,低温下弹性系数也会改变,且不耐油污。

(3)空气弹簧隔振器。

空气弹簧也称"气垫",指在可伸缩的密闭容器中充以压缩空气,利用空气弹性作用的弹簧。空气弹簧一般附设有自动调节机构,每当负荷改变时,可调节密闭容器中的气体压力,使之保持恒定的静态压缩量。这种隔振器的隔振效率高,固有频率低,且具有黏性阻尼,因此隔振性能良好,多用于火车、汽车和一些消极隔振的场合。空气弹簧的缺点是需要有压缩气源及一套繁杂的辅助系统,造价昂贵,并且荷重只限于一个方向,一般工程上采用较少。

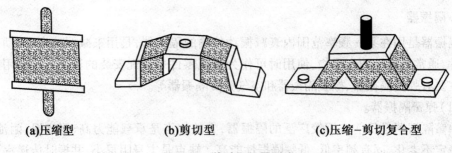

(a)压缩型　　　　　　　(b)剪切型　　　　　　(c)压缩-剪切复合型

图 6.16　橡胶隔振器型式

6.5.2　阻尼材料

通常把系统损耗振动能或声能的能力称为阻尼,阻尼越大,输入系统的能量便能在较短时间内损耗完毕,因而系统从受激振动到重新静止所经历的时间就越短,所以阻尼也可理解为系统受激后迅速恢复到受激前状态的一种能力。阻尼包括系统阻尼、结构阻尼和材料阻尼3种方法。系统阻尼是在系统中设置专用阻尼减振器;结构阻尼是在系统的某一振动结构上附加材料或形成附加结构,增加系统自身的阻尼能力;而材料阻尼是依靠材料本身所具有的高阻尼特性达到减振降噪的目的。其中材料阻尼对于解决由振动造成的问题十分重要。

1. 黏弹性阻尼材料

黏弹性阻尼材料是应用较为广泛的一种高分子聚合物材料,它在一定受力状态下,既具有黏性液体消耗能量的特性,又具有弹性固体材料存储能量的特性。当它受到外力时,有一部分能量被转化为热能而耗散掉,而另一部分能量以势能的形式储备起来,黏弹性阻尼材料通过将振动机械能转变为其他能量而达到衰减振动和降低噪声的目的。

黏弹性阻尼材料包括橡胶类和塑料类,如氯丁橡胶、有机硅橡胶、聚氯乙烯、聚氨酯泡沫塑料、玻璃状陶瓷、细粒玻璃等阻性材料。早期的聚合物阻尼材料主要是单一组分的均聚物,其玻璃化转变温度区间比较窄,只能在有限的温度与频率范围内使用。为了拓宽黏弹性阻尼材料的使用温度与频率范围,相继发展了两种以上的高聚物以共聚、共混或互穿网络的方式复合的材料,通过拓宽其玻璃化转变区间,从而达到拓宽阻尼材料的使用温域与频率范围的目的。

各种黏弹性阻尼材料的缺点是模量过低,不能作为结构材料,只能作为附加材料,或者用作隔振器械弹簧上的阻尼材料。黏弹性阻尼材料作为附加材料附着其他材料上时,需采取特殊的工艺方法,一般将黏弹性阻尼材料以胶片形式生产,使用时可用专用的黏结剂将它贴在需要减振的结构上。

2. 阻尼合金

阻尼合金又称减震合金或低噪声合金,俗称哑铁。具有足够强度和刚度的高阻尼合金即能吸收振动能量又能满足结构要求,把它制成片、圈、塞等各种形状的制品,安装在振动冲击和发声强烈的机件上,或把它作为结构材料直接代替机械振动和发声部件,可以减少机械噪声的辐射。对于振源集中的机械来说,阻尼合金将会使整机噪声有明显下降。

阻尼合金按阻尼机理可分为复合型(如 Al - Zn 系合金)、铁磁性型(如 Fe 基合金)、位错型(Mg - Zr 合金)和双晶型(Mn - Cu 合金,Mn - Cu - Al 合金)4 类。阻尼合金之所以能消耗振动的能量,主要是因为合金内部存在一定的可动区域,当它受到外力作用时,具有阻尼松弛作用,由于摩擦、振动产生滞后损耗,使振动能转化为热而被消耗掉。阻尼合金具有阻尼性能好,兼有钢性良好的硬强度性能,易于机械加工,耐腐蚀、耐高温和成本低等优点,是一种积极的阻尼技术。其不仅可以减少机械及其部件所产生的噪声,而且能吸收振动能量,使振动极快衰减,避免由于机件的激烈振动而引起的疲劳损伤,可以延长机件的使用寿命。阻尼合金的机械性能、使用温度范围不尽相同,因此应用时要全面考虑其综合特点,达到最佳应用效果。

3. 附加阻尼结构

附加阻尼结构是通过外加阻尼材料(如沥青、石棉漆、软橡胶或其他黏弹性高分子涂料配制成的阻尼浆)抑制结构振动达到提高抗振性、稳定性和降低噪声目的的结构。这种措施也称之为减震阻尼,它是噪声与振动控制的重要手段之一。附加阻尼结构按阻尼耗能的结构可分为自由阻尼结构、约束阻尼结构和复合阻尼结构。

(1)自由阻尼结构。

自由阻尼结构最初由德国首先研制出来,是将黏弹性阻尼材料牢固地粘贴或涂抹在作为振动构件的金属薄板的一面或两面,如图 6.17 所示。其工艺过程简单,成本低廉,是目前我国在工业噪声治理中普遍采用的阻尼处理技术。自由阻尼结构金属薄板为基层板,阻尼材料形成阻尼层,当基层板做弯曲振动时,板和阻尼层自由压缩和拉伸,阻尼层将损耗较大的振动能量,从而使振动减弱。这种阻尼结构厚度在 3 mm 以下的薄金属板,可收到明显的减振降噪效果,因此仅适用于降低薄板的振动与发声结构。为了进一步增加阻尼层的拉伸与压缩,可在基层板与阻尼层之间再增加一层能承受较大剪切力的间隔层(黏弹性材料或纤维材料),以提高减振效果。

(2)约束阻尼结构。

如图 6.18 所示为约束阻尼结构。在金属板上先粘贴一层阻尼材料,其外再覆盖一层金属薄板(约束层),金属结构振动时,约束层相应弯曲与基层板保持平行,它的长度几乎保持不变。此时阻尼层下部将受压缩,而上部受到拉伸,即相当于基层板相对于约束层产生滑移运动,阻尼层产生剪应力不断往复变化,从而消耗机械振动能量。一般选用的约束层是与基层板的材料相同、厚度相等的对称型结构,也可选择约束层厚度仅为基层板的 1/2 ~ 1/4 的结构。涂覆在金属结构上的阻尼材料不仅可以有效地抑制结构在固有频率上的振动,而且还能大幅度地降低结构噪声。如地铁、电车的车轮采用约束阻尼层后,噪声由 114 dB(A)下降到 89 dB(A),其阻尼材料质量占车轮的 4.2%。

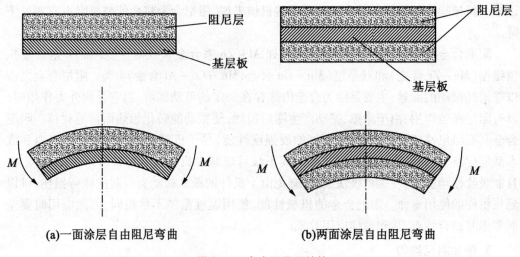

(a)一面涂层自由阻尼弯曲　　　　　　(b)两面涂层自由阻尼弯曲

图 6.17　自由阻尼层结构

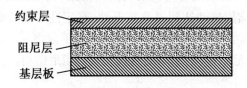

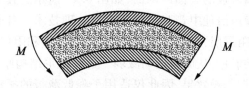

图 6.18　约束阻尼层结构

（3）复合阻尼结构。

复合阻尼结构是用各种基本材料和高分子材料复合而成的。这类材料包括聚合物基阻尼复合材料和金属基阻尼复合材料。传统聚合物阻尼材料的吸振机理基于黏弹性阻尼，所以其适用温度和阻尼性能强烈依赖于聚合物的玻璃化转变温度。自 20 世纪中期开始，美国和日本等国家就不断研制出新的高聚物阻尼材料。到 20 世纪 90 年代初，发达国家约有十几家专业厂商生产很多品种的阻尼材料。国内的聚合物基阻尼材料研究及工程应用的发展也很迅速。

金属基阻尼复合结构包括在金属基体中添加第二相粒子形成的金属基复合材料、两种不同的金属板叠合在一起或由金属板和树脂黏合在一起而形成的复合阻尼金属板等。在制备复合材料中一般选择颗粒、晶须和纤维作为第二相。与颗粒或晶须相比，连续纤维可较大程度地提高复合材料的阻尼。目前研究较多的阻尼金属基复合材料主要是 Mg 基阻尼复合材料和 Al 基阻尼。金属基阻尼复合材料可大大提高阻尼材料的刚度和强度，但目前尚未达到阻尼合金的水平。

第7章 环境修复材料

7.1 大气污染修复技术与材料

自然界中局部的质能转换和人类所从事的种类繁多的生活、生产活动,向大气排放出各种污染物。当污染物超过了大气环境所能允许的极限时,大气质量发生恶化,影响人们的生活、工作、健康、精神状态,破坏设备财产以及生态环境等,此类现象称为大气污染。随着世界各地工业化、城市化和现代化的迅速发展,由人为因素造成的大气污染已成为人类无法回避的现实问题。大气中一次污染物与二次污染物的复合污染,有机污染物与无机污染物的混合污染和颗粒物、颗粒携带污染物与气态污染物的交织污染,已直接或间接地威胁到了陆地生态系统和人类自身的健康与生存。控制和治理大气污染是维持和提高区域性和全球性环境质量、保障生态环境卫生和人体健康的迫切需要,也是社会经济可持续发展的重大需求。

7.1.1 大气污染的植物修复

植物修复是利用植物及共存微生物与环境之间的相互作用对环境污染物进行清除、分解、吸收或吸附,使污染环境得以恢复的科学技术,是一项用于清除环境中有毒污染物的绿色修复技术。近年来,利用植物修复技术治理大气污染尤其是近地表大气的有机污染物与无机污染物的混合污染已是大气污染研究的热点课题。

近地表大气中污染物可分成3类:物理性污染物、生物性污染物和化学性污染物。粉尘是主要的物理性大气污染物,绿色植物都有滞尘作用,植物叶总面积大、叶面粗糙多绒毛、能分泌黏性油脂或浆汁的物种可被选为滞尘树种。病原体附着在尘埃或飞沫上随气流移动,通过空气传播,即生物性大气污染物。绿色植物的滞尘作用可以减小其传播范围,且植物的分泌物具有杀菌作用,因此植物可以减轻生物性大气污染。大气环境中的有毒化学物质是化学性大气污染物,植物可以吸附、吸收、同化、降解、转化大气中的CO_2及毒害性化学物质,以达到修复化学性大气污染。大气污染的植物修复是一种以太阳能为动力,利用植物的同化或超同化功能净化污染大气的绿色植物技术。大气污染的植物修复过程可以是直接的,也可以是间接的,植物对大气污染的直接修复是植物通过其地上部分的叶片气孔及茎叶表面对大气污染物的滞留、吸收与同化的过程,而间接修复则是指通过植物根系或其与根际微生物的协同作用清除干湿沉降进入土壤或水体中大气污染物的过程。目前对于大气污染植物修复的研究主要集中在直接修复,主要过程是持留和去除。持留过程涉及植物截获、吸附、滞留,去除过程包括植物吸收、降解、转化、同化,有的植物有超同化的功能,有的植物具有多过程的作用。

1. 植物对大气中化学污染物的净化作用

植物修复化学性大气污染的主要过程是持留和去除。持留过程涉及植物截获、吸附、滞留等,去除过程包括植物吸收、降解、转化、同化等。有的植物有超同化的功能,有的植物具有多过程的作用机制。

(1)植物吸附与吸收修复。

植物对于污染物的吸附与吸收主要发生在地上部分的表面及叶片的气孔。在很大程度上,吸附是一种物理性过程,其与植物表面的结构如叶片形态、粗糙程度、叶片着生角度和表面的分泌物有关。植物可以有效地吸附空气中的如浮尘、雾滴等悬浮物及其吸附着的污染物。已有实验证明植物表面可以吸附亲脂性的有机污染物,其中包括多氯联苯(PCBs)和多环芳烃(PAHs),其吸附效率取决于污染物的辛醇 – 水分配系数。Simonich 和 Hites 认为植被是从大气中清除亲脂性有机污染物最主要的途径,其吸附过程是清除的第一步。

植物可以吸收大气中的多种化学物质,包括 SO_2,Cl_2,HF,重金属(Pb)等。植物吸收大气中污染物主要是通过气孔,并经由植物维管系统进行运输和分布。对于可溶性的污染物包括 SO_2,Cl_2 和 HF 等,随着污染物在水中溶解性增加,植物对其吸收的速率也会相应增加。湿润的植物表面可以显著增加对水溶性污染物的吸收。光照条件由于可以显著地影响植物生理活动,尤其是控制叶片气孔的开闭,因而对植物吸收污染物有较大的影响。对于挥发或半挥发性的有机污染物,污染物本身的物理化学性质包括相对分子质量、溶解性、蒸气压和辛醇 – 水分配系数等都直接地影响到植物的吸收。气候条件也是影响植物吸收污染物的关键因素。有报道认为大气中约 44% 的 PAHs 被植物吸收,从大气中去除。该报道还认为,植物在春季和秋季吸收能力较强,主要吸收较高相对分子质量的 PAHs,虽然植物不能完全降解被吸收的 PAHs,但植物的吸收有效地降低了空气中的 PAHs 浓度,加速了从环境中清除 PAHs 的过程。Corneji 等发现植物可以有效地吸收空气中的苯、三氯乙烯和甲苯,不同植物对不同污染物的吸收能力有较大的差异。这一结果也说明选择合适的植物种类是取得植物修复成功的一个关键环节。对植物吸收重金属机理的了解多来自于植物从土壤或水中吸收重金属的研究结果。对于植物如何从空气中吸收重金属的机理性认识还很有限。但是,植物可以吸收重金属如 Pb 却是一个已知的事实,一旦重金属进入植物的组织或细胞,植物中的植物金属硫蛋白(MT)、植物螯合肽(PC)、游离的组氨酸、膜上特异性转运蛋白等物质将为重金属在植物体内的存在形态、运输和分布起重要的作用。

近年开展的植物吸收有机污染物的研究提出了多种平衡模型如一室质量平衡模型和三室质量平衡模型等,这些模型拟合了污染物在植物体内与体外的平衡状况,分析了影响平衡的诸多因素。有的研究确认了植物细胞膜上具有结合有 ATP 的盒式转运体(ABC),这种转运体可以识别共轭结合着有机污染物的氧化型谷胱甘肽或结合着金属的植物螯合肽,并将这些物质转运到细胞或液泡中。这些结果有助于进一步了解和提高植物吸收污染物的能力。对于已进入植物体的污染物,有些可以通过植物的代谢途径被代谢或转化,有些可以被植物固定或隔离在液泡中。虽然会有一部分被植物吸收的污染物或被转化了的产物重新回到大气中,但这一过程是次要的,不至于构成新的大气污染源。但是,如何防止植物体内的重金属和其他有毒、有害污染物进入食物链是一个需要关注的问题。

(2)植物降解修复。

植物降解是指植物通过代谢过程来降解污染物或通过植物自生的物质如酶类来分解植物体内外来污染物的过程。目前,对有机污染物在植物体内的降解机理的了解远远少于在动物或微生物中的了解。Sandermann 认为植物含有一系列代谢异生素的专性同功酶及相应的基因。其代谢的主要途径与在动物中的相似,但往往更复杂,还有一个显著的不同点是植物将代谢的产物以被束缚的状态保存。参与植物代谢异生素的酶主要包括:细胞色素 P450、过氧化物酶、加氧酶、谷胱甘肽 S−转移酶、羧酸酯酶、O−糖苷转移酶、N−糖苷转移酶、O−丙二酸单酰转移酶和 N−丙二酸单酰转移酶等。而能直接降解有机污染物的酶类主要为:脱卤酶、硝基还原酶、过氧化物酶、漆酶和腈水解酶等。Lee 和 Fletcher 认为主要是细胞色素 P450 而不是过氧化物酶导致了植物体内 PCBs 的氧化降解。Kas 等观察到几种植物在无菌培养条件下能有效地降解多种 PCBs。Doty 等将人的细胞色素 P450 2E1 基因转入烟草后提高了转基因植株氧化代谢三氯乙烯(TCE)和二溴乙烯(EDB)的功能约 640 倍。Gordan 等通过同位素标记的实验表明,植物中的酶可以直接降解 TCE,先生成三氯乙醇,再生成氯代乙酸,最后生成 CO_2 和 Cl_2。还有报道认为,植物体内的脂肪族脱卤酶也可以直接降解 TCE。Langebartels 和 Harms 的研究表明大豆和小麦的细胞悬浮培养物可以代谢五氯苯酚。至于植物能否在地上部分茎叶的表面分泌酶类而直接降解吸附在其表面的大气污染物还未见报道,有待探索。对于一些在植物体内较难降解的污染物如 PCBs,将动物或微生物体内能降解这些污染物的基因转入植物体内可能是一种好办法。这种基因工程的手段不仅能提高植物降解有机污染物的能力,还可以使植物修复具有一定的选择性和专一性。这也是基因工程技术的一个重要应用领域。人们或许可以利用多年来对微生物降解污染物研究的成果和信息,设计出自然界原先并不存在的污染物复合降解方案。植物相对于微生物在环境修复方面有一些优势,例如植物修复不需要向环境中释放降解菌,因而更易为公众所接受;植物修复通常不需要无菌的生长条件和有机营养物;植物修复可以在花费很低的情况下获得较大的生物量;植物可以很容易地进行繁殖和收获。尽管在植物转基因工程方面还需要做很多基础性研究工作,如选择合适的外源基因和宿主,如何使转基因植物持续高效地表达外源基因以及生物安全问题等,但是通过转基因植物来高效降解大气环境中难降解污染物的前景是诱人的。

(3)植物转化修复。

植物转化是指利用植物的生理过程将污染物由一种形态转化为另一种形态的过程。植物转化过程与植物降解过程有一定的区别,因为转化后的污染物分子结构不一定比转化前更简单。转化后产物还有可能比转化前物质具有更高或更低的生物毒性,但一般对植物本身无毒或低毒。对于这两种不同的转化结果,毒性提高的可称之为植物增毒作用,毒性降低的称之为植物解毒作用。如何防止植物增毒和如何强化植物解毒是利用植物转化修复大气污染物的关键。使植物将有毒有害的污染物转化为低毒低害或完全无毒无害的物质应是主攻方向。例如,利用基因工程技术使植物将空气中的 NO_x 大量地转化为 N_2 或生物体内的氮素。臭氧是近地表大气中主要的二次污染物,可通过产生活性氧对动、植物造成伤害。可以利用专性植物有效地吸收空气中的臭氧(包括其他的光氧化物),并利用其体内的一系列的酶如超氧化物歧化酶(SOD)、过氧化物酶、过氧化氢酶等和一些非酶抗氧化剂如维生素 C、维生素 E、谷胱甘肽等进行转化清除。通常,植物不能将有机污染物彻底降解为 CO_2 和 H_2O,而是经过一定的转化后隔离在植物细胞的液泡中或与不溶性细胞结构如木质素相结合,也有人认为一旦有机污染物进入植物体首先进行的就是木质化的过程。因此,植物转化是植物保护自身不受污染物影响的重要生理反应过程。植物转化需要有植物体内多种酶类的参与,其中包括乙酰化酶、巯基转移酶、甲基化酶、葡糖醛酸转移酶和磷酸化酶等。具有极性的外来化合物可以与葡糖醛酸发生结合反应。

(4)植物同化和超同化修复。

植物同化是指植物对含有植物营养元素的污染物的吸收,并同化到自身物质组成中,促进植物体自身生长的现象。除了以上所提到的 CO_2 外,含有植物营养元素的污染物主要指气态的含硫化合物和含氮化合物。植物可以有效地吸收空气中的 SO_2,并迅速将其转化为亚硫酸盐至硫酸盐,再加以同化利用。对于大气中氮氧化合物的同化是目前的一个研究热点。从天然植物中筛选或通过基因工程手段培育"超同化植物"及其理论与技术的发展是今后一个重要而有应用前景的研究工作。Morikawa 等研究了 217 种天然植物同化 NO_2 的情况,结果发现不同植物同化能力的差异达 600 倍,其中 Solanaceae 和 Salicaceae 两个科中的植物具有较高的同化 NO_2 能力,可用来筛选"嗜 NO_2 植物"。植物体内与 NO_2 代谢有关的酶和基因的研究已比较清楚。所涉及的酶类主要为硝酸盐还原酶(NR)、亚硝酸还原酶(NiR)和谷氨酰胺合成酶(GS)。这几种酶的蛋白质性质、酶的组成、酶促反应的机理、基因的表达调控在 Omasa 等的文章中已有比较详细的阐述。这几种酶的基因都已经被成功地转入了受体植株中,并随着转入基因的表达和相应酶活性的提高,转基因植株同化 NO_2 的能力都有了不同程度的提高。这些研究成果不仅为培育高效修复大气污染的植物提供了快捷的途径,同时也为修复植物的生理基础研究提供了新的实验工具。

一些常见树木对有害气体(蒸气)的吸收情况见表7.1。

表7.1　一些常见树木对有害气体(蒸气)的吸收情况

植物名称	性状	有害气体(蒸气)						应用
		SO_2	Cl_2	HF	Hg	Pb	粉尘	
棕榈(*Trachycarpus fortunei*)	常绿乔木	V	V	V	V			工厂绿化
蓝桉(*Eucalyptus globules*)	常绿乔木	V	V	V				污染不太严重地区
银桦(*Grevillea robusta*)	常绿乔木	V	V	V				工厂区绿化

续表7.1

植物名称	性状	有害气体(蒸气)						应用
		SO₂	Cl₂	HF	Hg	Pb	粉尘	
樟叶槭 (Acer cinnamomifolium)	常绿乔木	V	V					
黄槿(Hibiscus tiliaceus)	常绿乔木		V				V	
木麻黄 (Casuarina equisetifolia)	常绿乔木	V	V					
盆架子(Alstonia scholaris)	常绿乔木	V	V					
菩提榕(Ficus religiosa)	常绿乔木	V	V					
樟树 (Cinnamomum camphora)	常绿乔木	V		V				污染较轻地区
侧柏(Biota orientalis)	常绿乔木	V						很好的抗污净化树种
桧柏(Juniperus chinensis)	常绿乔木	V			V		V	
乌桕(Sapium sebiferum)	乔木	V		V				工矿区防污树种
女贞(Ligustrum lucidum)	常绿小乔木	V	V	V		V	V	
厚皮香 (Ternstroemia gymnanthera)	小乔木或灌木	V						
大叶黄杨 (Euonymus japonicus)	常绿灌木或小乔木	V		V	V		V	污染严重地区栽培
海桐(Pittosporum tobira)	常绿灌木或小乔木	V		V			V	污染严重地区
山茶(Camellia japonica)	常绿灌木或小乔木		V	V				
柑橘(Citrus reticulata)	常绿灌木或小乔木	V		V				
构树 (Broussonetia papyrifera)	落叶乔木	V	V				V	先锋绿化树种
板栗(Castanea mollissima)	落叶乔木	V		V				工厂绿化
银杏(Ginkgo biloba)	落叶乔木	V						轻污染地区
梧桐(Firmiana simplex)	落叶乔木	V		V				中度污染地区
刺槐(Robinia pseudoacacia)	落叶乔木	V	V	V		V	V	污染严重地区
臭椿(Ailantltus altissma)	落叶乔木	V				V		净化空气树种
垂柳(Salix babylonica)	落叶乔木	V		V				污染较轻地区
悬铃木(Platanus acerifolia)	落叶乔木	V					V	烟尘污染或有害气体 污染较轻地区
桑树(Morus alba)	落叶乔木或 呈灌木状	V	V	V		V		中度污染地区绿化

续表7.1

植物名称	性状	有害气体(蒸气)						应用
		SO₂	Cl₂	HF	Hg	Pb	粉尘	
紫薇(*Lagerstroemia indica*)	落叶乔木或呈灌木状	V					V	
夹竹桃(*Nerium indica*)	常绿灌木	V	V		V		V	工厂抗污树种

2. 植物对大气中物理性污染物的净化作用

绿色植物的减尘作用:绿色植物都有滞尘的作用,其滞尘量的大小与树种、林带、草皮面积、种植情况以及气象条件等均有密切的关系。树木、绿地的吸尘量树木滞尘的方式有停着、附着和黏着3种。叶片光滑的树木其吸尘方式多为停着;叶面粗糙、有绒毛的树木,其吸尘方式多为附着;叶或枝干分泌树脂、黏液等,其吸尘方式为黏着。根据我国南京植物所在水泥粉尘源附近的调查与测定,各种树木叶片单位面积上的滞尘量见表7.2。绿色树木减尘的效果是非常明显的,一般来说,绿化树木地带比非绿化的空旷地飘尘量要低得多。根据北京地区测定,绿化树木地带对飘尘的减尘率为21%~39%,而南京测得的结果为37%~60%。可以讲森林是天然的吸尘器,并且由于树木高大,林冠稠密,因而能减小风速,也就可使尘埃沉降下来。

表7.2 各种树木叶片的滞尘量

树种	滞尘量/(g·m⁻²)	树种	滞尘量/(g·m⁻²)	树种	滞尘量/(g·m⁻²)
刺楸	14.53	楝子	5.89	泡桐	3.53
榆树	12.27	臭椿	5.88	五角枫	3.45
朴树	9.37	枸树	5.87	乌桕	3.39
木槿	8.13	三角枫	5.52	樱花	2.75
广玉兰	7.10	夹竹桃	5.39	腊梅	2.42
重阳木	6.81	桑树	5.28	加拿大白杨	2.06
女贞	6.63	丝棉木	4.77	黄金树	2.05

绿地也能起减尘作用,生长茂盛的草皮,其叶面积为其占地面积的20倍以上。同时,其根茎与土壤表层紧密结合,形成地被,有风时也不易出现二次扬尘,对减尘有特殊的功能。据我国北京地区测定,在微风情况下,有草皮处大气中颗粒物质量浓度为0.20 mg/m³左右,在有草皮的足球场,比赛期间大气中颗粒物质量浓度为0.88 mg/m³左右。而裸露地面的儿童游戏场,大气中颗粒物质量浓度高达2.67 mg/m³,在有4~5级风时,裸露地面处的颗粒物质量浓度可高达9 mg/m³。

防尘树种的选择:树叶的总叶面积大、叶面粗糙多绒毛,能分泌黏性油脂或汁浆的树种都是比较好的防尘树种,如核桃、毛白杨、构树、板栗、臭椿、侧柏、华山松、刺楸、朴树、重阳木、刺槐、悬铃木、女贞、泡桐等。

3.植物对大气生物污染物的净化作用

大气环境质量恶化,使生物生存、人体健康和人类活动受到影响或危害。这种污染分为大气微生物污染、大气变应源微生物和生物性尘埃污染。

许多微生物寄生在人和动物体内,可从呼吸道排出,直接污染大气;也可随排泄物(如痰液、脓汁或粪便等)排出而进入地面,随灰尘飞扬,造成污染。土壤中的微生物附着在尘埃颗粒上,飘浮空中,也可造成污染。污染大气的微生物种类很多,其中对外界环境抵抗能力较强的种类,如八叠球菌、细球菌、枯草杆菌以及霉菌和酵母菌的孢子等,在大气中停留时间较长,是造成大气污染的主要种类。

室外空气中微生物的数量和所在地区人口密度、植物数量、土壤和地面铺垫的情况以及气温、大气湿度、气流和日照等因素有关。一般是靠近地面的空气污染程度最严重,随着高度的上升,空气中微生物的数量逐渐减少,大气上层几乎没有微生物。

室内特别是通风不良、人员拥挤的房间里,微生物很多。在未经消毒处理的医院病房中,可能会有大量结核杆菌、白喉杆菌、葡萄球菌、溶血性链球菌以及麻疹病毒和流行性感冒病毒等病原微生物。

微生物污染空气,可使空气成为传播呼吸道传染病的媒介,造成某些传染病的流行。此外,空气中的微生物还会污染食品,使之腐败变质。

防止大气微生物污染的措施如下。

①室内通风:通过空气流动、空气的稀释作用和微生物的沉降作用,可使室内空气中微生物数目明显减少。影剧院、礼堂、会议室等人员拥挤的场所应该采用这一措施。

②空气过滤:对空气清洁程度要求较高的场所,如手术室、无菌实验室等可采用多种空气过滤器,以除去含有微生物的尘埃。

③空气消毒:常用的空气消毒方法有物理方法、化学方法两类。物理方法主要是紫外线照射。$2\ 000 \sim 2\ 967$ Å(特别是$2\ 650$ Å)波长的紫外线,能有效地杀灭空气中的微生物。化学消毒方法主要是用各种化学药品喷洒或熏蒸。常用的药品有甲醛、乳酸、次亚氯酸钠(或漂白粉)、三乙烯乙二醇、过氧乙酸、丙二醇等。

(2)大气变应原污染。

引起人体变态反应的物质称为变应原,常见的大气变应原有花粉、真菌孢子、尘螨和毛虫毒毛等。

①花粉:臭蒿、艾蒿、茵陈蒿和豚草属等花粉是常见的变应原。最容易引起变应性哮喘的豚草属花粉,质量轻,体积小,可随风飘扬,而且表面有许多细刺,易附着于呼吸道黏膜上。每年夏秋之交,花粉形成,污染大气,引起变应性哮喘病。

②真菌孢子:常见的真菌有青霉属、曲霉属、格孢属、丛梗孢属、色串孢属等。真菌孢子对大气的污染无明显的季节性。

③尘螨:尘螨是尘螨性过敏的病原体。尘螨主要孳生于家庭卧室中,可隐藏在动、植物性纤维物品中。在动物身上和其活动场所也有尘螨。因螨体细小,可在空气中悬浮飘移,造成空气污染。螨体及其分泌物和排泄物等可引起吸入型哮喘、过敏性鼻炎、过敏性湿疹等。

④毛虫毒毛：松毛虫、桑毛虫等毛虫的毒毛脱离虫体，进入大气，可造成大气污染，引起人类过敏性疾病。

大气变应原污染的预防措施主要是杀灭病原体以及防止和避免接触变应原。

（3）生物性尘埃污染。

杨柳等绿化植物的种子生有许多细毛（种缨），种子成熟时在空中随风飘荡，造成大气生物性尘埃污染，给人类的活动带来不良的影响；对精密仪器制造工业的生产，会造成直接威胁。目前，园林绿化部门采取只栽雄株的办法，试图杜绝这种污染的发生。

7.1.2　大气污染的微生物修复

1. 有机废气的微生物修复技术

随着现代工业的迅速发展，进入大气的有机化合物越来越多，这类物质带有恶臭气味，大多数有机化合物具有一定毒性，易产生"三致"效应，从而对人体和环境产生很大的危害。废气的处理方法有很多，如属于物理化学方法的吸附、吸收、氧化和等离子体转化法，也可以采用生物处理法，特别是在脱除臭味中。有些物理化学方法虽然处理效果较好，但要求高温、高压条件，需要大量的催化剂和其他化学药剂，并严重腐蚀设备，产生二次污染等。而微生物对各类污染物均有较强、较快的适应性，并可将其作为代谢底物降解、转化。同常规的废气处理方法相比，生物处理具有效果好、设备简单、投资及运行费用低、安全性好、无二次污染、易于管理等优点。生物技术与传统技术的优缺点比较见表7.3。

表 7.3　生物技术与传统技术各自的优缺点

处理技术	优点	缺点
生物滤器	简单，成本低，投资和运行费用低，有效去除低浓度废气，低压降，无二次废气产生	占地面积大，每隔2.5年需更换填料，不适宜处理生物滴滤器处理的高浓度的废气，有时湿度和pH难以控制，颗粒物质会堵塞滤床
生物滴滤器	简单，成本低，中等投资，低运行费用，去除效率高，有效去除产酸的污染物，低压降	建造和操作比生物滤器复杂，营养物添加过量时，会产生大量微生物，造成堵塞
涤气法	中等投资费用，能处理含颗粒的废气，相对小的占地面积，能适应各种负荷技术，非常成熟	运行费用高昂，大量沉淀时性能下降，复杂的化学进料系统不能去除大部分VOCs，需要有毒或危险的化学物质
活性炭吸附法	停留时间短，小单元操作稳定、可靠，中等投资费用	运行费用特别昂贵，湿润废气会缩短活性炭的使用寿命，活性炭消耗产生二次废气，中等压降
焚烧法	能有效去除各种浓度和性质的化合物，高负荷下性能稳定可靠，占地面积小	投资和运行费用昂贵，不适宜高流量、低浓度的废气，处理通常需要燃料，产生二氧废气（NO_x），公众审查严格

　　进入大气的污染物除了有机污染物外,还有硫化物、二氧化碳以及氮氧化物等,本章将重点介绍有机污染物的生物处理技术。

　　有机废气的生物处理是利用微生物以废气中的有机组分作为其生命活动的能源或其他养分,经代谢降解,转化为简单的无机物(二氧化碳、水等)及细胞组成物质。与废水的生物处理过程的最大区别在于,废气中的有机物质首先要经历由气相转移到液相(或固体表面液膜)中的传质过程,然后在液相(或固体表面生物层)被微生物吸附降解,如图 7.1 所示。

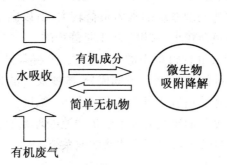

图 7.1　有机废气的微生物处理过程

　　有机废气的生物处理技术 20 世纪 70 年代在德国、日本等国家得到了应用。生物过滤是气体生物处理的主要类型,其主要优点是资金投入和运行成本低。典型生物过滤系统的费用仅约为焚烧法的 6% ,为臭氧氧化法的 13% ,为活性炭吸附法的 40% 。该法利用微生物降解有机废气中溶解水中的有机物质,使气体得到净化。这种方法能耗低、运转费用省,对食品加工厂、动物饲养场、黏胶纤维生产厂、化工厂等排放低浓度恶臭气体的处理十分有效,并已有研究报告表明对苯、甲苯等 VOCs 废气的处理也有一定的效果。

　　微生物处理法中的生物反应器的处理能力较小,往往需要很大的占地面积,在土地资源紧张的地方,应用受到限制。另外,受微生物品种的限制,并不是所有的有机物都能用生物处理法。事实上,该法对于大多数难以降解的有机物而言,根本无法应用。实际上,对于生物化学法净化处理有机废气的机理研究虽然已做了许多工作,但至今仍然没有统一的理论,目前在世界上公认影响较大的是荷兰学者 Ottengraf 依据传统的气体吸收双膜理论提出的生物膜理论。按照生物膜理论,生物化学法净化处理有机废气一般要经历以下几个步骤:

　　①废气中的有机污染物首先同水接通并溶解于水中(即由气膜扩散进入液膜)。

　　②溶解于液膜中的有机污染物成分在浓度差的推动下进一步扩散到生物膜,进而被其中的微生物捕获并吸收。

　　③微生物对有机物进行氧化分解的同化合成,产生的代谢物一部分溶入液相,一部分作为细胞物质或细胞代谢能源,还有一部分(如 CO_2)则析出到空气中。废气中的有机物通过上述过程不断减少,得到净化。

　　废气生物处理所要求的基本条件,主要为水分、养分、温度、氧气(有氧或无氧)以及酸碱度等。因此,在确认是否可以应用生物法来处理有机废气时,首先应了解废气的基本条件。如废气的温度太低不行,太高也不行;如果气体过于干燥,必须在微生物上加水,以保持一定的水分;废气中富含氧的话,则应采用好氧微生物处理,反之则应采取厌氧微生物法处理。

日本和美国处理气态 VOCs 以及 NH_3,H_2S 和半挥发性臭气化合物普遍采用生物系统。逆流生物洗涤器使气流与喷洒柱中的循环液体接触。细菌主要在循环液体中被分散。在滴滤池和生物滤池处理系统中,微生物被固定在载体或填料介质上。大多数情况下,水流因重力作用向下流动,而气流则相反(向上)。滴滤池与生物滤池的不同之处在于应用的水量多少。滴滤池处理系统的水力负荷较大,所以向下的水相流动是连续的。生物过滤处理系统的水力负荷较小,水相基本上是静止的。

根据微生物在有机废气处理过程中的存在形式,可将其处理方法分为生物洗涤法(悬浮态)和生物过滤法(固着态)两类。不同成分、浓度及气量的气态污染物各有其有效的生物净化系统。生物洗涤法适宜于处理净化气量小、浓度大、易溶且生物代谢速率较低的废气;对于气量大、浓度低的废气可采用生物滤池处理系统;而对于负荷较高且污染物降解后会生成酸性物质的废气应采用生物滴滤池系统。

(1)生物洗涤法。

生物洗涤法是利用由微生物、营养物和水组成的微生物吸收液处理废气,适合于吸收可溶性气态物。吸收了废气的微生物混合液再进行好氧处理,去除液体中吸收的污染物,经处理后的吸收液再重复使用。在生物洗涤法中,微生物及其营养物配料存在于液体中,气体中的污染物通过与悬浮液接触后转移到液体中,从而被微生物所降解,其典型的形式有喷淋塔和鼓泡塔等生物洗涤器。

生物洗涤法的反应装置是由一个吸收室和一个再生池构成,如图7.2所示。

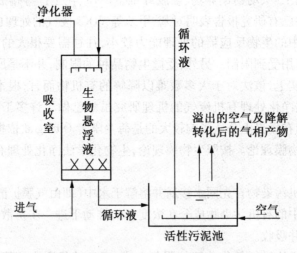

图7.2 生物洗涤法处理有机废气装置

生物悬浮液(循环液)自吸收室顶部喷淋而下,使废气中的污染物和氧转入液相,实现质量传递,吸收了废气中组分的生物悬浮液流入再生反应器(活性污泥池)中,通入空气充氧再生。被吸收的有机物通过微生物氧化作用,最终被再生池中的活性污泥悬浮液从液相中除去。生物洗涤法处理有机废气,其去除效率除了与污泥的浓度、pH、溶解氧等因素有关外,还与污泥的驯化与否、营养盐的投加量及投加时间有关。有关文献报道,当活性污泥浓度控制在 5 000~10 000 ml/L、气速 <20 m³/h 时,装置的负荷及去除率较理想。日本一铸造厂采用此法处理含胺、酚和乙醛等污染物的气体,设备由两段吸收塔、生物反应器及辅助装置组成。第一段中,废气中的微尘和碱性污染物被弱酸性吸收剂去除;第二段中,气体与微生物悬浮液接触,每个吸收器配一个生物反应器,用压缩空气向反应器供氧,当反应器效率下降时,则由营养物储槽向反应器内添加特殊营养物,装置运行 10 多年来一直保持较高的去除率(95% 左右)。德国开发的二级洗涤脱臭装置,臭气从下而上经二级洗涤,质量浓度从 2 000 mg/L 降至 50 mg/L,且运行费用极低。

在生物洗涤法中,气、液两相的接触方法除采用液相喷淋外,还可以采用气相鼓泡法。若气相阻力较大可用喷淋法,反之,液相阻力较大时则采用鼓泡法。鼓泡与污水生物处理技术中的曝气相仿,废气从池底通入,与新鲜的生物悬浮液接触而被吸收。因此,可将生物洗涤法分为洗涤式和曝气式两种。通常曝气脱臭效率与 pH、溶解氧、活性污泥中悬浮固体含量及曝气强度有关,曝气强度一般取 0.1~1 m³/(m²·min)。

与鼓泡法处理相比,喷淋法的设备处理能力大,可达到 60 m³/(m²·min),从而大大减少了处理设备的体积。喷淋净化气态污染物的影响因素与鼓泡法基本相同。

生物洗涤方法可以通过增大气液接触面积,如鼓泡法中加填料,以提高处理气量;或在吸收液中加某些不影响生物生命代谢活动的溶剂,以利于气体吸收,达到去除某些不溶于水的有机物的目的。

(2)生物过滤法。

生物过滤法最早出现在联邦德国。1959 年,在联邦德国的一个污水处理厂建立了一个填充土壤的生物过滤床,用于控制污水输送管散发的臭味。20 世纪 60 年代,人们开始采用生物过滤法处理气态污染物,德国和美国对此方法进行了深入研究。美国 1990 年通过的《清洁空气法》(修订案)严格限制了 189 种危险空气污染物(其中 70% 是挥发性有机物)的排放,这促进了包括生物过滤法在内的废气控制技术的研究和应用,大规模的生物过滤装置开始被建立用来处理各种污染气体。从 20 世纪 80 年代起,联邦德国和荷兰越来越多地采用生物过滤法控制工业生产过程中产生的挥发性有机物和有毒气体。迄今,在德国和荷兰有 500 多座大规模的废气生物过滤处理装置,生物反应器的面积一般在 10~2 000 m²,废气处理流量达到 1 000~15 000 m³/h。其基本原理是,过滤器中的多孔填料表面覆盖有生物膜,废气流经填料床时,通过扩散过程,把污染成分传递到生物膜,并与膜内的微生物相接触而发生生物化学反应,从而使废气中的污染物得到降解。较典型的有生物滤池和生物滴滤池两种形式。

图 7.3 为废气生物过滤反应装置示意图。由图 7.3 可见,废气首先经过预处理,包括去除颗粒物和调温调湿等,然后经过气体分布器进入生物过滤器。生物过滤器中填充了有生物活性的介质,一般为天然有机材料,如堆肥、泥煤、贝壳、木片、树皮和泥土等,有时也混用活性炭和聚苯乙烯颗粒。填料均含有一定水分,填料表面生长着各种微生物。当废气进入过滤床时,废气中的污染物从气相主体扩散到介质外层的水膜而被介质吸收,

同时氧气也由气相进入水膜,最终介质表面所附的微生物消耗氧气而把污染物分解、转化为二氧化碳、水和无机盐类。微生物所需的营养物质则由介质自身供给或外加。

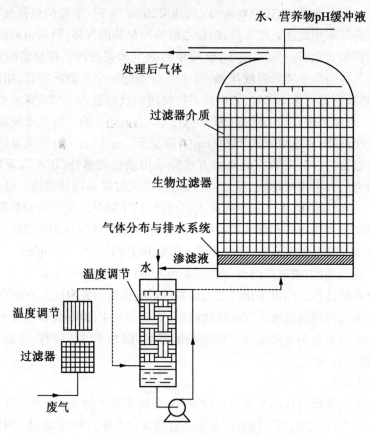

图7.3 废气生物过滤反应装置示意图

①生物滤池。

生物滤池具体由过滤材料床层(生物活性填充物)、沙砾层和多孔布气管等组成。多孔布气管安装在沙砾层中,在池底有排水管排出多余的积水。按照所用固体过滤材料的不同,生物滤池分为土壤滤池和堆肥滤池以及微生物过滤箱。

a.土壤滤池。土壤滤池的构造为气体分配层下层由粗石子、细石子或轻质陶粒骨料组成,上部由黄沙或细粒骨料组成,总厚度为400~500 mm。土壤滤层可按黏土1.2%、含有机质沃土15.3%、细沙土53.9%和粗沙29.6%的比例混配。厚度一般为0.5~1.0 m。

土壤是有机物和无机物组成的多孔混合物,其孔隙率为40%~50%,比表面积为1~100 m^2/g。其中有机物的含量为1%~5%,主要分布在无机物表面上。土壤中含有大量微生物,具有较高的生物活性。每克土壤中约含有10^9个细菌、10^7个放线菌和10^5个真菌。细菌如假单胞菌属(*Pseudomonas*)和诺卡氏菌属(*Nocardia*)易于分解小分子有机污染物,诺卡氏菌属还能降解芳香族化合物(如二甲苯和苯乙烯等);黄杆菌属(*Flavobacterium*)能氧化五氯苯酚类化合物和三氯甲烷;分枝杆菌属(*Mycobacterium*)能降解氯乙烯;放线菌(*Actinomyces*)能降解芳香族化合物;真菌(Fungi)能降解三氯甲烷,但更趋于降解复杂分子,它分泌的胞外酶使聚合物断裂。

影响土壤滤床处理效果的主要因素有:温度、湿度、pH 以及土壤中的营养成分等。土壤中微生物的活性温度范围为 0~65 ℃,在 37 ℃时活性最大。湿度对土壤滤床有双重影响:一方面湿度增加,有利于微生物的氧化分解作用;另一方面湿度增加,水分子与废气中的污染物在土壤表面吸附点产生竞争吸附,这对污染物的处理不利,因此湿度一般保持在 50%~70%。由于土壤对废气中的无机气体,如 SO_2 和 NO_x 及 H_2S 具有较强的截持和表面催化氧化能力,其产物会使土壤床酸化,因此当无机气体含量较高时,土壤中形成的酸性靠投入石灰石中和,pH 一般控制在 7~8。此外,向土壤中加入一些改性剂可提高土壤床的效率,如土壤中加入 3% 鸡粪和 2% 珍珠岩后,透气性能不变,而对甲硫醇去除效率则提高 34%,对硫化氢提高 5%,对二甲基硫提高 80%,对二甲基二硫提高 70%。

应用土壤滤池法处理废气,具有的优点包括:投资小,仅为活性炭吸附法投资的 1/5 至 1/10;无二次污染,微生物对污染物的氧化作用完全,土壤中无污染物的积累;较强的抗冲击能力,土壤床中氧、营养物质和微生物种类与数量都很充分,当遇到冲击负荷时,微生物的种类与数量能随废气中有机物迅速变化。

土壤床处理废气的主要缺点是占地面积大。目前正在研究多层土壤床,这将是解决该问题的重要研究方向。

土壤滤池目前主要用于化工、制药和食品加工行业中废气的处理及卫生填埋场做覆盖层进行脱臭处理。如已用于处理肉类加工厂、动物饲养场和堆肥场地产生的废气,土壤床处理低浓度含胺、硫化氢、甲醇硫、二甲基硫、乙醛、三甲胺等的废气,这类废气的主要特点是带强烈的臭味,臭味是由一种或多种有机成分引起的,但这些有机成分在废气中的浓度不高,脱臭率均大于 99%。此外,土壤床还能脱除废气中的烟尘。

b. 堆肥滤池。堆肥床(堆肥滤池)处理废气是将堆肥,如畜粪、城市垃圾、污水处理厂的污泥等有机废物经好氧发酵、热处理后,盖在废气发生源上,使污染物分解达到净化的目的。堆肥具有 50%~80% 的孔隙率,1~100 m^3/g 的比表面积,含有 50%~80% 的部分腐殖化的有机物质。堆肥的生物活性与土壤一样,由大量各种微生物组成并具有不同的降解性能。

堆肥床的构造是在地面挖浅坑或筑池,池底设排水管。在池的一侧或中央设输气总管,总管上再接出直径约 125 mm 的多孔配气支管,并覆盖沙石等材料,形成厚 50~100 mm 的气体分配层,在分配层上再铺放厚 500~600 mm 的堆肥过滤层。过滤气速通常在 0.01~0.1 m/s。

堆肥床工作原理与土壤床基本相同,但在应用上有以下不同特点:土壤床的孔隙较小,渗透性较差,所以在处理相同量的废气时,土壤床占地面积较大。土壤床对处理无机气体,如 SO_2、NO_x、NH_3 和 H_2S 所形成的酸性有一定的中和能力,如果经石灰石预处理,其中和能力更强。堆肥床不能用石灰石处理,否则会变成致密床层,降低处理效果。堆肥床中的微生物较土壤中多,对废气去除率较高,且接触时间只有土壤床的 1/4~1/2,约

20 s,所以适用于处理含易生物降解污染物、废气量大的场合。对于生物降解较慢的气体,需要较长的反应时间。如果在废气量不大的情况下,用土壤层较合适。堆肥床使用一定时间后,有结块的趋势,因此需周期性地搅动,防止结块。堆肥为疏水性,需防止干燥,否则再润湿较困难;土壤为亲水性,一般不会发生上述现象。在服务年限方面,土壤床比堆肥床长,土壤床处理挥发性有机废气,其使用时间几乎趋于无限长;而对有机废气的使用年限则取决于土壤的中和能力。1964 年在华盛顿污水提升站建的土壤床,至今仍工作正常。堆肥由于本身可生物降解,因此使用年限有限,一般 1～5 年内更换一次。

堆肥床目前在欧洲用得较多,已有 500 多座处理装置投入实际应用中。其原因是堆肥床占地较少,在温湿性气候条件下不易干燥,而且工艺比较成熟。

过滤材料可用泥炭(特别是纤维状泥炭)、固体废弃物堆肥或草等。用堆肥做过滤材料,必须经过筛选,滤层要均匀、疏松,空隙率需大于 40%,过滤材料必须保持湿润,泥炭滤层含水量应不低于 25%,堆肥滤层含水量不低于 40%,但又不能有水淤积。同时必须使滤层保持适当的温度。

c. 微生物过滤箱。微生物过滤箱为封闭式装置,主要由箱体、生物活性床、喷水器等组成。床层由多种有机物混合制成的颗粒状载体构成,有较强的生物活性和耐用性。微生物一部分附着于载体表面,一部分悬浮于床层水体中。废气通过床层,污染物部分被载体吸附,部分被水吸收,进而被微生物降解。床层厚度按需要确定,一般在 0.5～1.0 m。床层对易降解碳氢化合物的降解能力约为 200 g/($m^3 \cdot h$),过滤负荷高于 600 m^3/($m^3 \cdot h$)。气体通过床层的压降较小,使用 1 年以后,在负荷为 110 m^3/($m^3 \cdot h$)时,床层压降约为 200 Pa。

微生物过滤箱的净化过程可按需要控制,因而能选择适当的条件,充分发挥微生物的作用。微生物过滤箱已成功地用于化工厂、食品厂、污水泵站等方面的废气净化和脱臭。处理含硫化氢 50 mg/m^3、二氧化硫 150 mg/m^3 的聚合反应废气,在高负荷下硫化氢的去除率可达 99%。处理食品厂高浓度(6 000～10 000 Nod/m^3,Nod/m^3 为臭味单位)恶臭废气,脱臭率可达 95%。此外,还用于去除废气中的四氢呋喃、环己酮、甲基乙基甲酮等有机溶剂蒸气。

由于生物膜反应器在有机废气的处理领域尚未广泛实际应用,因此无成熟的工艺参数供设计选用。为了使该技术向实用化方向发展,进行深入的动力学研究,得出微生物降解有机废气的动力学模式,是一项非常重要的基础研究工作。

由于生物膜反应器中涉及气、液、固三相,传质和生化反应过程比较复杂,所以影响微生物降解速率的因素很多。为了导出动力学数学模式,必须进行合理的简化,比如在处理有机废气的生物滴滤池动力学研究中,将含水生物膜视为固液混合单相系;由于基质浓度较低,可以认为有机污染物的降解近似遵循一级反应。通过推导可得到生物滤池的基本模式为

$$\rho = \rho^0 \exp\left(\frac{-bK_m l}{v}\right)$$

式中　ρ——贯穿深度为 1 时气相中污染物的质量浓度(mg/m^3);

ρ^0——进气中污染物的质量浓度(mg/m^3)；

b——生化反应速率常数；

l——有机废气在滤池内的轴向贯穿距离(m)；

v——有机废气轴向贯穿空隙速度(m/h)；

K_m——分配系数，为平衡时有机污染物在固液混合相(即含水微生物膜)中的质量与在气相中的质量之比值。

当净化去除率确定后，就可由上式算出生物滤池的床层设计高度进而确定生物滤池的结构尺寸。

生物滤池的性能参数及其影响因素如下。

a. 性能参数：生物滤池的性能参数主要有空床停留时间、表面负荷、质量负荷和去除率，各参数的基本含义及典型范围见表7.4。这些参数及其范围实际上也是生物滤池的设计依据。其中空床接触时间表示的是废气经过反应器的相对时间，由于床内充满填料，而气体只能在填料孔隙间通过或停留，因此气体的实际停留时间应该是气体流量除以反应器的空隙体积。由表7.4可知，虽然废气在反应器中的停留时间很短，而处理率却可以高达90%以上。

表7.4 生物滤池的性能参数及其典型范围

参数	含义	计算公式	单位	典型范围
空床停留时间	废气在生物滤池中的相对停留时间	V/q_v	s	15～60
表面负荷	单位滤床面积的废气体积负荷	q_v/A	$m^3/(m^2\cdot h)$	50～200
质量负荷	单位滤床体积的污染物负荷	$q_v\rho_1/V$	$g/(m^3\cdot h)$	10～160
去除率	污染物的去除程度	$(\rho_1-\rho_e)\rho_1\times100\%$	%	90～99

b. 影响因素：生物过滤法主要依靠微生物的作用去除气体中的污染物，微生物的活性决定了反应器的性能。因此，反应器的条件应该适合微生物的生长，这些条件包括填料(介质)及其湿度、pH、营养物质、温度和污染物浓度等。实际上，这些因素也是生物滤池设计和运行过程中需要考虑的参数。

c. 填料选择：填料是生物滤池设计时要首先考虑的。生物滤池中的填料不仅是生物膜附着的支撑体，而且还能对微生物胞外酶和废气中的有机物进行吸附富集。对生物滤池过滤材料的性能进行研究，将对滤池的选型具有指导作用。理想的填料应具有以下性质：最佳的微生物生长环境，营养物、湿度、pH和碳源的供应不受限制；较大的比表面积、接触面积、吸附容量、单位体积的反应点多；一定的结构强度，防止填料压实，压实的填料会使压降升高，气体停留时间缩短；高水分持留能力，水分是维持微生物活性的关键因素。高孔隙率，使气体有较长的停留时间；较低的体密度，减少填料压实的可能性。

可供选择的过滤材料包括灰泥、土壤、腐泥煤、碎树皮、改性活性炭、改性硅藻土等。常用的堆肥、泥煤等能基本符合上述要求，但是其中含有的有机物会逐渐降解，这不仅使填料压实，还要在一定时间后更换，即有寿命限制。将有机物填料和惰性的填充剂混合使用,寿命可高达5年,一般2~4年。为了提高填料性能,降低压降,一般要求60%的填料颗粒直径大于4 mm。

Douglas S. Hodge 等分别用灰泥和活性过滤材料对含乙醇的气体进行了处理实验,并对过滤材料性能进行了量化分析,实验结果见表7.5。

表7.5　生物滤池过滤材料性能比较

参数	灰泥	活性炭
分配系数 K_m	3 606.6	25 937.5
生化速率常数 b/h^{-1}	0.006 1	0.003 2
bK_m/h^{-1}	22	83

由表7.5看出,用活性炭做过滤材料时,生化降解速率常数 b 比用灰泥做过滤材料时小,但分配系数 K_m 却要大得多,因此 b 与 K_m 的乘积比用泥灰做过滤材料时大。泥灰的 b 值大,说明微生物在泥灰上生长繁殖的环境较好;活性炭的 K_m 值大,说明活性炭吸附富集有机物和胞外酶的能力强。由于活性炭做过滤材料时 b 与 K_m 值比较大,所以有机废气的生化降解速率就比较高,但因活性炭的成本较高,所以实际应用时还要进行全面的成本效益分析。

d. 填料的湿度(含水量):填料的湿度是生物滤池最重要的操作参数。水是微生物生长不可缺少的条件,如果填料的湿度太低,会使微生物失活,并且填料会收缩破裂而产生气体短流。然而,如果填料的湿度太高,不仅会使气体通过滤床的压降增高、停留时间降低,而且由于空气和水界面的减少引起供氧不足,形成厌氧区域,从而产生臭味并使降解速率降低。大多数试验表明,填料的湿度在40%~60%(湿重)范围内时生物滤膜的性能较为稳定;对于致密的、排水困难的填料和憎水性挥发性有机物,最佳含水量在40%附近;对于密度较小、多孔性的填料和亲水性挥发性有机物,最佳湿度为60%或更多。

然而要保持填料的最佳湿度并不容易,因为有许多过程和因素影响填料的湿度。影响填料湿度变化的主要因素有湿度未饱和的进气、生物氧化、与周围温度进行热交换等。其中,当未饱和进气经过滤床时,与填料充分接触从而吸收填料的水分,最终达到饱和;生物氧化作用是由于污染物氧化反应为放热反应,使废气和填料温度升高,一方面填料中的水分蒸发,另一方面废气的含水能力随温度升高而增加。

e. 温度:如处理挥发性有机物则生物过滤器中为异养微生物,如处理无机物则是化学自养微生物,在这两种情况下,均是中温、高温菌占优势。一般的生物过滤器可在25~35 ℃下运行。很多研究表明,35 ℃是好氧微生物的最佳温度。但是温度的提高会降低挥发性有机物在水中的溶解和在填料上的吸附,从而影响气相中挥发性有机物的去除。

f. pH:同通常的好氧生物处理相同,生物过滤器的最佳pH是7~8。由于在一些有机物的降解中会产生酸性物质,一是 H_2S 和含硫有机物导致 H_2SO_4 的积累;二是 NH_3 和含氮有机物导致 HNO_3 的积累;三是氯代有机物导致 HCl 的积累。这些过程均会使生物滤池的pH环境发生变化。一般是采取在填料中添加石灰石、大理石、贝壳,增加缓冲能力。

当然由于添加量总是有限的,这使得生物滤池的寿命受到限制。此外,高有机负荷引起的不完全氧化也会导致乙酸等有机酸的生成,影响 pH 的变化。

②生物滴滤池。

生物滴滤池是目前较新的一种处理有机废气工艺,生物滴滤池处理有机废气的工艺流程如图 7.4 所示。

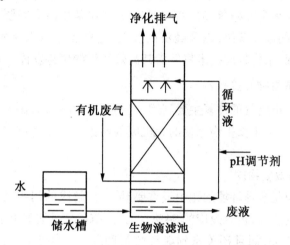

图 7.4　生物滴滤池处理有机废气的工艺流程

生物滴滤池在我国虽也称为生物滤池,但两者实际上是有区别的。在处理有机废气上,两者的不同之处如下:

使用的填料不同,滴滤池使用的填料,如塑料球(环)、塑料蜂窝状填料、塑料波纹半填料、粗碎石等,不具有吸附性,填料之间的空隙很大。

在生物滴滤池中,回流水由滴滤池上部喷淋到填料床层上,并沿填料上的生物膜滴流而下。因而生物滴滤池的反应条件(pH、温度)易于控制,可以通过调节循环液的 pH、温度来加以控制,也可以在回流水中加入 K_2HPO_4 和 NH_4NO_3 等物质,为微生物补加氮、磷等营养元素。而生物滤池的 pH 控制则主要通过在装填料时投配适当的固体缓冲剂来完成,一旦缓冲剂耗竭则需更新或再生过滤材料,温度的调节则需外加强制措施来完成,故在处理卤代烃、含硫、含氮等通过微生物降解会产生酸性代谢产物及产能较大的污染物时,生物滴滤池较生物滤池更有效。

由于生物滴滤池中存在一个连续流动的水相,因此整个传质过程中,生物滤池的性能参数主要有空床停留时间、表面负荷、质量符合和去除率,其中空床接触时间表示的是废气经过反应器的相对时间。由于床内充满填料,而气体只能在填料孔隙间通过或停留,因此气体的实际停留时间应该是气体流量除以反应器的空隙体积。虽然废气在反应器中停留时间很短,但处理效率很高。

有机废气生物处理是一项新的技术,由于生物反应器涉及气液和固相传质,以及生化降解过程,影响因素多而复杂,有关的理论研究及实际应用还不够深入、广泛,许多问题需要进一步探讨和研究。

近年来,由于各国对有机废气造成的环境污染的关注,对有机废气的处理研究也越来越多。日本、德国、荷兰、美国等国家生物法处理有机废气的设备与装置开发已成商品化态势并且应用效果良好,对混合有机废气的去除率一般在95%以上。生物技术由于具有传统方法不可比拟的优越性和安全性,已成为世界有机废气净化研究的前沿热点课题之一。目前,我国有关这方面的研究及应用还处于起步阶段。但是化工厂、炼油厂、溶剂、油品储运、大规模畜禽养殖等场所挥发性有机物和臭味污染问题十分严重。随着重污染、中等污染问题的逐步解决,以及经济的发展,这些虽不致人死命、但影响面广的污染问题将被人们重视,生物处理技术将凭借其高效经济的优势发挥巨大的作用。

2.无机废气的微生物修复技术

微生物对一些无机废气的修复主要利用一些自养微生物,如硝化细菌、硫化细菌、氢细菌、光合细菌等。适合于微生物修复的无机废气污染组分主要有二氧化碳、硫化氢、氮氧化物等。

(1)二氧化碳的微生物固定。

大气的温室效应是全球环境问题中最重要、最亟待解决的问题之一。其中 CO_2 是对温室效应影响最大的气体,占总效应的94%。另外, CO_2 又是地球上最丰富的碳资源,它与工业的发展密切相关,而且还关系到能源政策问题。近年来,由于能源紧张、资源短缺、公害严重,世界各国都在探索解决上述问题的途径,因此 CO_2 的固定在环境、能源方面具有极其重要的意义。

目前 CO_2 的固定方法主要有物理法、化学法和生物法,而大多数物理和化学方法最终必须依赖生物法来固定 CO_2 。固定 CO_2 的生物主要是植物和自养微生物,而人们的目光一般都集中在植物上,但地球上存在各种各样的环境,尤其在植物不能生长的特殊环境中,自养微生物固定 CO_2 的优势便显现出来。因此从整个生物圈的物质、能量流来看, CO_2 的微生物固定是不能忽视的力量。

①固定 CO_2 的微生物。

固定 CO_2 的微生物一般有两类:光能自养型微生物和化能异养型微生物。前者主要包括藻类和光合细菌,它们都含有叶绿素,以光为能源、 CO_2 为碳源合成菌体物质或代谢产物;后者以 CO_2 为碳源,能源主要有 H_2 , H_2S , S_2O_3 , NH_4 , NO_2 , Fe 等。固定 CO_2 的微生物种类见表7.6。

表7.6　固定 CO_2 的微生物种类

碳源	能源	好氧/厌氧	微生物
CO_2	光能	好氧	藻类、蓝细菌
		厌氧	光和细菌
	化学能	好氧	氢细菌、硝化细菌、硫化细菌、铁细菌
		厌氧	甲烷菌、醋酸菌

　　由于微藻(包括蓝细菌)和氢细菌具有生长速度快、适应性强等特点,因此对它们固定 CO_2 的研究及开发较为广泛、深入。培养微藻不仅可以获得藻类、菌体,同时还可产生氢气和许多附加值很高的胞外产物,是蛋白质、精细化工和医药开发的重要资源。国内外现已大规模生产的微藻主要有小球藻(Chlorella)、螺旋藻(Spirulina)、栅列藻(Scenedesmus)和盐藻(Dunaliella)等。

　　氢氧化细菌是生长速度最快的自养菌,作为化能自养菌固定 CO_2 的代表,已引起人们的高度重视。目前已发现的氢氧化细菌有 18 个属,近 40 个种。其中,两株氢细菌、海洋氢弧菌和氢嗜热假单胞菌在最适温度下(37 ℃和 52 ℃),其最大比生长速率分别为 0.067/h 和 0.73/h。Igarashi 和 Nishibara 等筛选的噬氢假单胞菌和海洋氢弧菌在固定 CO_2 的同时还可分别积累大量的胞外多糖和胞内原型多糖。另外,还可利用真养产碱菌固定 CO_2 的同时生产聚 3 - 羟基丁酸酯(PHB)。

　　②CO_2 固定的途径。

　　CO_2 固定的途径始于对绿色植物的光合作用固定 CO_2 的研究。1954 年,卡尔文等人提出了 CO_2 固定的途径———卡尔文循环。后来发现这个循环在许多自养微生物中均存在。但近年来研究表明,自养微生物固定 CO_2 的生化机制除了卡尔文循环外,还有其他一些途径,如还原三羧酸循环、乙酰辅酶 A 途径、甘氨酸途径等 3 种。

　　a. 卡尔文循环。卡尔文循环一般可分为 3 部分:CO_2 的固定,固定的 CO_2 的还原,CO_2 受体的再生。其中,由 CO_2 受体 5 - 磷酸核酮糖到 3 - 磷酸甘油酸是 CO_2 的固定反应;由 3 - 磷酸甘油醛到 5 - 磷酸核酮糖是 CO_2 受体的再生反应,这两步反应是卡尔文循环所特有的。一般光和细菌和蓝细菌都是以卡尔文循环固定 CO_2。另外,在嗜热假单胞菌、氧化硫杆菌、排硫杆菌、氧化亚铁硫杆菌、脱氮硫杆菌等化能自养菌中均发现了卡尔文循环的两个关键酶,即 1,5 - 二磷酸核酮糖羟化酶和 5 - 磷酸核酮糖激酶。整个卡尔文循环过程如图 7.5 所示。

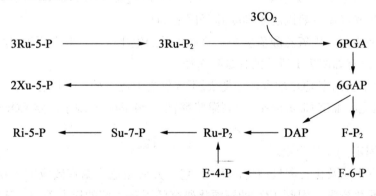

图 7.5　卡尔文循环过程

　　b. 还原三羧酸循环。从图 7.6(a)可以看到,这个循环旋转一次,便有 4 分子 CO_2 被固定。现已发现嗜热氢细菌、绿色硫黄细菌、嗜硫化硫酸绿硫菌等都是以还原三羧酸循环固定 CO_2。

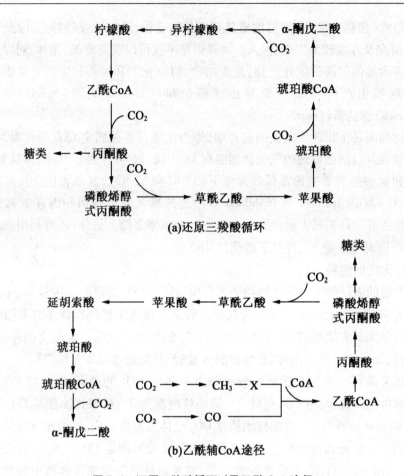

(a)还原三羧酸循环

(b)乙酰辅CoA途径

图7.6　还原三羧酸循环以及乙酰 CoA 途径

c. 乙酰 CoA 途径。以乙酰 CoA 途径固定 CO_2 的过程如图 7.6(b)所示。甲烷菌、厌氧乙酸菌等厌氧细菌一般以乙酰 CoA 途径固定 CO_2。

d. 甘氨酸途径。厌氧乙酸菌从 CO_2 合成乙酸的生化机制一般有两种,除上述的乙酰 CoA 途径外,还有如图 7.1 所示的甘氨酸途径。

总之,微生物固定 CO_2 的机理很复杂,不仅仅是上述 4 种。据报道,从一些极端微生物中,如高温光和细菌 Choroflexus 和高温嗜酸菌 Acidianus 发现了固定 CO_2 的有机酸途径。

③生物固定 CO_2 的应用。

CO_2 是有机质及化石燃料燃烧的产物,它一方面是造成温室效应的废物,另一方面又是巨大的再生资源。因此,CO_2 的资源化研究已引起人们的极大关注。其中自养微生物在固定 CO_2 的同时,可以再转化为菌体细胞和许多代谢产物,如有机酸、多糖、甲烷、维生素、氨基酸等。

a. 单细胞蛋白。利用 CO_2 生产单细胞蛋白的微生物主要是菌体生长速度快的微型藻类及氢氧化细菌,如真养产碱杆菌(*Alcaligenseutrophus*)以 CO_2,O_2,H_2,NH_4^+ 等为底物合成的菌体,其蛋白含量可高达 74.29% ~78.7% ;嗜热红细菌(*P. hydrogenthermophila*) 的蛋白含量为 75% 。而且这些氢细菌的氨基酸组成优于大豆,接近动物性蛋白,具有良好的可消化性。快速生长的高温蓝藻(*Synechococcus* sp.)倍增时间仅为 3 h,蛋白含量达 60% 以上。

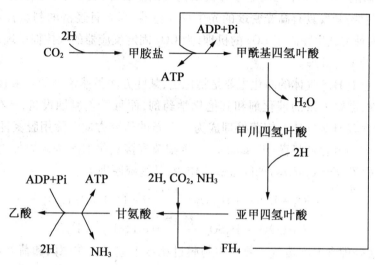

图 7.7　固定的甘氨酸途径

b. 乙酸。现已发现利用 CO_2 和 H_2 合成乙酸的微生物有 18 种,醋杆菌属(*Acetocterium*)5 种,鼠孢菌属(*Sporomusa*)5 种,梭菌属(*Clostridium*)4 种,还有 4 种尚未鉴定。其中产酸能力最强的是醋杆菌属(*Acetocterium* BR – 446)。在 35 ℃、厌氧,气相 CO_2 和 H_2 的体积比为 1:2 的条件下,其最大乙酸质量浓度可达 51 g/L。利用中空纤维膜反应器和海藻酸钙包埋法培养 BR – 446,其乙酸生产速率分别为 71 g/(L·h)和 2.9 g/(L·h),乙酸质量浓度分别为 4.0 g/(L·d)。

c. 多糖。革兰氏阴性菌在限氮条件下培养至静止期(30 ℃,76 h),可分泌大量的胞外多糖(12 g/L),其单糖组成为半乳糖、葡萄糖、甘露糖和鼠李糖。从海水中分离出的海洋氢弧菌,在限氧条件下培养 53 h,胞内糖原型多糖含量达 0.28 g/g 干细胞。

d. 可再生能源。藻类产烃,藻体中储藏着巨大的潜能,有"储能库"之称。其中有望成为工业藻种的有葡萄藻、小球藻和盐藻 3 种。许多研究者发现,提高 CO_2 的浓度可以促进藻类产烃,如用透明玻璃管培养葡萄藻并通以含体积分数为 1% 的 CO_2 的空气,在对数期产烃量占细胞干重的 16% ~44% ,最大产烃率为 0.234 g/(L·h),而在光暗比 12 h:12 h 室外培养盐藻,产烃率可达 0.35 g/(L·h)。

e. 甲烷。从目前分离到的甲烷细菌的生理学可以看出,绝大多数甲烷细菌都可以利用 CO_2 和 H_2 形成甲烷,而且个别嗜热菌产甲烷活性很高,如在中空纤维生物反应器中利用嗜热自养甲烷杆菌转化 CO_2 和 H_2,该反应器可保持菌体高浓度及长时间产甲烷活性,甲烷及菌体产率分别为 33.1 L/(L·h)和 1.75 g 细胞/(L·h),转化率为 90% 。在搅拌式反应器中利用詹氏甲烷球菌(*Methancoccus jannaschii*),80 ℃连续转化 H_2 和 CO_2(4:

1），菌体和甲烷的最大比生产率分别达到 0.56 g/h 和 0.32 mol/(g·h)。CO_2 是不活泼分子，化学性质稳定。开发高效固定 CO_2 的微生物(生物催化剂)，可以实现在温和条件下转化 CO_2 为有机碳，而且温室气体 CO_2 的微生物固定在环境、资源、能源等方面将发挥极其重要的作用。今后微生物固定 CO_2 的研究方向主要是：利用基因工程技术构建高效固定 CO_2 的菌株；开发具有高光密度的光生物反应器；高效且经济的制氢技术。进一步深入研究不同种类微生物固定 CO_2 的机理，为 CO_2 固定反应器的调控提供理论依据等。

(2)H_2S 的生物处理。

目前，工业上 H_2S 气体的净化主要是物化法，某些方法虽然治理的效果较好，但要求高温高压条件，需要大量的催化剂和其他化学药剂，而且严重腐蚀设备，产生二次污染等，因此工业含有 H_2S 气体的细菌处理成为一个新的研究方向。除用脱氮杆菌(*Thiobacillus denitrificans*)和派硫杆菌(*T. thioparus*)等细菌直接氧化 H_2S 为硫以外，主要利用氧化亚铁硫细菌(*T. ferrooxidans*)的间接氧化作用，其脱硫原理为

$$2FeSO_4 + 1/2O_2 + H_2SO_4 \xrightarrow{\text{微生物}} Fe_2(SO_4)_3 + H_2O$$

$$H_2S + 1/2O_2 + H_2SO_4 \xrightarrow{\text{微生物}} Fe_2(SO_4)_3 + H_2O$$

用生物法处理含 H_2S 废气主要在生物膜过滤器中进行。在德国和荷兰已有用生物膜过滤器处理含 H_2S 废气的大规模工业应用，去除率达 90% 以上。

(3)氮氧化物的生物处理。

NO_x 是大气环境的主要污染物之一，主要来源于石油燃料、制硝酸和电镀等工业排放的废气以及汽车排放的尾气。通常所说的 NO_x 主要包括 N_2O，NO，NO_2，N_2O_3，N_2O_4 和 N_2O_5 等。NO_2 是红褐色气体，有刺激性；NO 是无色气体，极不稳定，遇氧易变成 NO_2；NO_2 和 N_2O_4 能与水缓慢作用。在潮湿的空气中除 NO_x 外，尚有硝酸和亚硝酸存在。传统的 NO_x 转化方法有催化转化、燃烧、吸附等物理化学方法。物理化学方法一般费用较高，操作繁琐。生物转化法是新型高效的处理 NO_x 的方法。生物净化氮氧化物具有设备简单、能耗低、费用低、不消耗有用的原料、安全可靠、无二次污染等优点。净化 NO_x 的生物处理方法主要分为反硝化菌去除、真菌去除和微藻去除。

反硝化菌包括异养菌和自养菌，以异养菌居多，可用于净化废气中的 NO_x 的异养菌有无色杆菌属、产碱杆菌属、杆菌属、色杆菌属、棒杆菌属、盐杆菌属、生丝杆菌属、微球菌属、莫拉氏菌属、丙酸杆菌属、假单胞杆菌属、螺菌属、黄单胞菌属；自养菌有亚硝化单胞菌、脱氮硫杆菌。

真菌包括镰刀菌氧化孢子、软茄镰刀菌、毛壳菌、曲霉、链格胞属、镰刀菌、爪哇镰菌。其中，镰刀菌氧化孢子在去除 NO_x 时，氧气的存在会抑制其活性，但是其他真菌在有氧条件下，仍然可以有效地去除 NO_x。

处理 NO_x 的装置分为两类：一类是固定式反应器，另一类是悬浮式反应器。固定式反应器是把微生物固定在填料上，微生物培养液在外部循环，待处理的废气在填料表面与微生物接触，并被微生物捕获去除。悬浮式反应器是把微生物培养液填装在反应器中，待处理废气以鼓泡等方式通入反应器内，再被微生物捕获并去除。

7.2 土壤污染修复技术与材料

土壤是人类赖以生存的主要自然资源之一,也是人类生态环境的重要组成部分。土壤污染就是指人为因素有意或无意地将对人类或其他生命体有害的物质施加到土壤中,使其某种成分的含量明显高于原有含量,并引起土壤环境质量恶化的现象。

随着工业、城市污染的加剧和农用化学物质种类、数量的增加,土壤重金属污染日益严重,目前,全世界平均每年排放 Hg 约 1.5 万 t,Cu 约 340 万 t,Pb 约 500 万 t,Mn 约 1 500 万 t,Ni 约 100 万 t。据我国农业部进行的全国污灌区调查,在约 1.4×10^4 km^2 的污水灌区中,遭受重金属污染的土地面积占污水灌区面积的64.8%,其中轻度污染的占46.7%,中度污染的占9.7%,严重污染的占8.4%。

近年来,世界各国开始重视污染土壤治理技术的研究。1995 年,德国投资 60 多亿美元进行土壤治理。美国已投入 100 多亿美元的 1 万多个政府超级基金项目中,有上千个项目是对土壤(包括地下水)的治理技术研究。世界上最早对土壤进行大面积修复的是日本。

土壤重金属污染具有污染物在土壤中移动性差、滞留时间长、不能被微生物降解的特点,并可经水、植物等介质最终影响人类健康。因此,治理和恢复的成本较高,周期较长。

从根本上说,污染土壤修复的技术原理可包括为:①改变污染物在土壤中的存在形态或同土壤的结合方式,降低其在环境中的可迁移性与生物可利用性;②降低土壤中有害物质的浓度。

7.2.1 重金属离子

当今人们主要关心的是:汞、砷、铅、锡、锑、铜、镉、铬、镍和钒。它们以空气、水和土壤的污染物以及食品残渣之类各种各样的化学形态存在于环境中。金属在一定浓度时对微生物有毒害作用。重金属在很低浓度时,对大多数微生物即有明显毒性。金属对微生物的毒性强度固然与其浓度有关,但更取决于其存在状态。例如,六价铬比三价铬毒得多;在各种汞化物中,甲基汞的毒性最强;有机锡比无机锡毒,烷基锡比芳基锡毒,三烷基锡比四烷基锡更毒。

1. 植物固定

植物固定是利用植物降低重金属的生物可利用性或毒性,减少其在土体中通过淋滤进入地下水或通过其他途径进一步扩散。研究表明,植物耐 Al 能力的高低与它们维持生长介质高 pH 具有密切关系。耐 Al 植物品种根系表面、自由空间或根际环境 pH 上升,使 Al^{3+} 呈羟基 Al 聚合物而沉淀,植物对 Al 的吸收减少。Cunningham 研究发现,一些植物可降低 Pb 的生物可利用性,缓解 Pb 对环境中生物的毒害作用。

根分泌的有机物质在土壤中金属离子的可溶性与有效性方面扮演着重要角色。根分泌物与金属形成稳定的金属螯合物可降低或提高金属离子的活性。根系分泌的黏胶

状物质与 Pb^{2+},Cu^{2+} 和 Cd^{2+} 等金属离子竞争性结合,使其在植物根外沉淀下来,同时也影响其在土壤中的迁移性。但是,植物固定可能是植物对重金属毒害抗性的一种表现,并未使土壤中的重金属去除,环境条件的改变仍可使它的生物有效性发生变化。

2. 植物挥发

植物挥发是指植物将吸收到体内的污染物转化为气态物质,释放到大气环境中。研究表明,将细菌体内的 Hg 还原酶基因转入芥子科植物 Arabidopsis 并使其表达,植物可将从环境中吸收的 Hg 还原为 Hg(O),并使其成为气体而挥发。也有研究发现,植物可将环境中的 Se 转化成二甲基硒和二甲基二硒等气态形式。植物挥发只适用于具有挥发性的金属污染物,应用范围较小。此外,将污染物转移到大气环境中对人类和生物有一定的风险,因而它的应用受到一定程度的限制。

3. 植物吸收

植物吸收是利用能超量积累金属的植物吸收环境中的金属离子,将它们输送并储存在植物体的地上部分,这是当前研究较多并且认为是最有发展前景的修复方法。能用于植物修复的植物应具有以下几个特性:

(1)在污染物浓度较低时具有较高的积累速率;

(2)体内具有积累高浓度的污染物的能力;

(3)能同时积累几种金属;

(4)具有生长快与生物量大的特点;

(5)抗虫抗病能力强。

在此方面,寻找能吸收不同重金属的植物种类及调控植物吸收性能的方法是污染土壤植物修复技术商业化的重要前提。

7.2.2　有机污染物

植物修复用于有机污染物的治理时常与其他清除方法结合使用,可用于石油化工污染、炸药废物、燃料泄漏、氯代溶剂、填埋淋溶液和农药等有机污染物的治理。

植物修复有机污染有 3 种机制:直接吸收并在植物组织中积累非植物毒性的代谢物,释放促进生物化学反应的酶,强化根际(根 - 土壤界面)的矿化作用。

1. 植物的直接吸收和降解

植物根对中度憎水有机污染物有很高的去除效率,中度憎水有机污染物包括 BTX(即苯、甲苯、乙苯和二甲苯的混合物)、氯代溶剂和短链脂肪族化合物等。植物将有机污染物吸入体内后,可以通过木质化作用将它们及其残片储藏在新的组织结构中,也可以将其代谢或矿化为二氧化碳和水,还可以将其挥发掉。最常用的预测植物根对根际圈有机物吸收能力的参数是辛醇/水分配系数(K_{ow}),中度憎水有机污染物($0.5 \leqslant \lg K_{ow} \leqslant 3.0$)易被植物根系吸收,憎水有机物($\lg K_{ow} > 3.0$)和植物根表面结合得十分紧密,很难从根部转移到植物体内,水溶性物质($\lg K_{ow} < 0.5$)不会充分吸着到根上,也很难进入到植物体内。根系对有机污染物的吸收程度取决于有机污染物在土壤水溶液中的浓度、植

物的吸收率和蒸腾速率。

通过遗传工程可以增加植物本身的降解能力,如把细菌中的降解除草剂基因转移到植物中产生抗除草剂的植物。遗传工程中使用的基因还可是非微生物来源,如哺乳动物的肝和抗药的昆虫。

2.酶的作用

一般来说,植物根系对有机污染物吸收的强度不如对无机污染物如重金属的吸收强度大,植物根系对有机污染物的修复,主要是依靠根系分泌物对有机污染物产生的配合和降解等作用,以及根系释放到土壤中酶的直接降解作用得以实现。植物能够分泌特有酶来降解根际圈有机污染物质。特别值得提出的是,植物根死亡后向土壤释放的酶仍可继续发挥分解作用,如据美国佐治亚州 Athens 的 EPA 实验室研究,从沉积物中鉴定出的脱卤酶、硝酸还原酶、过氧化物酶、漆酶和腈水酶均来自植物的分泌作用。硝酸还原酶和漆酶能分解炸药废物(TNT)并将破碎的环状结构结合到植物材料中或有机物残片中,变成沉积有机物的一部分。植物来源的脱卤酶,能将含氯有机溶剂三氯乙烯还原为氯离子、二氧化碳和水。

3.微生物的生物降解作用

根际的生物降解植物以多种方式帮助微生物转化,根际在生物降解中起着重要作用。根际可以加速许多农药以及二氯乙烯和石油烃的降解。植物根的微生物区系和内生微生物也有降解能力。

植物提供了微生物生长的生境,可向土壤环境释放大量分泌物(糖类、醇类和酸类等),其数量约占年光合作用产量的 10% ~20%,细根的迅速腐解也向土壤中补充了有机碳,这些都加强了微生物矿化有机污染物的速率。如阿特拉津的矿化与土壤中有机碳的含量有直接关系。根上有菌根菌生长,菌根菌和植物共生具有的独特的代谢途径可以使自生细菌不能降解的有机物得以分解。

7.3 沙漠化治理技术与材料

沙漠化是干旱半干旱和部分半湿润地带在干旱多风和疏松沙质地表条件下,由于人为强度土地利用等因素,破坏了脆弱的生态平衡,使原非沙质荒漠的地区出现了以风沙活动(风蚀、粗化、沙丘形成与发育等)为主要标志的土地退化过程。

沙漠化作为极其重要的环境和社会、经济问题正困扰着当今世界,威胁着人类的生存和发展,遏制沙漠化的发展是生态环境建设和可持续发展的重要问题。

沙漠化土地在我国 30 个省区市的 851 个县旗均有分布,这些荒漠化土的颗粒较粗,一般呈细砂、粉砂状,无黏性,渗水性强。而膨润土的颗粒极细,有较强的膨胀性、黏性,两者混合拌匀,即可变成能保水的种植土。膨润土含有许多有利于动、植物生长的成分,可以为动、植物提供多种营养。

7.3.1　防风固沙——膨润土

从中国地图和中国膨润土分布图上可以清楚地看出:内蒙古的浑善达克沙地,就在北京的正北边,离盛产膨润土的兴和、张家口、赤峰都不太远;毛乌素沙地、库布齐沙漠、乌兰布和沙漠、腾格里沙漠、巴丹吉林沙漠等附近也有膨润土矿床。新疆的库母塔格沙漠、古尔班通古特沙漠、塔克拉玛干沙漠边上均有优质膨润土矿床。中国目前勘探出的最大膨润土矿储量50亿t,品质比美国的优良,离古尔班通古特沙漠较近。托克逊、柯尔碱有优质膨润土矿床,离塔克拉玛干沙漠也不远。甘肃金昌也有膨润土矿床,离腾格里沙漠和巴丹吉林沙漠都很近。

膨润土是很好的防水材料,在表层沙下铺一层膨润土(一薄层)即可储水。用膨润土做防水层也可以建大量的储水塘、池、库、渠,再将沙漠下暗河、水库里的水抽上来,储住,慢慢用。最近地质部门在塔里木大沙漠的北部勘察出储水量很大的地下水库,可用膨润土与当地土混合建输水渠,将水引向四面八方。

膨润土的抗渗性和抗冻性好,压缩性和固结性好,对沙土的稳定性好,膨润土的密实性、自保水性、永久性抵消了沙化土的种种缺陷,能增加沙土的黏性和保水能力,用膨润土做动物饲料添加剂可提高牛、羊产奶量、鸡的产蛋量、营养成分等,有利于动物圈养。

用膨润土防渗层铺河道,可把有限的水引向远方。膨润土防水层可用天然钠基膨润土粉直接铺,也可以用膨润土与当地土搅拌夯实,也可以将膨润土夹在两层织物之间形成防水(渗)毯(板),快速修建起储水池、储水窖、输水渠。

沙漠里移动的沙中,没有黏粒,粉沙也很少,主要是中、细沙,蓄不了水,可供植物生长的营养成分也很少,治理、绿化、恢复生态平衡很困难。沙漠化土壤的粒径大约在0.01~0.1 mm的居多,很松散,易透水。而膨润土的粒径多小于0.002 mm,遇水可膨胀10~30倍。因此,在沙土中稍掺加一些膨润土就可以防止水流失,植物就可以生长。

国外治理沙漠化最成功的以色列,把贫瘠的荒漠变成节水、节肥的高产良田。美国亚利桑那州的南端,离墨西哥最近的城市图桑是建在沙漠中的城市,该城市像森林,也像野生植物园。该地年降雨量仅275 mm,却能生长成百上千种沙漠植物和生存种类繁多的动物。亚利桑那大学的绿色草坪下有防渗层,也有定时喷水的喷头,既节水又节能。

由于沙漠地区一般日照时间很长,昼夜温差大,能在改造好的节水、节肥植被土上加篷,当年就会有可观的收获。而在飞播植绿时可将种子先用水拌、再用膨润土拌,其出芽率和成活率都会大大提高。膨润土还是各种肥料的很好载体。

7.3.2　宁夏沙漠化土地综合治理主要模式

1.大沙漠边缘(五带一体防风固沙)治理模式

沙坡头位于宁夏中卫县城西部、腾格里沙漠东南缘,总面积137.22 km²。包兰铁路6次穿越腾格里沙漠,其延长线55千米。沙坡头16千米多为高大密集的格状沙丘,有世界沙都之称。中国科学院原兰州沙漠研究所和当地铁路职工经40多年的科学研究和实践,创造了草方格固沙技术,建立了"固、阻、造"相结合的防护体系,总结出了"工程措施与生物措施相结合"的治沙经验和卵石防火带、灌溉造林带、草障植物带、前沿阻沙带、封沙育草带"五带一体"防风固沙工程体系,形成了大沙漠边缘治理模式。

以固定流沙为主,机械与植物固沙相结合,使地面粗糙度比流沙提高 216 倍,2 m 处的风速比流沙削弱 20% ~ 30%,有效地沉淀了大气尘埃,减少了输沙量,加强了固沙作用。该技术及其成果确保了包兰铁路 40 多年畅通无阻,1998 年获国家级科技进步特等奖;1994 年 6 月,沙坡头被联合国环境规划署评为"全球环保 500 佳",成为世界治沙典范。生态环境的极大改善,沙坡头聚集了动植物 76 科 215 属 455 种,其数量远远高于其他同类地区。沙漠面积占总土地面积 23% 的中卫县风沙天数也比过去减少了 36%,300 多户农民搬进了绿化的沙漠定居。

2. 干草原沙地治理模式(生物措施为主综合整治)

盐池县北部地区地处中国毛乌素沙漠南缘,面积 2 800 km²,年降水量小于300 mm,土地沙化严重,是典型的干旱沙区。宁夏农林科学院的科技人员历经十多年的艰苦努力,在当地政府的支持下,建立了"沙漠化土地综合整治试验示范基地",形成了干旱草原沙地生物措施为主的综合治理模式。

该模式立足于改善区域自然环境和生产条件,治理、保护和利用相结合,以生物措施为主,实施生态建设系统工程,农、林、牧协调发展,力求生态、社会和经济效益相统一。其特点是:以林草建设为重点,提高环境质量,确保人们的生存和生活条件;以畜牧业为中心,加强高效草地建设;以草定畜发展舍饲,建立生态经济型畜牧业;以节水为关键,发展"两高一优"生态农业,提高群众生活水平;保护、培植和合理利用沙地资源,发展沙产业。

3. 绿洲腹部流沙(沙产业工程开发)治理模式

银川市西部有一片沙丘,连绵约 40 km²,俗称"西沙窝"。多少年来,沙丘以年均 0.8 m 的速度吞噬了 2.5×10⁶ m² 的良田,沙害紧逼银川市区。宁夏水利科学研究所和银广夏公司联手,视沙漠为宝贵资源,产学研结合,优势互补,资金加技术,以沙产业工程开发治理绿洲腹部流沙,形成了绿洲腹部流沙(沙产业工程开发)治理模式。

此模式集沙地治理、产业开发、生态建设、环境保护为一体,实现生态、社会和经济效益协调发展。将传统农业开发和现代农业技术相结合,推沙平地、打井修路、修建泵站和电站、建设防风林网,开发应用智能化农业技术和采用先进的地理信息系统技术,实现生产通信现代化,实施节水喷灌。宁夏美利纸业集团也应用沙产业工程开发治理模式,在沙漠边缘和沙荒地规划建设 666.67 km² 速生林基地,构筑西部绿色长城,发展新型林纸一体化产业,推动了地区经济发展。

4. 新技术、新材料与传统方法相结合的手段在沙漠化土地综合治理中的集成应用

高新技术和综合措施的集成应用是宁夏荒漠化综合治理的重要手段。如林木、牧草、农作物、经济作物等的优良品种,适宜干旱、半干旱地区的抗旱造林技术、抗旱耕作技术、节水灌溉技术,还有畜禽高效饲养技术、农林牧等各种动植物资源的深加工技术等,以生物固沙为主,草方格沙障为辅的四带一体的治沙综合技术。集流林业技术,反坡梯田种植技术,窖窖集水节灌技术,宽林带、大网格的草原防护林体系营造技术,窄林带、小网格的林枣粮间作的农田防护林体系营造技术,生物经济圈技术,固沙型灌木饲料林栽培经营技术,日光温棚种植养殖技术等。这些技术措施并不是单一的措施,而是相互配套、相互渗透、重叠交错、综合用运,使其发挥 $1+1>2$ 的效果。此外,近几年来又先后从国内外引进和试验应用了化学治沙试剂、林木节水钵、固(液)体保水剂、作物生长调节剂、微生物调肥制剂和回收型新型固沙材料方格加生物措施治沙等综合技术的试验示范工作,取得了明显的治理效果,为今后大面积的综合示范推广提供了强有力的技术储备。

7.4　水域石油污染化治理技术与材料

随着石油工业的不断发展,石油运输更加频繁,输油管线和储油罐的石油泄漏事故、油槽车和油轮的泄漏事故不断增加,受石油污染的水体将显著增加。石油烃中含有多种致癌致畸和致突变的潜在性化学物质(如苯并芘等)。石油污染中最常见的污染物质为BTEX,即苯(benzene)、甲苯(toluene)、乙苯(ethyl benzene)、二甲苯(xylene),其中苯和甲苯是致癌物质。石油烃进入人体后,能溶解细胞膜和干扰酶系统,引起肝、肾等内脏病变。国外的调查报告说明:受到石油污染的地下水,在污染源控制后,一般几十年都难以在自然状态下使水质复原。因此,石油污染水体的修复迫在眉睫。在现有的修复技术中,物理化学修复存在着一定的局限性,很难完全达到修复要求,主要表现在修复效果不彻底且容易造成二次污染。尽管石油污染土壤与水体的生物修复技术也还不太成熟,但是目前已有的研究结果和应用实践表明,生物修复技术是可行的,且具有费用低、环境影响小、应用范围广的优点,适合我国的基本国情。环境科学界普遍认为,生物修复技术比物理和化学处理技术更具有发展前途,它在土壤与水体修复中的应用价值是不可估量的。生物修复技术应用于受污染土壤与水体虽然已经取得了较好的效果,但仍存在一些缺点,如微生物生长受污染物浓度、营养物和氧气等影响;目前通过培养、驯化、筛选出来的降解微生物大多数是暗箱操作得到的,降解效率较低,而且带有较大的随机性;目前针对受污染土壤与水体的生物修复技术主要是以供氧和施加营养物质为主,缺乏与其他几种技术的交叉和融合;生物修复技术对某些污染物质的降解特性、在环境中的适应性以及成本效益等因素尚没有研究清楚,这些都导致生物修复技术效率较低、所需时间较长。为克服这些缺点,应该强化生物修复技术与其他修复技术的联合使用,以扩大该技术的应用范围并不断降低其处理成本。同时通过现代生物技术,阐明石油降解微生物的降解机理和关键降解酶,并借助遗传工程技术,通过降解质粒或基因螯合来获得降解能力与抵抗恶劣环境能力更强的基因工程菌,从而大大提高石油污染水体的修复效率,缩短修复时间。

7.4.1　地下水石油污染的生物治理

环境和微生物是石油烃类降解的限制因素,克服这些限制因素便可有效地清除污染物,使土壤和地下水得以净化。常用的生物治理方法可分为两种:一种是菌种法,即引入高效除油菌;另一种是营养物法,即通过改善土壤和地下水的环境,排除降解石油烃类微生物繁殖的不利因素,在其中培育出大量的优势菌。

1.超级细菌法

微生物对一些石油组分的降解是由染色体外的遗传物质——质粒所控制的。因此,采用遗传学方法将降解不同组分的质粒整合到一个细胞内,便可构建成"超级细菌"。20世纪 70 年代,Chak Rabarty 等将 3 个降解不同烃类的质粒转移到铜绿假单胞菌,所得菌株可同时降解直链烷烃、轻质芳烃和重质工离烃。他们还将降解辛烷的质粒从食油假单胞菌转移到另外一些假单胞菌种中。若质粒保持稳定,降解能力便可传给子细胞。

2.混合菌群法

一种烃类降解菌可降解一种或少数几种石油烃类。将不同烃类降解菌混合培养形成混合菌群,便可降解多种烃类。B. Lal 研究发现将 Acinetobacter calcoaceticus S30 和 A. Odorans P20 混合培养可以显著提高单独培养时的石油降解速率。

引入高效除油菌可迅速提高微生物的数量,进而可能提高石油烃类的生物降解速率。但是由于微生物不是在污染现场培育的,现场治理能力可能不如在实验室强,且微生物在现场的生存和繁殖一时可能难以稳定。

3.营养物法

在土壤和地下水中通常含有能进行石油烃类生物降解的微生物,然而微生物生长代谢的条件(O_2 和氮源、磷源)却是限制性的。通过耕作,强制通气和 H_2O_2 处理能够克服低浓度 O_2 对生物降解速率的限制作用。魏德洲和秦煜民采用生物泥浆法在国内首次系统地研究了 H_2O_2 对土壤中烃类污染物微生物降解过程的促进作用,他们认为促进机理其一是 H_2O_2 的直接氧化作用,其二是 H_2O_2 对烃类生物降解的促进作用。添加硝酸盐可以刺激甲苯和二甲苯的生物降解,然而研究表明,在缺氧条件下,苯降解时不能以硝酸盐作为电子受体。R. L. Raymond 等发现添加($NH_4)_2SO_4$,NaH_2PO_4,Na_2HPO_4 并强制通气,能显著降低除去地下水中溢出汽油所需时间。A. Hess 等通过注入氧化剂(O_2,NO_3)和营养物来促进柴油的生物降解并分离出了 5 种能利用甲苯的球菌(T_2,T_3,T_4,T_6,T_{10})。

营养物法不需向污染现场引入微生物,费用较低。但是污染物的浓度太高或太低都可能对降解不利,且有利于微生物繁殖的条件难以控制。

7.4.2　港口水域石油污染的生物治理

我国是一个滨海国家,有漫长的海岸线和众多港口。作为国家经济通往世界的桥梁和窗口、连接海洋的交通运输水陆枢纽和沿海城市的门户,港口除了其经济、贸易地位之外,因其自身开发建设和营运的特殊性,其环境保护工作作为一个专门的领域而引起各国政府和港口管理机构的普遍重视。我国较早地加入了国际环境保护合作领域。20 世纪 80 年代初,中国政府参加了国际海事组织《关于 1973 年国际防止船舶造成污染公约的 1978 年议定书》。

自 1974 年中国在大连港、秦皇岛港、青岛港、南京港和湛江港等港口建造首批油码头含油污水处理场以接收处理油轮压舱水以来,中国港口一直把防治船舶石油类物质对海洋环境的污染作为港口防治污染的主要内容。我国的港湾又大多属于内湾,水体流动缓慢,其水体交换能力较差,污染物的稀释扩散作用较差,更易受石油类有机污染物的影响。根据国家海洋局《1998 年中国海洋环境年报》,1998 年我国一半以上的近岸水体污染严重,海洋环境质量总体上仍呈继续恶化趋势,其中油类仍然为主要污染物之一。

20 世纪 80 年代,中国港口的建设进入快速发展时期,由此引出的防止港口工程建设对环境生态和周围环境影响的工作被列入环境管理的重要议程。在所进行的各项港口工程建设和开发中,港口建设单位贯彻和执行了工程环境影响评价制度和环保"三同时"制度,有效地控制了新污染源的产生和对环境的影响破坏。在港口防治污染的过程中,国家在配备港口环保设施设备方面投入了相当数量的资金。近年又利用全球环保基金赠款和世界银行软贷款在沿海主要港口建造环保防治污染设施和配备相应设备,组建国家海区溢油应急计划。目前在中国的主要沿海港口所建造、配备的环保设施、设备已初步满足接收处理船舶废弃物需求和处理港口自身污染物的环保功能,这些设施设备包括污水处理场、污水接收处理船、垃圾接收船、浮油回收船、围油栏、垃圾焚烧站、港口监测站。经过坚持不懈的努力和按照 MARPOL73/78 公约的要求和中国海洋环境保护法律规定进行管理,中国主要沿海港口的周围海域水质得到了控制和改善。有资料显示,在 20 多年的港口环境保护过程中,沿海主要港口接收处理的油轮压舱水就达 8 000 多万 t,回收的污油 60 多万 t,对防止油类污染物进入海洋起到有效作用,保护了海洋环境。

生物修复技术可通过直接作用,即通过驯化、筛选、诱变、基因重组等技术得到一株以目标降解物质为主要碳源和能源的微生物。然后向处理器中或受污染场地投加一定量的该菌种来达到去除降解物质的目的;也可通过共代谢作用,即利用微生物和植物或动物的共同作用来得到除污效果。

受污染水体的生物修复(Bio-remediation)指生物尤其是微生物催化降解环境污染物,减少或最终消除环境污染的受控或自发过程。生物修复的基础是自然界中微生物对污染物的生物代谢作用。本质上说,这种技术是对自然界恢复能力和自净能力的一种强化。

物理化学方法对于污染物仅是稀释、聚集或不同环境中的迁移作用;化学方法还可能造成二次污染。而在生物修复作用下污染物转化为稳定的、无毒的终产物如水、CO_2、简单的醇或酸及微生物自身的生物量,最终从环境中消失。与物理、化学治理方法相比,生物技术显得高效、经济、安全、无二次污染,特别是对于机械装置无法清除的较薄油膜和化学药品被限制使用时,便显现出其无可替代的重要作用。目前,生物修复技术成为治理石油污染的一项重要的清洁环保技术。

总之,在海上或港口发生石油污染事故后的常规程序首先应该撒布聚油剂阻止油的进一步扩散,然后用围油栏将油拦截。再使用各种机械回收装置。对厚度为 0.3 ~ 0.5 cm 的液态油可使用凝油剂使之固化再用网袋回收。油层厚度在 0.05 cm 以下时才使用乳化分散剂。而后再利用自然生物恢复或者强化生物恢复的方法处理。

7.4.3　海洋石油污染的生物修复

用物理方法消油,很难去除海表面的油膜和海水中的溶解油;采用化学法实际上是向海洋投加人工合成的化学物质,很有可能会造成二次污染。海洋微生物具有数量大、种类多、特异性和适应性强、分布广、世代时间短、比表面积大的特点,用细菌来清除海表面的油膜和海水中溶解的石油烃,具有物理、化学方法不可比拟的优点。

石油烃类的自然生物降解过程速度缓慢,因此可采取多种措施强化这一过程,常用的技术包括投加分散剂促进微生物对石油烃的利用;提供微生物生长繁殖所必需的条件如施加营养;添加能高效降解石油污染物的微生物等。

1. 投加分散剂

石油烃类基本上不溶于水,但通常烃类物质只有在水溶性环境中与微生物接触才能被更好的利用。分散剂(即表面活性剂)是集亲水基和疏水基结构于同一分子内部的两亲化合物,通过添加分散剂,可以使油形成很微小的油颗粒,增加其与微生物和 O_2 的接触机会,从而促进油的生物降解。

但不是所有的分散剂都有促进作用,许多分散剂由于其毒性和持久性会造成新的污染。例如在 1967 年 Torrey Canyon 油轮事件中,撒用了 10 000 t 的分散剂,结果造成了严重的生态破坏。因此人们尝试利用微生物产生无毒害的表面活性剂来加速这种降解。生物表面活性剂是用生物方法合成的,它是微生物在其代谢过程中分泌产生的具有一定表面活性的物质,这种物质可增强非极性底物的乳化作用,促进微生物在非极性底物中的生长。李习武等人曾做试验,将一株能降解多种石油烃的 Eml 菌株产生的生物乳化剂分离出来,结果表明添加这种生物表面活性剂后细菌对多环芳烃的降解率提高了 20%。由于生物表面活性剂的反应产物均一,常温常压下即可反应,有较好的热与化学稳定性,pH 在 5.5~12 之间都可保持稳定性,且微生物发酵生产工艺简便,成本低廉,因此生物表面活性剂的应用极具发展潜力。

不同水域对分散剂的使用要求也不同,根据水域的水深、水体交换能力以及海洋生物等情况将使用分散剂的水域分成 3 种情况:

(1)允许使用分散剂。

当被分散的油能均匀地混合进入水体,并能发生大范围的混合稀释,使得分散油的浓度很低,对该水域的任何生物都不会造成影响,这种水域对分散剂的使用可不做任何限制,使用量根据油量确定。如水深在 20 m 以上的开阔海洋属于这一类。

(2)允许使用分散剂,但使用时间受限或使用量受限。

像封闭的海湾和港湾,如这类水域具有较强的水体交换能力,一天内可以交换 90% 以上就允许使用。在使用时还要考虑季节、水深和潮汐特点,如在敏感生物产卵季节就要限制使用或限量使用。

(3)通常情况下不允许使用分散剂,如敏感岸线不宜使用分散剂。但当油的影响周期很长的话,也可以考虑使用。

2. 添加营养盐和电子受体

微生物的生长需要维持一定数量的 C,N,P 营养物质及某些微量营养元素。因此,投加营养盐是一种最简单而有效的方法。目前使用的营养盐有 3 类:缓释肥料、亲油肥料和水溶性肥料。缓释肥料要求肥料具有适合的释放速率,可以将营养物质缓慢地释放出来。亲油肥料要求其营养盐可以溶入到油中。水溶性肥料可以与海水混合。在阿拉斯加的溢油事件中通过添加肥料已取得了良好的去除效果。Prince 等通过实验发现施加肥料可以使微生物降解提高 3 ~ 5 倍。但添加肥料并不总是有效的。在 Oudot 的研究中,当 N 的本底浓度很高时,添加营养并没有什么显著的效果。此外,由于海洋水体是一个开放的环境,如何解决肥料随水体的流失也是一个值得关注的问题。

微生物的活性除了受到营养盐的限制外,环境中污染物氧化分解的最终电子受体的种类和浓度也极大地影响着污染物降解的速度和程度。环境中的石油烃类多以好氧生物降解进行,因此 O_2 对微生物而言是一个极为重要的限制因子。一般情况下,每氧化 3.5 g 石油需要消耗氧气 1 g。在海洋环境中,微生物每氧化 1 L 的石油就要消耗掉 320 m^3 海水中的溶解氧。此时 O_2 的迁移往往不足以补充微生物新陈代谢所消耗的氧气量。因此有必要采用一些工程措施,比如人工通气,以改善环境中微生物的活性和活动状况。另外,在石油污染水体中建立藻菌共生系统,通过藻类的光合作用,可以有效地增加水体中的溶解氧,在藻类和细菌等微生物的联合作用下,石油的降解速率能够得到显著提高。

4. 引进石油降解菌

用于生物修复的微生物有土著微生物、外来微生物和基因工程菌。土著微生物的降解潜力巨大,但通常生长缓慢,代谢活性低;受污染物的影响,土著菌的数量有时会急剧下降。而且一种微生物可代谢的烃类化合物范围有限,污染地区的土著微生物很可能无法降解复杂的石油烃混合物。因此,有必要添加外来菌种来促进降解过程的进行。实验室研究表明,添加油降解菌确实提高了油的降解速率。实际应用中,如在 1990 年墨西哥湾和 1991 年得克萨斯海岸实施微生物接种后,生物修复处理也获得了明显成功。但是,在受污染环境中接种外来微生物也存在多重压力。这是因为在海洋环境中,由于风、浪、海流及微生物间的竞争及捕食作用都有可能影响添加细菌的处理效果。因此也有不少学者认为,在限制微生物对石油污染物生物修复的诸多因素中,并不包括油降解菌。此外,在接种外来微生物的问题上也存在分歧。接入的降解菌必须经过详细的分类鉴定,以确定其中无人类及其他生物的致病菌。基因工程菌是通过现代生物技术,将能降解多种污染物的降解基因转移到一种微生物的细胞中,获得分解能力得到几十倍甚至是上百倍提高的菌种。如美国生物学家曾应用遗传工程创造出一种多质粒的超级菌,利用这种超级菌可在几小时内就把母菌需一年才能代谢完的原油降解完。然而,由于基因工程菌对环境的潜在影响仍无法评估,因此对基因工程菌的利用受到了欧美国家的严格立法控制。

石油烃类的微生物降解是一个复杂的过程,它的降解效率受多方面的因素限制。微生物的种属、石油本身的物理状态和性质以及环境的因素都可以影响微生物对石油污染物的降解。为强化这一过程我们可采取多种措施,如投加分散剂,提供微生物生长繁殖所必需的条件和添加能高效降解石油污染物的微生物等。

随着经济的增长,各个国家对石油的需求日益增大,石油污染已经成为环境领域中的一个突出问题。与传统的或现代的物理、化学修复方法相比,石油污染的生物修复具有明显优势,具有很大的发展潜力。但我们也应看到,生物修复的对象通常是多相的、非均质的复杂系统,涉及了微生物学、生态学、工程学、水文学、化学等多学科的知识,其许多机理甚至到目前为止还不是很清楚,因此有必要加强该领域的研究。

7.4.4　海洋石油污染的生物修复实例

20 世纪 80 年代末,美国成功修复 Exxon Valdez 油轮石油泄漏,开创了生物修复在治理海洋污染中的应用。

1989 年,Exxon Valdez 号油轮在 Alaska 的一个海湾触礁,泄露了 42 000 m^3 的原油。事故发生以后,Exxon 公司首先使用的是物理方法,即用热水冲洗附着在海滩上的油污。这种方法每天要花费 100 万美元。后来,美国环保局和 Exxon 公司达成协议,研究生物修复法处理石油污染的可行性。

实验室研究表明,N,P 营养是生物降解的限制因素。为此,他们选择了亲油性肥料 Inipol EAP - 22,首先对 117 km 的海岸进行了处理。在 2 周内就明显看出使用和不使用肥料在对石油的去除上表现出明显的不同,1990 年,他们对其他区域投加了肥料,海岸的油污明显减少。泄漏事故后 16 个月的定量分析表明,60% ~ 70% 的油类被降解。1992 年美联邦调查组确认油污已基本消失,残余的油污可以靠微生物自行清除。对该区的生态监测结果表明,与相邻区域比较,处理区海域中养分的浓度并未增加,也并未引起海水的富营养化。类似地,在 Soug 港施加该种肥料 810 d 后,处理区油污明显减少,特别是鹅卵石表面的油污消失较快。这些结果表明,生物修复海上溢油是安全有效的。

第8章　环境替代材料

8.1　环境替代材料概述

8.1.1　概念

环境材料是指那些不仅具有优异的使用性能,而且从材料的制造、使用、废弃直到再生的整个生命周期中必须具备与生态环境的协调共存性以及舒适性的材料。其特点是对资源和能量消耗少,环境污染小,再生利用率高,同时又具有优异使用性能。

随着地球上人类生态环境的恶化,保护地球,提倡绿色技术及绿色产品的呼声日益高涨。针对传统的材料在加工、制备、使用及废弃过程中往往会对生态环境造成很大的污染,20世纪90年代初诞生的一门新兴交叉学科———环境材料,着手开发高性能、低能耗、低污染的新材料,并对现有的材料进行环境协调性改造,对环境进行修复、净化或替代等处理,以期逐渐改善地球的生态环境,使人类社会可持续发展。

8.2.2　特点

1.先进性

发挥材料的优异性能,为人类开拓更广阔的活动范围和环境。

2.环境协调性

减轻地球环境的负担,提高资源利用率,对枯竭性资源的完全循环利用,使人类的活动范围同外部环境尽可能协调。

3.舒适性

使人们乐于接受和使用,使活动范围中的人类生活环境更加繁荣、舒适。

环境材料包括环境相容材料、环境降解材料、环境修复材料、环境净化材料和环境替代材料。其中,用环境负荷小的材料替代环境负荷大的材料以减少对生态环境的影响,或将环境负荷虽小、但对人体健康不利的材料替换,是21世纪新型生态环境材料应用开发的一个重要内容。本章重点介绍替代氟利昂的制冷材料、替代工业和民用的含磷洗涤剂材料、替代建筑用石棉材料以及新型环境相容性材料的研究和应用进展。

8.2.3　环境材料与可持续发展

可持续发展是指既能满足当代人的需要,又不对后代人满足其需求能力构成危害的发展,是人口、经济、社会、资源、环境和生态系统相互协调的发展。可持续发展的核心是发展,是在保证资源和环境可以永续利用的前提下进行的经济和社会的发展。

赫尔曼·戴利提出可持续性由 3 部分组成:

(1)使用可再生资源的速度不超过其再生速度;

(2)使用不可再生资源的速度不超过其可再生替代物的开发速度;

(3)污染物的排放速度不超过环境的自净容量。

可持续发展的概念从理论上结束了长期以来把发展经济同保护环境与资源相互对立起来的错误观点,并明确指出了它们应当是相互联系和互为因果的。

它代表了当今科学对人与环境关系认识的新阶段,包括 3 个基本要素:

(1)少破坏、不破坏乃至改善人类所赖以生存的环境和生产条件;

(2)技术要不断革新,对于稀有资源、短缺资源能够经济有效地取得替代品;

(3)对产品或服务的供求平衡能实现有效的调控。

8.2　氟利昂替代材料

8.2.1　氟利昂的应用和危害

氟利昂(Freon)是氟氯代甲烷和氟氯代乙烷的总称,因此又称“氟氯烷”或“氟氯烃”,氟利昂包括 20 多种化合物,主要是含氟和氯的烷烃衍生物,少数是环烷烃卤素衍生物,有的还含有溴原子。包括 $CCl_3F(F-11)$,$CCl_2F_2(F-12)$,$CClF_3(F-13)$,$CHCl_2F(F-21)$,$CHClF_2(F-22)$,$FCl_2C-CClF_2(F-113)$,$F_2ClC-CClF_2(F-114)$,$C_2H_4F_2(F-152)$,$C_2ClF_5(F-115)$,$C_2H_3F_3(F-143)$等。其中最常用的是氟利昂 -12($F-12$),其次是氟利昂 -11(化学式 CCl_3F)。最早商品化的氟利昂是二氟二氯甲烷($F-12$,1932 年)、一氟三氯甲烷($F-11$,1931 年)。氟利昂在常温下,除 $F-112$ 及 $F-113$ 为液体外,均为无色、无臭的不燃性气体。

由于氟利昂优良的性能,20 世纪 30 年代以来,其被广泛用作制冷剂、发泡剂、清洗剂、灭火剂和喷雾剂。氟利昂制冷剂大致分为 3 类:一是氯氟烃类产品,简称 CFC。主要包括 R11,R12,R113,R114,R115,R500,R502 等,由于对臭氧层的最大破坏作用,被《蒙特利尔议定书》列为一类受控物质。二是氢氯氟烃类产品,简称 HCFC。主要包括 R22,R123,R141b,R142b 等,臭氧层破坏系数仅仅是 R11 的百分之几,因此,目前 HCFC 类物质被视为 CFC 类物质的最重要的过渡性替代物质。在《蒙特利尔议定书》中 R22 被限定 2020 年淘汰,R123 被限定 2030 年淘汰。三是氢氟烃类,简称 HFC。主要包括 R134A,R125,R32,R407C,R410A,R152 等,臭氧层破坏系数为 0,但是气候变暖潜能值很高。在《蒙特利尔议定书》没有规定其使用期限,在《联合国气候变化框架公约》京都议定书中定性为温室气体。此外,也大量用作雾化剂的组分,但由于它可能破坏大气臭氧层,现已限制使用。氟利昂的另一重要应用是做聚氨酯、聚苯乙烯和聚乙烯等泡沫塑料的发泡剂。$R-113$,$R-11$ 与其他溶剂的混合物还广泛用于电子工业和航空工业中作为溶剂,在纺织工业中用作纺织染整助剂(如整理油剂和洗涤剂)。氟利昂还是生产氟树脂的原料,由 R - 22 可以生产四氟乙烯,由 R - 113 可以生产三氟氯乙烯。三氟溴甲烷和 1,1,2,2 - 四氟 - 1,2 - 二溴乙烷是效果良好的灭火剂,1,1,1 - 三氟 - 二氯 - 二溴乙烷可作为麻醉剂。

氟利昂有其致命的缺点,它是一种"温室效应气体",温室效应值比 CO_2 大 1 700 倍,更危险的是它会破坏大气层中的臭氧。1974 年,美国加州两位学者年莫里纳和罗兰蒂率先指出,CFCs(氟氯烃)在紫外线的作用下放出氯原子,氯原子与臭氧发生自由基链反应,一个氯原子就可以消耗上万个臭氧分子,从而影响臭氧分子对 250 ~ 320 nm 紫外线的吸收,使过量的紫外线到达地球表面,直接影响到人类和其他生物的生存。10 余年后科学研究证实了这一点。1987 年,联合国环境保护计划会议通过了"关于臭氧层衰减物质的蒙特利尔协定",随后,在伦敦会议和哥本哈根会议做出了修正案,严格限制和禁止使用氟利昂类物质。

8.2.2　异丁烷作为氟利昂替代制冷剂

目前应用较多的碳氢化合物主要有丙烷(R290)、丁烷(R600)和异丁烷(R600a),德国绿色和平组织在 20 世纪重新论证了其在小型制冷系统上使用的可靠性后逐渐大规模用于冰箱制冷。这类绿色环保型制冷剂,首先在欧洲得到广泛应用。它们的 ODP 为 0, GWP 值可以忽略,是环境友好型制冷剂,热力学性能优良且价格低廉,但具有可燃性。德国 90% 的冷藏箱和冷冻箱采用碳氢化合物作为制冷剂,在全欧洲新生产的家用冷藏/冷冻箱中,25% 的制冷剂为碳氢化合物。在日本,家用电冰箱制冷剂的替代工作已取得显著成效,所用的制冷剂已从 HFCs 全部过渡到了 HCs。在欧洲碳氢化合物制冷剂的应用几乎涵盖了所有的空调装置,包括窗式空调器。在余热回收热泵中,碳氢化合物制冷剂也有应用。

异丁烷(R600a)可在较高的冷凝温度下工作,而其效率又不会有大的降低。R600a 的临界温度高,这样可将冰箱的冷凝器做得更小;其次它的运行压力低,可以大大降低冰箱噪音。但其容积制冷量低,所以单一采用 R600a 的系统需重新设计压缩机。Eric Gran- ryd 研究了碳氢化合物制冷剂的系统循环特性,并与 R22 进行了对比研究。冷凝温度为 0 ℃,蒸发温度改变的情况下,丁烷和异丁烷的压力比高于 R22,丙烷和环丙烷的压力比则较低。压缩机压缩终了温度除少数碳氢化合物(所列碳氢化合物中除环丙烷)外,稍低于 R22。丙烯的单位体积制冷量与 R22 接近,丙烷比 R22 低 15%,而异丁烷的单位体积制冷量则只有 R22 的一半。由于其作为制冷剂具有原料易得、对臭氧层无破坏、高循环率和不用换压缩机润滑油等优点,因而有着良好的应用前景

这种碳氢化合物制冷剂的缺点除了使用上的安全性(可燃性)外,具有比 HFCS 类物质高的光化学烟雾,也是值得考虑的问题。

8.2.3　二氟乙烷与二氟一氯甲烷的混合剂作为替代制冷剂

二氟乙烷与二氟一氯甲烷的混合剂具有良好的制冷性能,在我国和美国的部分冰箱

生产线用了此物质。它具有环保性能优越、节能等优点,在我国可以自行生产,适合我国国情。到 1999 年,这种制冷剂占到 15%。此外,还有三氟二氯乙烷与三氯甲烷、五氯己烷、四氯己烷的混合剂,三氯甲烷、五氟乙烷的混合剂等。这些制冷剂其中仍含有对大气臭氧层具有破坏性的氯,但由于有着比较理想的制冷效应,目前尚没有被淘汰,属于过渡替代品。

8.2.4　氟利昂的其他替代方案

据报道,国内有公司选择多元混合物作为替代品,于 1997 年底成功地开发出无毒、难燃的 KLB 绿色制冷剂,其成品破坏臭氧层值仅为 0.008,温室系数仅为 0.015,远远低于国际组织对氟利昂替代品所规定的环保指数。KLB 制冷剂不但能直接替代氟利昂,而且节能效果也十分显著。

此外,科研人员还发展了磁制冷和吸附制冷等替代技术,磁制冷又叫"顺磁盐绝热制冷"。顺磁盐中包含铁或稀土元素,其 3d,4f 层电子未充满,因此具有磁性,在励磁和退磁过程中会吸热或放热,例如以硝酸镁铈为制冷剂的磁制冷机降温可接近 0 K。利用这种性质发展的制冷技术具有效率高、成本低、结构简单等优点,其最大好处在于不污染环境。吸附制冷是利用吸附 – 脱附时吸热或放热的性质制冷,常用的制冷剂体系包括金属氢化物 – 氢、沸石分子筛 – H_2O、活性炭 – 氮气、氧化镨 – 氧化铈体系等。其基本原理是:多孔固体吸附剂对某种制冷剂气体具有吸附作用,吸附能力随吸附剂温度的不同而不同。周期性的冷却和加热吸附剂,使之交替吸附和解吸。解吸时,释放出制冷剂气体,并在冷凝器内凝为液体;吸附时,蒸发器中的制冷剂液体蒸发,产生冷量。

目前世界上关于氟利昂的替代方案很多,但都不很令人满意。迄今为止,世界上还没有发现一种经济和能效超过氟利昂的电冰箱制冷、发泡替代品。在未来能最大满足人与自然的和谐和可持续发展的制冷剂应为自然物质,如氨、二氧化碳、异丁烷等,是今后值得关注和研究的方向。

8.3　石棉替代材料

石绵种类很多,依其矿物成分和化学组成不同,可分为蛇纹石石棉和角闪石石棉两类。蛇纹石石棉又称温石棉,它是石棉中产量最多的一种,具有较好的可纺性能。角闪石石棉又可分为蓝石棉、透闪石石棉、阳起石石棉等,产量比蛇纹石石棉少。

8.3.1 石棉的性质

1. 物理性质

石棉纤维的轴向拉伸强度较高,有时可达 374×10^4 kg/m^2,但不耐折叠,经数次折叠后拉伸强度显著下降。石棉纤维的结构水含量为 10% ~ 15%,以含 14% 的较多。加热至 600 ~ 700 ℃(温升 10 ℃/分)时,石棉纤维的结构水析出,纤维结构破坏、变脆,揉搓后易变为粉末,颜色改变。

石棉纤维的导热系数为 0.104 ~ 0.260 千卡/米·度·时,导电性能也很低,是热和电的良好绝缘材料。石棉纤维具有良好的耐热性能,一般在 300 ℃以下加热 2 h 质量损失较少,若在 1 700 ℃以上的温度下加热 2 h,温石棉纤维的质量损失较多,其他种类石棉纤维质量损失较少。

蛇纹石石棉是镁的含水硅酸盐类矿物,属单斜晶系层状构造。原始结构呈深绿、浅绿、浅黄、土黄、灰白、白等色,半透明状,外观呈纤维状,具有蚕丝般光泽。蛇纹石石棉纤维的劈分性、柔韧性、强度、耐热性和绝缘性都比较好,相对密度为 2.49 ~ 2.53,比热为 0.266,表面比电阻为 8.2×10^7 ~ 1.2×10^{10} Ω,体积比电阻为 1.9×10^8 ~ 4.79×10^9 Ω·cm。

2. 化学性质

蛇纹石石棉的耐碱性能较好,几乎不受碱类的腐蚀,但耐酸性较差,很弱的有机酸就能将石棉中的氧化镁析出,使石棉纤维的强度下降。

角闪石石棉属于单斜晶系构造。颜色一般较深,相对密度较大,具有较高的耐酸性、耐碱性和化学稳定性,耐腐性也较好。尤其是蓝石棉的过滤性能较好,具有防化学毒物和净化被放射性物质污染的空气等重要特性。

蛇纹石石棉和闪石石棉的区分是:把石棉放在研钵中研磨,蛇纹石石棉成混乱的毡团,纤维不易分开,闪石石棉研磨后易分成许多细小的纤维。不含铁的石棉呈白色,含铁的石棉呈不同色调的蓝色。纤维状集合体丝绢光泽,劈分后的纤维光泽暗淡。

石棉是彼此平行排列的微细管状纤维集合体,可分裂成非常细的石棉纤维,直径可小到 0.1 μm 以下。完全分裂开松后,用肉眼很难观察,因而是良好的细菌过滤材料。

纤维长度超过 8 mm 的石棉与 20% ~ 25% 的棉纱混合可制成防火纺织材料,较短的纤维可用于制作石棉胶合布、石棉板和绝缘材料等。蓝石棉具有独特的防化学毒物和净化放射性微粒污染空气的性能,被用于制作各种高效能过滤器,用它制造的石棉纸过滤效率达 99.9%。

8.3.2　石棉的应用和危害

石棉又称"石绵",指具有高抗张强度、高挠性、耐化学和热侵蚀、电绝缘和具有可纺性的硅酸盐类矿物产品。它是天然的纤维状的硅酸盐类类矿物质的总称,包括 2 类共计 6 种矿物(有蛇纹石石棉、角闪石石棉、阳起石石棉、直闪石石棉、铁石棉、透闪石石棉等)。石棉由纤维束组成,而纤维束又由很长、很细的能相互分离的纤维组成。石棉具有高度耐火性、电绝缘性和绝热性,是重要的防火、绝缘和保温材料。

通常所称石棉多指蛇纹石石棉,化学组成为 $Mg_6(Si_4O_{10})(OH)_8$,浅黄绿色或蓝绿色,常含少量 Fe,Al,Ca 等机械混入物,单斜晶系,呈层状构造,在高倍电子显微镜下,纤维呈平行排列的极细空心管。石棉是一种能劈分有弹性、弧度高的耐热和耐化学腐蚀的天然硅酸盐矿物纤维。

石棉经加工后的各种制品过去曾被广泛采用,主要有:

(1)石棉纺织制品,用作隔热保温材料,密封填料。其产品基体用作水电解、食盐电解的隔膜材料。

（2）石棉摩擦材料，有刹车片、离合器片、火车闸片、石油钻机刹车块等。

（3）石棉橡胶制品，有高压板、中压板、绝缘板、耐油板和耐酸板等。

（4）石棉保温制品，如石棉粉、石棉板、石棉纸、石棉砖、石棉管等做保温绝热绝缘衬垫等材料。

虽然石棉制品具有上述优良性能，但由于其对人体有强烈的刺激作用和致癌作用，尤其易破碎成细小的粉末漂浮在大气中，长期吸入易使人致癌。世界上所用的石棉 95% 左右为温石棉，其纤维可以分裂成极细的元纤维，工业上每消耗 1 t 石棉约有 10 g 石棉纤维释放到环境中。1 kg 石棉约含 100 万根元纤维。元纤维的直径一般为 0.5 μm，长度在 5 μm 以下，在大气和水中能悬浮数周、数月之久，持续地造成污染。研究表明，与石棉相关的疾病在多种工业职业中是普遍存在的。如石棉开采、加工和使用石棉或含石棉材料的各行各业中（建筑、船只和汽车修理、冶金、纺织、机械和电力工程、化学、农业等）。美国环保局已经对一些石棉制品进行限制使用，如 1972 年颁布的有关禁止喷涂含石棉纤维的耐火涂料的条例。德国 1980—2003 年期间，石棉相关职业病造成了 1.2 万人死亡。法国每年因石棉致死达 2 000 人。美国在 1990—1999 年期间报告了近 20 000 个石棉沉着病例。1998 年，世界卫生组织重申纤蛇纹石石棉的致癌效应，特别是导致间皮瘤的风险，继续呼吁使用替代品。世界卫生组织还声明，没有认定任何门槛，在此水平之下石棉粉尘不致产生癌症风险。许多国家选择了全面禁止使用这种危险性物质，包括大多数欧盟成员国（所有成员国到 2005 年必须禁止一切石棉的使用）和越来越多的其他国家（冰岛、挪威、瑞士、新西兰、捷克共和国、智利、秘鲁、韩国）。其他一些国家正在审视石棉的危险，如澳大利亚和巴西。

8.3.3　膨胀石墨

膨胀石墨是由天然鳞片石墨经插层、水浇、干燥、高温膨化得到的一种疏松多孔的蠕虫状物质。它既保留了天然石墨的耐热性、耐腐蚀性、耐辐射性、无毒害等性质，又具有天然石墨所没有的吸附性、环境协调性、生物相容性等特性，不造成二次污染，在石油化工、原子能、电力、农药、建材、机械等工业中广泛应用。膨胀石墨作为环境材料的研究是近年来才陆续开展的。膨胀石墨的孔结构有开放和封闭孔两种，孔容积占 98% 左右，孔径分布范围 1 ~ 103 nm，峰值 103 nm。由于它是以大孔、中孔为主，所以与活性炭、分孔筛等微孔材料在吸附特性上也有所不同。它适于液相吸附，而不适于气相吸附。在液相吸附中它亲油疏水。1 g 膨胀石墨可吸附 80 g 以上重油。油类污染是当今世界面临的一个严峻问题，据估计因海上运输、生产、事故和陆地注入海洋的油量达 10^5 吨/年，严重威胁着人类的生存。膨胀石墨对油类有很强的吸附作用，且吸附油类物质后仍漂浮于水面，便于分离。因而它是一种很有前途的清除水面油污染的环保材料。1997 年，日本福冈近海油轮泄漏，用膨胀石墨清除，效果良好。大庆油田含油 100 μL/L 的水用膨胀石墨处理 2 次，含油量降到 0.1 μL/L。在化工企业的废水治理中，常采用微生物载体，特别是对油脂类有机大分子污染的水处理中，由于膨胀石墨化学稳定性好，又可再生复用，因此也有良好的应用前景。

8.3.4　柔性石墨

用膨胀石墨轧制或压制成箔或板制造的密封填料,称为柔性石墨,由于柔性石墨的气固两相结构使其具有良好的密封性能。柔性石墨材料属于非纤维质材料。柔性石墨做成板材后模压成密封填料使用。它是把天然鳞片石墨中的杂质除去。再经强氧化混合酸处理后成为氧化石墨。氧化石墨受热分解放出二氧化碳,体积急剧膨胀,变成了质地疏松、柔软而又有韧性的柔性石墨。柔性石墨有优异的耐热性和耐寒性,有优异的耐化学腐蚀性,有良好的自润滑性,回弹率高。

我国鳞片石墨年产量35万 t,加工成膨胀石墨的年生产能力不少于3万 t,但目前国内柔性石墨的产量约为1 000多 t,仅占全球产量的5%左右,而且品种单一,基本上是含碳98% ~99%、残硫质量分数 1.3×10^{-3} 左右的普通工业级别,这与我国作为石墨产量第一大国很不相称。改善性能、降低成本,更多的使用石墨柔性材料,不仅有利于合理利用资源,而且更重要的是,根除了石棉等材料在制造、使用、废弃过程中给环境和人类带来的危害

8.3.5　其他石棉替代制品

日本已有用树皮陶瓷材料制得的汽车刹车片上市。对隔热垫或其他保温绝热材料,现在大多用硅酸铝、硅酸锌陶瓷纤维材料。国内外已有用芳族聚酰胺纤维代替石棉纤维制成的高温防护材料,它有优良的阻燃、耐热性能,分解温度可达385 ℃,在火焰中不延燃,可用于冶金服、消防服以及特种部队战斗服等。随着科学技术的发展,新的环境友好型的保温隔热材料不断涌现,基本替代了石棉制品。

以色列技术研究院发明了一种泡沫陶瓷完全可以替代石棉的材料,也像石棉一样价格低廉、质量轻,可以耐1 500 ~1 700 ℃的高温。这种合成材料的优点就是将陶瓷粒子钝化;这些不经钝化的粒子以针状粉尘形式存在可被吸入人的肺里,在这一点上与石棉一样危险有害。泡沫二氧化碳与陶瓷纤维结合,产生出普通的灰尘粒子;与自然界常见的灰尘在形式上没有两样。这种泡沫因其构造而具有绝缘能力:95%的汽泡和5%的氧化铝。具有这种构成的材料,则为有效的绝缘材料,而且可以与高质量的陶瓷纤维相媲美。这种材料的发明是借助于溶胶 – 凝胶技术。泡沫是用含有金属成分以及各种发泡成分的特殊的晶体发泡而成。一经受热,晶体成为一种溶液。溶液中会出现聚合物的链,当这些链达到足够长度时,就分化为一种液体和一种聚合物。在这种反应过程中自动生成亿万个气泡,在高温作用下,生成一种陶瓷——金属氧化铝。这种气泡尺寸约为250 μm。另外,这种材料还可作为其他用途:隔热、隔音或吸收环境中的污染物。

8.4　无磷洗衣粉的开发与应用

8.4.1　传统洗衣粉的应用和危害

洗衣粉是现代合成洗涤剂的主要组成部分。合成洗衣粉作为天然肥皂的替代品,诞

生于物资极度匮乏的第二次世界大战时期,由于其优良的去污性能很快风靡全球。合成洗衣粉是由三磷聚酸钠、硅酸钠、烷基苯磺酸钠、荧光增白剂等化工原料合成的。三聚磷酸钠俗称五钠,分子式为 $Na_5P_3O_{10}$,它是洗衣粉的主要成分,一般占洗衣粉含量的 15% ~ 25%,因其含量的高低对去污力影响很大,目前绝大多数洗涤剂均使用三聚磷酸钠作为助剂。

自从现代洗涤剂问世以来,由于三聚磷酸钠(STPP)所具有的化学性质很符合理想助洗剂的特征,STPP 就一直在洗涤剂助洗剂市场上占据支配地位,其用量约占总助剂的 95%。STPP 作用如下:

(1)它有螯合高价金属离子的性质,可以起到软化水的作用;

(2)它对蛋白质有膨润、增容作用,因而有解胶的效果,对脂肪物质起促进乳化的作用,对砂土、尘土等固体污垢增加分散作用,它能增强表面活性剂的表面活性,降低临界胶束浓度,起到降低表面活性剂用量和增强去污力的双重作用;

(3)它还有碱缓冲作用,即使有酸性污垢存在也能使洗涤液保持一定的碱度,有利于酸性污垢的去除;

(4)它还具有吸收水分防止洗衣粉结块的作用,它能保持合成洗涤剂制品始终成为干爽的粒状。

虽然三聚磷酸盐在洗衣粉配方中有较多的优点,但是它也有一个致命的缺点,就是"富营养化"问题,这是人类在使用过程中逐步认识到的。合成洗衣粉去除污垢后,随着污水被排放到江、河、湖泊里,使水草和藻类丛生、茂盛。异常繁殖的藻类很快枯死,不仅释放出腐败的恶臭味,而且有损于这些水域的美丽景观。造成水中缺氧,使水质污浊,给水中生物如鱼、虾、蟹之类的生长带来危害,有碍生态平衡和造成环境污染。近几年,我国的太湖、巢湖、滇池等湖泊的水质严重恶化,蓝藻疯长,致使水中的藻类和鱼类大量死亡、腐烂,水体变质的现象的重要原因之一便是湖水中的磷含量超标。目前,在中国香港出现的"赤潮"现象也是由于水体中磷含量超标造成的。大量洗衣粉流入不同水系中,造成水体的富营养化。当某一湖泊中氮磷比超过 7∶1 时,磷就成为湖泊富营养化的重要限制因子。生活污水中的洗涤废水是磷的外源污染物的一大组成。我国目前每年有约 50 万 t 含磷化合物排入地表水中,而生活污水中的 17% ~ 20% 的磷来源于洗涤剂所用三聚磷酸钠。

全球范围内地表水体中磷的富营养化问题,使人们对含磷洗涤剂的使用受到限制。能否通过改进洗涤剂的组成和结构来消除或降低环境富营养化,是化学家关注与考虑的问题。现在世界上出现了很多无磷洗涤剂,新品种超过了几百种。近几年来,越来越多的国家都禁止或限制在合成洗涤剂中使用 STPP,并积极开发新的 STPP 的替代品。一般认为,开发新的助洗剂必须具备 4 个条件:对人安全、不污染环境、要有可靠的去污效果、经济实用。

8.4.2　洗衣粉中的代磷助剂的性能要求

洗衣粉中助剂的性能会直接影响洗涤效果,故代磷助剂须符合以下要求:

第一,代磷助剂要有良好的软化水性能,可有效降低地下水或天然水中钙、镁离子的浓度。因为洗涤用水中含有大量的金属离子,会影响洗涤剂中表面活性剂的性能。因此,充分结合掉水中的钙、镁离子,促进硬水软化,才能很好地发挥出表面活性剂的洗涤作用,提高去污力。

第二,代磷助剂必须有提供碱性和碱缓冲性能,能提供一定的碱性(pH 为 12 左右)并缓慢释放。衣物上的污物通常为酸性,需要通过碱中和以达到去污的目的。

第三,代磷助剂还应该具有良好的分散悬浮性能及抗再沉积能力,能够防止在洗衣污水中的污物再沉积到洗涤物上,造成一次污染、漂洗困难或形成积聚物。另外,在毒理学、生态学及降低洗涤剂成本等方面的性能也极为重要。当然,好的代磷助剂还应该与表面活性剂有一定的协同效应,即可以提高表面活性剂的去污能力。

8.4.3　无机系助洗剂

无机系助洗剂的最新品种如下:

(1)美国的 Philadelphia Quartz 公司的 Britesil 产品,它是一种改性沸石产品,其 $SiO_2/Na_2O = 2 \sim 2.4$,碱性比硅酸钠小,能与 Ca^{2+} 和 Mg^{2+} 反应生成可溶物。该产品成为美国无磷和低磷洗涤剂的主要添加物。

(2)东京工业实验所开发的碱性亚胺磺酸盐,它是以 SO_3 和 NH_3 反应生成的亚胺基、亚硫酸铵为原料,于其水溶液中加入计量的 NaOH,在减压下置换出 NH_3,该产品 pH 低,对皮肤无刺激,分散力和乳化力都很好,去污能力和 STPP 相当。

8.4.4　有机系助洗剂

有机化合物有利于微生物降解,因此它不会像无机物那样产生富营养化。目前开发的产品主要有以下两种。

1. 氨基羧酸盐

例如 NTA(氨基三醋酸钠),它对 Ca^{2+} 和 Mg^{2+} 的螯合能力特别突出,性能比 STPP 优良。现在已有几个国家用 NTA 代替 STPP 来制造无磷洗涤剂。20 世纪 70 年代,美国首先开发了 NTA 合成洗涤剂助剂。NTA 对钙、镁离子和其他重金属离子有很好的螯合作用,具有良好的缓冲作用、反絮凝作用和去污作用,可代替 STPP 使用。但由于人们对 NTA 胎儿致畸性的怀疑和 NTA 本身是水溶性氮化物(氮是肥料重要元素之一),很难被认为能对水质富营养化治理起到作用,因此难以对其使用安全性作出结论。

2. 羟基羧酸盐

最有代表性的是柠檬酸三钠,与 NTA 同期开发的柠檬酸钠助剂,对钙镁离子和重金属离子的螯合能力也很明显,水溶液的 pH 为 $7.8 \sim 8.6$,是弱碱性,也可代替 STPP 使用。但其与烷基苯磺酸盐的配伍性次于 STPP,且价格昂贵,终难推广应用。

8.4.5　4A 沸石

沸石学名硅铝酸钠(俗称分子筛),具有独特的结构和外形,钙离子的交换能力较高,而且分散性强、不沉淀、无毒性,因此用作洗涤剂。它可与液体中的 Ca^{2+} 和 Mg^{2+} 进行离子交换反应,吸附纤维织物中含有的污垢和金属离子,使其分散脱离,凝聚,最后形成难溶的沉淀物以达到去污的目的。分子筛对 Ca^{2+} 交换容量大于 STPP 的交换容量,而 Mg^{2+} 的交换容量却不如 STPP。

从资源、使用安全性、环境保护、价格、助洗效果等方面综合分析比较,4A 沸石是首选的无磷助剂,它已经成为三聚磷酸钠的主要替代助剂而用于生产无磷洗衣粉。

4A 沸石的性质如下:

(1) 离子交换性。

4A 沸石通过离子交换,可以除去水中的钙、镁离子,把硬水变成软水。4A 沸石的离子交换是在带有铝离子的骨架上进行的,由于带电荷的铝离子不仅可以结合钠离子,也可以重新与钙、镁离子等其他阳离子结合,钙、镁离子可将 4A 沸石分子中的钠离子替换出来,取而代之,从而实现离子交换。

(2) 抗污垢再沉积性。

4A 沸石抗油污附着的效果显著,也有一定的抗固体污垢附着的能力。

(3) 吸附性。

4A 沸石对表面活性剂的吸附能力较强,是三聚磷酸钠的 5 倍,那么,可在含 4A 沸石的洗衣粉中加入更多的表面活性剂,以增强去污力。

(4) 安全性。

4A 沸石对鱼类、藻类等水生生物安全无毒,对人体安全,对皮肤和眼睛无刺激。洗衣粉被使用后,4A 沸石随洗涤污水一起排放,最终混入淤泥中,不会污染环境。4A 沸石有较好的毒理学和生态学上的安全性,不会使江河湖泊的水体富营养化。

表 8.1　4A 沸石物理和化学性质

项目	指标
外观	白色颗粒状粉末
结晶型	4A 型
钙交换能力($mgCaCO_3/g$ 无水 4A 沸石)	≥285
颗粒度($\leq 4\ \mu m$)/%	≥80
白度($\omega = Y$)/%	≥93
pH(质量分数为 1% 溶液,25 ℃)	≤11.3
灼烧失重[(800 ± 10) ℃,3 h]/%	≤23

8.4.6　无磷洗衣粉的发展前景

随着人们环境保护意识的增强,环境保护的呼声日益高涨,世界掀起了限磷禁磷的浪潮。正是在这种背景下,许多国家特别是发达国家相继出台了限磷禁磷的法律法规,以不同方式推进洗衣粉的无磷化,各国都致力于研究开发低磷、无磷洗衣粉,不少的洗衣粉生产商自发生产无磷洗衣粉。我国有关部门为推进无磷洗衣粉发展,已经做了大量的工作。

我国近年来对无磷洗衣粉的推广工作也非常重视,目前已制定了低磷、无磷化洗衣粉标准,不仅研制成功了 4A 沸石等三聚磷酸钠的替代品,而且研制开发出不少无磷洗衣粉配方。我国企业生产无磷洗衣粉时主要以有机聚合物做主表面活性剂进行复配,典型的无磷洗衣粉配方包括十二烷基苯磺酸钠、脂肪酸、羧甲纤维素钠、4A 沸石、碳酸钠、硫酸盐、硅酸盐、荧光增白剂、香精等原料。

近年来,随着各地政府对环境治理力度的加大和国民生活水平及环保意识的提高,我国无磷洗衣粉的市场需求在逐步增加。为此,不断有新的代磷助剂脱颖而出。国内在无磷洗衣粉生产初期主要为小批量生产,产品质量得不到保证,其生产成本比含磷洗衣粉高 20% ~ 25%,售价较高,加之产品宣传推广力度不够,无磷洗衣粉不被广大消费者接受。但是,随着工作的开展,近几年国内无磷洗衣粉产量已达到洗衣粉的 50% 以上。中国洗涤用品工业协会已将低(无)磷洗衣粉的发展作为一个工作重点列入行业发展规划,提出要进一步提高低(无)磷洗衣粉的产品质量,继续重视国内低(无)磷洗衣粉的发展以及环境保护问题。预计近期低(无)磷洗衣粉的生产和消费将有较快发展,对 4A 沸石的需求也将相应地快速增长。当然,对层状结晶二硅酸钠的研究也应该重视,不可忽视其他无磷洗衣粉的复配。

无磷洗衣粉的研究是洗涤剂工业领域的研究热点。欧洲除英国、西班牙和法国市场上还出售低磷洗涤剂外,其他各国都实现了洗涤剂无磷化。在亚洲,日本的洗涤剂已达到 100% 无磷化。我国人口众多,是洗涤剂用量最大的国家之一。研究和开发无磷助剂和绿色环保型洗衣粉,体现了"可持续发展"的理念,因而具有广阔的市场前景和良好的经济效益。

8.5　新型环境相容性材料

8.5.1　天然材料的开发与再开发

从生态观点看,天然材料加工的能耗低,可再生循环利用,易于处理,对天然材料进行高附加值开发,所得材料具有先进的环境协调性能。木质素、纤维素、甲壳素等代替那些环境负荷较大的结构材料也属于环境替代材料的一类。将热塑性塑料如 LDPZ 等和木材纤维、木屑等共混,利用传统的注射成型法得到多孔性人工木材,具有吸湿性极低的特点和良好的加工性能,并且具有生物降解性。

1. 木质素

(1)本质素的定义。

木质素是由聚合的芳香醇构成的一类物质,存在于木质组织中,主要作用是通过形成交织网来硬化细胞壁。木质素主要位于纤维素纤维之间,起抗压作用。在木本植物中,木质素占 25%,是世界上第二位最丰富的有机物(纤维素是第一位)。

　　随着人类对环境污染和资源危机等问题的认识不断深入,天然高分子所具有的可再生、可降解等性质日益受到重视。废弃物的资源化与可再生资源的利用,是当代经济与社会发展的重大课题,也是对当代科学技术提出的新要求。在自然界中,木质素的储量仅次于纤维素,而且每年都以 500 亿 t 的速度再生。制浆造纸工业每年要从植物中分离出大约 1.4 亿 t 纤维素,同时得到 5 000 万 t 左右的木质素副产品,但迄今为止,超过95% 的木质素仍以"黑液"直接排入江河或浓缩后烧掉,很少得到有效利用。

　　化石能源的日益枯竭、木质素的丰富储量、木质素科学的飞速发展决定木质素的经济效益的可持续发展性。木质素成本较低,木质素及其衍生物具有多种功能性,可作为分散剂、吸附剂/解吸剂、石油回收助剂、沥青乳化剂,木质素对人类可持续发展最为重大贡献就在于提供稳定、持续的有机物质来源,其应用前景十分广阔。

　　研究木质素性能和结构的关系,利用木质素制造可降解、可再生的聚合物。木质素的物化性能和加工性能、工艺成为目前木质素研究的障碍。

　　(2)本质素的性质。

　　木质素单体的分子结构同时含有多种活性官能团,如羟基、羰基、羧基、甲基及侧链结构。其中,羟基在木质素中存在较多,以醇羟基和酚羟基两种形式存在,而酚羟基的多少又直接影响木质素的物理和化学性质,如能反映出木质素的醚化和缩合程度,同时也能衡量木质素的溶解性能和反应能力;在木质素的侧链上,有对羟基安息香酸、香草酸、紫丁香酸、对羟基肉桂酸、阿魏酸等酯型结构存在,这些酯型结构存在于侧链的 α 位或 γ位。在侧链 α 位除了酯型结构外,还有醚型连接,或作为联苯型结构的碳 - 碳联结。同酚羟基一样,木质素的侧链结构也直接关系到它的化学反应性。

　　由于木质素的分子结构中存在着芳香基、酚羟基、醇羟基、碳基共轭双键等活性基团,因此可以进行氧化、还原、水解、醇解、酸解甲氧基、羧基、光解、酰化、磺化、烷基化、卤化、硝化、缩聚或接枝共聚等许多化学反应。其中,又以氧化、酰化、磺化、缩聚和接枝共聚等反应性能在研究木质素的应用中显示着尤为重要的作用,同时也是扩大其应用的重要途径。在此过程中,磺化反应又是木质素应用的基础和前提,到目前为止,木质素的应用大都以木质素磺酸盐的形式加以利用。在亚硫酸盐法生产纸浆的工艺中,正是由于亚硫酸盐溶液与木粉中的原本木质素发生了磺化反应,引进了磺酸基,增加了亲水性,而后这种木质素磺酸盐在酸性蒸煮液中进一步发生水解反应,使与木质素结合着的半纤维素发生解聚,从而使木质素磺酸盐溶出,实现了木质素、纤维素与半纤维素的分离,得到了纸浆,同时也使木质素的应用成为可能。

　　(3)木质素的应用。

　　①用作混凝土减水剂。掺水泥质量的 0.2% ~0.3%,可以减少用水量 10% ~15% 以上,改善混凝土和易性,提高工程质量。夏季使用,可抑制坍落度损失,一般都与高效减水剂复配使用。

　　②用作选矿浮选剂和冶炼矿粉黏结剂。冶炼业用木质素磺酸钙与矿粉混合,制成矿粉球,干燥后放入窑中,可提高冶炼回收率。

③用作耐火材料。制造耐火材料砖瓦时,使用木质素磺酸钙做分散剂和黏合剂,能改善操作性能,并有减水、增强、防止龟裂等良好效果。

④用作陶瓷制品。用于陶瓷制品可以降低碳含量增加生坯强度,减少塑性黏土用量,泥浆流动性好,提高成品率70% ~90%,烧结速度由70分钟减少为40分钟。

⑤其他应用。木质素磺酸钙还可用于精炼助剂,铸造,水煤浆分散剂,农药可湿性粉剂加工,型煤压制,道路、土壤、粉尘的抑制,制革鞣革填料,炭黑造粒,饲料黏合剂等方面。

木质素磺酸钠是阴离子表面活性剂,棕黄色粉末。主要用于分散染料和还原染料的分散和填充,具有良好的分散性、耐热稳定性和高温分散性,助磨效果良好,对纤维玷污轻,对偶氮染料还原性小。

2.可降解塑料

(1)生物降解塑料。

微生物体内储存的动植物脂肪或糖原是一类脂肪族聚酯,称为生物聚酯,是微生物的营养物质。当无碳源存在时,这些聚酯可分解为乙酰辅酶作为生命活动的能源。聚乳酸(PLA)又称聚内交酯,是以微生物发酵产物乳酸为单体化学合成的。使用后可自动降解,不会污染环境。聚乳酸可以被加工成力学性能优异的纤维和薄膜,其强度大体与尼龙纤维和聚酯纤维相当。聚乳酸在生物体内可被水解成乳酸和乙酸,并经酶代谢为 CO_2 和 H_2O,故可作为医用材料。日本、美国已经利用聚乳酸塑料加工成手术缝合线、人造骨、人造皮肤。聚乳酸还被用于生产包装容器、农用地膜、纤维用运动服和被褥等。

(2)淀粉塑料。

含淀粉在90%以上,添加的其他组分也是能完全降解的,目前已有日本住友商事公司、美国 Wamer – Lamber 公司、意大利 Ferrizz 公司等宣称研究成功含淀粉量在90% ~100%的全淀粉塑料,在1年内完全生物降解而不留任何痕迹,无污染,可用于制造各种容器、瓶罐、薄膜和垃圾袋等。

全淀粉塑料的生产原理是使淀粉分子变构而无序化,形成了具有热塑性能的淀粉树脂,因此又称为热塑性淀粉塑料。其成型加工可沿用传统的塑料加工设备。

以淀粉为原料开发生物降解塑料的潜在优势在于:淀粉在各种环境中都具备完全的生物降解能力;塑料中的淀粉分子降解或灰化后,形成二氧化碳气体,不对土壤或空气产生毒害;采取适当的工艺使淀粉热塑性化后可达到用于制造塑料材料的机械性能;淀粉是可再生资源,取之不尽,开拓淀粉的利用有利于农村经济发展。

需要说明的是,我国目前生产的淀粉塑料绝大多数为填充型淀粉塑料,即在非生物降解的高分子材料中添加一定比例的淀粉,通过淀粉的生物降解而致使整个材料物理性能崩溃,促使大量端基暴露以致氧化降解,但这种“崩溃”后的剩余部分中的 PE,PVC 等均不可能降解而一直残留于土壤中,日积月累当然会造成污染,因此国外将此类产品归属为淘汰型。

(3)光降解塑料。

①乙烯/一氧化碳共聚物(E/CO)。

光降解以主链断裂为特征。E/CO 的光降解速度和程度与链所含酮基的量有关,含量越高,降解速度越快,程度也越大。美国得克萨斯州的科学家曾对 E/CO 进行过户外曝晒实验,在阳光充足的六月,E/CO 最快只需几天便可降解。

②乙烯基类/乙烯基酮类共聚物(Ecolyte)。

Ecolyte 分子侧链上的酮基在自然光的作用下可发生分解。Ecolyte 的光降解性能优于 E/CO,但成本也较高。这类聚合物的缺点是一旦见光就开始发生降解,几乎没有诱导期,需要加入抗氧剂以达到调节诱导期的目的。

8.5.2　环境相容性农药

农药是农业生产的重要物资,发展环境相容性农药是农药发展的必然趋势,这是环境保护和农业可持续发展以及农药自身发展的要求所决定的。对已经存在的农药品种进行制剂和改进施药器械以及围绕施药器械改进施药技术,使农药减少对环境、对施药者的危害,这是发展环境相容性农药的一条有效和简便的途径。大力发展生物源农药,直接利用生物材料作为农药以及筛选生物中存在的活性物质作为先导化合物开发新型农药,是目前研究开发环境容性农药的有益途径。另辟蹊径,在研制的思路上创新,在研制方法上采用高新技术,是必须要走的道路。新药筛选中的生物测定技术,随着农药的角色特征的转变而改变,也随着农药作用靶标的改变而改变。基因组学、生物信息学、组合化学、基因芯片、高通量筛选等现代技术的发展有利于促进新农药的发展。

1. 环境相容性农药的含义

环境相容性农药(Environment-friendly pesticide)是指农药对非靶标生物的毒性低、影响小,在大气、土壤、水体、作物中易于分解,无残留影响。具体地讲,环境相容性农药的特点如下:

(1)有很高的生物活性,即控制农业有害生物药效高,单位面积使用量小;

(2)选择性高,包括对农业有害生物针对性强和非靶标生物无毒或毒性极小;

(3)对农作物无药害;

(4)使用后在农作物体内外、农产品以及在土壤、大气、水体中无残留或即使有微量残留也可以在短期内降解,生成无毒天然物质而完全融入大自然。

2. 农药与可持续发展

1987 年环境与发展大会(UNCED)上提出了"可持续发展(Sustainable development)"的思想,1992 年第二次联合国环境与发展大会通过并颁布了"21 世纪议程",进一步提出了"促进可持续的农业(Sustainable agriculture)和农村发展"的要求。明确了环境是可持续发展的重要因素。在"可持续发展"思想的影响下,促成了"可持续植物保护"思想的形成。它要求不仅针对危害作物生产的病虫草鼠害等有害生物要考虑 IPM 和 INM 的结合,还要考虑土壤、栽培、育种等学科及社会经济学科,充分考虑作物、有害生物和天敌等生物因子间的关系,以及自然资源(如品种资源、天敌资源等)的利用等方面。"可持续植物保护"已成为现代植物保护的重要指导思想。

随着 WTO 的加入和环境生态保护措施的强化,在我国实施的可持续发展战略要求在对病毒、病菌、杂草、害虫及害鼠加以有效控制的同时,必须加强环境生态保护。由于历史的原因,我国创新研究开发能力薄弱,农药工业品种老化、污染严重,97% 以上为仿制品,其中约一半集中于国外已禁用或限制使用的高毒、高污染品种。传统高毒化学农药在我国的长期使用,不仅对我国的生态环境、人民健康、食品安全、出口贸易产生严重消极影响,而且不利于农药精细化工产业的可持续发展。由此而带来的传媒、公众及部分政策制定者对"化学农药"的片面或负面理解,也曾经给化学农药的科研及农药工业的发展造成了许多困难。因此,发展符合现代社会发展需求的、具有自主知识产权特征的高效低用量、环境友好无公害的化学农药已成为农药工业的可持续发展的必然选择。目前我国的农药应用面积已居世界第二,特别是近年我国重大病虫草害发生率总体呈上升趋势,主次演替态势加剧,农业病虫草害种类繁多,而我国又人口增长、耕地减少,这些都对发展能保证我国农作物优质、安全、高产、高效,同时又能与环境和谐相容的农药提出了巨大而迫切的要求。

农药是动态发展的事物,在可持续发展战略思想的指导下,农药应逐步朝着可持续发展的战略目标发展。是否与环境相容性好是农药发展的首要条件,农药的使用和生产将不能以牺牲环境为代价,而应维持生态平衡,营造良好的环境。新型农药将是环境制约下的农药。

3. 传统农药的危害

(1)农药对人体的危害。

农药主要由 3 条途径进入人体内:一是偶然大量接触,如误食;二是长期接触一定量的农药,如农药厂的工人、周围居民和使用农药的农民;三是日常生活接触环境和食品、化妆品中的残留农药,后者是大量人群遭受农药污染的主要原因。环境中大量的残留农药可通过食物链经生物富集作用,最终进入人体。农药对人体的危害主要表现为 3 种形式:急性中毒、慢性危害和"三致"危害。

(2)农药对其他生物的危害。

大量使用农药,在杀死害虫的同时,也会杀死其他食害虫的益鸟、益兽,使食害虫的益鸟、益兽大大减少,从而破坏了生态平衡。加之经常使用农药,使害虫产生了抗药性,导致用药次数和用药量的增加,加大了对环境的污染和对生态的破坏,由此形成滥用农药的恶性循环。还有一个鲜为人知的事实是,使用农药不仅不能从根本上除掉害虫,反而会加速害虫的进化,加强它们的抗药性,甚至会产生无法用农药消灭的害虫。

农药的使用是药物直接与作物、有害生物、环境接触的环节,使用不当不仅不能收到预期的防治效果,甚至伤及作物、非靶标生物、污染收获物、污染环境。据世界卫生组织统计,全世界每年约 300 万农药中毒者,中国每年农药中毒者达数万至 10 万人,20 世纪 90 年代以来,每年仍有 5 000 ~ 7 000 人死亡,农业生产者已经产生和潜在的不少疾病被证明与农药有关。因此农药是农业持续发展的重要物资,也是潜在的污染源,甚至农药突出的"3R"问题,即减少原料(reduce)、重新利用(reuse)和物品回收(recycle)曾一度引发农药是否应当存在下去的争论。

但是,更应当看到的是:人类将面临多种挑战,而首当其冲的将是人口与粮食问题,农药的使用是保证粮食安全的重要措施之一。同时,农药是在适应农业发展要求中不断发展起来的,它对环境的负面影响是在其广泛使用过程中逐步被认识的,并已经和正在不断地被克服。然而,重要的不是农药是否会继续存在的问题,而是农药应当如何发展的问题。农药的负面影响迫使人们去探索:新型农药应当是什么性质的农药,农药的发展道路应该怎样走?

4. 生物来源的化合物直接作为农药

对生物源农药直接分离提取利用是一种实际可行的方式,如植物中的次生代谢物质就是很重要的农药化合物来源。植物能够产生超过 100 000 种相对分子质量低的天然产物,这些丰富的次生代谢产物很多是在长期进化过程中形成的,可以保护植物免受微生物、昆虫和动物的侵染危害。因此这些化合物从理论上来讲,都可以作为农药使用。目前对生物源农药直接分离提取利用主要集中在植物和包括食用菌在内的微生物方面,这类新型农药具有安全性高、低毒、低残留和经济等优点。

在微生物农药中,农用抗生素的发展要比活体微生物农药的发展快得多。最具有代表性的就是阿维菌素(近年开发的还有戒台菌素、埃尔森菌素等),是一种杀虫、杀螨剂,同时还在它的基础上开发出许多新的品种,具有杀螨作用的有浏阳霉素、华光霉素和多杀霉素,防真菌性病害的有武夷霉素、米多霉素、多抗霉素等,防细菌性病害的有中生霉素、新植霉素等,防病毒的抗生素有宁南霉素等。表现出很好的效果和多样性。我国华南热带地区有着丰富的微生物资源,亟待开发利用。微生物农药的发展中也存在着种种问题,例如杀虫、杀菌较缓慢,稳定性较差,常会发生变化,储存期也较短。但随着人们工作的不断深入,认识不断提高,存在的问题必将得到很好解决。

植物源农药是人类历史上最古老的生物农药之一,化学农药的发展在一定程度上有赖于植物源农药,尽管化学农药的不断开发和发展,逐渐代替植物源农药,但随着人们对环境安全性的高要求,由于科学技术的进步,使人们对植物源农药有了更进一步的认识,植物已成为再度开发出新的农用化学品的宝贵资源。据估计当今世界上有近 50 万种植物,而在化学性质上进行研究的仅占 10% 左右。近年来,人们进一步对印楝、川楝、银杏、苦皮藤、茴蒿等一些植物投入力量进行开发研究,从而使植物源农药获得新生,并且成为当今创新化学农药的重要依据。

5. 仿生合成

仿生合成(Biomimetic synthesis)是模仿生物体内的反应和天然活性物质及其衍生物的结构所进行的农药合成,是创新新农药的重要途径。仿生合成的农药称为仿生农药。纵观农药发展史,经历了天然药物时代、无机合成农药时代和有机合成农药时代。拟除虫菊酯类仿生农药在农药历史上的重要地位说明,随着人类技术文明的进步,直接利用生物中的天然物质作为农药固然有意义,对于农药的发展来讲,采用仿生合成的手段则更有意义。仿生合成的根本在于寻找先导化合物,天然生物中存在的极其大量的化合物成分,而且由于其来源于天然生物,就具有与环境相容性的自然优势,这就促使人们将寻找先导化合物的眼光瞄向了天然产物。从天然产物中筛选先导化合物,可以采取 2 条路线,即"从源到果"和"从果到源"。在现代农药的开发实践中,我们更倾向采用"从果到源"之路。

8.6 开发环境替代材料的前景及展望

在人类跨入 21 世纪的今天,拥有一个美丽洁净的地球是人类共同的心愿,而资源的枯竭、白色垃圾的泛滥却使现实与这个美好的心愿越来越远,因而,生产绿色产品、爱护生态环境、保护地球已成为全球人类最关心的议题,也是全球人类最想解决的问题。

据资料报道,每年全球生产塑料垃圾 1.7 亿 t,我国达 1 100 万 t,占世界总量的 6%;我国有 12 亿人口,如果每人每天使用一个 5 g 的塑料袋,全国每天将产生 6 000 t,每年即为 219 万 t 的塑料垃圾;1998 年夏天,长江上游波涛汹涌的滚滚洪流驮载着铺天盖地的白色垃圾,冲向葛洲坝电厂,形成了一道 40 cm 厚的水下垃圾屏障,自 6 月 28 日至 7 月 26 日,在不到 30 d 的时间内,由白色垃圾造成电厂机组被迫停机 57 台次,减少发电量 3 808 万 kW·h,损失近千万元,这期间,光电厂职工采用机械清除的垃圾就达 14 110 m³;据世界银行发表的中国环境报告测算,每年环境污染给大陆地区造成的损失达 540 亿美元,占全国 GDP 的 8%,几乎冲抵了我国年经济的增长量;新疆是中国最大的棉花种植基地,种植面积每年都在 1 400 万亩左右,用地膜达 5 万 t 以上,铺膜率 100%,回收不足 80%,废旧地膜残留量平均每亩 2.52 kg,最高可达 18 kg,严重影响了农作物的产量及质量;在中国台湾地区,因燃烧料垃圾而产生的有害物使这个地区的妇女生出许多畸形儿;动物吃下用塑料袋包装着的食物造成肠梗阻而死亡等。

另据报道,全球石油储量只够开采 50 年。如果美国人开采本国石油,其储量仅够开采 3 年;如果不加限制,我国最多能开采 8 年。石油属于不可再生资源,从能源角度讲,全世界都面临能源危机。

"白色污染"触目惊心,石油资源面临枯竭,保护生存环境,用速生资源替代不可再生资源的重任落在了我们的肩上,我们有义务、有责任、也有能力为人类的健康、为社会的持续发展做出贡献。

例如,1900 年,适用的塑料材料只有虫胶、硬橡胶和赛璐珞;20 世纪 50 年代之前,欧洲塑料工业的主要原材料是煤,第一次世界大战之后不久就建立起了石油化学工业;我国的合树脂工业是 20 世纪 50 年代中后期发展起来的。经过 100 年的发展,目前塑料工业已与石油工业牢固地结合在一起。石油化学工业的发展可以说是使塑料工业得以增长的唯一最有影响的因素,这两个工业具有明显的相互依存的关系。塑料不断增长的趋势刺激了来自石油的单体和其他中间体生产的研究;由于有了廉价和丰富的中间体,这种中间体随后又进一步刺激了塑料工业的增长。

但是,石油资源不是无限的,塑料极大地方便了人民群众的生活、造福于人类,是以消耗石油资源为代价的,而且塑料特别是一次性塑料的过度生产及使用,势必造成石油资源的枯竭、塑料垃圾处理的难度、景观的污染、有限的土地资源的占用。因此,形势要求我们必须要搞资源替代,即用速生资源——农作(如玉米淀粉)代替不可再生资源——石油资源。

目前而言最重要的是,用环境负荷小的材料替代环境负荷大的材料以减少对生态环境的影响,或将环境负荷虽小,但对人体健康不利的材料替换,是 21 世纪新型生态环境材料应用开发的一个重要内容。

第9章 物理性污染控制工程(电磁波)材料

9.1 电磁波防护概述

9.1.1 电磁波的概念

1.定义

电磁波(又称电磁辐射)由同相振荡且互相垂直的电场与磁场在空间中以波的形式移动,其传播方向垂直于电场与磁场构成的平面,有效地传递能量和动量。所有电磁波以相同的速度传播,但波长和频率却不同。介质会减缓传播速度。电磁波的速度等于光速,表示为 $c(3 \times 10^8 \text{ m/s})$。在空间传播的电磁波,距离最近的电场(磁场)强度方向相同,其量值最大两点之间的距离就是电磁波的波长 λ,电磁每秒钟变动的次数便是频率 f。三者之间的关系可通过公式 $c = \lambda f$ 表示。通过不同介质时,会发生折射、反射、绕射、散射及吸收等。电磁波的传播有沿地面传播的地面波,还有从空中传播的空中波以及天波。波长越长,其衰减越少,也越容易绕过障碍物继续传播。按照波长或频率的顺序把这些电磁波排列起来,就是电磁波谱(Electromagnetic spect)。如果把每个波段的频率由低至高依次排列的话,它们是工频电磁波、无线电波、红外线、可见光、紫外线、X 射线及 γ 射线。以无线电的波长最长,宇宙射线的波长最短。人眼可接收到的电磁辐射,波长大约为 380 ~ 780 nm,称为可见光。只要是本身温度大于绝对零度的物体,都可以发射电磁辐射,而世界上并不存在温度等于或低于绝对零度的物体。

2.性质

电磁波频率低时,主要借由有形的导电体才能传递。原因是在低频的电振荡中,磁电之间的相互变化比较缓慢,其能量几乎全部返回原电路而没有能量辐射出去;电磁波频率高时既可以在自由空间内传递,也可以束缚在有形的导电体内传递。在自由空间内传递的原因是在高频率的电振荡中,磁电互变甚快,能量不可能全部返回原振荡电路,于是电能、磁能随着电场与磁场的周期变化以电磁波的形式向空间传播出去,不需要介质也能向外传递能量,这就是一种辐射。举例来说,太阳与地球之间的距离非常遥远,但在户外时,仍然能感受到和煦阳光的光与热,这就好比是"电磁辐射借由辐射现象传递能量"的原理一样。

电磁波为横波。电磁波的磁场、电场及其行进方向 3 者互相垂直。振幅沿传播方向的垂直方向做周期性交变,其强度与距离的平方成反比,波本身带动能量,任何位置的能量功率与振幅的平方成正比。

电磁波的传播不需要介质,同频率的电磁波,在不同介质中的速度不同。不同频率的电磁波,在同一种介质中传播时,频率越大折射率越大,速度越小。且电磁波只有在同种均匀介质中才能沿直线传播,若同一种介质是不均匀的,电磁波在其中的折射率是不一样的,在这样的介质中是沿曲线传播的。通过不同介质时,会发生折射、反射、绕射、散射及吸收等。电磁波的传播有沿地面传播的地面波,还有从空中传播的空中波以及天波。波长越长,其衰减也越少,电磁波的波长越长也越容易绕过障碍物继续传播。机械波与电磁波都能发生折射、反射、衍射、干涉,因为所有的波都具有波粒二象性,折射、反射属于粒子性,衍射、干涉属于波动性。

9.1.2　电磁波的污染及其分类

电子工业问世以来不仅使科学技术和工业生产发生了革命性的变革,也给人的生活带来了方便和舒适。但是各种电子产品和设备辐射出的电磁波,有时会对环境造成污染,并危及人体健康,从而成为继废气、废水、废渣和噪声之后的人类环境的又一大公害。

磁辐射是以一种看不见、摸不着的特殊形态存在的物质。人类生存的地球本身就是一个大磁场,它表面的热辐射和雷电都可产生电磁辐射,太阳及其他星球也从外层空间源源不断地产生电磁辐射。围绕在人类身边的天然磁场、太阳光、家用电器等都会发出强度不同的辐射。

电磁波是传播着的交变电磁场。各种光线和射线都是波长不同的电磁波,其中以无线电波的波长最长,宇宙射线的波长最短。本小节阐述的电磁波是指无线电波。无线电波按波长可分为长波、中波、短波、微波和混合波;按频率可分为低频、高频、超高频和特高频。

1.高频

即中波和短波,波长 $10 \sim 3\,000$ m,频率 $1 \times 10^5 \sim 3 \times 10^7$ Hz,如高频淬火、熔炼、焊接、切割等感应加热设备,高频介质加热设备、塑料加工、食品烘干设备,无线电广播与通信等。

2.超高频

即短波 $1 \sim 10$ m,频率 $3 \times 10^7 \sim 3 \times 10^8$ Hz,如无线电通信、电视信号发射、医疗电器设备、电气化铁路等。

3.特高频

即微波,波长 1m $\sim < 0.07$ m,频率 $3 \times 10^8 \sim 3 \times 10^{10}$ Hz,用于无线电定位、导航、雷达等。

9.1.3　电磁波的应用

电磁波的应用已涉及各领域,近年来,微波技术的发展更为迅速,新领域应用层出不穷。

在家用电器方面:电视机、音响、微波炉等家电,给人们提供了高质量的生活条件。在通信方面:微波通信是微波技术的重要应用,在现代通信中,移动电话发展迅速,由于微波频带宽、信息量大,可用于多路通信;另外,其频率高,既不受外界工业干扰及天电干扰的影响,又不受季节、昼夜、温度变化的影响,使通信性能稳定、质量提高;还能通过微波中继通信和卫星通信来实现远距离通信。

在生物医学方面:电磁波在医疗技术中得到更广泛的应用,它不仅可以用于诊断疾病,如肺气肿、肺水肿、癌症及测量心电图、脑电图等,又能用来治疗疾病,如利用微波理疗机和微波针灸等,治疗关节炎、风湿,用磁振机治疗结石等疾病。在食品加工方面:电磁波加热器的新技术日益应用于日常生活中,由于微波加热具有加热均匀、加热时间短、产品质量好等优点,现已应用于食品加工,如微波炉、电磁炉等,微波加热在工农业生产中也有所突破。

在科学研究方面:由于各种物质对微波吸引程度不同,用来研究物质的内部结构,现被称为微波波谱学;利用微波能穿透电离层并受天体反射的特点,可借助雷达来观察天体情况,研究宇宙天体;利用大气对微波的吸收和反射特性,借助雷达来观察雨、雪、冰雹、雾、云等存在和变化情况,可以预报附近地区的天气情况等。

在军事航海方面:雷达能够准确地测定目标的方位、距离和速度,它不仅可用来发现目标,还能进行敌我机(船)的识别;导航仪器能够测定船位、航向等。

9.1.4 电磁波的污染来源

造成电磁波污染的原因是多方面的,具体如下:

(1)随着城市的发展,市区扩大,建筑用地日趋紧张,使原本处于郊区的大功率电磁发射台、电视广播发射台站逐渐被新建居民区包围;卫星通信的发展,使得城市出现众多的卫星地面站,有的地区发射天线过密;

(2)移动通信技术在城市广泛应用,由于电磁波信号采用直线传播,为保证通信效果,在市区高层分筑上架许多起联络作用的基站,通信天线林立,一方面形成相互间的交调干扰,另一方面部分架设不合理的天线对附近高层建筑产生电磁辐射;

(3)传输电力的高压特别是超高压输电线路,城市交通运输系统形成的电磁污染增加;

(4)高频焊接、高频淬火、高频喀炼、射频溅射、电子管排硅对接、半导体封装;

(5)短波与微波理疗、微波加热等在工业、医疗、交通等领域广泛应用,致使局部空间的电磁波强度过高;

(6)家庭小环境的电磁污染有发展的趋势。日常家用电子产品如电脑、彩电、音响、微波炉、电磁灶、无线手机、电热毯等进入千家万户,大大方便了我们的生活,但如使用不当就会辐射出电磁波,造成环境污染。

9.2 电磁波污染的危害

电磁波污染看不见、摸不着、闻不到,但却无处不有。所以,世界卫生组织认为,在各类污染中,它对人的威胁最大。人体时时处于一定能量电磁波辐射环境中,当其频率超过 10^5 以上时就对人体有害。电磁波辐射源的输出功率越大、辐射强度越大、波长越短、频率越高、距离越近、接触时间越长、环境高温越高、温度越大、空气越不流通,则对环境污染程度越大,并且女性和儿童受危害更严重。

9.2.1　电磁波对人体的危害

目前的研究发现:电磁波会扰乱人体自然生理节律,导致机体平衡紊乱,引发头痛、头晕、失眠、健忘等神经衰弱症状;使人乏力、食欲不振、烦躁易怒;还能使人体热调节系统失调,导致心率加快、血压升高或降低、呼吸障碍、白细胞减少;对心血管疾病的发生及恶化起着推波助澜的作用;电磁波使体内生物电发生干扰和紊乱,导致脑电图、心电图检查异常,延误疾病诊断,影响治疗。由于电磁波的穿透力强,故不仅作用于体表,而且可深入内层组织和器官,往往人体还未感到疼痛,内层组织已受到损伤;它还促使癌组织生长,致使癌发病率增高。电磁波还会引起视力下降,当强度为 $100~mW/cm^2$ 的电磁波照射眼睛时,会使晶体发生水肿,可发展成白内障,甚至会导致失明;强度为 $5~\sim~10~mW/cm^2$ 的电磁波,人的皮肤感觉虽不明显,但可能影响生育和遗传。妇女在电磁波作用下月经周期发生明显改变,易引起孕妇流产和基因缺陷,可增加小儿出生后癌症的发病率。长期处于强电磁波作用下的儿童,其癌症发病率比低电磁波下的儿童高 $2~\sim~5$ 倍。电磁波也是白血病、淋巴癌、脑肿瘤的诱因。

受到电磁波影响最直接、最严重的是电视台、广播电台、雷达通信站(台)及发射塔周围的居民。由于发射设备功率大(一般功率 $10~\sim~90~kW$),其电磁辐射可损伤人的血液和眼睛,损伤染色体,产生畸形胎儿,甚至导致中枢神经失常。人们通过长期研究后发现,纵横交错的高压输电线除影响环境美观外,其周围的电磁场对附近的人也会产生有害影响,这主要决定于电磁场强度。人们接触到电磁场强度达到 $50~\sim~200~kV/m$ 时,可出现头痛、头晕、疲乏、睡眠不佳、食欲不振,血液、心血管系统及中枢神经系统异常等。

当然这指的是电压在 $100~kV$ 以上的超高压输电线路,按规定这种输电线路不许从居民区通过,所以一般人可免受其危害。城市及居民区常见的多是电压在 $1~kV$ 以下的配电线路,架设在规定高度对人体的影响甚微。$1~\sim~100~kV$ 之间的高压输电线路,不得不通过居民区时,按规定架设高度应距地面 $6.5~m$ 以上。

随着移动电话的普及和家用电器的增多,家庭小环境电磁能量密度在不断地增加,各种微波炉、电视机、电冰箱、计算机等电器都是电磁辐射源。由于城市的发展与扩大,一些大中型广播电视发射台与移动通信发射基站被居民区所包围;城市交通运输系统(汽车、电车、地铁、轻轨及电气化铁路)迅速发展引起城市电磁噪声呈上升趋势,高压输电线穿过人口密集的住宅区上空,局部居民生活区形成强场区而受到污染;据调查,一些基站附近高层居民楼窗口处的电磁辐射功率密度高达 $400~\mu W/cm^2$,远远超过了《环境电磁波卫生标准》中的规定。电磁辐射量在不断增加,可以说电磁辐射无处不在,人类已处在一个巨大的电磁辐射海洋之中。

9.2.2　对电子设备的危害

电磁波过强,会对电视机等家电的使用受到程度不同的影响,会对船艇、飞机的电控系统仪器产生干扰,使之失控、失灵、失效,如船艇间展开的电子战以及在飞机上使用移动电话使通信仪器失灵等。船艇内产生电磁波较强的电器设备同时使用,会有一定程度的相互干扰。

现代科技越来越倾向于运用大规模和超大规模集成电路,一方面,电路元件密度极高,加之所用电流为微电流,以致信号功率与噪声功率相差无几,寄生辐射可能造成电子系统或电子设备的误动作或障碍。另一方面,现代无线通信业的迅猛发展,各种发射塔使得空中电波拥挤不堪,严重影响了各方面的正常业务。

北京首都机场 1.30 MHz 以上的航空专用通信频率遭到无线寻呼台干扰的事件频频发生。1996 年 2 月 20 日上午 8 时 15 分,航空对空频道受到严重干扰,10 架飞机不得不在空中盘旋等待,致使出港的飞机不得不拉开 5 ~ 15 min 的飞行时间。同样的事件在全国其他地方也频频发生。在人们习惯上认为天高任鸟飞的地方,电磁波的干扰却给人们带来了极大的危害。

9.2.3　引发炸药或爆炸性混合物发生爆炸的危险

一些高大金属结构在特定条件下由于高频感应会产生火花放电。这种放电不但给人以不同程度的电击,还可能引爆危险物品,造成灾难性后果。这对火炸药生产企业来说是一个需要引起高度重视的问题。电磁波的干扰传播途径有两种:一种是传导干扰,它是电流沿着电源线传播而引起的干扰;另一种是辐射干扰,是电磁波发射源向周围空间发射导致。为了防止和抑制电磁波干扰,主要采用合理设计电路、滤波、屏蔽等技术方法。合理设计电路就是在狭小的空间内,合理地排列元件和布置线路,可削弱寄生的电磁耦合,抑制电磁干扰。

9.3　电磁辐射的机理

电磁辐射危害人体的机理主要是热效应、非热效应和积累效应等。

(1)热效应。

人体内 70% 以上是水,水分子受到电磁波辐射后相互摩擦,引起机体升温,从而影响到身体其他器官的正常工作。

(2)非热效应。

人体的器官和组织都存在微弱的电磁场,它们是稳定和有序的,一旦受到外界电磁波的干扰,处于平衡状态的微弱电磁场即遭到破坏,人体正常循环机能会遭受破坏。

(3)累积效应。

热效应和非热效应作用于人体后,对人体的伤害尚未来得及自我修复之前再次受到电磁波辐射的话,其伤害程度就会发生累积,久之会成为永久性病态或危及生命。对于长期接触电磁波辐射的群体,即使功率很小、频率很低,也会诱发想不到的病变。

各国科学家经过长期研究证明:长期接受电磁辐射会造成人体免疫力下降、新陈代谢紊乱、记忆力减退、提前衰老、心率失常、视力下降、听力下降、血压异常、皮肤产生斑痘、粗糙,甚至导致各类癌症等;男女生殖能力下降、妇女易患月经紊乱、流产、畸胎等症。

现代信息化社会中,人类的生活环境日益具有电磁环境的内涵。随着电子、通信、计算机、家用电器和电气设备越来越多地服务于人类,人类在享受生活方便的同时也在遭受电磁辐射的危害。有文献报道,空间人为电磁能量每年以 7% ~ 14% 的速度增长,到 2010 年环境电磁能量密度最高可增加 56 倍。鉴于电磁环境的日益复杂性,无论是对人的身体健康还是电子元件的正常工作都应增加对电磁波进行防护的必要性,因此探讨电磁波及其防护措施是极为重要的。

9.4　电磁波防护

9.4.1　标准及规定

为控制现代生活中电磁波对环境的污染,保护人民身体健康,1989 年 12 月 22 日我国卫生部颁布了《环境电磁波卫生标准》(CB9175—88),规定居住区环境电磁波强度限制值。对于长、中、短波应小于 10 V/m,对超短波应小于 5 V/m,对于微波应小于 10 $\mu W/cm^2$。我国有关部门还制定了《电视塔辐射卫生防护距离标准》。我国国家环保局也颁布了《电磁辐射环境保护管理办法》。针对移动通信发展状况,北京市环保局于 2000 年 2 月 17 日颁布了全国首例对电磁污染进行规范管理的《北京市移动通信建设项目环境保护管理规定》,以规范移动通信(站)的建设和运行,防止其对环境造成电磁污染。该规定中明确了能够产生电磁辐射的移动通信台(站)在建设前均要履行环保审批手续,并要办理环保验收审批,经环保部门的监测,当地功率密度符合国家《电磁辐射防护规定》中的频率在 20 ~ 3 000 MHz 范围内、照射导出限值的功率密度在 40 $\mu W/cm^2$ 这一标准,可正式投入使用,大于这一标准的必须停用或整改;室设蜂窝移动通信基站前要预测用户密度分布,采用最佳频率复用方式,尽量减少基站个数;在居民楼上建设移动通信台(站),事前建筑物产权单位或物业管理单位必须征得所住居民意见;无线寻呼通信、集群通信关线最低允许高度不得低于 40 m,而蜂窝移动通信基站室外天线一般不得低于 25 m,发射天线主射方向 50 m 范围内,非主射方向 30 m 范围内,一般不得建高于天线的医院、幼儿园、学校、住宅等敏感建筑;建设单位应在上述各类天线安装地点设置电磁辐射警示牌。

9.4.2　电磁波防护措施

根据电磁波随距离衰减的特性,为减少电磁波对居民的危害,应使发射电磁功率大的、可能产生强电磁波的工作场所和设施,如电视台、广播电台、雷达通信台站、微波传送站等,尽量设在远离居住区的远郊区县及地势高的地区。必须设置在城市内、邻近居住区域和居民经常活动场所范围内的设施,如变电站等,应与居住区间保持一定安全防护距离,保证其边界符合环境电磁波卫生标准的要求。同时,对电磁波辐射源需选用能屏蔽、反射或吸收电磁波的铜、铝、钢等金属丝或高分子膜等材料制成的物品进行电磁屏蔽,将电磁辐射能量限制在规定的空间之内。

高压特别是超高压输电线路应架设在远离住宅、学校、运动场等人群密集区。使用电脑及一些监视和显示设备时,应选用低辐射显示器产品,并保持人体与显示屏正面不少于 75 cm 的距离,侧面和背面不少于 90 cm,最好加装屏蔽。

应严格控制移动通信基站的密度,确保设置在市区内各种移动通信发射基站天线高于周围附近居民住宅建筑,天线主发射方向避开居民住宅;特别是在幼儿园、学校校舍、医院等建筑周围一定范围内不得建立发射天线。

为减轻家庭居室内电磁污染及其有害作用,应经常对居室通风换气,保持室内空气畅通。科学使用家用电器:诸如观看电视或家庭影院、收听组合音响时,应保持较远距离,并避免各种电器同时开启;使用电脑或电子游戏机持续时间不宜过长等。

使用手机电话时,尽量减少通话时间;手机天线顶端要尽可能偏离头部,尽量把天线拉长;在手机电话上加装耳机,在目前被认为是最安全的选择。

另外,可每天服用一定量的维生素 C 或者多吃些富含维生素 C 的新鲜蔬菜,如辣椒、柿子椒、香椿、菜花、菠菜、蒜苗、雪里蔚、甘蓝、小白菜、水萝卜、红萝卜、甘薯等;多食用新鲜水果如柑橘、枣、草莓、山楂等。饮食中也注意多吃一些富含维生素 A,C 和蛋白质的食物,如西红柿、瘦肉、动物肝脏、豆芽等;经常喝绿茶。通过这些饮食措施,对加强防御功能是有益的,也可在一定程度上起到积极预防和减轻电磁辐射对人体造成伤害的作用。

电磁波辐射是近四五十年才被人们认识的一种新的环境污染,现在人们对电磁辐射仍处于认识和研究阶段,人们对它的认识还是很有限的。由于它看不见、摸不着、不易察觉、很陌生,所以容易引起人们的疑虑。另外,有些关于电磁辐射的报道不太客观,缺乏科学性,以致引起一些不必要的误解和恐慌。一般来说,判定电磁辐射是否对居住环境造成污染,应从电磁波辐射强度、高度、主辐射方向、与辐射源的距离、持续时间等几方面综合考虑,当达到一定程度时才会对人产生直接危害。所以,在加强电磁防护的同时,对电磁波污染问题也应采取科学的态度,客观分析、严肃对待,切不可人云亦云、不负责地盲目夸大,造成人们认识的混乱。当然,随着科学技术水平的发展,人们对电磁波污染及其危害的认识会逐渐深入,许多谜底终将被人类揭示。

9.4.3　电磁波防护机理

关于电磁辐射对人类生活环境的污染,从经典意义上讲,电磁辐射是一种波,由电场分量和磁场分量组成。两个分量彼此互相垂直并都垂直于波的传播方向。光、热、雷达、无线电波和 γ 射线都是各种形式的电磁波,它们之间的差别是波长不同。电磁波防护是利用屏蔽体来阻挡或减小电磁能传播的一种技术,屏蔽有两个目的:一是限制内部辐射的电磁能量泄漏出该内部区域;二是防止外来的辐射干扰进入某一区域。电磁波屏蔽的一般作用原理是:利用屏蔽体的反射、衰减等使得场源所产生的电磁能流不进入被屏蔽区域。因此,电磁波防护材料的开发途径大体可分为两大类。

1. 反射电磁波的辐射

主要是利用金属纤维对电磁波的反射功能,当电磁波辐射在材料表面上时,织物中

的金属纤维可将其部分反射回去,减少了电磁波的透过量。即采用电磁屏蔽将对电磁波
敏感的电子设备在空间上与电磁波辐射环境隔离开,减少电磁波对设备的耦合影响,用
导电导磁的涂料制成屏蔽体,将电磁能量限制在一定的空间范围内,使电磁能量从屏蔽
体的一端传输到另一端时受到很大的衰减;虽然电磁波屏蔽材料是电磁波辐射防护的方
法之一,但它并不能从根本上消除电磁波,屏蔽后造成的二次反射又会造成新的电磁污
染,并没有减少空间中电磁能量密度。

2. 吸波材料的利用

织物表面有一层吸波材料,如铁氧体、某些复合材料以及部分导电材料(如碳纤维电
阻值达到某一值时,就具有吸波功能)等,使织物具有抗电磁波屏蔽性。能从根本上将电
磁波吸收衰减掉,能够减少整个空间环境的电磁波能量密度,从而净化电磁环境,防止电
子仪器受到电磁干扰,保护人类的身心健康,保障信息安全。吸波材料主要是以吸收电
磁波能量的形式,将电磁能量转化为焦耳热能量衰减电磁辐射。

但是综合比较而言,通过对织物涂覆吸波材料来吸收电磁波的方法存在较多的缺
点,如受外界环境的影响或耐洗涤性差等。而使用金属纤维发射法则可避免这些缺陷的
产生。

9.5　电磁波屏蔽织物

目前,传统的具有电磁屏蔽功能的纺织品生产方式主要有:

(1)在纺织物表面涂上金属粒子以及直接在纺织物表面将金属进行真空沉积,此方
法不能在单纤维上进行,而且涂层会影响织物的透气性和手感,涂层与纤维间的结合力
差,不耐机械搓揉和水洗。

(2)化学镀法:即将金属银、铜或镍等与纺织物进行有效复合,形成整体三维连续沉
积,并且可以在复杂微观表面及纱线埋入的部分均匀地沉积金属。该方法镀层不易脱
落,质量轻,对微波辐射具有较高的屏蔽作用,但织物透气性差。

(3)直接采用金属丝与纱线并合加捻织成机织布。由于纯金属丝纤维弯曲时强力损
失较大,故该方法不适合针织布。

9.5.1　电磁波屏蔽织物屏蔽机理

电磁波屏蔽,即利用屏蔽体的反射、衰减等使得电磁波辐射场源所产生的电磁波能
流不进入被屏蔽区域。电磁波屏蔽效果用屏蔽效能(SE)来表示,单位为分贝(dB),定义
为:在电磁场中同一地点,无屏蔽时的场强与加屏蔽体后的场强度之比。计算式如下:

$$SE = 10 \times \lg(E_1/E_2) \tag{9.1}$$

式中　E_1——有屏蔽材料时的电磁强度($\mu V/m$);

E_2——无屏蔽材料时的电磁强度($\mu V/m$)。

如果接收器的读数是以电压为单位,屏蔽效能可用下式计算:

$$SE = 10 \times \lg(V_1/V_2) \tag{9.2}$$

式中　　V_1——有屏蔽材料时的电压值(V)；

　　　　V_2——无屏蔽材料时的电压值(V)。

SE 小于 30 dB 为差；30 ~ 60 dB 为中；60 ~ 90 dB 为良好；90 dB 以上为优。根据实用需要,在 30 ~ 1 000 MHz 频率范围内,SE 不低于 35 dB 才认为是有效屏蔽。

Schelkunoff 电磁波屏蔽理论认为,电磁波传播到屏蔽材料表面时,通常有 3 种不同机理进行衰减,分别为反射损失、吸收损失和多次反射损失。其中 R 表示反射损失,A 表示吸收损失,B 表示多次反射损失,用公式表示如下:

$$SE = R + A + B \qquad (9.3)$$

其中,$R = 5 - 10\lg(p \cdot f)$ $A = 1.7d\sqrt{p/f}$。

一般 SE 小于 10 dB 时,B 值小到可以忽略的程度,公式可以写成:

$$R = 50 - 10\lg\sqrt{p \cdot f} + 1.7d\sqrt{p/f} \qquad (9.4)$$

式中　　p——屏蔽材料的体积变阻率($\Omega \cdot$ cm)；

　　　　f——产电磁波频率(MHz)；

　　　　d——屏蔽层厚度(cm)。

由式(9.4)可知,SE 主要由 p,f,d 3 个因素决定。

9.5.2　喷涂型电磁波屏蔽织物

最初的屏蔽服采用涂层技术将金属漆喷涂在纺织面料上,形成片状屏蔽层,所选用的导电磁性物质主要有银粉、铜粉、铁粉和石墨粉等。优点是屏蔽效果好,电磁波损耗以反射为主,可达 60 dB 以上。缺点是不透气,不能弯曲,较笨重,如同一块薄铁皮一样,只能当衬里使用,而且污染严重,不利于环保,若使用时间过长会造成皮肤过敏等副作用。

9.5.3　金属纤维混编或混纺型电磁波屏蔽织物

此类屏蔽织物是国内外市场的主流,其屏蔽机理主要是利用金属纤维,如镍、不锈钢、铜等的导电功能,这些导电性很好的金属对电磁波具有强烈的反射功能,当电磁波辐射在织物上时,织物中均匀分布的金属丝或金属纤维成为导电介质而将部分电磁波反射回去,减少了电磁波的透过量。一般混合金属纤维的比例为 15% ~ 30%,随着织物中导电纤维含量增多,导电介质区域增大,反射能力就越强,透过量越小,屏蔽作用也就越好。根据电磁波屏蔽理论,表面反射损耗与电磁波频率成反比,混纺织物的电磁波屏蔽效果主要依靠对电磁波的反射作用,屏蔽性能随着电磁波频率的增加会有所下降。最初的产品是把金属抽成细丝织成混编织物,它由金属丝(外包缠棉纱)和服用纱线混编而成,效果尚好。不足之处在于织物厚、重、硬、不耐折,且屏蔽效率低,通常为 25 dB 左右,且在较低频率使用(如频率小于 30 MHz)。为了改善屏蔽织物的服用性,把金属丝通过冷拉抽成纤维状,同服用纤维混纺成纱,再织成布,其中所选用的金属纤维主要是镍纤维和不锈钢纤维,其直径为 21 ~ 10 μm。屏蔽性能可达 40 dB,这种织物手感柔软,色谱较多,透气性好,轻巧舒适,比较耐洗涤,使用寿命长,而且服装的屏蔽效能与环境温度、相对湿度无关,防护作用可靠。但对高波段电磁波屏蔽效果不理想,而且金属纤维纺纱还存在不易牵伸、细纱的粗细节多、混合不均、断头率高等问题,应进一步探索工艺,改善纺纱质量,提高生产效率,降低价格成本。

9.5.4　多离子型电磁波屏蔽织物

多离子纤维织物的特征在于:织物的纤维中含有质量分数为 0.2% ~ 5% 的银离子、1.4% ~ 29% 的铜离子、0.2% ~ 3% 的镍离子、0.4% ~ 8% 的铁离子(上述的质量分数比是以纤维为 1 的质量分数比),这些离子来源于价格低廉的硫酸铜、硫酸镍、硫酸亚铁和硝酸银,靠电子空穴跳动而吸收电磁波能,将其转化成无害的热能,无二次污染问题,是目前国际上屏蔽低、中频段电磁波辐射最先进的电磁波屏蔽技术。多离子屏蔽布不像镀金属织物、金属纤维织物那样.是将95% 电磁波反射回去而达到屏蔽目的,而是以吸收为主。在 10 ~ 2.45 MHz 范围内,多离子屏蔽织物的屏蔽效能可达 12 ~ 18 dB,改进生产工艺后,其屏蔽效能可达 30 dB。多离子屏蔽织物耐揉搓性好,经揉搓后性能几乎无变化。同时由于织物中富含大量金属阳离子,可起到杀菌除臭的作用,在受到摩擦和外界温度的影响时,离子可加速运动,有助于改善人体表皮微循环,还具有防静电、防 X 射线及紫外线等功能,而且面料柔软舒适,耐洗耐磨,是最适合民用的防护材料,但价格较高。

9.5.5　金属镀化型电磁波屏蔽织物

1. 真空镀金属织物

采用真空镀(物理气相沉积)金属技术制备金属织物主要有两种途径:①先将金属镀在涤纶薄膜上,再切成丝,镶嵌在织物内;②直接把金属镀覆在织物上,在表面再涂上树脂。有的还在树脂内添加各种色料,增加色彩,改变以往单一银白色的基调。这种真空镀技术镀覆的金属层的厚度一般在 3 μm 以下,屏蔽效果有限,而且结合力较差,金属很容易脱落,至今在电磁波屏蔽领域内还没有得到广泛的应用。

2. 化学镀金属织物

化学镀溶液由金属盐、还原剂、络合剂、缓冲剂和稳定剂等组成,其反应是由还原剂将金属离子还原成金属原子或分子沉积在纤维表面,从而形成金属膜,由于这种金属薄膜是镀上去的,所以金属密度高、附着力强、柔软、透气性好、使用频率宽、屏蔽效能高。在 300 kHz ~ 18 GHz 频段,电磁波屏蔽效能为 58 ~ 80 dB,屏蔽率在 99.99% 以上,防护效果很好。

化学镀金属织物主要有以下 3 种。

(1)化学镀银织物。

化学镀银织物是利用"银镜反应"的原理,用甲醛或还原糖与银氨络盐发生氧化还原反应。在织物表面沉积一层白银。反应方程式为

$$AgNO_3 + NH_3 \cdot H_2O \longrightarrow AgOH \downarrow + NH_4NO_3$$
$$AgOH + 2NH_3 \cdot H_2O \longrightarrow Ag(NH_3)OH + 2H_2O$$
$$CH_2O + Ag(NH_3)_2OH \longrightarrow Ag \downarrow + NH_3 + H_2O$$

化学镀银不是自催化反应,一次施镀仅能镀薄层,为了达到屏蔽性能要求和表面平整,可多次施镀。化学镀银织物的主要特点是屏蔽效能非常好,而且质地轻柔、透气抗菌、耐腐蚀。在20世纪七八十年代曾经被广泛用于电磁波辐射防护领域。

(2)化学镀铜织物。

由于白银昂贵,国内外为了实现以化学镀铜(或镍)织物代替镀银织物做了大量的研究工作。化学镀铜是一个自催化反应,化学镀铜溶液中,甲醛为还原剂,EDTA 做络合剂,pH 均在12以上,二价铜离子被反应为金属铜,而甲醛自身则氧化为甲酸根,其反应式为

$$Cu^{2+} + HCHO + 3OH^- \longrightarrow Cu + HCOO^- + 2H_2O$$

生成的铜具有催化作用,另一个反应式为

$$HCHO + OH^- \longrightarrow HCOO^- + H_2$$

两个反应式相加,得到总反应式为

$$Cu^{2+} + 2HCHO + 4OH^- + 4OH^- \longrightarrow Cu + 2HCOO^- + 2H_2O + H_2$$

由于是自催化反应。反应会不断进行下去,通过控制反应速度和时间可控制铜层的厚度和性能。与化学镀银相比,化学镀铜工艺较为复杂,织物化学镀铜前需进行去油、粗化、敏化和活化等前处理工序。该类织物的主要特点是屏蔽电场效能很好、质地轻柔、透气性好、价格低廉,但很容易被氧化腐蚀失效,屏蔽磁场能力不强。

(3)化学镀镍织物。

化学镀镍与化学镀铜一样,之前需进行去油、粗化、敏化和活化等前处理工序。在织物表面化学镀镍所获得的不是纯金属镍层,而是镍磷合金,其中磷的含量为3%~12%。碱性化学镀镍溶液多获得低磷镀层,而酸性镀液多获得中、高磷镀层。与化学镀铜技术相比,化学镀镍技术更为成熟,但也要严格控制镍离子和还原剂的浓度和比例、络合剂的浓度、pH、反应温度、稳定剂添加量等参数,才能保证镀层的质量和镀液的稳定。普遍接受的是 D. Simpkims 提出的反应机理,反应总方程式为

$$Ni^{2+} + H_2PO_2^- + H_2O \rightarrow Ni + 2H + H(HPO_3)^-$$

可以用分步反应来实现:

$$H_2PO_2^- + H_2O \longrightarrow HPO_3^- + H^+ + 2H$$

$$Ni^{2+} + 2H^+ \longrightarrow Ni + 2H; 2H \longrightarrow H_2; H_2PO_2^- + H^+ \longrightarrow H_2O + OH^- + P$$

国内外许多学者对化学镀镍织物的制备方法和性能进行了大量研究,研究结果显示,织物上金属的质量以及镀层内的磷含量决定了镀镍织物的表面电阻和电磁波屏蔽性能,镀镍织物的电磁波屏蔽性能较低,在100 MHz~1.8 GHz 频率范围内均不超过40 dB。这类织物的主要特点是质地轻柔、透气性好、耐磨性强、价格低廉、抗氧化腐蚀能力强,但电磁波屏蔽性能较弱,特别是屏蔽电场的能力很弱。

9.5.6　纳米离子型电磁波屏蔽织物

纳米离子屏蔽织物是当前国际上最先进的屏蔽电磁波辐射材料。它是采用目前最先进的物理和化学工艺,对纤维进行纳米离子化处理,将纳米级离子镀到织物内部,具有良好的 X - Y - Z 三向导电性和屏蔽效果,将有害电磁波进行反射、吸收。由于金属、金属

氧化物在细化为纳米粒子时,比表面积增大,处于颗粒表面的原子数越来越多,悬挂键增多,界面极化和多重散射成为重要的吸波机制。市场上出现的纳米离子屏蔽面料经国家测试中心检测厚度 0.08 mm 的织物,10MHz 频率下屏蔽效能为 80 dB,3 GHz 频率下屏蔽效能为 78 dB。屏蔽效果达到了 99.999 9%,使用频段宽,性能稳定,同时由于织物中富含大量金属阳离子,可起到杀菌除臭的作用,还具有防静电、防 X 射线及紫外线等功能。

9.6　电磁波吸收材料

电磁波吸收材料指能吸收、衰减入射的电磁波,并将其电磁能转换成热能耗散掉或使电磁波因干涉而消失的一类材料。吸波材料由吸收剂、基体材料、黏结剂、辅料等复合而成,其中吸收剂起着将电磁波能量吸收衰减的主要作用。吸波材料可分为传统吸波材料和新型吸波材料。

9.6.1　传统吸波材料

传统的吸波材料按吸波原理可分为电阻型、电介质型和磁介质型 3 类。电阻型吸波材料的电磁波能量损耗在电阻上,吸收剂主要有碳纤维、碳化硅纤维、导电性石墨粉、导电高聚物等,它们的特点是电损耗正切较大。金属短纤维、钛酸钡陶瓷等属于电介质型吸波材料,其吸波机理是依靠介质的电子极化、离子极化、分子极化或界面极化等弛豫损耗衰减吸收电磁波。铁氧体、羰基铁粉、超细金属粉等属于磁介质型吸波材料,它们具有较高的磁损耗角正切,主要依靠磁滞损耗、畴壁共振和自然共振、后效损耗等级化机制衰减吸收电磁波,研究较多且比较成熟的是铁氧体吸波材料。

9.6.2　纳米吸波材料

纳米粒子由于独特的结构使其自身具有表面效应、量子尺寸效应、小尺寸效应和宏观量子隧道效应,因而呈现出许多特有的奇异的物理、化学性质,从而具有高效吸收电磁波的潜能。纳米粒子尺度(1 ~ 100 nm)远小于红外线及雷达波波长,因此纳米微粒材料对红外及微波的吸收性较常规材料要强。随着尺寸的减小,纳米微粒材料的比表面积增大,随着表面原子比例的升高,晶体缺陷增加,悬挂键增多,容易形成界面电极极化,高的比表面积又会造成多重散射,这是纳米材料具有吸波能力的重要机理。量子尺寸效应使纳米粒子的电子能级由连续的能谱变为分裂的能级,分裂的能级间隔正处于与微波对应的能量范围(10^{-2} ~ 10^{-5} eV)内,与电磁波作用时发生共振吸收。在微波场的作用下,原子、电子的运动加剧,促使磁化,引起磁损耗从而使电磁能转化为热能而吸收电磁波。纳米微粒特殊的结构特征使得纳米吸波材料具有吸收强、频带兼容性好、密度小、厚度薄等特点。陈利民等制备的纳米 γ - (Fe, Ni)合金吸收剂具有优良的微波吸收特性,在厘米波(频率为 8 ~ 18 GHz)和毫米波(频率为 26.5 ~ 40 GHz)波段均有较好的吸波性能,最高吸收率达 99.95%。由 α - Fe, FexB、Nd_2O_3 的纳米复合粉与环氧树脂复合制备的 2 mm 厚的吸波材料,其最大吸收可达到 32.7 dB。美国专利报道了在树脂中添加质量分数为

1.5%，长径比 >100 的碳纳米管，这种厚度为 1 mm，密度为 $1.2 \sim 1.4$ g/cm^3 的薄膜材料对 $20 \sim 50$ Hz 的宽频电磁波具有较好的吸收，能够吸收 86% 的 1.5 GHz 的电磁波，这种薄膜型吸波材料在防辐射领域有广泛的应用前景。

9.6.3　高聚物吸波材料

导电聚合物具有电磁参数可调、易加工、密度小等优点，通过不同的掺杂剂或掺杂方式进行掺杂可以获得不同的电导率，因此导电聚合物可以用作吸波材料的吸收剂。根据 A. J. Heeger 提出的孤子（Soliton）理论（简称 SSH 理论），孤子（Soliton）、极化子（Polaron）和双极化子（Bipolaron）是导电高分子的"载流子"。当电磁波入射到吸波材料表面后，进入材料内部的电磁能通过电导损耗将其转化成热能，从而消耗电磁波能量。Wong 等成功地用化学氧化法在纸基质上制备了大面积的聚吡咯膜，该膜具有很好的柔韧性，在 $2 \sim$ 18 GHz 表现出很好的吸收性能与宽频吸收特性。美国宾夕法尼亚大学制备了 2 mm 厚的聚乙炔薄膜吸波材料，对 35 GHz 电磁波的吸收高达 90%。北京科技大学的方鲲等采用热压成型技术制得了聚苯胺/三元乙丙橡胶复合共混物橡胶吸波贴片，在 $2 \sim 18$ GHz 的频率范围，平均吸收衰减可达到 10 dB，且具有明显的宽频效应。日本研制的 DPR 系列薄片状柔软性吸波材料具有厚度薄、质量轻、可折叠、吸收强等优异的性能，使用方便，应用广泛，可以用来有效地解决电磁污染。

9.6.4　手性吸波材料

手性吸波材料是在基体材料中加入手性旋波介质复合而成的新型电磁功能材料。手性材料是一种双（对偶）各向同性（异性）的功能材料，其电场与磁场相互耦合，手性材料的根本特点是电磁场的交叉极化。理论研究认为，可以通过调节手性旋波参量（ξ）来改善材料的吸波特性，手性材料具有电磁参数可调、对频率的敏感性小等特点，在提高吸波性能、展宽吸波频带方面有巨大的潜力。手性介质材料与普通材料相比，具有特殊的电磁波吸收、反射、透射性质，具有易实现阻抗匹配与宽频吸收的优点。Sun 等研究表明，掺杂手性物质的 Fe_3O_4/聚苯胺复合物的电损耗与磁损耗均比不掺杂手性物质的 Fe_3O_4/聚苯胺复合物的高，掺入手性材料后复合物的最大吸收衰减由 17.8 dB 增加到了 25 dB。但是目前能用作吸波材料的手性材料还难以大量制得，这是限制手性吸波材料发展的一个瓶颈。使手性材料实现工业化生产，将会极大地促进吸波材料的发展。

9.7　电磁波防护涂料

9.7.1　电磁波防护涂料的组成

电磁波防护涂料一般包括填料、聚合物基体、稀释剂、固化剂和其他助剂。各种组成成分及常用类型如图 9.1 所示。

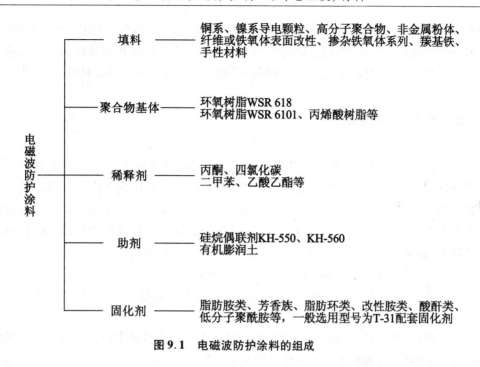

图 9.1　电磁波防护涂料的组成

9.7.2　影响涂层性能的因素

影响涂层性能的因素主要有填料形状、含量、填料的表面处理、胶黏剂及溶剂和涂层厚度等。

1.填料形状的影响

电磁波防护涂料性能的决定因素是填料种类。不同种填料粒子具有不同的形状,从电磁波防护涂料起作用的机理分析,球状粒子只有 3 个接触点,而且接触面积小,在密集堆砌状态下才彼此接触,枝状粒子之间的接触点在 3 个以上,更容易形成导电网络,在保证导电能力的前提下,可以使填料的填充量大大减少,从而可以提高制备好的涂层的物理性能、稳定性、机械性能和耐环境性能。北京工业大学张晓宁研究表明,片状粒子的吸波效果比球状粒子的吸波效果好:

(1)当吸收剂颗粒为圆片形时,材料的吸波效能明显大于吸收剂颗粒为球形的情况;

(2)由吸收剂颗粒形貌所引起的材料吸波效能的改善,随着吸收剂颗粒电磁参数的增大而变得更加明显。

2.填料含量的影响

从理论上分析,当填料含量小于 50% 时,粒子数目相对少,各自独立或部分接触,不易形成导电三维网络体系,涂层对电磁波基本上没有防护性能,所以一般研究人员所做的试验研究都是从 60% 开始。四川大学管登高采用镍粉为研究对象,实验结果显示,当镍粉含量在 60% 左右时,粒子间的接触数目少,形成的导电通路少,粒子之间距离相对远,形成的导电网络稀疏,因此整个涂层导电性差,防护效果差;当镍粉含量在 60% ~

80%时,部分粒子由于相互接触或由于隧道效应而形成导电网络,随粒子间接触数目的增多,间距缩短,涂层的表面电阻率急剧下降,从而使涂层的防护效果提高。经过多次试验得出结论:涂层填料粒子的含量在 60% ~70% 的范围内,导电效果最好,可以实现符合要求的防护效果。

3. 基体与溶剂的影响

(1)基体。

聚合物基体是吸波涂料中的成膜物质,它决定着材料的主要力学性能和耐环境性能,同时也对涂层的吸波性能产生重要影响,所以研制与选择高性能胶黏剂已成为吸波涂料技术的难点之一。实验研究表明,使用不同种类的胶黏剂对试样屏蔽或吸波效能有一定的影响,但不显著,所以可以把胶黏剂的其他指标作为选择的依据,比如机械性能、热稳定性、湿度稳定性等。选取胶黏剂类型的标准可以概括为:

①基体本身无杂质,黏稠度适合所需,流动性好;

②物理性能好,能耐一定的高温,机械强度高,耐环境性能好,可使制备出的涂层具有耐环境性能;

③对粉体颗粒有较强的黏附性能,胶黏剂基体在复合材料中应能与颗粒填料很好地黏附成一个整体,从而构成具有新性能的复合材料;

④成膜树脂的固体分不宜过高,否则填料粒子的添加量很难加大;

⑤良好的工艺性能,复合材料在成形加工时需要有较易控制的条件,即胶黏剂基体具有合适的钻度、固化时间、收缩率等;

⑥介电常数小,以保证静电屏蔽的效能;

⑦取材方便,价格低廉。

常用胶黏剂及其电磁参数见表 9.1。

表 9.1　常用胶黏剂及其电磁参数

胶黏剂类型	介电常数(ε)	损耗值(tg δ)
环氧树脂 618	2.95	0.040
环氧树脂 648	3.39	0.074
环氧树脂 TDE－85	3.39	0.071
环氧树脂 AG80	3.32	0.071
环氧树脂 AS－70	3.70	0.053
聚氨酯 OW－1	2.87	0.032
氯磺化聚乙烯	6.86	0.042
聚硫橡胶	14.0	0.150
氯丁橡胶	4.0	0.026
聚酰胺	2.7~3.2	0.005

　　环氧树脂的特点是黏附力高、韧性好、收缩率低,因而形成的复合材料强度高,尺寸稳定性好;含有活泼的环氧基团,可与多种类型的固化剂交联形成网状结构的高聚物,固化过程中没有低分子物排出,不易产生气泡;热稳定性好。通常选择环氧树脂 618 型或 6101 型作为胶黏剂,其配制电磁波防护涂料助剂的质量配比通常是环氧树脂:稀释剂:固化剂 = 10:1:2。

　　(2)稀释剂。

　　稀释剂的作用主要是为了溶解树脂基体,调节黏稠度,并在一定程度上控制固化时间。涂料从液态逐渐变为固态的过程中,稀释剂挥发产生的基料收缩力使粒子从孤立分散的状态逐渐相互趋近,并最终固定下来。

　　选择稀释剂的一般原则是:具有溶解涂料中胶黏剂基体的能力;不与涂料中加入的其他助剂发生化学反应;不改变填料粒子本身具有的性能;不降低涂层的物理性能;对应用表面没有溶蚀性。在使用环氧树脂作为胶黏剂基体时一般选用价廉易得的丙酮,特殊情况时,如在涂料中加入硅烷偶联剂,丙酮就不再适合用做稀释剂,改用二甲苯或乙酸乙酯。选用二甲苯做稀释剂,操作过程中应小心谨慎,二甲苯是有刺激性气味的有毒物质,与丙酮相比,具有毒性高、渗透能力强、挥发快等特点,在试验中,用量较丙酮略少。

　　根据施工工艺的不同,稀释剂加入量也不尽相同。采用刷涂方法制备电磁防护涂料时,树脂基体与稀释剂的质量分数比为 10:1。如果稀释剂加入量过少,则胶黏剂不能充分溶解,其中的填料粒子不能充分分散并相互接触,造成树脂和填料的分堆聚集;如果稀释剂加入量过多,刷涂后固化时间长,带来制备上的不方便,效率低下,而且在长时间固化过程中,分散在其中的填料粒子由于重力的作用沉降,使涂层下部填料粒子增多,上部树脂含量高,导致表面电导率或磁导率下降,直接影响涂层的防护性能。因此,稀释剂的加入量适合,则固化时间适合,填料粒子沉降不明显,分散均匀,能够得到性能好的涂层。

　　(3)固化剂。

　　电磁波防护涂料在流态时电流几乎不能通过,不具有预期的屏蔽和吸波效果,随着涂层的固化、稀释剂的挥发,基体聚合使填料粒子相互接触形成导电网络,涂层才变得具有导电性,因此涂层的充分固化十分重要。添加固化剂量少时,固化时间长,涂层中的填料粒子沉降时间长,由于重力作用聚集在涂层底部,使树脂与填料分层,防护效果丧失;添加固化剂量多时,固化时间短,稀释剂等溶剂挥发速度快,使涂层内部产生很多孔状缺陷,阻碍填料粒子相互接触形成导电网络,导电性能下降,测得的防护效果差。

9.7.3　存在的问题

　　涂料研究人员在电磁波防护材料方面做了大量的研究工作,取得了一定的成果,目前仍然存在的问题是:

　　(1)电磁波防护涂料的防护性能根据评价标准只能达到良好及良好以下状态;

　　(2)当增加填料粒子在涂料中含量时,所制备的涂层机械性能差,黏结强度低、温度稳定性差、耐环境性能差;

　　(3)需制订出可以实现性能好、施工方便、制备简单的一种具体试验配比方案标准;

（4）缺乏环境友好型的涂料；

（5）针对已经提出的两种对涂层防护机理的解释（导电链路理论和隧道效应理论），需要进一步探寻。

9.8　电磁波防护材料的发展历程、存在的问题和展望

9.8.1　发展历程

电磁波防护材料从无到有，已历经 70 多年的时间。在 20 世纪 70 年代以前，就已开发了金属丝混编织物和金属纤维混纺织物，但织物厚、重、不耐折。到了 20 世纪 70 年代，研制成了化学镀银织物、金属涂层织物、金属膜复合织物以及真空镀金属织物等，但其透气性差，手感硬，屏蔽电磁波功能不理想。

20 世纪 80 年代出现了化学镀铜织物、化学镀镍织物和硫化铜织物等，但它们都只能屏蔽某一波段的电磁波，并非在所有波段范围内有效，屏波性能还称不上优良，这是因为性能良好的电磁屏蔽材料应具有较高的电导率及磁导率。铜、铝等金属或合金是电的良导体，对高阻抗电场有很好的屏蔽作用，但对低阻抗磁场的屏蔽却不够理想；而铁、铍镍合金等却对低阻抗磁场有很好的屏蔽作用。因此为了在较宽广的频率范围内都有好的屏蔽作用，电磁波防护屏蔽材料应是高电导率及高磁导率材料的组合。

另外随着人们安全、舒适、美观意识的增强，对屏蔽织物材料又提出了新的要求，仅靠以前的单一金属化织物已难以达到理想的屏蔽效果，从 20 世纪 90 年代至今，国内外先后又研制开发成了复合镀金属织物、合金镀层喷镀织物、溅射镀金属织物、多元素织物、多离子织物、多功能织物、合成导电高分子织物和纳米材料织物等一系列相关防护材料，用以满足不同环境、不同群体的需求。

在国外，电磁波防护屏蔽材料的研究和开发较早，目前已形成屏蔽材料产业化，其产品种类齐全。英国、日本、加拿大、瑞典、美国、德国、法国、韩国等发达国家，从 20 世纪三四十年代就开始进行特种防护服装与织物的研究。到了 20 世纪 80 年代，美国北美航空公司研制成功防止雷达探测的防护衣和头盔，由微波吸收材料制作。日本等国研究开发了用不锈钢纤维与织物纤维混纺织成的屏蔽织物，制成屏蔽服装用在微波防护上，比如雷达防护服等。20 世纪 80 年代后期至 20 世纪 90 年代初期，英国、瑞典、美国、德国、法国、中国台湾等国家和地区为防止家用电器的辐射危害，诸如微波炉、电磁灶、电脑、电热毯、吸尘器等对人体特别是对妇女与少年儿童的影响，掀起了"孕妇"穿屏蔽围裙、屏蔽大褂，青少年穿屏蔽马甲、屏蔽西服的热潮，从此，防电磁辐射屏蔽服装开始进入家庭化，成为民用服装的一大亮点。

20 世纪 90 年代初，日本、韩国开始了导电纤维的开发工作。20 世纪 90 年代中期，日本率先研制成功金属化纤维。金属化纤维是在普通织物纤维基础上进行硫化物处理，使其具有抗静电、杀菌等作用。日本已用此种纤维织物制成高档衬衣，售价为 4 000 元人民币，因价格太贵而使推广困难。

在国内,电磁波防护屏蔽材料研究起步较晚,与国外差距较大,从 20 世纪 80 年代末方才开始。目前的大多数抗电磁波屏蔽材料为了使其具有抗电磁波辐射的能力,都是对其进行电磁波屏蔽处理,金属化、导电化是合适的技术对策。国内部分企业采用不锈钢纤维与棉、毛等纤维混纺的方法研制微波防护纺织品,例如由西安工程科技大学参与研发采用不锈钢纤维制成的电磁防护毛织物,先后探索采用导电纤维、纳米吸波材料开发电磁波屏蔽织物和复合材料。但是由于导电纤维、纳米吸波材料价格较贵,而铜丝或不锈钢纤维的比重较大,使纺织品中金属纤维重量混纺比较高,该电磁波防护用织物的价格较高,舒适感不佳,尽管电磁波屏蔽性能优异,但最终仍难以被市场认可。

9.8.2　我国电磁辐射防护存在的问题

早期的电磁辐射防护服装受工艺限制,存在沉重、穿着舒适性差、成本高等问题,因此仅在极少数作业场所使用。随着电磁辐射伤害研究的发展、纺织科学的进步,电磁辐射防护服装的舒适性及便利性增强,应用范围也不断扩大。

虽然电磁辐射防护的概念普及程度逐步加深,电磁辐射防护越来越受重视,但电磁辐射防护的相关标准及防护装备市场仍存在以下问题:

(1)电磁辐射限值标准制定的理论依据为致热效应,不能完全体现电磁辐射对人体的影响;限值标准评价方式不统一,影响其有效实施及作业场所电磁辐射的有效评估。

(2)我国现行的电磁辐射防护装备国家标准为 GB6568.1《带电作业用屏蔽服装》,主要针对高压电气设备作业者,针对微波辐射的防护标准 GB/T 23463《防护服装微波辐射防护服》为 2009 年新制定标准,尚未实施。因此,微波等电磁辐射成分的防护还有待加强。

(3)民用电磁辐射防护装备的研究应用不足,存在标准缺失,缺乏监管,产品夸大宣传等情况。

在国外,电磁辐射防护服装已走入普通家庭,而我国的电磁辐射场所作业人员尚未配备足够的防护装备。随着对电磁辐射特性及其短期和长期生理伤害的了解日益加深,我国对作业场所电磁防护的重视程度将不断提升。应结合已有成果,在以下问题上做进一步的工作:

(1)完善和统一电磁辐射暴露限值标准。进行电磁辐射伤害机理的进一步研究,充分了解非致热效应对人体健康危害,并作为参考依据,进行电磁辐射暴露限值标准修订。

(2)完善电磁辐射防护服装国家标准,增加覆盖面,将民用防护服装纳入标准管理范围。

9.8.3　展望

纵观电磁波防护材料开发整个历程,由于该产品可广泛用于:

(1)直接从事电磁波作业及间接受电磁波影响人员的防护,对防止电磁波对人体的损伤,保护作业人群健康有实际作用;

(2)带心脏起搏器及其他对电磁辐射敏感人群的防护;

（3）与其他吸波材料配合制造多频谱兼容伪装隐身材料，制造专用特殊的屏蔽室、屏蔽挂幕、屏蔽窗帘、屏蔽间隔、屏蔽帐篷等功能性装备，在国防、现代化军事斗争中发挥重要作用。

因此，该产品未来必然具有广阔的市场发展前景和潜在巨大的市场经济价值。选用更新型的电磁波屏蔽材料，加快大力开发新型制造工艺和技术，生产出较低成本、穿戴和使用舒适感较好的电磁波防护材料，是这一特殊功能产品的最终发展途径。

第 10 章　室内空气净化材料

10.1　室内空气污染及其危害

10.1.1　室内空气污染的来源

从目前检测分析,室内空气污染物的主要来源有以下几个方面:建筑及室内装饰材料、室外污染物、燃烧产物和人的活动。

（1）室内装饰材料及家具的污染是目前造成室内空气污染的主要方面,油漆、胶合板、刨花板、泡沫填料、内墙涂料、塑料贴面等材料均含有甲醛、苯,甲苯、乙醇、氯仿等有机气体,以上物质都具有相当的致癌性。

（2）建筑物自身的污染,此类污染正在逐步检出,一种是建筑施工中加入了化学物质（如北方冬季施工加入的防冻剂,渗出有毒气体氨）。另一种是由地下土壤和建筑物中石材、地砖、瓷砖中的放射性物质形成的氡,这是一种无色无味的天然放射性气体,对人体危害极大,美国国家环保署调查,美国每年有 14 000 人的死亡与氡污染有关。

（3）室外污染物的污染,室外大气的严重污染和生态环境的破坏,使人们的生存条件十分恶劣,加剧了室内空气的污染。

（4）燃烧产物造成的室内空气污染,做饭与吸烟是室内燃烧的主要污染,厨房中的油烟和香烟中的烟雾成分极其复杂,目前已经分析出的 3 800 多种物质,它们在空气中以气态、气溶胶态存在。其中气态物质占 90%,许多物质具有致癌性。

（5）人体自身的新陈代谢及各种生活废弃物的挥发成分也是造成室内空气污染的一个原因。人在室内活动,除人体本身通过呼吸道、皮肤、汗腺可排出大量污染物外,其他日常生活如化妆、灭虫等也会造成空气污染,因此房间内人数过多时,会使人疲倦、头昏,甚至休克。另外人在室内活动,会增加室内温度,促使细菌、病毒等微生物大量繁殖,特别是在学校等人群聚集性场所更加严重。

造成室内空气污染的物质按状态分,主要有悬浮颗粒物和气态污染源两种。

（1）悬浮颗粒物。

较大的悬浮颗粒物如灰尘、棉絮等,可以被鼻子、喉咙过滤掉,至于肉眼无法看见的细小悬浮颗粒物,如粉尘、纤维、细菌和病毒等,会随着呼吸进入肺泡,造成免疫系统的负担,危害身体的健康。

（2）气态污染源。

室内空气中的气态污染源（也即有毒气相物）包括一氧化碳、二氧化碳、甲醛及有机蒸气。气态污染源主要来自建筑材料(甲醛)、复印机(臭氧)、香烟烟雾(尼古丁)、清洁剂(甲酚)、溶剂(甲苯)和燃烧产物(硫氧化物、铅)等,部分会附着在颗粒物上被消除掉,大部分会被吸入口肺部。医学证实这些气态污染源是造成肺炎、支气管炎、慢性肺阻塞和肺癌的主要原因。

室内空气污染物的浓度随地理、季节、时间而变化,受温度、湿度等多种因素的影响。室内空气污染物的浓度受室外污染物的水平、室内污染源、室内和室外空气的交换率、污染物的特征和建筑物内家具的影响。室内空气中污染物浓度较低,往往有多种污染物同时存在。

10.1.2　室内空气污染的危害

目前的室内装修装饰材料大多含有对人体有害的成分,如甲醛和苯系物等,给室内空气造成严重污染。

甲醛是世界上公认的致癌物,它刺激眼睛和呼吸道黏膜等,最终造成免疫功能异常、肝损伤、肺损伤及神经中枢系统受到影响。现在基本上所有的家庭在装修时都使用了木芯板、多层胶合板,或购买了中密度纤维板制作的家具。这些板材中大量使用黏合剂,而黏合剂中主要污染物是甲醛,甲醛的释放期长达15年,从而导致了室内有害气体超标。

苯主要来源于胶、漆、涂料和黏合剂中,是强烈的致癌物。

氨气污染在北方地区比较明显。室内空气氨超标的主要原因是由于冬季施工混凝土中含有尿素成分的防冻剂。

TVOC主要来源于建筑材料中的人造板、泡沫隔热材料、塑料板材;室内装饰材料中的油漆、涂料、黏合剂、壁纸、地毯;生活中常用的化妆品、香水、清香剂洗涤剂;办公用品中的油墨、复印机、打字机等;家用燃料及吸烟、人体排泄物、工业废气、汽车尾气、光化学污染等。

自20世纪80年代开始,美国、日本、加拿大和欧洲各国的报纸杂志上频繁出现SBS,BRI和MCS等3个英文缩写,分别代表室内空气污染引发的3种疾病名称,即病态建筑综合征(Sick building syndrom)、建筑相关疾病(Building - related illness)和化学物质过敏症(Multiple chemical sensitivity)。国内外专家研究证明,继"煤烟型""光化学烟雾型"污染后,现代人正进入以"室内空气污染"为标志的第三污染时期。

近年来,WHO报道的研究结果表明:全世界每年有300万人死于室内空气污染引起的疾病,占总死亡人数的5%;大约30%~40%的哮喘病、20%~30%的其他呼吸道疾病源于室内空气污染;空气中可吸入悬浮颗粒是呼吸道疾病的主要直接原因。

10.1.3　室内空气污染的测试与标准

1.历史过程

早在1958年,WHO就认识到室内空气污染对健康的威胁;并于1964年开始在研究室内空气污染对健康产生实际危害的基础上,提出和发布了室内空气污染的指导限值概念和定义;1969年,WHO开始对室内有机污染物进行了分类。

自认识到室内空气中各种无机、有机和放射性污染对人群可能造成严重健康危害以来,WHO 和各国政府都制定了相应污染物的指导限值或阈限值。一般认为,人群暴露于该限值以下水平的环境时,不会出现直接和间接的不良健康效应。这些限值仅供世界各国有关部门制定标准和进行管理时做指导或参考,但不是必须遵守的法定约束,也不是标准。

WHO 在 1964 年发布的室内空气污染指导限值和阈限值的概念和定义的基础上,该组织于 1972 年公布了第一份关于室内空气污染指导限值的文件,其中 SO_2,CO,SPM(可吸入悬浮颗粒)和光化学氧化物被列入首批关键污染物。1987 年,WHO 室内空气污染指导限值欧洲版本则大大扩展了室内空气关键污染物的品种,使关键污染物扩展到 27 种。该版本比较精确地修正了指导限值的概念,认为没有绝对安全限值,指导限值和阈限值不过是可以接受的最高风险值。

WHO 在 1987 年发布的室内空气污染的指导限值文件的基础上,召开了许多会议,对前一版指导限值不断进行修正和升级,WHO – 1999 是最新发布的版本。其中 WHO – 1996a 比较全面,基本定型,以后的版本仅做了少量的个别修正。

WHO 下设的健康城市规划署,具体执行由 WHO 制定和管理的"空气质量管理信息系统",其职能和目标是在全球范围内的国与国、城市与城市之间,成为将有关空气质量管理和信息进行传递和交流的中心。传递和交流的内容包括:有关城市大气和室内空气污染物的浓度、噪声水平、对健康的影响、控制措施和方法、空气质量标准、排污标准、污染源以及污染疏散模型和工具等。目前,WHO 可提供自 1986 年到 1999 年期间该组织发布的以及 45 个国家 150 个城市与空气污染有关的资料光盘。

2. 新检测技术

在各国制定的相关标准中,需要规定一种或数种可用于对具体污染物进行检测的方法和手段,此外还会列出其他推荐使用的方法和手段。由于各国政府开始制定相关标准是在 WHO 于 1987 年发布欧洲版(比较全面)的空气质量指导限值后,当时商品化的电子检测仪器基本处于空白,仅有的少数几个也属于低水平、低质量产品。因此,标准规定的方法绝大多数是化学分析法,使用的手段是实验室分析仪器,主要有比色计、分光光度计、化学滴定、气相和液相色谱。这些方法在仲裁中具有法律效力,但缺陷也是显而易见的,即很难做到现场实时检测,费力耗时,过程复杂,大多数过程是人工操作,变数可能性较大,成本较高,自动化程度低,很难做到大面积普检。

随着传感器和计算机技术的不断进步和完善,自 20 世纪 80 年代以来,各种用于室内外空气中有害有毒气体和其他污染物现场实时检测技术及相应的便携式仪器开始发展起来,经历了从无到有,不断提高的过程。目前,国际上一些著名品牌的仪器,在测试范围、分辨率、精确度和稳定性等方面,均已接近或达到 WHO 和国内外有关部门制定的指导限值、规范和标准的要求。这些新型仪器的最大优点是:现场实时,响应快速,操作方便,成本低,自动化程度高,适合大面积普查。

基于上述原因,制定标准的观念已经或正在发生变化。通过查阅美国、某些欧洲国家和日本最近发表的标准或规范可以发现,对于检测方法和技术的规定和叙述越来越抽象。往往给出很详细的测试要求,包括误差或不确定度、试验条件以及测试质量的保证,但不像以前标准那样硬性规定具体的技术和方法。有的标准对测试方法给出很广泛的范围,让测试部门自己去选择和确定用何种方法。这意味着,只要符合试验条件,保证测试质量,在规定的误差范围内,用任何一种方法和仪器都是允许的。如美国环保局 EPA、美国职业安全和健康委员会 OSHA 有关室内空气质量标准中,对氡的检测便列出许多选择。另一个例子是,日本国家技术发展研究院标准物质信息中心提供的 2002 年 7 月 24 日资料中,对于空气污染的检测方法中列出 170 种可供选择的种类,其中包括基于电化学原理的电子检测仪器。

对于游离态甲醛的测量,日本建筑工业部今年初将基于电化学的便携式电子甲醛检测仪(ESC)和标准的检测方法(吸收管 – 比色法)进行对比试验,结果无显著性差异,因此可认为这是一种可推荐的新技术。在美国 EPA 有关室内空气质量和标准介绍的网页上,PPM – 400 甲醛分析仪被列为可推荐仪器进行空气中甲醛含量水平检测。事实上,中国卫生部制定的"木质板材中甲醛的卫生规范"中,也将甲醛自动分析仪列为可使用的方法之一,其他 3 种方法是:AMHT 分光光度法、酚试剂分光光度法和气相色谱法。

随着现代检测技术和电子自动检测仪的进一步完善和提高,对空气质量的检测和评估,从传统的耗时、费力和昂贵的实验室化学分析方法走出来,推广和使用便携式现场直读的仪器分析法将逐步成为可能。

3. 我国的情况

由国家质量监督检验检疫局、国家环保总局、卫生部制定的我国第一部《室内空气质量标准》于 2003 年 3 月 1 日正式实施。《室内空气质量标准》为消费者解决自己的污染难题提供了有力武器。《室内空气质量标准》引入室内空气质量概念,明确提出"室内空气应无毒、无害、无异常嗅味"的要求。其中规定的控制项目不仅有化学性污染,还有物理性、生物性和放射性污染。化学性污染物质中不仅有人们熟悉的甲醛、苯、氨、氡等污染物质,还有可吸入颗粒物、二氧化碳、二氧化硫等 13 项化学性污染物质。

室内空气净化功能材料作为一个新型的材料行业,由于人们的普遍关注,目前已经有了一定程度的发展,但从市场占有率和净化效率来看,产品的性能还需要进一步提高。空气净化材料的发展现状,在一定程度上受到了净化材料产品的标准不健全的限制。

现行使用的标准多为方法标准,没有针对净化材料产品的标准,致使产品无据可依。由中国建筑材料科学研究总院制定的"室内空气净化功能涂覆材料净化性能"标准,此标准的成功制定将为室内净化功能涂覆材料全面、综合评价提供依据,为净化材料行业的健康发展指明方向,为净化材料行业的发展向前迈进了一大步。

10.2　室内空气净化技术

现在许多居室采用的封闭式装修和使用的装饰材料造成了室内空气污染。常见的室内污染物有甲醛、苯、氨等挥发性气体污染物、生物污染物以及颗粒物等。室内空气污染易引发或加剧慢性呼吸道疾病,如支气管炎、过敏性肺炎、肺癌及其他器官癌症。室内空气污染问题已经引起了人们的极大关注。人们采取各种措施降低室内空气中污染物质的含量,如装修时选用环保材料、经常开窗通风、养一些可吸收污染物的植物等。近年来,一些空气净化设施逐渐被应用于办公、学校、商场、医院和居民住宅等场所,以减轻室内空气污染物对人体的危害,改善生活环境。目前,室内空气的净化技术主要有静电过滤、吸附净化、负离子净化、低温等离子体净化、光催化净化、臭氧空气净化等。

10.2.1　静电过滤技术

过滤净化法主要用来分离空气中的悬浮颗粒,对于细菌、有毒有害气体等污染物则显得束手无策,而且过滤净化器通常因为过滤材料容易饱和而失效,所以这种方法的应用也受到很大限制。

静电技术主要是利用高压静电场形成电晕,在电晕区里有自由电子和离子逸出。这些带电粒子会在运动中不断地碰撞和吸附到尘埃颗粒上,从而使灰尘带上电荷。带电荷的粉尘微粒在电场力作用下,会沉积并滑落。这样空气中的颗粒物和尘埃就被除去了,达到了洁净空气的目的。

静电技术用于小环境空气净化时可在有人的条件下进行持续动态的净化消毒,并具有高效的除尘作用,除尘效率在 90% 以上。因为空气中的细菌大多附着在尘埃颗粒上,空气中的尘埃颗粒的减少就标志着细菌等微生物的减少,所以静电技术在除尘的同时还具有除菌的作用。空调及其他室内空气净化装置所使用的经典过滤技术大多数都是这种静电过滤技术。不过静电技术不能有效除去室内空气中的有害气体,如挥发性有机物,并且该技术使用时会有臭氧产生,而臭氧浓度过高对人体是有害的。

10.2.2　吸附净化技术

吸附法是利用活性炭、分子筛、硅胶、活性氧化铝等具有吸附能力的物质,吸附污染物来达到净化室内空气的目的。吸附法包括物理吸附和化学吸附,它几乎适用于所有恶臭有害气体,且脱除效率高,是脱除有害气体常用的一种方法。用作吸附材料的物质主要为活性炭,它具有表面积大、吸脱速度快、吸附容量大等优点,但是活性炭纤维的应用仍处于探索阶段,性价比较低,影响了其应用范围。对于吸附方法而言,也存在着吸附饱和的问题,当吸附材料达到饱和状态时得注意及时对其进行更换,这也制约着该技术的广泛使用。

由于吸附净化技术净化效率较高、设备简单、操作方便,所以吸附法特别适合于室内空气中挥发性有机化合物、氨、硫化氢、二氧化硫、氮氧化物和氡气等气体状态污染物的净化。但吸附剂受吸附容量的限制,适宜在比较洁净的环境中清除浓度较低的有害物质。

10.2.3　光催化净化技术

催化净化法是在催化剂的作用下,将有害气体氧化分解成无害物质的一类方法的总称。以 TiO_2 光催化剂为例,其净化原理是 TiO_2 在受到阳光或荧光灯的紫外线照射后,其内部电子(即空穴对)受激发,产生具有强氧化分解能力的活性氢氧(羟)基原子团。在光、氧、水的作用下可降解几乎所有附着在氧化钛表面的各种有机物,如氢化物、氮氧化物、硫化物、氯化物等。催化净化法分为传统催化法、等离子体催化法和纳米材料光催化法等。室内空气污染物的浓度一般比较低,所以对于传统催化法而言,其运行费用比较高,因而应用范围受到了限制。目前应用得比较好的有等离子体催化技术和纳米材料光催化技术。等离子体催化技术几乎对所有有害气体都有很高的净化效率,但是易产生CO、O_3、NO_x,需增加进一步氧化和碱吸收的后处理过程,且设备费用昂贵,因此在应用方面也有一定的局限性。纳米光催化技术是最新发展起来的技术,能耗低、操作简单、无二次污染,有很好的发展前景。

1. 机理

光催化技术具有能耗低、操作简便、反应条件温和、可减少二次污染以及可连续工作等优点。光催化反应降解 VOCs 的本质是在光电转换中进行氧化还原反应。当光催化剂吸收一个能量大于其带隙能(Eg)的光子时,电子(e^-)会从充满的价带跃迁到空的导带,而在价带留下带正电的空穴(h^+)。价带空穴具有强氧化性,可以使 H_2O 氧化,而导带电子具有强还原性,可以使空气中的 O_2 还原。

光催化反应能有效地将有机污染物氧化,并最终将其分解为 CO_2,H_2O 等无机小分子,达到消除 VOCs 的目的,是一种良好的空气净化技术。目前,光催化空气净化技术应用的主要困难是光催化反应净化效率有待提高及解决反应过程中产生的有害副产物等问题。

2. 光催化反应产物研究

利用光催化空气净化技术降解 VOCs 时,在氧化不完全的情况下,不能完全将 VOCs 分解为 CO_2,H_2O 等物质,因此会产生其他的副产物。例如 Einaga 等研究苯、甲苯、环己烷和环己烯的光催化降解时,发现除了有气态 CO_2 生成外还有少量不完全氧化产物 CO 的生成。Chapuis 等在研究可见光催化降解丁醇时也发现有不完全氧化产物的生成。研究提高光催化反应完全程度的方法,避免不完全氧化产物的生成,是值得关注和急需解决的问题。

光催化空气净化技术存在的另一大问题是可能将原来空气中存在危害较小的成分氧化为另一种危害较大的成分。例如 Piera 等研究乙醇的光催化降解时发现生成了气态中间产物乙醛,同乙醇相比,乙醛对人体的危害更大。光催化还可能把空气中的无机成分氧化,如氧化 O_2 生成 O_3,氧化 NO 生成 NO_2,这些有害物质的生成对光催化净化效果产生了负面影响。近年来,这一问题已逐渐被认识并引起了研究者的关注。

10.2.4　低温等离子体净化技术

1. 概述

近年来,国内外在低温等离子体用于空气净化方面的应用研究非常活跃。低温等离子体内部富含电子、离子、自由基和激发态的分子,可使气体分子键打开,同时产生如·OH等自由基和氧化性极强的 O_3,从而达到处理空气中较低浓度挥发性有机物及微生物的目的,其去除微生物的效果可达95%。用低温等离子技术对含有苯、氨、硫化氢及二氧化硫污染物的室内空气进行净化实验,都有较好的去除效果。

　　低温等离子体应用于空气净化,不但可以分解气态污染物,还可以从气流中分离出微粒。整个净化过程涉及预电荷集尘、催化净化和负离子发生等作用。但是该技术不能彻底降解污染物,且往往伴有其他副产物的产生,会引起二次污染,所以运用该技术时需要有其他的后续处理技术,并解决能耗大等问题。

2. 机理

　　等离子体放电催化技术的原理和光催化技术相似,不同点是将作为催化驱动的紫外光照射改为电晕放电,利用放电产生的低温等离子体驱动 TiO_2 催化剂生成·OH 自由基等高氧化性物质,在·OH 自由基和低温等离子体的共同作用下实现 VOCs 的降解。

　　低温等离子净化法是在常温常压下利用高压放电来获得非平衡等离子体,大量高能电子的轰击会产生·O 和·OH 等活性粒子,一系列反应使有机物分子最终降解为 CO_2,H_2O。其催化净化机理包括两个方面:

　　(1)在产生等离子体的过程中,高频放电产生的瞬时高能量破坏某些有害气体的化学键,使其分解成单原子或无害分子;

　　(2)等离子体中包含了大量的高能电子、离子、激发态离子和具有强氧化性的自由基,这些活性粒子的平均能量高于气体分子的键能,它们和有害分子频繁碰撞,气体分子的化学键破裂生成单原子和固体颗粒,同时产生的·OH,·HO_2,·O 等自由基和 O_3 与有害气体分子反应生成无害产物。

　　低温等离子体去除室内 VOCs 的影响因素主要有放电形式、电场强度、污染物种类和反应条件(污染物浓度、风速等)。等离子体放电催化降解 VOCs 的机理较为复杂,影响因素较多,且存在生成聚合物微粒、有机污染物降解不完全以及生成 CO,O_3 和其他有机中间产物等问题,相关研究尚需深入。

10.2.5　负离子净化方法

1. 概念

　　空气离子是指浮游在空气中的带电的细微粒子,其形成是由于处于电中性的气体分子受到外力的作用,失去或得到电子,失去电子的为正粒子,得到电子的为负离子。负离子是大气中的中性分子或原子,在自然界电离源的作用下,其外层电子脱离原子核的束缚而成为自由电子,自由电子很快会附着在气体分子或原子上,特别容易附在氧分子和水分子上而成为空气负离子。空气中常见的离子见表 10.1。

表 10.1　空气中常见的离子

正离子	负离子
$H^+(H_2O)_n$	$H_3O_2^-(H_2O)_n$ 羟基负离子
$(H_3O)^+(H_2O)_n$	$OH^-(H_2O)_n$ 氢氧根负离子
$O^+(H_2O)_n$	$O_2^-(H_2O)_n$ 负氧离子

负离子有益于人体健康,能改善大脑皮层的功能,振奋精神,消除疲劳,改善睡眠,对人体的心血管系统、呼吸系统、代谢系统等均有一定的益处。

2. 机理

负离子借助凝结和吸附作用,能吸附在固相或液相污染物微粒上,从而形成大离子沉降下来,起到降低空气污染物浓度、净化空气的作用。负离子能使细菌蛋白质表层的电性两级颠倒,促使细菌死亡,从而达到消毒与灭菌的目的。在室内用人工负离子作用2 h,室内空气中的悬浮微粒、细菌总数和甲醛等的浓度都有明显降低。该技术能较为有效地除去空气中的细菌及尘埃,但是却使尘埃易吸附在墙纸和玻璃等处,不能被清除出室内。

空气负离子能降低空气污染物浓度,起到净化空气的作用。空气环境变差的主要原因是由于空气中正、负离子浓度比失衡,空气中含有大量有害气体、烟雾、灰尘、病毒和细菌等。负离子主要可起到以下3方面的作用。

(1)还原作用:负离子能还原大气中的污染物质、氮氧化合物和香烟等产生的活性氧。

(2)吸附作用:负离子能吸附空气中的尘粒、烟雾、病毒、细菌等生物悬浮污染物,使其变成重离子而沉降,起到空气净化作用,当室内空气负离子浓度保持在每立方米2万个以上时,空气中的漂尘会减少98%。

(3)中和有害气体:负离子能与室内附着在墙壁和天花板上的臭气源分子(如苯、甲醛、酮、氨等刺激性气体)发生反应,有效消除装修污染。

3. 优缺点

(1)优点:近年来,负离子研究逐渐转移到无源负离子技术上,即利用那些本身具有能量的无机非金属矿物材料。由于这些材料本身的结构特性及晶格的不对称性,使其具有自发极化产生负离子的特性,这些材料不需要外界能量,安全可靠,无任何负作用,目前负离子净化技术是研究的热点,尤其是将纳米技术应用到纺织、涂料、油漆等行业更是负离子应用研究的前沿。

(2)缺点:单纯依靠发生器产生的负离子净化空气是片面的,因为空气中的负离子极易与空气中的尘埃结合,生成具有一定极性的污染粒子,即"重离子"。而悬浮的重离子在降落过程中,依然被附着在室内家具和电视机屏幕等物品上,而人的活动又很容易使其产生二次悬浮,所以负离子发生器只是附着灰尘,并不能清除空气污染物,或将其排至室外。

此外,当室内负离子浓度过高时还会对人体产生不良影响,如引起头晕、心慌、恶心等。长久使用高浓度负离子会导致墙壁、天花板等蒙上一层污垢,为避免出现这种情况,真正达到净化空气的目的,人们正在考虑将负离子功能与净化功能有机地结合起来,使传统的只能调节室内负离子浓度的空气清新设备兼具分解污染物的功能。

10.2.6　臭氧净化方法

1. 概念

臭氧具有强氧化性、高效消毒和催化作用,在室内空气污染控制中将臭氧直接与室内空气混合或将臭氧直接释放到室内空气中,可以达到消毒灭菌的目的。臭氧可以广泛应用于医院、公共场所、家庭、特殊场所(如军用及一些专用船舱等)以及食品消毒柜的灭菌消毒。臭氧的强氧化性还可以快速分解带有臭味或其他气味的无机或有机物质,起到消除异味的作用。

2. 机理

臭氧作为消毒剂对空气中细菌等微生物具有很强的杀灭效果。臭氧杀灭微生物作用机制是破坏肠道病毒的多肽链,使 RNA 受到损伤,它可与氨基酸残基(色氨酸、蛋氨酸和半胱氨酸)发生反应而直接破坏蛋白质。臭氧可使噬菌体中的 RNA 被释放出来,电镜观察还可发现噬菌体被断裂成小的碎片。有研究表明,嘌呤和嘧啶经臭氧作用后紫外吸收发生改变。臭氧可与细菌细胞壁脂类双键反应,穿入菌体内部,作用于脂蛋白和脂多糖,改变细胞的通透性,从而导致细胞溶解、死亡。破坏或分解细菌的细胞壁,迅速扩散入细胞内,氧化破坏细胞内的酶,使之失去生存能力。臭氧靠其强氧化性能可快速分解产生臭味及其他气味的物质,如胺、硫化氢、甲硫醇等,臭氧对其氧化分解,生成无毒无气味的小分子物质。邢协淼等进行了低浓度臭氧净化室内空气中甲醛的实验研究,实验中低浓度臭氧对甲醛的去除率为 41.17%,说明了臭氧对甲醛具有净化作用。

3. 缺点

虽然臭氧消毒法具有诸多优势,但是利用臭氧氧化处理室内空气时应该首先考虑可能导致的负面影响。因为室内污染物之间的潜在化学反应会产生一些新的活泼自由基,并由此引发了多种反应过程;这些化学反应能够产生许多附加的产物和复杂的官能团,它们通过不同的反应途径和反应机制衍生出来。这主要包括:醛、酮、羧酸、有机硝酸盐,过酰基硝酸酯和各类稳定自由基,而室内污染物间的反应都直接或间接与臭氧有关。

10.2.7　被动式净化技术

1. 涂料净化

涂料净化主要是指在涂料中添加能与空气中的污染气体发生发应的材料,主要是纳米 TiO_2 和稀土等光催化材料。这些功能涂料能有效地降低环境中污染性气体的浓度,发生的光催化反应能将空气中的氮氧化合物(NO_x)、甲醛($HCHO$)、苯(C_6H_6)、二氧化硫(SO_2)等污染物直接分解成无毒无味的物质,从而达到消除空气污染和净化空气的目的。

日本、西欧等国家先后提出了在传统建筑材料中添加纳米光催化材料使其增加光催化空气净化功能的解决方案。

国内的科研人员也在进行光催化净化空气纳米涂料的研究。

2. 室内植物净化

植物净化作为一种新型的净化手段受到越来越广泛的关注。研究发现,植物不仅可以用于对土壤和水体中的重金属和有机污染物以及环境中放射性物质等的吸收和去除,也可以净化空气。美国航空航天局的科学家威廉·沃维尔在测试中发现,在 24 h 照明条件下,芦荟可吸收 1 m³ 空气中 90% 的甲醛;常春藤可吸收 90% 的苯;龙舌兰则可吸收 70% 的苯、50% 的甲醛和 20% 的三氯乙烯。

用植物净化室内空气有很多优点,其不仅成本低、废物量小、不易造成"二次污染",而且使用方便,还能美化室内居住环境。此外,植物还能给居室带来其他的益处,如植物的蒸腾作用能增加房间内空气的湿度,从而减小居室主人患感冒的概率,植物能对人们的心理产生美好的作用等。

植物净化室内空气具有广阔的前景,只要经过一定的努力就能把这种绿色净化的理念贯彻到千家万户。但总的看来,目前在绿色植物应用于室内空气净化的研究刚刚起步,还很不成熟。主要问题有以下几方面:

(1)对有关植物净化室内空气能力的研究还不够系统和全面;

(2)没有深入研究植物净化室内空气的机制;

(3)如何解决植物吸收室内空气污染物后的衰退和吸收能力下降等问题;

(4)怎样把植物的观赏性与其净化室内空气的功能性结合起来考虑的问题。

相信随着人们对室内环境重要性认识的加强,植物净化室内空气污染的研究将更为系统和深入,绿色植物在净化居室和办公场所环境方面将大有作为。

10.2.8 其他净化技术

除了上述净化方法外,还有烟雾消毒、过氧乙酸消毒、紫外线消毒等净化方法。

1. 烟雾消毒

肖慈英等研究了酚类烟雾剂雾化后在室内空气中的分布规律以及对空气中细菌的杀灭效果。实验结果表明,在 30 min 作用时间内能够有效地杀灭空气中 99.92% 的金黄色葡萄球菌,在 120 min 作用时间内空气中自然菌的平均杀灭率可达 99.66%;同时,烟雾的沉降促使了 TSP 的沉降,降低了空气中浮尘等颗粒物的浓度,对室内空气环境具有一定的净化作用。但是,由于室内消毒的效果必须具备较高的卫生要求,因此烟雾剂用于室内空气消毒还须进行药剂毒理学上的进一步研究,而且烟雾剂对室内建筑装饰材料可能存在一定程度的损害,所以在选择烟雾剂净化室内空气的时候必须谨慎。

2. 过氧乙酸消毒

过氧乙酸消毒主要是依靠其强大的氧化能力杀灭致病微生物。一方面,过氧乙酸分解产物中的自由羟基可破坏菌体维持生命的重要成分,使蛋白质变性而丧失生存能力;另一方面,过氧乙酸中的氢离子使细胞的通透性改变,影响细菌的吸收、排泄、代谢与生长,或引起菌体表面蛋白质和核酸的水解,使酶类失去活性,从而达到杀菌作用。

3. 紫外线消毒

紫外线是一种低能量的电磁辐射,照射能量仅有 5ev,穿透性很差。其波长 2 000 ~ 3 000 Å 的紫外线具有杀菌作用。实际工作中常用的是 30 ~ 40 W(功率),其波长为 2 537 Å 紫外线灯管(低压泵石英管)进行空气消毒。当菌体吸收紫外线后主要引起原生质的变化,使蛋白质和核酸变性及抑制酶类的合成,导致细胞的变性或死亡,达到消毒灭菌的作用,但同时对人的皮肤及眼睛有损害作用,还可使人产生气短、胸闷、恶心等副作用。

在目前的室内空气净化技术中,低温等离子体净化法和催化净化法有着广阔的发展前景,这两种技术已经趋于成熟,但是都还存在着有待完善之处,光催化技术在常温、常压的条件下就能够使反应顺利进行,而且能将空气中低浓度的有害气体和异味彻底分解为无臭、无害产物,无二次污染,能彻底消除有害气体。由于该技术的独特优越性能而越来越受到重视,成为各国研究和开发的热点,有望被广泛应用于室内空气污染的治理中。相信随着各种空气净化技术的发展,室内空气污染问题一定能够得到有效解决,还给人类一个健康舒适的生活居住环境。

10.3　室内空气净化材料的类别

10.3.1　按照净化材料的净化原理和所用材料来分类

目前我国市场上的室内空气净化材料种类繁多,按照净化材料的净化原理和所用材料来分,基本上可以分为物理类净化材料、化学类净化材料和生物类净化材料 3 大类。物理类净化材料包括采用活性炭硅胶和分子筛进行过滤吸附的净化材料;化学类净化材料主要指采用氧化还原中和离子交换光催化络合等技术生产的净化材料;生物类净化材料包括用微生物酶进行生物氧化分解的净化材料。

1. 物理类净化材料

物理净化主要是对污染物进行物理吸附,故其净化材料要有较强的吸附能力。活性炭、硅胶及沸石等都有较强的吸附能力,其中,活性炭以其较大的比表面积、稳定的化学性质以及容易再生等性质成为研究的主要对象。

活性炭具有吸附和催化性能,它不溶于水和其他溶剂,具有物理和化学上的稳定性。除了高温下同臭氧、氯、重铬酸盐等强氧化剂反应外,在实际条件下都极为稳定,所以活性炭的用途非常广泛。从 18 世纪开始,谢勒和方塔纳首先科学地证明了木炭对气体有吸附能力;1909 年欧洲首次推出粉末状活性炭,为活性炭开辟了一个新的巨大市场。20世纪 70 年代,日本以黏胶、聚丙烯腈等为原料,率先生产出活性炭纤维(ACF),其具有形态多、有效吸附孔丰富、孔径分布均匀、吸附行程短、脱附速度快、吸附量大、易再生等优点,已被认为是 21 世纪最优秀的环境材料之一。然而活性炭治理见效慢,不能在短时间内达到清除污染的目的。而且 ACF 对低浓度和极低浓度的氨类、醛类、二氧化硫、二氧化氮等相对分子质量较小的有害气体的吸附指数较低,很难对其净化。

2. 化学类净化材料

化学类净化材料主要指采用氧化、还原、离子交换以及光催化等化学反应技术生产的净化材料。目前就国内外的研究现状看,光触媒堪称研究室内空气净化材料的焦点。光触媒也叫光催化剂,是一种以二氧化钛(TiO_2)为代表,在光的照射下自身不起变化,却可以促进化学反应,具有催化功能的半导体材料的总称。其具有光催化活性高、化学性质稳定、氧化还原性强、难溶、无毒且成本低的特点,是研究及应用中采用最广泛的单一化合物光催化剂。TiO_2在吸收紫外线后,在紫外线能量的激发下发生氧化还原反应,其表面形成强氧化性的氢氧自由基和超氧阴离子自由基,可把空气中的各种有机化合物、部分无机化合物以及微生物分解成二氧化碳和水,从而达到净化空气和杀菌等目的。

日本在光催化空气净化设备的研究与开发方面一直位于科技和市场的前沿。1972年,日本学者 Fujishima 和 Honda 首次报道了用氧化钛作为光催化剂分解水制备氢气,之后人们对纳米 TiO_2 光催化材料的研究不断深入,发现纳米 TiO_2 在废水废气净化、光能转换、抗菌除臭等领域具有较强的应用价值。国内外许多研究者通过液相水解法、液相沉淀法、溶胶-凝胶法、水热法、微乳液法等方法制备纳米 TiO_2,使其光催化性能得到不断改善。TiO_2 光催化氧化研究的理想目标是直接利用太阳能,但由于 TiO_2 的禁带宽($Eg = 3.2$ eV)导致其不能有效利用太阳光中的可见光部分,从而降低了其量子效率。研究发现,通过对 TiO_2 进行改性,可以拓展其可见光的响应范围,提高 TiO_2 的光催化活性。因此,TiO_2 在可见光中的催化实验成为研究的重点。目前国内外的研究现状显示,非金属掺杂可以实现 TiO_2 光催化剂的可见光化,正成为光催化的研究热点。目前,德国 STO 公司通过掺杂稀土元素在纳米级锐钛型的 TiO_2 中,研制出能净化室内空气的可见光催化生态漆 PEI 在涂有 STO 康乃馨生态漆的室内,几天就可以使室内总体的有害挥发性化合物甲醛、甲苯、酮等下降80%以上。在非紫外光存在的可见光条件下应用,当室内存在甲醛、VOC 等有害物质时,其降解速度达每小时30%以上,同时有抗菌作用。

3. 生物类净化材料

生物类净化材料主要是利用生物对室内空气中的污染物进行氧化分解,从而达到净化空气的目的。利用生物来净化室内空气,目前研究较多的是利用植物进行室内绿化净化以及利用微生物和酶制剂来分解有机物。

(1)植物对室内空气的净化。

室内绿化是指在室内种植摆设一些有利于室内空气净化的植物,要求既美观又实用。这些绿化植物除具有调节温湿度的作用外,还具有吸尘、杀菌杀毒、吸收废气等功能。室内绿化常有盆栽、悬挂式栽培、盆景、插花等形式,选择绿化植物应根据室内的光照、空气温湿度等室内生态因子来考虑,布置时要与室内环境相协调。早20世纪80年代初,美国宇航局(NASA)的科研人员就系统地开展了相关植物吸收净化室内空气的研究,测试了几十种不同绿色植物对几十种化学物质的吸收能力。研究结果表明,在24 h 照明的条件下,在1 m^3 空气中芦荟去除了90%的甲醛,常青藤去除了90%的苯,龙舌兰也可吸收 70% 的苯、50% 的甲醛和 24% 的三氯乙烯,垂挂兰能吸收 96% 的一氧化碳、86% 的甲醛。

(2)生物酶对室内空气的净化。

生物酶净化室内空气是目前研究的新方向。正是由于酶的存在才使得微生物对多种污染物具有生物降解作用,因此可以利用活的微生物来治理环境废物。利用生物新技术固定化酶与固定化微生物,能把微生物的酶提取出来,使其在微生物体外也发挥作用。固定化酶的生产方法,是从筛选、培育获得的优良菌体内提取活性极高的酶,再用包埋法(或交联法等)将其固定在载体上,制成不溶于水的固态酶即固定化酶。之后便可利用其制成室内空气净化的材料。目前生物酶处理污染物主要应用在水污染处理方面,但在空气净化方面也将会有很大的发展。

10.3.2　按照净化材料的使用方法来分类

1. 封闭型材料

这类产品具有超强的渗透能力和封闭能力,一方面渗透到板材中聚合醛类物质,另一方面在任何材料表面形成一层具有一定硬度和耐候性的膜,对不能渗透到或无法治理的部分起到强大的封闭作用。其耐候性强是一大特点,采用天然材料聚合无毒、无污染,可在板材表面形成一层坚固的薄膜,原液渗透进去中和甲醛,阻挡板材中剩余的游离甲醛向空气中释放。

2. 熏蒸型材料

这类产品是由承载液反应液和激发剂组成的激发剂。激发承载液的挥发,载着反应液渗透到室内的每一个角落,几乎能和所有的有机挥发物等各类有害气体反应。使用时,将该除味剂稀释后分装在容器,内置于封闭的空间里使用。24 d 后再通风,即可消除各种异味,包括氨苯甲醛等有机挥发物。其渗透力相当强,可直达其他产品不能治理的地方。直接消除污染源和挥发在空气中的各种有机挥发物,达到全面的标本兼治效果。该种产品在使用时会产生刺激性气味,因此在该封闭空间内不要久驻。另外,该产品最好在入住前使用。入住后主要在家具内使用,使用时要关闭柜门和抽屉,而房间门和窗户则要打开。

3. 雾态喷剂型材料

这类产品是配合高效无毒的天然试剂直接分解空气中的各类有害气体和异味生成无毒无害的物质。在室内空间使用此类产品后,可有针对性地祛除装修后装修材料及建筑本身所产生的甲醛苯氨气等有毒气体,并对居家产生的异味如烟酒味霉味臭味等刺激性气味有全面消除作用。

4. 熏香型材料

该类产品是采用纯天然精油配合温和的燃烧剂和负氧剂,配合特制的燃烧器皿,特定设备和天然萃取原料,通过 500 度高温产生含负离子的芳香气体,以消除空气中的各种有机挥发物、细菌、螨虫、二手烟等对人体的危害,达到净化空气美化环境的目的。

5. 液态刷剂喷剂型材料

这类产品利用具有较强渗透能力的物质作为承载体,将能够使甲醛稳定的有机物输送至板材中,使不稳定的醛类聚合物稳定下来以达到中和的目的。使用时将中和型喷刷剂直接喷刷在家具中裸露的板材表面,直接渗透进入板材内部,主动捕捉中和板材中的游离甲醛,具有强大的消除甲醛能力。

6. 固体吸附型材料

此类产品以活性炭和分子筛为主要材料,具有无毒、无味、无腐蚀、无公害的特点,由于所用材料的孔径与空气中异味有极强的亲和力,属纯物理吸附,无化学反应。放入需要净化的房间家具橱柜中或者冰箱内,能驱除家庭办公室新购置家具带来的有害气体和异味。

7. 涂料添加型材料

目前市场上存在具有净化功能的涂料添加剂,如市场上销售的各种涂料伴侣离子宝等。这类添加剂适用于水性涂料和内墙乳胶漆,可用于居室的内墙。将其添加在内墙乳胶漆中涂刷能有效祛除家庭装饰材料家具中释放的甲醛、苯类氨等有毒有害气体,以治理由于装饰装修而造成的室内空气污染。它不仅可有效地祛除室内空气中最为有害的苯甲醛、氨等毒性气体,而且还可祛除由于吸烟、烹调、空调环境等造成的各种异味。此类产品具有使用方便的特点,可以在涂料的生产过程中添加,也可以直接添加到市场上出售的成品涂料中,只需搅拌均匀即可选择此类产品,要注意选择对涂料本身的物理和化学性能不应有任何影响的产品。

10.4　主要的室内空气净化材料性能介绍

10.4.1　活性炭

1. 概念

活性炭是具有发达孔隙结构、比表面积大和吸附能力的炭。每克活性炭的总表面积可达 1 500 m² 以上,但活性炭颗粒的大小对吸附能力也有影响,一般来说,活性炭颗粒越小过滤面积就越大,所以粉末状的活性炭总面积最大,吸附效果最佳,但粉末状的活性炭应用范围较窄。颗粒状的活性炭的吸附能力强,因颗粒不易流动、更换方便,因此使用范围更广。活性炭的种类很多,按原料不同可分为植物原料炭、煤质炭、石油质炭、骨炭、血炭等;按制造方法可分为气体活化法炭,即物理活化法炭;化学活化法炭,即化学药品活化法炭;化学 – 物理法活性炭。按外观形状可分为粉状活性炭、不定型颗粒活性炭、定型颗粒活性炭、球形炭、纤维状炭、织物状炭等。按用途可分为气相吸附炭,液相吸附炭等。

2. 性质

活性炭具有吸附和催化性能,它不溶于水和其他溶剂,具有物理和化学上的稳定性,除了高温下同臭氧、氯、重铬酸盐等强氧化反应外,在实际条件下都极为稳定。由于活性炭作为吸附剂的优异特性,所以其用途非常广泛。

活性炭与其他吸附剂如硅胶、沸石、活性白土等相比较,具有许多特点:

(1)活性炭具有发达的孔隙结构,除了活性分子筛以外,孔径分布范围较广,具有孔径大小不同的孔晾,能吸附分子大小不同的各种物质。同时,具有大量的微孔,因而比表面积很大,吸附力也大。活化方法对制得活性炭的孔隙大小有很大影响。

(2)活性炭的表面性质因活化条件的不同而不一样,高温水蒸气活化的活性炭,表面多含碱性氧化物,而氯化锌活化的活性炭,表面多含酸性氧化物,后者对碱性化合物的吸附能力特别大。活性炭具有的表面化学性质、孔径分布和孔隙形状不同,是活性炭具有选择性吸附的主要原因。

(3)活性炭作为接触催化剂用于各种异构化、聚合、氯化和卤化反应中,它的催化活性是由于炭的表面和表面化合物以及灰粉等的作用。活性炭在化学工业中常用作催化剂载体,即将有催化活性的物质沉积在活性炭上,一起用作催化剂。这时活性炭的作用并不限于负载活化剂,它对催化剂的活性、选择性和使用寿命都有重大影响,它具有助催化的作用。

(4)活性炭的化学性质稳定,能耐酸耐碱,所以能在较大的酸碱度范围内应用。活性炭不溶于水和其他溶剂,能在水溶液和许多溶剂中使用活性炭。能经受高温、高压的作用。由于它的催化活性在有机合成中常作为催化剂或载体,活性炭使用失效时可用各种方法多次反复再生,使其恢复吸附能力再用于生产,如果再生得法,可达到原有的吸附水平。

3. 吸附性能

活性炭是由许多形状不规则、大小不一的相互连接通道所构成的复杂网状结构,通道在表面出口处较大,深入到内部会减小。因此,活性炭中的大孔、中孔和微孔可以满足不同大小分子的吸附条件。活性炭主要由非极性分子构成,虽然通过调整原料和制备工艺可以制作出具有羧基、酚、羰基等酸性官能团使其具有极性,因而增强其对极性强物质的吸附,但对极性分子的吸附仍然无法同极性吸附材料相比。表10.2为活性炭对不同气体的亲和系数,亲和系数越大,说明吸附能力越强。由表10.2可以看出,活性炭对苯系物等大分子有机污染物的净化效果优异,但对甲醛等小分子污染物的吸附性能较差。

表10.2 活性炭对不同气体的亲和系数

气体名称	亲和系数	气体名称	亲和系数
苯	1.00	甲醇	0.40
甲苯	1.25	乙醇	0.61
二甲苯	1.43	甲酸	0.61
丙烷	0.78	乙酸	0.97
正丁烷	0.90	甲醛	0.52
正己烷	1.35	丙酮	0.88
正庚烷	1.59	乙醚	1.90

4. 其他几种吸附剂

(1)分子筛。

分子筛具有严格的晶体性质,孔径分布非常均匀。分子筛依据其晶体内部孔穴的大小对分子进行选择性吸附,也就是说能吸附一定大小的分子而排斥较大的分子,这也是"分子筛"这个名称的由来。

(2)氧化铝。

高锰酸钾浸泡过的氧化铝也是一种用于空气净化的吸附材料。由于高锰酸钾具有强氧化性,它可以氧化 VOCs,将其分解为水和二氧化碳。这种吸附剂对甲醛的吸附性能较好,但对苯系物等大分子有机污染物的吸附能力较弱。

(3)硅胶。

硅胶的主要成分二氧化硅是一种由硅土中的硅酸钠与硫黄酸制成的无定形的机器制成品。硅胶的不规则表面非常适用于吸附具有不同相对分子质量的较大范围的 VOC。此外,二氧化硅具有极性,因此在吸附具有极性的分子时也具有靠静电力吸附这一优势。

1992 年,Hines 等测试了活性炭、分子筛和硅胶对于水、1,1,1 – 三氯乙烯、甲苯、甲醛等几种 VOCs 和二氧化碳、氢气等无机物的吸附效果。实验结果印证了活性炭对于分子极性的选择性、分子筛对于分子大小的选择性以及硅胶同时吸附水和各种分子的能力。

研究各种吸附材料的选择吸收性,实现污染物吸附性能的互补,开发具有广谱特性的混合吸附材料是吸附技术的发展方向。吸附技术相对于光催化技术来说比较安全,对人无害,但吸附剂存在吸附饱和问题,需要定期更换或再生,难以连续工作,因此需要深入研究吸附材料的再生技术。

10.4.2 光触媒

1. 光触媒的概念与历史

光触媒(Photocatalyst)也叫光催化剂(Lightcatalyst) ,是一类以二氧化钛(TiO_2)为代表的、在光的照射下自身不起变化,却可以促进化学反应,具有催化功能的半导体材料的总称。TiO_2 作为一种光触媒,在吸收太阳光或照明光源中的紫外线后,在紫外线能量的激发下发生氧化还原反应,表面形成强氧化性的氢氧自由基和超氧阴离子自由基,可把空气中游离的有害物质(各种有机化合物和部分无机物)及微生物分解成无害的二氧化碳和水,从而达到净化空气、杀菌、除臭等目的。光触媒对于温度没有严格的限制,常温条件下就可以发生氧化还原反应。

一般来说,光触媒必须在紫外线的照射下才能发挥作用。如果不能获得太阳光照,若想激活光触媒,则必须另外加上紫外灯。紫外灯的选择应该是波长在 254 nm 或者 365 nm 的效果比较好,至于在自然光和日光灯等微弱光源甚至是无光的条件下,光触媒则不能正常发挥其功效。

光催化剂效应又称"本多 – 藤岛效应",是日本的本多健一和藤岛昭两位学者发现的。自"本多 – 藤岛效应"发现以来,经过近 30 年的努力,光触媒材料的应用研究已经取得了突破性进展,特别是近四五年来,光触媒材料的防污、抗菌、脱臭空气净化、水处理以及环境污染治理等方面已经开始得到了广泛应用,并已形成了相当规模的产业。目前,中国、美国、德国、法国和韩国等对光催化剂氧化钛的研究开发正在迅速展开,它的应用范围也在进一步扩大,TiO_2 作为光功能材料的性能在不断地提高。

光触媒的发展可以分为两代:第一代是光催化剂,即必须在紫外光的照射下才能够发生催化反应,分解有机物;第二代是复合催化剂,即在 TiO_2 中加入一些铜、银等金属元素增加其活性,在自然光作用下也可发生催化反应。随着光触媒技术应用与研究的不断发展,迎来了光触媒产业化的时代。在中国,光触媒技术是一个新生事物,备受国人的关注,因为光触媒在环保科技领域的作用是无可限量的,它带来的是一场"光清洁革命"。目前,在国内每年仅居室的净化市场就有超过 200 亿元的需求,加上水质处理、空气净化、新材料、新能源等的需求更是庞大。所以,光催化剂随着技术的不断更新将越来越多地使用在各个领域。

2.光触媒的特点

(1)光触媒表面的氢氧自由基能破坏细胞膜使细胞质流失,从而造成细菌死亡和抑制病毒的活性,故能杀灭各种细菌、病毒,有效分解霉菌。

(2)通过氢氧自由基分解空气中的有机物气体,可除去空气中的臭味。

(3)对空气中的甲醛、苯、氨及其他挥发性有机化合物有强大的氧化分解作用,使之变为二氧化碳和水,从而达到净化空气的效果。另外,光触媒还能释放负氧离子,还人们一个真正绿色的生存环境。

(4)由于光触媒涂层的高亲水性,可形成防雾涂层,同时由于其强大的氧化作用,可氧化掉表面的油污,保持自身清洁。

(5)TiO_2 光触媒具有吸收紫外线的特性,可使被涂面免遭紫外线的老化作用,大大延长被涂面的使用寿命。

3.光触媒产品

目前市场上利用光触媒喷涂剂治理室内空气污染主要有几种途径,包括室内各个角落的光触媒处理;室内墙壁光触媒涂层;房间玻璃上的光触媒涂层等。但无论经过了怎样的光触媒处理,都必须在紫外光的照射下才能够达到净化空气的目的。

经过特殊处理的光触媒材料,如卫生陶瓷制品,还存在着工业上的难度,产品外观容易产生瑕疵,而且其主要在卫浴房间使用也减少了光照的机会。地面瓷砖由于表面经常累积灰尘以及和外界频繁发生摩擦,净化效果也不显著。

居室中的光照量直接决定了其是否适合以及适合哪种光触媒空气净化方案。诸如房间中的窗户很小,而且是里外双层,玻璃是防紫外线的,房间背阴或者有密封阳台阻隔室内采光等问题的,都不适合做光触媒处理。只有室内采光时间长,而且光照强度相对较大的长期密闭房间才比较适合。两种房间不适合做光触媒处理:一种是在采光方面不符合要求的;另一种是经常开窗通风的房间也没有必要。

另外,不需要将房间中所有物品的表面都做光触媒处理。一方面家里的不同物品由于其特定的摆放位置决定了在接受光照时的不同待遇,有些做了处理不但没什么效果,而且还浪费了大量金钱;另一方面由于 TiO_2 的强氧化性可能损坏针织品、家具,所以喷涂在玻璃、陶瓷、石灰墙表面没有问题,但若喷涂在壁纸等物品上就应该小心些。光触媒喷涂在玻璃上的效果相对好些,因为它得到的光照最多,室内的空气是流动的,空气慢慢接触二氧化钛的表面而逐渐被净化,最终完成净化空气的任务。

10.5　其他新型空气净化材料

不同的材料复合在一起可能会进一步改善室内空气的净化效果,于是,随着科技的进步,大量的研究投入到将物理、化学或生物材料有机结合后制成的复合材料上来。

10.5.1　活性炭负载 TiO_2 材料

采用 ACF 作为载体负载 TiO_2 催化剂,主要是利用 ACF 的吸附性能对室内空气中的低浓度有机污染物进行快速吸附,将污染物富集在 ACF 载体上,从而加速 TiO_2 光催化反应速度,同时光催化生成的微量中间副产物可以被 ACF 吸附而难以扩散到内部空气中,使之继续在催化剂表面进行反应,直至完全转化为无害的二氧化碳、水和简单的无机物。

日本在活性炭纤维与 TiO_2 复合材料的空气净化研究方面一直处于领先位置。1998年大运公司在其产品中首先使用了光触媒脱臭技术,随后日本公司利用光触媒和活性炭复合技术,采用两层 TiO_2 过滤,对难处理的气体有较好的处理效果。有研究人员将 TiO_2 负载在活性炭上用于室内空气的处理,空气经过过滤除去后进入光催化层,其中有毒气体被吸附光解。尤尼吉卡公司与日本化学工业公司合作,用 ACF 复合材料去除浓度仅 10^{-10} 的微量气体。东洋纺公司开发了符合 VOC 法规限制的适合于小流量低浓度气体脱除净化的装置。在试验中,入口浓度(流量 $10 \text{ N} \times \text{m}^3 / \text{min}$)为 110×10^{-6} 的二甲苯、空气混合气体,在出口处二甲苯已减少至 2×10^{-6}。另外,Huang 和 Saka 在超临界条件下用钛酸(四)异丙基浸泡的活性炭制成的 TiO_2-AC(特别是在 300 ℃ 和 350 ℃ 时用异丙酯超临界处理后)比未经处理过的 TiO_2-AC 简单合成物更能有效地分解甲醛。

我国对 ACF 的研究较早,但最近才开展对 ACF 负载 TiO_2 复合材料方面的相关研究开发。王茂章等研制出高效脱氧催化剂与 ACF 的复合材料。高强等对汽车用 ACF 负载 TiO_2 做了研究,通过静电植绒的方法将活性炭纤维植在玻璃纤维网状基材上,同时网状基材上被覆纳米级 TiO_2 光触媒物质,将这种网状材料安装在汽车的遮光板,当遮光板处于收起状态时,活性炭纤维吸附有害气体,当遮光板处于遮光状态时,活性炭纤维解吸,光触媒物质被阳光照射,分解有害物质。郭晓玲等依据吸附理论和光催化理论,以织物为基材,采用静电植绒方法和后整理法,将 ACF 与纳米 TiO_2 复合,研究两者在有限空间内空气净化中协同作用的机制,开发具有空气净化性能的功能性织物,在弱光源或太阳光作用下充分发挥其对有限空间内低浓度空气污染物的净化性能。

10.5.2　活性炭负载生态酶的净化材料

活性炭负载生态酶的净化材料是以活性炭为基体材料,将生态酶负载于其上的复合材料。生态酶空气复合净化材料对室内空气污染的首要污染物——甲醛等有机物污染物以及病毒、细菌等生物污染物,通过生态型酶催化剂与负载材料结合的协同作用,进行彻底净化。王雨群、贾祥众等采用高分子材料与ACF复合,负载生态酶催化剂、纳米银杀菌剂,合成纳米复合空气净化材料,ACF将甲醛吸附后,负载于其上的生态酶使甲醛等有机分子迅速降解,经甲醛气体饱和吸附后的复合材料又迅速重新获得净化,而生态酶催化剂分子重新进行下一个催化反应过程,是一个十分典型的生态催化过程。结果表明:净化材料在 4 min 内的甲醛净化率达 100%;对大肠杆菌、金黄色葡萄球菌抗菌率为100%。该材料是一种新型高效空气净化材料,具有较高空气净化效率,可以替代现有空气净化器内所有净化材料,具有非常广阔的应用前景。

10.6　室内空气净化材料的发展和展望

10.6.1　室内空气净化技术趋势

通过以上对空气净化技术的研究与分析,其优缺点概括如下。

(1)吸附技术:该技术的优点是净化方式温和,不会产生有害产物;缺点是对特定的污染物具有选择性,且不能连续工作,需要定期更换或再生。目前的技术难点主要是实现对污染物的广谱净化效果以及新型吸附再生技术的开发。

(2)光催化技术:该技术的优点是对室内大多数有机污染物都具有净化效果,反应温和,可连续工作;缺点是可能会产生有害产物。目前的技术难点主要是对净化效率的强化和对有害产物的控制。

(3)等离子体放电催化技术:该技术的优点是对室内大多数有机污染物都具有净化效果,可连续工作;缺点是反应比较剧烈,会产生臭氧等有害产物。目前的技术难点主要是对有害产物的控制。

10.6.2　室内空气净化技术展望

目前,室内空气净化材料的研究热点集中在活性炭和光触媒的结合上,研究大多围绕如何将 ACF 与 TiO_2 进行有机结合来改善净化效果。然而,随着现代生物技术的发展,研究的重点将会转移到以生物酶的催化为中心的复合材料上来,因为生物酶不仅自身无毒无害,而且用量少,可彻底降解空气中的有机物,不会引起二次污染,其处理工艺已被公认为是一种符合环保要求的绿色生产工艺,故生物酶复合材料可谓未来环保净化材料的理想选择。

随着对各种空气净化技术研究的不断深入,可以将多种净化技术通过适当方式有机结合,实现优势互补,使空气净化技术能够在室内高效、安全地应用,控制和改善室内有机化学污染,提高室内空气质量。

第11章 能源材料

11.1 能源概述

11.1.1 环境问题与能源利用的关系

自20世纪80年代开始中国经济飞速发展,直至如今仍在持续高速发展。近几年经济增长率一直保持在10%左右,中国经济发展的重要因素主要是在于技术进步的影响,为此技术进步的可能性将决定今后的中国能否保持经济的持续发展。而技术的进步很大程度上取决于能源的有效供应。这里所说的能源问题包括能源的供求和由能源所引起的诸如环境等方面的问题,这些问题能否有效的改善关系到我国经济能否健康稳定的发展,中国是世界上最大的发展中国家,从能源消耗总量来看,中国现在在全球已经是消费第二。世界上有大约65亿人口,能源可以说是经济发展的基础要求。要发展经济,提高人民生活水平,都缺不了能源。能源历来是可持续发展问题中的一个重要课题。

如今,大规模不受节制的能源需求也导致了不可接受的能源环境成本。现在主要污染物排放已经造成了环境污染,环境污染的损失占GDP的3%~7%。所以,要综合的平衡环境问题与能源利用十分重要。

11.1.2 能源环境问题的解决方法

作为能源问题的解决方法,应该向以下方向发展:

(1)在科学技术的研究上投入更多的资金,同时也可以向日本等拥有顶尖节能技术的国家取经,发展与改善我国的节能技术,有效地提高我国的能源利用率。

(2)在全民中大力倡导节能意识,注重对青少年的节能教育,从不可循环利用物品的节约到可循环利用物品的再利用,做到全面而且深刻。

(3)提供更多的可循环利用物品回收的装置。

(4)在治理污染的环节上投入更多资金,研究高效的能治理和保护环境的技术。

(5)在全民中大力倡导环保意识,同样注重对青少年的教育。

(6)完善环保设施。

处理好能源与发展之间的问题要靠全体国人的努力,经济发展需要能源的大力支撑,希望国家能找到解决问题的有效途径,国人都将献以微薄之力。

11.1.3 可持续发展与能源环境问题

环境可持续发展的地位随着社会生产力的发展和科学技术的进步,人类认识自然的能力也越来越强,并将逐步更好地掌握自然界的规律,从而在对自然开发利用时可以避免和减轻对环境的破坏,并化害为利为人类造福。为此,人们越来越重视环境的可持续发展,把环境可持续发展放在人类生存、经济社会发展的首位。

环境可持续发展面临的问题,环境的可持续发展在社会、经济、政治、文化的可持续发展中居于基础地位,它为其他一切发展提供永续不断地物质保障。但是,环境的可持续发展还面临着许多问题。除社会问题外,主要是环境本身的问题。对于环境问题,早在 20 世纪七八十年代就引起了世人的关注。30 多年来,我国和一些国家在环境保护方面采取了一些行之有效的措施。但是,全球性环境恶化的趋势尚未得到根本控制。全球性环境问题依然存在,有些还在进一步恶化。当前,最突出的环境问题主要有人口问题、资源问题、环境污染和生物多样性的减少等方面,这些问题已严重地影响了环境的可持续发展,进而制约了经济社会的可持续发展。

11.2　常规能源

11.2.1　常规能源概况

煤、石油、天然气以及水能等资源,人类已经利用多年,这类能源叫作常规能源。随着人类的日益深入认识自然,人类又开始利用像核能、太阳能、潮汐能、地热能等新能源。但新能源的开发和利用还很不充分,有些能源也只是刚刚被认识和开发,所以在亚洲大部分地区可利用的能源还只是以常规能源为主。

11.2.2　我国的能源资源状况

能源是经济发展的“先行官”,在正常情况下,国民经济的发展速度始终与能源消费量的增长成正比例关系。因此,我国一直把能源的生产建设放在优先发展的地位。目前,在我国能源的构成中,常规能源的生产和消费占绝大部分。我国化石能源资源探明储量中,90% 以上是煤炭。我国石油资源量约为 1 040 亿 t,天然气资源量约 47 万亿 m^3。通过对不同类型盆地油气勘查,新增储量规律和各种方法的分析,测算出我国石油可采资源量为 150 亿 ~ 160 亿 t,天然气可采资源为 10 万 ~ 14 万 m^3。按照国际上(油气富集程度)通常的分类标准,我国在世界 103 个产油国中,属于油气资源“比较丰富”的国家,但是我国人均石油储量仅为世界平均水平的 11%;天然气仅为 4.5%;煤炭资源稳居世界第一,而且如果全世界都只烧煤的话,我国的煤的储量可供全世界的人烧大约 100 年,但人均储量也仅为世界平均水平的 79%。我国常规能源的突出特点之一是分布广泛,但相对集中,这种分布态势在一定程度上影响着我国国民经济的发展。

11.2.3　煤炭

煤炭是古代植物埋藏在地下经历了复杂的生物化学和物理化学变化逐渐形成的固体可燃性矿物。一种固体可燃有机岩,主要由植物遗体经生物化学作用,埋藏后再经地质作用转变而成,俗称煤炭。煤炭被称为工业的"粮食",在我国能源构成中处于主导地位,直到目前,煤炭在我国能源消费中仍占 70% 左右。我国处在世界上最主要的煤带——亚欧大陆煤带东部,总储量超过大多数国家,仅次于俄罗斯和美国,属于煤炭资源十分丰富的国家,截至 2007 年底,我国煤炭保有查明资源储量为 11 800 亿 t,其中基础储量 3 260 亿 t,资源量 8 540 亿 t。在基础储量中,剩余探明可采储量为 1 768 亿 t,内蒙古、山西、新疆、陕西、贵州 5 省(区)保有查明资源储量为 9 561 亿 t,占全国的 81%。2007 年底,全国查明煤炭资源储量地区分布情况如图 11.1 所示。我国煤种比较齐全,但优质资源较少。褐煤和低变质烟煤数量较大,占查明资源储量的 55%;其中变质炼焦烟煤数量较少,占查明资源储量的 28%,且大多数为气煤,肥煤、焦煤、瘦煤仅占 15%;高变质的贫煤和无烟煤数量更少,仅占查明资源储量的 17%。高硫煤查明资源储量约 1 400 亿 t,占全部查明资源储量的 14%。

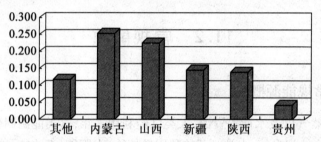

图 11.1　2007 年底全国查明煤炭资源储量地区分布情况

　　煤矿生产排放量最大的固体废物,也是中国工业固体废物中产生量和堆积量最大的固体废物,产生量一般为煤炭产量的 10% 左右。中国煤矸石年排放量大约在 1.5 亿 ~ 2.0 亿 t 之间。截至 2002 年底, 全国煤矸石积存量约 34 亿 t, 占地 260 km²,是中国工业固体废物中产出量和累计积存量最大的固体废物。2004 年, 全国煤矸石综合利用量为 1.35 亿 t,利用率 54%。

　　煤炭的用途十分广泛,可以根据其使用目的总结为两大主要用途:动力煤和炼焦煤。我国动力煤的主要用途如下。

　　(1)发电用煤:我国约 1/3 以上的煤用来发电,目前平均发电耗煤为标准煤 370 g/(kW·h)左右。

　　(2)蒸汽机车用煤:约占动力用煤 2% 左右,蒸汽机车锅炉平均耗煤指标为 100 kg/(10^4 kg·km)左右。

　　(3)建材用煤:约占动力用煤的 10% 以上,以水泥用煤量最大,其次为玻璃、砖、瓦等。

　　(4)一般工业锅炉用煤:除热电厂及大型供热锅炉外,一般企业及取暖用的工业锅炉型号繁多,数量大且分散,用煤量约占动力煤的 30%。

　　(5)生活用煤:生活用煤的数量也较大,约占燃料用煤的 20%。

　　(6)冶金用动力煤:冶金用动力煤主要为烧结和高炉喷吹用无烟煤,其用量不到动力用煤量的 1%。我国虽然煤炭资源比较丰富,但炼焦煤资源还相对较少,炼焦煤储量仅占我国煤炭总储量 27.65%。炼焦煤的主要用途是炼焦炭,焦炭由焦煤或混合煤高温冶炼而成,一般 1.3 t 左右的焦煤才能炼 1 t 焦炭。焦炭多用于炼钢,是目前钢铁等行业的主要生产原料,被喻为钢铁工业的"基本食粮"。

11.2.4　石油

石油是一种高效能燃料动力资源,被誉为"工业的血液"。我国具有良好的储油构造条件,因为石油资源的分布与沉积岩有密切的关系。我国陆地沉积岩面积为 424 万 km^2,占陆地总面积的 44%,沉积盆地多达 200 多个,其中面积在 10 万 km^2 以上的沉积盆地有松辽、华北、塔里木等 10 个;此外,我国近海沉积盆地面积为 121 万 km^2,主要分布在渤海、黄海南部、东海及珠江口等地,这些沉积盆地均蕴藏着丰富的石油资源,勘探开采前景十分广阔。据统计,我国石油的地质储量为 660 亿 t,接近美国石油的地质储量(700 亿 t),已探明的储量为 70 多亿 t,居世界第八位。目前我国已在 25 个省市区发现油田 250 多个,投入生产的油田有 130 多个。已探明的大型油田主要集中在东北、华北,其次是西北地区。已建成的年产原油在 1 000 万 t 以上的大型油田主要有大庆、辽河、华北、胜利、中原油田等,其他主要油田还有甘肃的玉门油田、新疆的克拉玛依油田、青海省的冷湖油田等,这些较大的油田多分布在北方地区;而我国南方已勘探或建成的油田多属中小型油田。近年来,我国海上石油钻探有了新的进展,并已在渤海、东海、南海等海域开采石油。到 1998 年,我国原油产量达 1.59 亿 t,居世界第 5 位。我国石油资源的地区分布见表 11.1。

表 11.1　我国石油资源的地区分布

地区	东北	华北	西北	华东	中南	西南
石油储量占全国/%	40.3	20.4	18.0	16.2	2.5	2.5

为了解决石油的运输,特别是北油南运的问题,我国专门修建了近 2×10^4 km 的输油管道,其中最主要的输油管线有大庆——大连、大庆——秦皇岛——北京、鲁宁线(胜利油田至南京)等,大大减轻了铁路运输的压力。

11.2.5　天然气

天然气存在于地下岩石储集层中以烃为主体的混合气体的统称,包括油田气、气田气、煤层气、泥火山气和生物生成气等。主要成分为甲烷,通常占 85% ~ 95%;其次为乙烷、丙烷、丁烷等。它是优质燃料和化工原料。其中伴生气通常是原油的挥发性部分,以气的形式存在于含油层之上,凡有原油的地层中都有,只是油、气量比例不同。即使在同一油田中的石油和天然气来源也不一定相同。它们由不同的途径和经不同的过程汇集于相同的岩石储集层中。若为非伴生气,则与液态集聚无关,可能产生于植物物质。世界天然气产量中,主要是气田气和油田气。对煤层气的开采,现已日益受到重视。

我国天然气仍处于勘探开发早期,供应能力严重不足,天然气供需矛盾日益突出。据《BP 世界能源统计》(2009)统计数据,截至 2008 年底,我国天然气探明储量 2.46 万亿

m^3,占世界探明总储量 185.02 万亿 m^3 的 1.3%,储产比 32.3 年。2009 年,我国天然气总产量 761 亿 m^3,消费量 807 亿 m^3。预计 2020 年总产量达到 1 200 亿 m^3,需求量达到 2 000 亿 m^3,需求缺口达到 800 亿 m^3。我国天然气资源量区域主要分布在我国的中西盆地。同时,我国还具有主要富集于华北地区非常规的煤层气远景资源。随着科技的发展,在未来的世界里人类肯定会找到比天然气更为理想的能源。但不管将来谁取代天然气,天然气将起到向新能源迈进的不可替代的重要的桥梁作用。

11.2.6　水能资源

水能资源属于一种可更新的能源,利用水能发电具有成本低、收益大、不污染环境等优点,是一种既经济又干净的能源,而且水能资源的开发往往还具有防洪、灌溉、航运、养殖等综合效益。优先开发水能资源是世界能源开发历史上的成功经验之一。我国水能蕴藏总量为 6.8 亿 kW,居世界第一位,可开发利用的约有 3.8 亿 kW。由于我国各地在地形、气候等方面差异显著,使各地区河流在流量、落差等水文特征上有明显不同,导致我国水能资源地区分布不均。西南地区最为丰富,其次是中南、西北地区,而华北地区最少。从各河流水能分布情况看,长江水系最多,占全国总水能的 53.7%;其次为雅鲁藏布江水系,约占全国总水能的 15.8%,黄河水系约占全国的 6%,珠江水系约占全国的 5.2%,西南诸国际河流占 12.2%。我国水能资源的地区分布见表 11.2。

表 11.2　我国水能资源的地区分布

地区	西南	中南	西北	华东	东北	华北
水能资源占全国/%	71	13.8	9.6	2.6	1.9	1.1

新中国成立以后,我国水能开发已取得显著成就,目前全国已建成大、中、小型水电站 8 万多座,总装机容量近 3 000 万 kW。但是,由于受经济、技术及其他自然条件的限制,我国目前水能开发程度还很不够,水能开发利用率大大低于世界发达的国家,甚至发展中国家的平均水平,以长江为例,目前已开发的水能只占长江总水能的 5%;在我国整个电力生产中,水电比重也只占 19.5%。因此,今后应将水能资源的开发作为我国能源建设的重点,加快水电事业发展的进程,逐步提高我国水能资源的利用水平。我国与世界主要国家水能资源开发程度比较见表 11.3。

表 11.3　我国与世界主要国家水能资源开发程度比较

国家	法国、意大利	德国、挪威、日本	埃及、美国	印度	中国
水能开发程度/%	90% 以上	60% 以上	40% 以上	17%	6%

11.3　新能源的利用

11.3.1　新能源概论

能源是经济赖以发展的物质基础,特别在工业化社会,能源是现代生产的主要动力来源。新能源又称非常规能源,是指传统能源之外的各种能源形式。新能源的各种形式都是直接或者间接地来自于太阳或地球内部延伸出所产生的热能。包括了太阳能、风能、生物质能、地热能、核聚变能、水能和海洋能以及由可再生能源衍生出来的生物燃料和氢所产生的能量。新能源产业是高技术、高投资、高风险的新兴产业。全球金融危机爆发以来,新能源凭借其明确的发展前景和对经济较强的拉动作用,在诸多经济体的经济振兴计划中被置于重要位置。我国是能源消费大国,发展新能源产业对保障能源安全供应、改善能源结构,具有重大战略意义。

11.3.2　太阳能

国际光伏工业在过去 15 年平均年增长率为 15%。20 世纪 90 年代后期,世界市场出现了供不应求的局面,发展更加迅速。1997 年世界太阳电池光伏组件生产达 122 MW,比1996 年增长了 38%,是 4 年前的 2 倍,是 7 年前的 3 倍,超过集成电路工业发展速度,超出光伏界专家最乐观的估计。1998 年光伏组件生产达到 157.4 MW,市场份额为晶硅电池 87%,非晶硅电池 12%,CdTe 电池 1%。光伏发电累计总装机容量达到 800 MW。世界各大公司业已纷纷制订和实施扩产计划。快速发展的屋顶计划、各种减免税政策、补贴政策以及逐渐成熟的绿色电力价格为光伏市场的发展提供了坚实的发展基础。市场发展将逐步由边远地区和农村的补充能源向全社会的替代能源过渡。预测到 21 世纪中叶,太阳能光伏发电将达到世界总发电量的 15% ~20%,成为人类的基础能源之一。

我国太阳能光伏发电技术产业化及市场发展经过近 20 年的努力,已经奠定了一个良好的基础。目前有 4 个单晶硅电池及组件生产厂和 2 个非晶硅电池生产厂。太阳能热水器是可再生能源技术领域商业化程度最高、推广应用最普遍的技术之一。1998 年世界太阳能热水器的总保有量约 5 400 万 m²。按照人均使用太阳能热水器面积,塞浦路斯和以色列居世界首位,分别为每人 1 m² 和 0.7 m²。日本有 20% 的家庭使用太阳能热水器,以色列有 80% 的家庭使用太阳能热水器。我国 20 多年来,太阳能热水器得到了快速发展和推广应用。20 世纪 80 年代后期,我国开始研制高性能的真空管集热器。清华大学开发的全玻璃真空管集热器结构简单,类似拉长的暖水瓶,内管外表面上选择性吸收涂层是其关键技术。全玻璃真空管集热器已经实现了产业化。目前在市场上占主导地位的热水器主要有平板型和真空管型两种。目前热水器主要用于家庭,其次是厂矿机关公共场所等。太阳能空调降温就世界范围而言,太阳能制冷及在空调降温上应用还处在示范阶段,其商业化程度远不如热水器那样高,主要问题是成本高。但对于缺电和无电地区,同建筑结合起来考虑,市场潜力还是很大的。太阳能热发电太阳能热发电是利用集热器将太阳辐射能转换成热能并通过热力循环过程进行发电,是太阳能热利用的重要方面。20 世纪 80 年代以来,美国、欧洲、澳大利亚等国和地区相继建立起不同型式的示范装置,促进了热发电技术的发展。世界现有的太阳能热发电系统大致有 3 类:槽式线聚焦系统、塔式系统和碟系统。太阳房是直接利用太阳辐射能的重要方面。把房屋看作一个集热器,通过建筑设计把高效隔热材料、透光材料、储能材料等有机地集成在一起,使房屋尽可能多地吸收并保存太阳能,达到房屋采暖的目的。太阳房概念与建筑结合形成了"太阳能建筑"技术领域,成为太阳能界和建筑界共同关心的热点。太阳房可以节约 75% ~ 90% 的能耗,并具有良好的环境效益和经济效益,成为各国太阳能利用技术的重要方面。在太阳房技术和应用方面欧洲处于领先地位,特别是在玻璃涂层、窗技术、透明隔热材料等方面居世界领先地位。我国是太阳灶的最大生产国,主要在甘肃、青海、西藏等西北边远地区和农村应用。目前大约有 15 万台太阳灶在使用中,主要为反射抛物面型,其开口面积为 $1.6 \sim 2.5 \ m^2$。每个太阳灶每年可节约 300 kg 标煤。太阳能干燥是热利用的一个方面。目前我国已经安装了有 1 000 多套太阳能干燥系统,总面积约2 万 m^2,主要用于谷物、木材、蔬菜、中草药干燥等。

11.3.3　风能

风作为能源,很早就被人类所开发利用了。早在 2 000 多年以前,人类开始利用风的"神力"带动风车引水灌田、碾米磨面,既简便易行,又经济实惠。在交通运输方面,风帆船的诞生使世界航运航海事业欣欣向荣,为世界文明发展建立了卓著功勋。可是,自从蒸汽机问世以来,帆船和风车就开始走下坡路。到了近代,特别是石油和煤作为主要能源被广泛开发利用以来,风能几乎被人们遗忘了。然而,随着科学技术的发展,随着世界性能源危机的日趋严重,特别是 1973—1974 年全球石油涨价,20 世纪 80 年代初的石油危机,1991 年初海湾争夺石油战争的爆发,同时,以煤、石油和铀作为燃料又面临严重的环境污染;而水力发电为了建水库,有时还要占农田,搬迁居民,代价昂贵。因而,可再生、无污染的风能利用又在世界各国崛起。我国黑龙江省属温带、寒带之间的大陆性季风气候,风能资源比较丰富,黑龙江省西南部大风日数最多,风能资源最丰富。以肇州县为例,肇州县地处中高纬度,属大陆性季风气候,春秋季节多风少雨,肇州县每年都不同程度地遭受大风灾害。风是间歇性的,很难控制,此时最好的办法就是用蓄电池,强风时发出的电输入其中,风不足时,再借助蓄电池带动直流电机并带动发电机发电,但几百瓦的还可以,上千瓦的甚至更大的,此法实为不便。另一种办法是抽水法。强风时带动抽水机,将水抽到高处的水库,电力不足时,再把水库的水放出来,通过水力发电来补充。我国黑龙江省有效风能密度在 200 W/m^2 以上,全年中风速大于和等于 3 m/s 的时数为 5 000 h,全年中风速大于和等于 6 m/s 的时数为 3 000 h,如果加以合理利用,将大大地节约煤炭等不可再生自然资源的使用,同时利用风能发电还具有环保、安全等其他资源不具备的优势。目前,科学家正在研究压缩空气储能和超导体储能等方法,一旦成功,多变的风将更加有效地被人类所使用,给人们送来光明和温暖。

11.3.4 生物质能

开发利用生物质能,对保障国家能源安全、实现节能减排战略目标意义重大。我国生物质能的开发利用技术取得了许多优秀成果,但与发达国家相比,还存在不少差距。生物质资源可分为林业资源、农业资源、生活污水和工业有机废水、城市固体废物、禽畜粪便等,其化学组成和化学结构也差异很大。生物质能的转化技术方式主要为:直接燃烧方式、物化转换方式、生化转化技术、化学转化方式。面对传统能源的市场竞争,我国生物质能开发只有依靠科技进步,将生物质能进行精细化工产品的深度利用,综合开发,使之增值,反哺生物柴油、燃料乙醇及生物质燃气等能源产品的开发;利用现代转基因技术培育能源植物新品种,提高油率,降低原料成本;创新生物质能转化技术,提高生物质能产品产量、降低生产成本。运用精细化工技术平台开发生物质资源,已成为生物质资源综合利用领域的研发热点。在生产生物质能产品的同时,综合开发利用生物质资源,将成为未来世界新的经济增长点。

1. 沼气技术

沼气技术主要为厌氧法处理禽畜粪便和高浓度有机废水,是发展较早的生物质能利用技术。荷兰 IC 公司已使啤酒废水厌氧处理的产气率达到 $10 \ m^3/(m^3 \cdot d)$ 的水平,从而大大节省了投资、运行成本和占地面积。美国、英国、意大利等发达国家将沼气技术主要用于处理垃圾,美国纽约斯塔藤垃圾处理站投资 2 000 万美元,采用湿法处理垃圾,日产 26 万 m^3 沼气,用于发电、回收肥料,效益可观,预计 10 年可收回全部投资。英国以垃圾为原料实现沼气发电 18 MW,今后 10 年内还将投资 1.5 亿英镑,建造更多的垃圾沼气发电厂。

2. 生物质热裂解气化

早在 20 世纪 70 年代,一些发达国家如美国、日本、加拿大,就开始了以生物质热裂解气化技术研究与开发,20 世纪到 80 年代,美国就有 19 家公司和研究机构从事生物质热裂解气化技术的研究与开发;加拿大 12 个大学的实验室在开展生物质热裂解气化技术的研究;此外,菲律宾、马来西亚、印度、印度尼西亚等发展中国家也开展了这方面的研究。

3. 生物质能发电

生物质发电在发达国家已受到广泛重视,主要工艺分 3 类:生物质锅炉直接燃烧发电、生物质-煤混合燃烧发电和生物质气化发电。在奥地利、丹麦、芬兰、法国、挪威、瑞典和美国等国家,生物质能在总能源消耗中所占的比例增加相当迅速。芬兰是欧盟国家利用生物质发电最成功的国家之一。

4. 生物质液体燃料

以生物质为原料生产液体燃料是另一项令人关注的技术,生物质液体燃料主要包括乙醇、裂解油、植物油等,可以作为清洁燃料直接代替汽油等石油燃料。巴西是乙醇燃料开发应用最有特色的国家,乙醇燃料已占汽车燃料消费量的 50% 以上。俄罗斯是利用植物原料生产乙醇产品最早的国家,水解乙醇产量已达 35 万 t,水解乙醇成本约为粮食乙醇成本的 70%,在经济上是合理的。近年来,在水解技术方面也取得许多新成就,如强化水解,提高水解渗滤速度,改善水解液蒸发、热能回收以及新菌种培养等。新技术的不断应用,将使水解乙醇液体燃料在经济上更加具有竞争力。

11.3.5　地热能

地热能是由地壳抽取的天然热能,这种能量来自地球内部的熔岩,并以热力形式存在,是引致火山爆发及地震的能量。地球的内部非常热,其地心温度大约为 4 000 ℃,热能持续不断地流向地面,从地表辐射出去并消失在太空中。这一表面的平均热能量值为 82 mW/m^2,如果地球的表面积为 5.1×10^{14} m^2,那么,这种连续不断的热流失率大约为 42 TW(热)。到达地表的能量多数是很劣质的热,很少被收集后直接使用。然而,在近百万年间发生火山活动的地区,大量优质热留存于熔岩或已结晶的 2～10 km 深的岩石中,地热库将地下水加热,热水通过岩石中相互连接的断层、裂缝和孔洞浮上来。断层、裂缝和孔洞中的空间只占岩石体积的 2%～5%,但当它们充满了热水并且相互连接,将形成一个多孔渗透地热库。地热水的温度在一处与另一处可相差极大。地热能的利用可分为地热发电和直接利用两大类。有的地热源可产生 300 ℃ 以上热水,有的则产生沸点(100 ℃)以下的水。高于 150 ℃ 的高热源一般可用于发电,低温热源可直接加热使用,如工业加工、区域供热、温室加热、食品干燥和水产养殖。现在许多国家为了提高地热利用率而采用梯级开发和综合利用的办法,如热电联产联供、热电冷三联产、先供暖后养殖等。

随着全世界对洁净能源需求的增长,将会更多地使用地热。全世界到处都有地热资源,特别是在许多发展中国家尤其丰富,它们的使用可取代带来污染的矿物燃料电站。这是非常重要的,因为一旦对矿物燃料电厂做出投资,在整电厂的寿命期间,将会发出大气污染流,其期限是几十年的时间。中国利用地热发电才刚刚开始,近年来一些地方只是利用地下热水建立小型发电站,取得成功,这是地热应用的一个良好开端。我国已经发现的地热温度较低,品味差,用来取暖及供热应当更合适。以北京的地热田为例,它属于低温热水类,深埋在 400～2 500 m 之间,温度在 38～70 ℃ 范围内。据粗略估计,进来用于染织、空调、养鱼、取暖、医疗和洗浴等方面,效果良好,每年可节约煤炭 4 300 t。据悉,天津市浅层地热能资源调查查明了该市浅层地热能资源赋存条件和开发利用现状,编制了开发利用方案,总结完善了浅层地热能地源热泵场地勘察技术,开展了典型地区环境地质影响评价,并初步建立了浅层地热能资源开发利用动态监测网和数据库。

11.3.6　海洋能

海洋能源通常指蕴藏在海洋中的可再生自然能源,主要为潮汐能、波浪能、海流能(潮流能)、海水温差能和海水盐差能。更广义的海洋能源还包括海洋上空的风能、海洋表面的太阳能以及海洋生物质能等。潮汐能是指海水涨潮和落潮时形成的水的势能和动能;波浪能是指海洋表面波浪所具有的动能和势能;海流能(潮流能)是指海水流动的动能,主要指海底水道和海峡中较为稳定的流动,以及由于潮汐导致的有规律的海水流动;海水温差能是指表层海水和深层海水之间水温之差的热能;海水盐差能是指海水和淡水之间或两种含盐浓度不同的海水之间的电位差能。所以,海洋能源按能量的储存形式可分为机械能、热能和化学能。其中,潮汐能、海流能和波浪能为机械能,海水温差能为热能,海水盐差能为化学能。

海洋能具有如下特点:

(1)海洋能在海洋总水体中的蕴藏量巨大,而单位体积、单位面积、单位长度所拥有的能量较小。

(2)海洋能具有可再生性,海洋能来源于太阳辐射能与天体间的万有引力,只要太阳、月球等天体与地球共存,这种能源就会再生,就会取之不尽,用之不竭。

(3)海洋能有较稳定与不稳定能源之分,较稳定的为温度差能、盐度差能和海流能。不稳定能源分为变化有规律与变化无规律两种。属于不稳定但变化有规律的有潮汐能与潮流能。

(4)海洋能属于清洁能源,也就是海洋能一旦开发后,其本身对环境污染影响很小。

研究海洋能源的成因发现,潮汐能和潮流能来源于太阳和月亮对地球的引力变化,其他基本上源于太阳辐射。当前应用在发电技术中的海洋能主要有海洋温差发电、海洋波浪发电及潮汐发电。

海洋温差发电是以非共沸介质(氟利昂 –22 与氟利昂 –12 的混合体)为媒质,输出功率是以前的 1.1～1.2 倍。一座 75 kW 试验工厂的试运行证明,由于热交换器采用平板装置,所需抽水量很小,传动功率的消耗很少,其他配件费用也低,再加上用计算机控制,净电输出功率可达额定功率的 70%。一座 3 000 kW 级的电站,每千瓦小时的发电成本只有 50 日元以下,比柴油发电价格还低。人们预计,利用海洋温差发电,如果能在一个世纪内实现,可成为新能源开发的新的出发点。

潮汐发电就是利用潮汐能的一种重要方式。据初步估计,全世界潮汐能约有 10 亿多 kW,每年可发电 2～3 万亿 kW·h。我国的海岸线长度达 18 000 km,据普查结果估计,至少有 2 800 万 kW 潮汐电力资源,年发电量最低不下 700 亿 kW·h。世界著名的大潮区是英吉利海峡,那里最高潮差为 14.6 m,大西洋沿岸的潮差也达 4～7.4 m。我国的杭州湾的"钱塘潮"的潮差达 9 m。据估计,我国仅长江口北支就能建 80 万 kW 潮汐电站,年发电量为 23 亿 kW·h,接近新安江和富春江水电站的发电总量;钱塘江口可建 500 万 kW 潮汐电站,年发电量约 180 多亿 kW·h,约相当于 10 个新安江水电站的发电能力。

11.3.7 氢能

目前一些新的制氢方法开始受到人们的关注,如生物制氢、太阳能制氢和核能制氢等。生物制氢主要包括发酵制氢和光合制氢。生物制氢的过程大都在室温和常压下进行,不仅消耗小、环境友好,还可以充分利用各种废弃物。在生物制氢方面,我国走在世界前列,并已于 2003 年底在哈尔滨市建立了一个小规模的生物制氢产业化示范基地,日产氢气 600 m³。但生物制氢也存在光能利用率低、产氢量小等缺点,离大规模的工业化生产尚有距离。利用太阳能制氢主要有光解水制氢和氧化物还原制氢两种方式。大多数学者认为用阳光分解水是一种最理想的方法,也可能是未来制造氢气的基本方法。地球的水资源极其丰富,太阳能也堪称取之不尽的能源。一旦该制氢技术成熟,将使人类在能源问题上一劳永逸。但是,水分子中氢和氧原子结合的化学键相当稳定,想用光分解水就必须使用催化剂。日本科学家最近宣布研制成了分解水的新型催化剂,在阳光的可见光波段就能把水分解为燃料电池所必需的氧和氢。但这种方法也存在光电转化效率低的问题。利用核能制氢主要有两种方式:一种是利用核电为电解水制氢提供电力;另外一种是对反应堆中的核裂变过程所产生的高温直接用于热化学制氢。与电解水制氢相比,热化学过程制氢的效率较高,成本较低。目前国内已有数十家院校和科研单位在氢能领域研发新技术,数百家企业参与配套或生产。经过多年攻关,我国已在氢能领域取得诸多成果,特别是通过实施"863"计划,我国自主开发了大功率氢燃料电池,开始用于车用发动机和移动发电站。2006 年 10 月,由江苏镇江江奎科技有限公司、清华大学、奇瑞汽车三方自主研发的"示范性氢燃料轿车研制项目"通过国家级专家组评审,标志着我国第一台具有完全自主知识产权的以氢燃料为动力的汽车研制成功,我国氢动力技术已达国际同步领先水平。目前,我国要大规模推广氢能利用仍需要解决氢源问题。我国南部和西南地区势能差大,水资源丰富,水电发达,在丰水期可用大量剩余电力通过电解水制取氢。氢还可以从石油、天然气和煤等化石燃料中制取,以及从甲醇、烃类等通用燃料中转化而得。此外生物质能也可成为氢的重要来源,如细菌制氢、发酵制氢及沼气回收制氢等,传统的工业矿物如硼氢化钠等及工业副产氢也是获取氢的有效途径。制氢工艺技术路线多样传统制氢法主要分为矿物燃料制氢和电解水制氢。目前,一些新的制氢方法开始受到人们的关注,如生物制氢、太阳能制氢和核能制氢等。国内制氢工艺主要有电解水制氢和以煤、石油脑、炼厂气、焦炉气、天然气为原料在高温下进行蒸汽转化制氢。一些合成氨装置、甲醇装置将含氢尾气等气体利用变压吸附技术也能回收少量的氢气。

11.3.8　核能

众所周知,从人类学会利用火的时候,人类已经开始主动利用能源,自那时起,能源的使用已经变成人类进步不可或缺的基本要素和人类文明程度的一种标志。

在核能被发现和得到利用前,人类所利用的主要能源方式是化学能和水能等。19 世纪末到 20 世纪初,物理学又得到了一次极大的发展,人类对物质结构的认识开始深入到原子甚至更微观的粒子水平,这客观上为人类利用核能奠定了基础。以目前的能源利用规模,仅海洋中存在的聚变核素就可以供应人类上万年使用,这将彻底解决人类的能源问题。但目前人类离实现可控的核聚变,特别达到商用水平,还有较大的距离,因而现在核能和平利用的方式主要是对裂变能的利用。核能首先被应用到了军事领域,如原子弹和核潜艇等。核能发电,就是利用核反应堆中核裂变所释放出的热能进行发电的方式。它与火力发电极其相似。只是以核反应堆及蒸汽发生器来代替火力发电的锅炉,以核裂变能代替矿物燃料的化学能。除沸水堆外,其他类型的动力堆都是一回路的冷却剂通过堆心加热,在蒸汽发生器中将热量传给二回路或三回路的水,然后形成蒸汽推动汽轮发电机。沸水堆则是一回路的冷却剂通过堆心加热变成 70 个大气压左右的饱和蒸汽,经汽水分离并干燥后直接推动汽轮发电机。

11.4　节能与环境保护

11.4.1　节能概述

节能的主要途径是:优化产业结构,着力加强第一产业,积极发展第三产业,调整第二产业内部结构,加速发展电子、汽车、石化、精细化工等单位产值能耗低的行业,加大传统产业中高附加值产品的比重。

11.4.2　节约煤炭

煤炭洗选加工是资源综合利用的基础。我国煤炭目前的入选比例远低于其他发达产煤国家,截至 2004 年全国选煤厂总数 2 034 座,原煤入选量达 6 亿多 t,入选比例为 31% 左右,特别是动力煤入选比例仅有 14.6%。大量的煤炭直接燃烧,既浪费能源,又污染环境。

经过多年的自行开发和消化引进,我国的选煤技术取得了长足的发展,主要表现为:

(1)国际上先进的选煤技术已在我国一些选煤厂应用;

(2)自行研制的设备已能基本满足生产能力为每年 400 万 t 以下选煤厂建设的需要;

(3)研制成功的自动化仪表、计算机软件与自控装置已能实现主要生产环节自动测控和全厂集中控制。我国自行研制的三产品重介质旋流器、XJM – S 和 XJX – T 系列浮选机、SKT 与 X 型系列跳汰机、自动压滤机等已大量推广应用,一些设备的技术指标已接近或达到国际先进水平。在细粒煤洗选加工和脱水方面,柱分选设备、精煤压滤机和加压过滤机等开始应用在生产现场。复合干式选煤技术在全国推广应用已达 400 余套,生产能力达亿吨以上,并已形成了多品种、多系列、多用途的洗选装备。特别是重介质选煤技术取得突破性进展,研制成功了世界上直径最大、处理能力最强的重介质旋流器,国内面积最大的筛分机。建设了先进的洗选装备生产线,生产全系列重介质旋流器、动筛跳汰机、分级破碎机、渣浆泵等成套洗选设备。

今后,要继续提高原煤入选比例,选煤厂规模要趋向大型化;要重视研究开发与应用先进选煤工。作为产煤大国,煤炭是我国的主要能源,大量使用石油资源作为能源,不符合我国的国情。因此,实施石油战略,推广洁净煤燃烧技术,促进石油资源的节约替代。洁净煤燃烧技术,就是燃烧效率高、污染少的燃烧技术,通常指煤的液化、煤的气化技术,水煤浆技术和流化床燃烧技术等。

11.4.3　节约石油

目前我国石油后备资源不足,石油工业内部需要进一步调整,石油的供应是紧张的。

同时,与我国目前的济发展水平相比,石油的使用很不合理,经济效益差。因此,节约石油是当务之急。石油不仅是能源,而且是宝贵的化学工业原料。锅炉大量烧原油,烧掉了原油中所含的轻质馏分,是很大的浪费。从经济效果看,石油用作电站锅炉燃料,每吨油发电 3 500 度,产值 220 元;如果用作石油化工原料,每吨油产生的价值在 600 元以上。目前世界主要工业国家石油产品用于化工原料等非能源使用的数量占 9 ~ 10 多左右,而我国的比例约 5 ~ 6 左右。1977 年以来,国家采取压缩烧油的政策,要求把烧油锅炉改为烧煤,这是一项以煤代油,减少石油消费,改变我国不合理的石油消费构成的积极措施。但是,这两年一方面实施烧油改烧煤,一方面又新增一些烧油设备,致使压油的实际效果很差。为了合理使用石油资源,压缩烧油是当前刻不容缓的一件大事,必须抓出成效来。压缩烧油,以煤代油,涉及煤炭的产、运、销等问题。按热值计,节省 1 t 燃油需要供应 2 t 动力煤。为此,需要增加煤炭的产量和进行相应的铁路、港口的建设。在当前经济调整中,由于煤炭工业内部也需要调整,煤炭产量近年内不会有较大的增长。因此,必须加强能源的综合平衡,抓节油必须同时抓好节煤工作,才能解决压缩烧油所需煤源问题。当然,节油和节煤并不是简单地压缩消费量,而应该在使用石油和煤炭的各个环节中减少浪费,提高有效利用程度,以尽可能低的消耗,取得最大的国民经济效益。目前我国各部门石油的有效利用率较低,单位油耗高,节油有很大的潜力。工交、农业系统各行业交通运输环节消耗的主要是成品油——汽油和柴油。用于汽车、拖拉机、机车、柴油机、船舶等内燃机具,使用量约占石油消费总量的 30%。

11.4.4　节约用电

提倡节能环保,乐享绿色生活正在成为生活标杆。绿色生活作为一种现代生活方式,包括了日常生活的方方面面,包括:节约资源、减少污染;绿色消费、环保选购;重复使用、多次利用;分类回收、循环再生;保护自然、万物共存等。应该从自我做起、从身边事做起,做到一言一行、一举一动符合绿色节约原则,通过自身的实际行动来实现对生态环境的保护。

在保证满足有效的照度和亮度下,选用高效灯具。电视的亮度与耗能有关,把电视亮度调小一点儿,不但节电而且不易使眼睛疲劳。水机在不用时可以关闭电源,这样不仅可以节电,而且可以避免饮用重复烧开的水。手机在充电时,应确保电池电量被充满后再进行使用。手机在充满电后应拔下插头,避免不必要的热量损耗。电脑屏幕的黑屏待机并不意味着最大限度地节约能源,暂时不用电脑时,可以缩短显示器进入睡眠模式的时间设定;当彻底不用电脑时,记得拔掉插头。坚持这样做,每天至少可以节约 1 度电,还能适当延长电脑和显示器的寿命。

11.4.5　国内外最新进展

随着世界经济发展水平的不断提高,人类对生态和环境的要求也越来越高,对环境保护和节能减排的重视与行动措施也日益增强。从斯德哥尔摩世界环境大会到哥本哈根达成没有法律约束的碳减排协议,无论是过去还是将来,人类社会必将在环境保护和节能减排问题上凝聚共识,取得一些政治、经济、科技等方面的积极成果,必将对人类社会的未来发展产生积极的影响。

2015 年,巴黎气候大会取得了成功,这可以认为是人类可持续性生存与发展的一次重大事件。大会目的是促使 196 个缔约方(195 个国家 + 欧盟)形成统一意见,达成一项普遍适用的协议,并于 2020 年开始付诸实施。2015 年 12 月 12 日,《联合国气候变化框架公约》近 200 个缔约方一致同意通过《巴黎协定》,协定将为 2020 年后全球应对气候变化行动做出安排。大会的各方立场是:欧盟是巴黎气候大会协定的制定者,将建议协定加入每 5 年进行审查的机制;将承诺排放峰值不晚于 2020 年前达到;欧盟目标与联合国一致,即将气候变暖控制在不超过工业化前水平 2 ℃;欧盟努力准备要达成一个有雄心、范围广泛、有约束力的全球气候协定。美国减排目标为到 2025 年,较 2005 年减少 28% 的温室气体排放。2015 年 6 月,中国如期正式向联合国提交"国家自主决定贡献":二氧化碳排放 2030 年左右达到峰值并争取尽早达峰、单位国内生产总值二氧化碳排放比 2005 年下降 60% ~ 65%,非化石能源占一次能源消费比例达到 20% 左右,森林蓄积量比 2005 年增加 45 亿 m³ 左右。同时,中方还将气候变化的行动列入"十三五"发展规划中。大会的主要成果:《联合国气候变化框架公约》近 200 个缔约方一致同意通过《巴黎协定》,协定共 29 条,包括目标、减缓、适应、损失损害、资金、技术、能力建设、透明度、全球盘点等内容。《巴黎协定》指出,各方将加强对气候变化威胁的全球应对,把全球平均气温较工业化前水平升高控制在 2 ℃ 之内,并为把升温控制在 1.5 ℃ 之内而努力。全球将尽快实现温室气体排放达峰,21 世纪下半叶实现温室气体净零排放。根据协定,各方将以"自主贡献"的方式参与全球应对气候变化行动。发达国家将继续带头减排,并加强对发展中国家的资金、技术和能力建设支持,帮助后者减缓和适应气候变化。从 2023 年开始,每 5 年将对全球行动总体进展进行一次盘点,以帮助各国提高力度、加强国际合作,实现全球应对气候变化长期目标。《巴黎协定》标志着国际气候谈判模式的转变,即从"自上而下"的谈判模式转变为"自下而上"的谈判模式。1990 年世界气候谈判启动以来,遵循的是保护臭氧层谈判的模式,即"自上而下"的谈判模式,先谈判减排目标,再往下分解。《巴黎协定》确立了 2020 年后,以"国家自主贡献"目标为主体的国际应对气候变化机制安排。这是一种典型的"自下而上"的谈判模式。模式的转变对未来全球气候治理影响深远,值得高度关注。

参考文献

[1] 冯玉杰,蔡伟民.环境工程中的功能材料[M].北京:化学工业出版社,2003.

[2] 聂祚仁,王志宏.生态环境材料学[M].北京:机械工业出版社,2005.

[3] 翁端.环境材料学[M].北京:清华大学出版社,2001.

[4] 宋新书.环境工程材料及成形工艺[M].北京:化学工业出版社,2005.

[5] 陈声明.生态保护与生物修复[M].北京:科学出版社,2008.

[6] 孙胜龙.环境材料[M].北京:化学工业出版社,2002.

[7] 濮洪九,吴吟,乌荣康.促进煤炭工业健康发展[M].北京:煤炭工业出版社,2005.

[8] 姚强.21世纪可持续能源丛书——洁净煤技术[M].北京:化学工业出版社,2005.

[9] 崔民选.中国能源发展报告(2008)[M].北京:社会科学文献出版社,2008.

[10] 郭进平,张惠丽.有关矿产资源问题的博弈分析[J].金属矿山,2005(2):8-11.

[11] 褚同金.海洋能资源开发利用[M].北京:化学工业出版社,2005.

[12] 黄雏菊,魏星.膜分离技术概论[M].北京国防工业出版社,2008.

[13] 王湛,周翀.膜分离技术基础[M]2版.北京:化学工业出版社,2006.

[14] 王晓琳,丁宁.反渗透和纳滤技术与应用[M].北京:化学工业出版社,2005.

[15] 华耀祖.超滤技术与应用[M].北京:化学工业出版社,2004.

[16] 许振良,马炳荣.微滤技术与应用[M].北京:化学工业出版社,2005.

[17] 任建新.膜分离技术及其应用[M].北京:化学工业出版社,2003.

[18] 于丁一,宋澄章,李航宇.膜分离工程及典型设计实例[M].北京:化学工业出版社,2005.

[19] 罗辉.环保设备设计与应用[M].北京:高等教育出版社,1997.

[20] 翁端,冉锐,王蕾.环境材料学[M].2版.北京:清华大学出版社,2011.

[21] 林璋.纳米材料生长动力学及其环境应用[M].北京:科学出版社,2014.

[22] 李永峰.环境生物技术:典型厌氧环境微生物过程[M].哈尔滨:哈尔滨工业大学出版社,2014.

[23] 李永峰.基础环境科学[M].哈尔滨:哈尔滨工业大学出版社,2015.

[24] 施悦,李宁,李永峰.环境氧化还原处理技术原理与应用[M].哈尔滨:哈尔滨工业大学出版社,2013.